材料力学

主 编　李南生

副主编　岳爱臣　贾丽芳　丁　晶

参　编　贺俊红　李高远　赵　越

北京理工大学出版社

BEIJING INSTITUTE OF TECHNOLOGY PRESS

内 容 提 要

本书阐述了材料力学的基础理论、分析技巧及其在实际中的应用，目的是为工程技术领域的学生与专业人士打下坚实的理论基础，并提升其实践操作能力。本书主要内容包括材料力学的基本力学概念和原理、杆件轴向拉伸与压缩、剪切、扭转、弯曲内力、弯曲应力、弯曲变形的计算与控制、应力状态的基本概念及强度理论、组合变形，以及压杆稳定性理论与应用。全书结构条理清晰，内容翔实，不仅深入讲解了理论知识，还特别强调了理论在实际中的应用。通过引入大量实际案例、使用案例导引和导读及对重点与难点的详细分析，本书旨在引导读者深刻理解材料力学的核心概念与知识点，成为工程技术领域学生与专业人士理想的学习与参考资料。

本书可作为高等院校土木工程、水利工程和机械工程等相关专业的材料力学课程教材，也可作为相关工程技术人员的参考资料。

图书在版编目（CIP）数据

材料力学 / 李南生主编. -- 北京：北京理工大学
出版社，2025.1.
ISBN 978-7-5763-4710-4

Ⅰ.TB301
中国国家版本馆CIP数据核字第2025E38U93号

责任编辑： 张荣君　　　　**文案编辑：** 李　硕
责任校对： 周瑞红　　　　**责任印制：** 李志强

出版发行 / 北京理工大学出版社有限责任公司

社　　址 / 北京市丰台区四合庄路6号

邮　　编 / 100070

电　　话 / （010）68914026（教材售后服务热线）

　　　　　　（010）63726648（课件资源服务热线）

网　　址 / http://www.bitpress.com.cn

版印次 / 2025年1月第1版第1次印刷

印　　刷 / 河北鑫彩博图印刷有限公司

开　　本 / 787 mm×1092 mm　1/16

印　　张 / 17.5

字　　数 / 404千字

定　　价 / 92.00元

前　言

材料力学对于工科专业学生，尤其是那些专注于土木、水利和机械工程的学生而言，是一门基础且至关重要的课程。该课程不仅是后续专业课程的基石，而且是相关领域工作人员不可或缺的知识基础。因此，材料力学在课程规划中占有重要地位。本书的编写目标是满足不同专业背景和学习阶段的学生及工程技术人员的需求，遵循由浅入深的原则，不仅强调基本概念和理论的重要性，同时突出其实际应用。通过结合基础练习和应用问题，在巩固知识的同时培养解决问题的能力。本书既适用于本科教学，也能作为工程技术人员的参考资料。

本书的编写汲取了作者团队多年来在材料力学教学一线的宝贵经验，依据《材料力学课程教学基本要求》（A类）及国内外优秀教材的精华，精心编写。在本书编写过程中，编者有机地安排了知识点，强调各知识点之间的联系，确保教材内容逻辑严密；本书还涵盖了一些专题内容，如构件之间连接件的受力分析、复杂应力状态下的强度校核等，以扩展学生的视野，增强解决实际工程问题的能力。

本书的完成得益于泉州信息工程学院李南生教授的组织和协调，以及岳爱臣教授、贾丽芳、丁晶、贺俊红等的辛勤工作。我们也要对李高远老师和赵越老师在内容编写和插图绘制上的贡献表示感谢。在此，我们对所有为本书编写提供支持和帮助的个人与部门表示最深切的感谢。

本书由李南生教授担任主编，岳爱臣教授、贾丽芳老师和丁晶老师担任副主编，贺俊红老师、李高远老师和赵越老师参与编写。李南生教授负责编写第1章至第10章，并全面负责全书的规划与统稿。岳爱臣教授审阅部分章节，贾丽芳整理全书的思考题和习题。丁晶和贺俊红制作了配套教学PPT，李高远参与第9章和第10章的编写，赵越负责绘制部分插图。

在本书出版之际，首先要向行知教育协作联盟出版基金表达深深的感激之情，他们的慷慨资助使本书得以顺利出版。本书在编写过程中参考了众多国内外优秀的材料力学教材和线上资源，对这些教材和线上资源的作者表示感谢！我们再次对所有支持和参与本书编写的个人和机构表示感谢。我们期待本书能为广大学生和工程技术人员提供帮助,助力他们在材料力学的学习和应用之路上取得成功。

尽管编者已尽最大努力确保书中内容的准确性和完整性,但仍可能存在疏漏或错误。我们诚挚地欢迎广大教师和读者提出宝贵的意见和建议。

编　者

目　录

第1章　材料力学的基本力学概念和原理

🌟 本章导读

本章将介绍材料力学的关键概念和原理。材料力学研究材料在受力时的力学行为和性能，对工程设计和材料选择至关重要。

我们首先将讨论强度、刚度和稳定性的概念。强度是材料所能承受的最大应力或应变，刚度则是材料对外力的变形程度，而稳定性涉及材料在受力下是否会发生失稳或破坏。接下来，我们介绍荷载、外力、约束和反力的概念。荷载是作用于材料上的外部力或负荷，外力包括机械接触作用力和通过场传递的作用力。约束是材料受到的限制和支撑，对材料的力学行为和变形至关重要。

我们还将讨论内力、截面法和应力的概念。内力是材料内部各点之间相互作用的力，包括剪力、弯矩和轴力。截面法是一种常用的分析方法，通过在截面处将材料截开，将材料切割成若干部分，分析每部分上的内力和受力情况，进而得到整体结构的力学性能。应力是单位面积上的力的作用，包括正应力、剪应力等。

本章还将讨论变形和应变的概念。变形是材料在受力下形状和尺寸的改变，可以是弹性变形或塑性变形。应变描述了材料的变形程度，包括线性应变和非线性应变。

我们将讨论小变形、线弹性和叠加原理的概念。小变形指材料在受力下变形量相对较小，线弹性指变形可恢复材料的应力和应变呈线性关系。叠加原理指在多个力或荷载作用下，各个力或荷载的效应可以线性叠加求和。

通过本章学习，学习者将掌握材料力学的基本概念和原理，为后续章节的深入学习和应用打下坚实基础。

🔊 案例导入

在设计一座大桥时，工程师们必须考虑材料力学的基本概念和原理，以确保桥梁的强度、刚度和稳定性能够满足设计要求。下面来看一个具有代表性的案例。

某城市计划修建一座跨越湖泊的大桥，连接两个重要的交通枢纽。工程师需要确定使用的材料和桥梁的结构设计，以确保桥梁能够安全地承受车辆和行人的荷载，并在长期使用中保持稳定。

工程师们开始考虑材料的强度。他们需要选择一种能够承受高荷载的材料，以确保桥梁在受力时不会发生破坏。工程师们还要评估材料的刚度，以确保桥梁在承受外力时的变形不会过大影响使用。稳定性是他们关注的另一个重要因素，他们必须确保桥梁在各种天气和荷载条件下都能保持稳定，不会发生失稳或倒塌。

　　此外，工程师们还需要考虑外力、约束和反力。他们要分析荷载的类型和大小，包括车辆的重量、风力的作用等，以便合理设计桥梁的结构。同时，他们还要考虑约束和支撑的位置和方式，确保桥梁能够有效地抵抗外力的作用。

　　在设计过程中，工程师们将运用截面法和应力概念来分析桥梁的内力和受力情况以及应力分布。他们会将桥梁截面切割成不同部分，分析每个部分的内力分布和受力情况，以得到整体结构的力学性能。他们会计算桥梁的应力情况，包括正应力、剪应力等，以确保桥梁在受力时不会超过材料的承载能力。

　　为了确保桥梁的稳定性和安全性，工程师们会使用小变形、线弹性和叠加原理进行桥梁的结构分析。他们会假设桥梁的变形量相对较小，并且材料的应力和应变呈线性关系，以简化计算和设计过程。同时，他们会利用叠加原理来考虑多个荷载或力的叠加效应，以更准确地评估桥梁的力学性能。

　　这个案例展示了在大桥设计中应用材料力学概念和原理的典型过程，强调了强度、刚度、稳定性、荷载、约束、内力、截面法、应力、变形和应变等关键概念的重要性。通过深入研究这些概念，工程师们可以设计出安全可靠的大桥，为人们提供便捷的交通通道。

》》本章重点

　　1. 强度、刚度和稳定性：理解材料的强度，即其能够承受的最大应力；刚度，即材料对外力作用下的变形程度；稳定性，涉及材料在受力作用下是否会发生失稳或破坏。

　　2. 荷载、外力、约束和反力：理解荷载的概念，即作用在材料上的外部力或负荷；外力的具体形式，如集中力、分布力和力（偶）矩等；约束的作用和反力对材料的力学行为和变形的影响。

　　3. 内力、截面法和应力：了解内力的含义，包括剪力、弯矩和轴力等；截面法作为一种常用的分析方法，通过切割材料截面并分析每个截面上的内力和受力情况，得到整体结构的力学性能；应力的概念，包括正应力、剪应力，以及截面上应力与截面内力之间的对应关系。

　　4. 变形和应变：理解材料在受力作用下发生的形状和尺寸的改变，包括弹性变形和塑性变形；应变作为描述材料变形程度的物理量，包括线性应变和非线性应变。

　　5. 叠加原理：叠加原理是一种常用的线性体系力学分析方法，用于考虑多个荷载或力的叠加效应。根据叠加原理，可以将不同荷载或力的效应分别计算，然后将它们叠加以得到整体结构的力学响应。这个原理在工程设计中非常重要，特别是对于复杂结构和多荷载情况下的分析。

》》本章难点

　　1. 理解和运用概念和原理：需要理解各个概念的定义和含义，并能够运用它们解决实际问题，例如确定材料的强度、刚度和稳定性等。

2. 区分不同概念之间的关系：需要能够区分强度、刚度和稳定性之间的区别，以及荷载、外力、约束和反力以及内力和应力之间的关系，确保在应用中不混淆概念。

3. 应用于实际问题的解决：能够将学到的概念和原理应用于实际问题的解决，需要进行具体的例题解答和练习，加深对概念的理解和运用能力。

4. 理解小变形、线弹性和叠加原理：理解小变形的条件和线弹性的特性，以及如何利用叠加原理求解多个力或荷载作用下的效应。

对于这些难点，学习者需要积极参与练习和实践，加深对关键概念的理解，并尝试将其应用于实际问题。阅读相关教材和参考资料，与他人进行讨论和交流也是提高理解和应用能力的有效途径。

1.1　材料力学的任务

材料力学作为工程和物理学的一个基础分支，专注于研究材料、构件或结构在外力作用下的力学行为和变形。其核心任务是通过对材料、构件或结构在外力作用下的响应进行深入理解，为材料的选用、结构设计、性能评估及故障分析提供科学依据和技术支持。在现代工程实践中，材料力学的应用范围极其广泛，涵盖了从土木建筑、航空航天、机械制造到微观电子器件等众多领域。

材料力学的任务可以具体概括为以下几个方面：

(1)描述材料、构件或结构的力学行为：通过建立数学模型和理论框架，准确描述构件或结构在受力时的应力、应变等力学行为，包括构件或结构在静荷载、动荷载及复杂荷载条件下的响应。

(2)预测和分析结构的承载能力：基于对材料力学行为的理解，预测结构在特定荷载作用下的性能，包括其强度、刚度和稳定性等，为结构设计和优化提供理论依据。

(3)评估材料和结构的安全性：通过对材料损伤、屈服、断裂等长期力学性能的研究，评估和预测结构在长期服务过程中的安全性和可靠性，为材料选择和结构设计提供参考。

(4)指导新材料的开发和应用：材料力学不仅应用于传统材料的研究，而且也为新材料如复合材料、智能材料的开发和应用提供理论基础与技术支持。

1.2　强度、刚度和稳定性

在材料力学中，强度、刚度和稳定性是主要的研究目标与关注重点，因为这些概念对于评估材料和结构的性能、可靠性和安全性至关重要。

强度、刚度和稳定性的研究可以帮助人们全面评估材料的性能。

(1)强度参数(如拉伸强度、屈服强度、压缩强度、剪切强度等)提供了材料在不同应力条件下承受破坏的能力信息，了解材料的强度特性可以帮助人们选择合适的材料，以满足特定工程应用的要求。例如，在设计建筑结构时，人们需要选择具有足够强度的材料，以确保结构能够承受预期的负荷而不发生破坏。图 1.2.1 显示几个工程构件或结构由于强度、刚度和稳定性不足而产生破坏的实例。

(a)

(b)

(c)

(d)

图 1.2.1　工程构件或结构的破坏与事故

(a)地震作用下，由于桥柱混凝土的强度不足导致柱顶破坏；
(b)某高填方场地地基不均匀沉降造成墙体开裂；
(c)浙江某地钢结构坍塌前后照片，据分析坍塌原因是结构刚度不足所致；
(d)福建某地一家快捷酒店发生坍塌事故前后的现场照片。经调查，事故发生原因是非法加层引起钢结构柱失稳

　　(2)刚度参数(如弹性模量、刚度系数等)用于描述材料对应力产生响应的能力。了解材料的刚度特性有助于人们预测和控制材料的变形行为。对于需要保持形状稳定性的结构，

选择具有适当刚度的材料是至关重要的。例如，在航空工程中，飞机机翼需要具有足够的刚度，并保持其形状稳定，以确保飞行安全。

（3）控制杆件结构稳定性的关键参数包括材料性质、几何尺寸、支撑条件、荷载类型与分布及初始缺陷。其中，材料的弹性模量和强度直接影响杆件的抗弯与抗压能力；杆件的长度、截面面积及形状决定其刚度和抗屈曲能力，长细比越大，稳定性越差；端部的约束方式，如固定或铰接，影响杆件的受力状态；荷载的大小、类型（轴向或横向）及分布方式（集中或均匀）决定了杆件承载能力和失稳风险；而初始缺陷，如微小弯曲或截面不均匀，会降低其临界荷载，增加失稳可能性。综合这些参数，通过合理设计和材料选择，可以有效提高控制杆件的结构稳定性。

强度、刚度和稳定性的研究对提高结构的可靠性和安全性至关重要。了解结构的承载能力和失效机制对于设计能够在使用条件下安全运行的结构是必不可少的。通过评估材料的强度特性，可以确定结构在安全工作范围内的性能，从而避免因超出材料的承载能力而引发的事故或破坏。

此外，掌握结构的刚度特性有助于控制结构的变形。在工程设计中，确保结构变形保持在可接受的范围内是非常重要的，以防止结构失稳和崩溃。选择合适的材料并优化结构的尺寸和形状，能够提升结构的稳定性，从而延缓或防止失稳的发生。

1.2.1　强度

强度是指材料抵抗外部负荷或应力的能力。它是描述材料在受力下产生破坏的能力。强度的研究旨在确定材料在不同应力条件下的极限承载能力，以及材料的破坏模式和失效机制。强度的评估对于设计结构和选择材料具有重要的意义，以确保结构在使用条件下能够承受预期的负荷而不发生破坏。在材料力学中，常用的强度参数包括拉伸强度、屈服强度、压缩强度、剪切强度等。

1.2.2　刚度

刚度是指材料或结构在受力下抵抗变形的能力。它是描述材料或结构对应力产生的响应程度。刚度的研究旨在理解材料或结构在受力下的变形行为，以及其对应力的传递方式。刚度的评估对于设计和分析结构具有重要的意义，以确保结构在承受负荷时的形变和变形控制在可接受范围内。在材料力学中，常用的刚度参数包括弹性模量、刚度系数等。

1.2.3　稳定性

稳定性是指构件或结构在受力下保持平衡和稳定的能力。它是描述构件或结构抵抗失稳破坏的能力。稳定性的研究旨在理解构件或结构在受力下的失稳行为和临界条件，以及通过增强结构的稳定性防止失稳和破坏。稳定性的评估对于设计和优化结构具有重要的意义，以确保结构在受到负荷时保持稳定，并避免发生失效或崩溃。在材料力学中，常用的稳定性参数包括临界荷载、屈曲应力、临界长度等。

1.3 荷载及外力、约束及反力

在材料力学中，荷载及外力、约束与反力是研究构件和结构力学行为的基本概念。

1.3.1 荷载及外力

荷载是指作用在结构或构件上的力、力（偶）矩或分布荷载。当对构件或结构进行强度校核时，首先，必须明确结构或构件的受力情况及做出分析对象的受力图，这个分析过程叫作构件或结构的受力分析。图1.3.1所示为桥梁通行时的实景图片。桥梁承受的荷载（外力）包括行人、车辆的重量和桥梁自重，以及桥墩对桥梁的支撑力。

荷载可分为静荷载和动荷载。静荷载是指作用在结构上的静止不变的力、力（偶）矩

图1.3.1 公路桥梁

或分布荷载，如自重、静水压力等，这些荷载不随时间变化，对结构产生恒定的作用力；动荷载是指作用在结构上的随时间变化的力、力（偶）矩或分布荷载，对结构产生动态效应的作用力，如风荷载、地震荷载等具有时间变化特性的作用力。荷载的大小、方向和作用点位置对结构的力学行为和稳定性有重要的影响，也反映了外界因素对结构或构件的作用情况。荷载的大小、方向和作用点位置通常被称为力的三要素。因此，在受力分析时，为了图示一个力对物体的作用，通常使用一根有方向的线段来表示一个力，如图1.3.2所示。线段的长度表示力的大小，箭头的指向表示力的作用方向，线段的尾端一般为力的作用位置。在数学上这种具有大小、方向和位置的物理量被称为矢量（或向量）。用符号表示力矢量时，通常采用黑体字表示，如 F；手写时，由于不方便将字母涂黑，通常在表示矢量的符号之上加箭头"→"，如 $\vec{F}$。

在实际工程领域，构件或结构体更频繁地承受静荷载。鉴于此，材料力学将专注于探讨在静荷载作用下构件的力学行为。对于动荷载作用下的力学问题，将预留给更高级的课程深入讲解。这样的安排旨在为学生建立坚实的力学基础，确保学生能够逐步掌握更复杂的力学知识。

外力是指外界对构件或结构施加的作用力或力（偶）矩。在受力分析中，首先必须明确分析对象与外界（或环境）之间的区别，外力指的是分析对象与外界之间的相互作用。在机械作用下，作

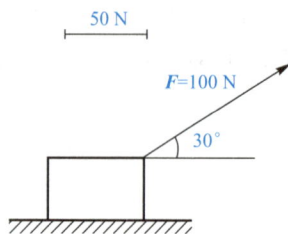

50 N

F=100 N

30°

图1.3.2 力矢量

用力通常通过相互接触进行传递；然而，在存在物理场的情况下，分析对象与外界不必相互接触，如重力、电磁力等。

外力可以是集中力、分布力、力（偶）矩或它们的组合。集中力是指作用在结构上的一个点或一小区域的力，例如点荷载或支座反力；分布力是指作用在结构上一定长度、面积

或体积上的力，如均布荷载或侧风压力，均布荷载是指其分布力密度为常数值的分布力。严格来说，绝对的集中力是不存在的，任何力作用部位都存在一定的范围；然而，当力的作用范围相对于物体的表面积很小时，可以将这个力看作集中力；力(偶)矩是指作用在结构上的力对某一点或某一轴线产生的旋转效应。图 1.3.3 显示一根梁受到集中力、力(偶)矩和分布力的作用。图中 F 为集中力，$q(x)$ 为作用在梁段上的分布力，M 为外力偶矩。

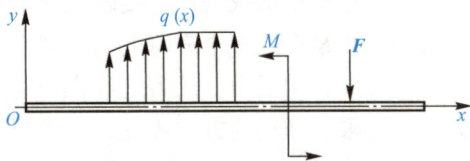

图 1.3.3　梁的受力表示方法

在力学分析中，为了使受力分析更清晰，一般会将分析对象从外界环境中隔离出来，称为隔离体。尽管荷载和外力存在些微差别，但在本书中经常交替使用这两个术语。

1.3.2　约束及反力

在实际工程中，任何结构或构件都不能被视为自由运动的机构，即在外力作用下产生刚体运动。实际的结构或构件受到支座或连接件的运动约束，以确保其在空间中具有确定的位置。

约束是指对结构或构件运动的限制，可以通过各种方式实现，其中最常见的是支座。支座是用于支撑结构或构件并提供反力的装置。根据约束方式的不同，支座可分为简支、固支、悬臂等类型。简支支座允许结构在某个方向上旋转和平移，但在其他方向上受到约束；固支支座不允许结构在任何方向上发生移动或旋转。悬臂是指构件的一端被牢固固定，不允许有任何运动。这种约束常用于梁、柱等结构的端部，以提供强大的支撑和稳定性。固定铰支座允许发生旋转，但不能有线位移；支杆支座类似固定铰支座，只是它可以有杆件轴向的位移；而对于定向滑动支座，可以产生一个方向的位移，但不能产生转动和另一个方向的位移。图 1.3.4 所示为常见的四种支座。

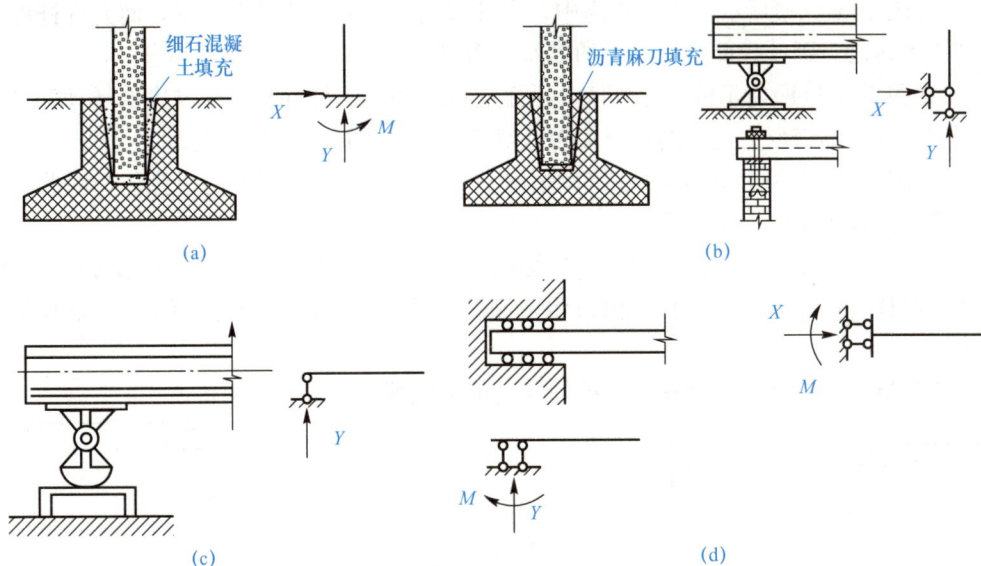

图 1.3.4　常见的四种支座

(a)固定(端)支座；(b)固定铰支座；(c)支杆(滚轴)支座；(d)定向(滑动)支座

通过有效的约束，结构或构件可以在受到外力作用时保持稳定，并且其位移和变形可以得到可靠的控制与预测。这对于确保结构的安全性、可靠性和工作性能至关重要。

外界在与结构或构件的接触或连接部位对其施加运动约束，这种约束实质上限制了结构或构件在某个或多个方向上的位移。为了实现这种约束效果，在被限制位移方向上必然会产生约束力和反力。反力是约束对外力作用所产生的力或力矩。一般来说，约束反力的方向与被限制位移的方向相反；约束反力矩转向也与被约束的转动方向相反。例如，在一个光滑的接触面上，由于在接触面的切向不存在约束作用，所以接触反力垂直于接触面。

根据力的平衡条件，约束对外力的反力必须满足平衡条件，以保持结构或构件处于静力平衡状态。反力的大小、方向和作用点位置是由约束和作用力的性质共同决定的。通过分析结构或构件的力平衡情况，可以确定反力的大小和方向，从而进行力学计算和分析。一般来说，反力的方向与物体受到运动约束的方向相反，而约束力的作用点位于物体与约束的接触部位。在力学分析中，反力是指约束对外力的抵抗力。根据力的平衡原理，反力与外力之间必须保持平衡，以使结构处于静力平衡状态。反力的计算是通过应用静力学平衡方程和考虑约束条件来确定的。

在工程实践中，了解和计算结构或构件的约束反力是非常重要的。这些反力的存在和正确计算可以确保结构的稳定性和安全性。通过准确地估计反力的大小和方向，可以设计合适的支撑结构、连接件或约束系统，以满足结构在正常使用和极限工况下的要求。

荷载及外力是施加在结构上的外部作用力或力矩，而约束限制了结构的运动自由度。约束对外力的反力是为了满足力的平衡，保持结构的静力平衡状态。通过合理地考虑和处理荷载及外力、约束与反力，能够建立准确的力学模型，进行静力学或动力学分析，并预测和控制结构的力学性能与安全性。

在解决实际工程问题时，应用力学原理和静力学知识对于判断和计算约束反力是关键的一步。以图1.3.5展示的几种支座约束情况为例，可以通过分析支座对结构或构件的约束作用来确定支座反力的方向和作用点。

(1)在图1.3.5(a)所示的支杆支座中，支杆仅约束了杆件的竖直位移，而允许杆件绕支杆铰链自由转动。因此，此约束产生的支座反力仅有一个，且方向为竖直。

(2)在图1.3.5(b)所示的固定支座，由于它同时约束了杆件相对于支座的转动和平动位移，固定支座的约束反力包括约束反力矩及竖直和水平方向上的约束反力。

(3)在图1.3.5(c)所示的固定铰支座情况下，由于它仅约束杆件的线位移，因此其支座反力包括竖直和水平方向上的反力。

(4)在图1.3.5(d)所示的定向滑动支座通过两根等长的支杆约束了杆件相对于支座的转动和竖直位移，但允许水平位移自由发生，因此，这种支座的反力包括约束力矩和竖直约束反力。

这些分析对于设计支撑结构、连接件或约束系统等具有重要应用价值。

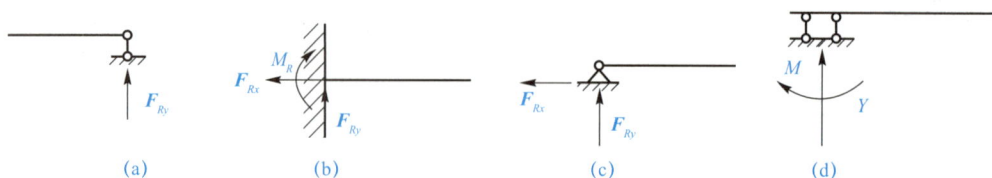

图1.3.5　几种支座约束反力及支座反力

【例 1.3.1】 判断图 1.3.6(a)、(b)中所示的杆件 AB 的约束反力，并作杆件 AB 的受力图。

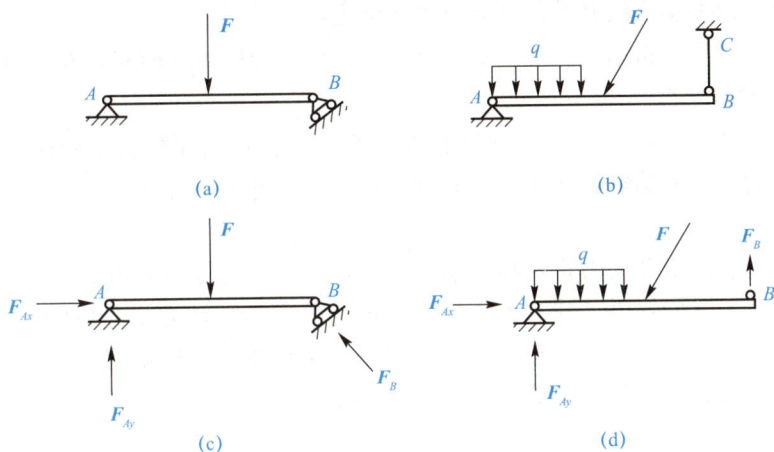

图 1.3.6　杆件 AB 的约束反力

(a)支座 B 为斜支撑的简支梁；(b)B 端由链杆 CB 悬挂的杆件；
(c)对应(a)图的杆件 AB 受力图；(d)对应(b)图的杆件 AB 受力图

解：(1)在图 1.3.6(a)中，杆件 AB 的左边支座是固定铰支座，它约束住 A 点的水平位移和竖向位移。因此，根据约束与支座反力的因果关系，该点有一对相互垂直的支座反力(F_{Ax}，F_{Ay})。杆件 AB 的右边支座为支杆支座，由于支杆斜向上，所以 B 点的支座反力 F_B 方向应该沿着支杆轴向。杆件 AB 的受力图如图 1.3.6(c)所示。

(2)在图 1.3.6(b)中，杆件 AB 的左边支座是固定铰支座。因此，该点有一对相互垂直的支座反力(F_{Ax}，F_{Ay})。杆件 AB 的右端与链杆 CB 连接，由于链杆只有轴向力，且沿着链杆的轴向。因此，B 点的支座反力 F_B 方向应该沿着链杆的轴向向上。杆件 AB 的受力图如图 1.3.6(d)所示。

1.3.3　关于荷载与反力的相关概念

1. 荷载的分类

常见的荷载类型除前面提到的静荷载和动荷载外，还常遇到温度荷载和流体压力荷载两类。其中，温度荷载是指由于结构或构件温度变化所产生的作用；流体压力荷载是指由气体或液体的压力所引起的作用力。例如，容器内的液体或气体压力会对容器壁施加作用力。流体压力荷载的作用方向通常垂直于结构或构件表面。

2. 荷载的组合

在实际工程中，结构或构件通常同时受到多个荷载的作用。这些荷载可能以不同的方式作用于结构，如同时考虑静荷载和动荷载，或同时考虑多个方向的荷载。荷载组合是指将不同类型和方向的荷载按照一定规则与权重组合在一起，通常使用最不利荷载组合来反映实际工况下结构的最不利受力情况。

3. 反力的计算

确定约束对外力的反力是力学分析中的重要步骤。根据力的平衡原理，反力必须与外力平衡，以保持结构处于静力学平衡状态。反力的计算可以利用静力平衡方程和约束条件进行。对于简单的(静定)结构，反力可以直接通过平衡方程求解；对于复杂的结构，可能需要应用较复杂的力学方法和数值计算技术来确定反力。

反力的计算对于分析结构内力、应力分布、变形和挠度等方面起着关键的作用。

4. 反力的影响

反力对结构的力学行为和稳定性具有重要的影响。它们在分析结构内力、应力分布、变形和挠度等方面起着关键的作用。正确理解和合理考虑反力对结构的影响，有助于确保结构的安全性。

荷载及外力、约束及反力是材料力学中的基本概念，对于分析和设计结构或构件的力学行为非常重要。它们提供了建立力学模型、进行静力学和动力学分析的基础，对于预测和控制结构的力学性能与安全性至关重要。在实际工程中，准确确定荷载类型、合理考虑荷载组合和正确计算反力是确保结构设计和施工的关键步骤。

1.4　内力、截面法及应力的概念

在材料力学中，内力、截面法和应力是研究结构和构件受力行为的关键概念。以下将对这些概念进行详细说明。

1.4.1　内力

物体在受到外力作用后，会对这些外力做出响应。这种响应表现为在物体内部产生的作用力或力矩，称为内力。内力是存在于物体不同部分之间的相互作用力，它是由外力和约束作用于结构或构件时，在材料内部引起力的传递和分布所产生的。图 1.4.1(a) 显示从物体内部 $m-m$ 截面将物体截成左右两部分，截面左边部分和与之联系的右边部分的相互作用力及内力，如图 1.4.1(b)、(c)所示。

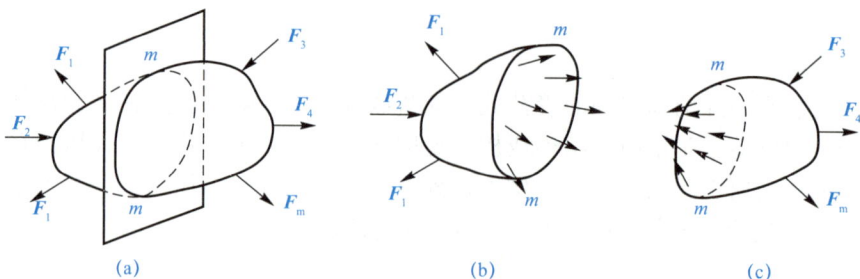

图 1.4.1　物体中的内力

内力可以被看作材料中各部分之间相互施加的力或力矩。当外力作用于物体时，它会在物体内部引起力的传递和分布，使物体不同部分之间产生相互作用。这种相互作用力可以是拉力、压力、剪力和弯矩等形式。

拉力是指物体内部产生的沿构件截面外法向的拉伸作用力，它使材料内部的分子间距增大，从而导致物体产生拉伸变形。压力是指物体内部产生的指向构件截面的压缩作用力，它使材料内部的分子间距缩小，导致物体产生压缩变形。在本书中规定拉力为正，压力为负。

剪力是指物体内部产生的沿构件截面切线方向的切向力，它使物体内部不同层次截面之间发生相对滑移，从而导致物体发生剪切变形。弯矩是指物体内部产生的在构件截面上引起弯曲的力矩，它通常是由结构内部截面上的内力计算得出的合力矩，它是导致物体发生弯曲变形的主因。

内力是由于外力作用于物体，并通过材料内部的相互作用传递和分布而产生的。内力的分布规律对于分析结构的强度、刚度和稳定性至关重要。通过研究内力的大小和分布情况，可以评估结构的承载能力、变形情况及对外界力的响应。这样的分析有助于设计结构的合适尺寸和材料，以确保结构的安全性和可靠性。

了解内力的分布规律还有助于确定结构中的薄弱部位，从而进行加固或改进设计，提高结构的整体性能。例如，对于梁、柱等结构，弯矩起着重要的作用，并且对结构的强度和刚度有着重要的影响。通过分析内力的分布情况，可以确定梁或柱的最大弯矩位置，进而选择适当的材料和截面尺寸来满足结构要求。

此外，内力的分布还可以帮助工程师识别结构中的关键部位，如结点、连接点等，以确保这些部位能够承受较大的内力，并采取适当的增强措施。通过优化内力的分布，可以提高结构的整体性能和稳定性。

1.4.2　截面法

截面法是一种用于研究结构内力分布和计算的重要方法。它通过截面将结构或构件切割成不同部分，从而暴露出截面上的内力。适当选择由截面切割开的物体部分作为受力分析的隔离体，并通过分析每个截面上的内力和内力矩来推导出内力的分布规律。在力学计算时，舍去部分对隔离体的作用通过截面上的内力表现出来。

利用截面法，可以确定结构或构件中任意位置的内力大小、方向和作用点位置。在选择隔离体时，通常是以计算简便为选取原则。以图 1.4.2 为例，显示了一个物体隔离体选取的示例。图 1.4.2(a)所示为采用截面法截取的隔离体，在截面上暴露出的分布面力就是内力；图 1.4.2(b)表示通过力的合成法将截面内力合成为一个合力 F_R 和一个合力矩 M。

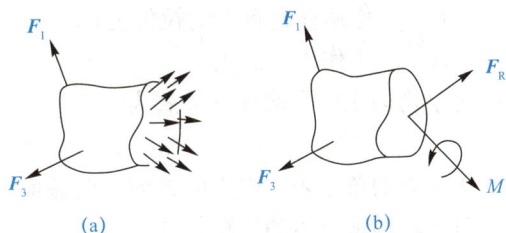

图 1.4.2　隔离体选取

在图 1.4.2 中，只选取物体的一部分作为隔离体，舍去部分对隔离体的作用通过截面上的内力体现出来。因此，物体两侧截面上的内力互为作用力与反作用力，即一侧截面上的内力与另一侧截面上的内力大小相等，但方向相反。因此，隔离体两侧截面上的内力是唯一的，只需要计算隔离体一侧截面上的内力即可。

截面法通过将结构或构件切割成几部分，选取隔离体进行受力分析，然后通过平衡方程和力学关系分析每个截面上的力和力矩，从而推导出内力的分布规律。这种方法能够确定结构或构件中任意位置的内力大小、方向和作用点位置，同时，也能简化计算过程。

1.4.3 应力

应力是指材料内部单位面积上的力的作用，它描述了材料内部的内力分布状态。材料内部截面上的应力是一个矢量，其方向与力的作用方向一致。应力可以通过力的作用面积除以该面积的大小计算得到。常见的截面应力类型包括拉应力、压应力和剪应力（又称切应力）。拉应力和压应力合称为正应力。

（1）拉应力是指作用在材料截面上的拉伸力与截面面积的比值。当一个物体受到拉伸力时，它的长度会发生变化，拉应力描述了材料在拉伸过程中所承受的内力的大小。拉应力通常用正值表示。

（2）压应力是指作用在材料截面上的压缩力与截面面积的比值。当一个物体受到压缩力时，它的体积会发生变化，压应力描述了材料在压缩过程中所承受的内力的大小。压应力通常用负值表示，表示力的方向与材料截面的外法线方向相反。

（3）剪应力是指作用在材料截面上的切向（剪切）力（及与截面切线方向一致的内力）与截面面积的比值。当一个物体受到剪切力时，它的形状会发生剪切变形，剪应力描述了材料在剪切过程中所承受的内力的大小。在此，剪应力没有特定的正负符号，它的方向与剪切力的方向相同。关于正应力与剪应力的几何关系如图 1.4.3 所示。

应力的计算公式是将作用在材料上的内力除以该力作用的面积。对于均匀拉应力的计算公式为

$$\sigma = F/A$$

式中　σ——拉应力；

　　　F——作用在材料上的拉伸力；

　　　A——力作用的面积。

对于均匀压应力的计算公式为

$$\sigma = -F/A$$

压应力的负号表示内力的方向指向截面。

对于均匀剪应力的计算公式为

$$\tau = F/A$$

式中　τ——剪应力；

　　　F——作用在材料上的切向（剪切）力；

　　　A——力作用的面积，剪应力的方向与截面上的剪力方向一致。

如果内力在截面上是逐点变化的，则应力的计算应该采用微分，即

$$\sigma = \lim_{\Delta A \to 0} \frac{\Delta F_N}{\Delta A} \qquad \tau = \lim_{\Delta A \to 0} \frac{\Delta F_Q}{\Delta A}$$

式中　ΔA——截面上的微元面；

　　　ΔF_N——微元面上的法向内力；

　　　ΔF_Q——微元面上的切向内力，参见图 1.4.3。

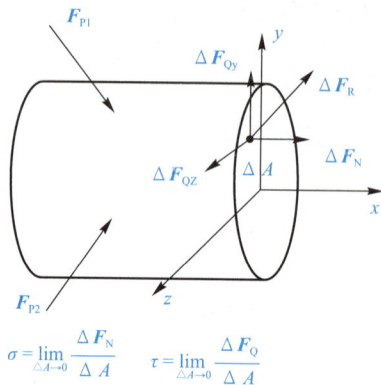

图 1.4.3　截面上的应力

应力的大小和方向对材料的强度与变形行为具有重要的影响。材料的强度是指材料能够承受的最大应力值，超过该值时材料会发生破坏。应力还与材料的变形行为相关，不同材料在受到相同大小的应力时会表现出不同的变形特性。

应力在工程领域中具有广泛的应用。在结构设计中，工程师需要计算材料在受到外部荷载时的应力分布，以确保结构的安全性和稳定性。应力分析还可以用于预测材料的寿命和疲劳行为，从而进行可靠性评估和优化设计。应力的测量和控制也在材料加工与制造过程中起着重要的作用，以确保产品的质量和性能。

应力的国际单位制(SI)单位是帕斯卡(Pa)，1 帕斯卡(Pa)等于 1 牛顿/平方米(N/m^2)。在工程中，帕斯卡(Pa)这个单位太小，常用的单位包括兆帕(MPa，$1\ MPa=10^6\ Pa$)和千帕(kPa，$1\ kPa=10^3\ Pa$)。

应力是材料内部单位面积上力的作用，它描述了材料内部的力分布状态。正应力和剪应力是常见的应力类型。应力的大小和方向对材料的强度与变形行为具有重要的影响。正应力表示材料内部截面两侧的拉压作用，剪应力表示材料两侧截面的剪切作用。应力分布和截面内力相互对应，根据力学关系可以由一种力学量确定另一组力学量。

需要明确的是，前述公式建立在一个假定之上，即考虑的材料是各向同性的。这意味着，材料的物理与力学性质在任何方向上都是相同的，不会因为方向的改变而有所不同。同时，在宏观尺度上，当材料承受外部载荷时，假设材料的形变是连续的，没有突变或不连续。

在实际应用中，由于结构的复杂性及材料内部的非均匀性和各向异性，即材料的物理性质随方向改变而变化，以及材料性质随点的位置而变化，应力分布可能会显得格外复杂。除此之外，材料的变形行为有时也无法完全符合线弹性的假设，因为在某些情况下，材料在卸载后不能完全恢复到初始状态，可能出现永久变形。

因此，在实际工程应用中，为了更准确地预测和计算应力，就必须采用更为复杂的力学模型，并应考虑材料特性的具体情况。这包括但不限于材料的各向异性特性，以及在特定条件下可能出现的非线弹性行为，从而确保计算结果的准确性和可靠性。

1.4.4　应力分析

应力分析是一项关键的工程技术活动，旨在研究结构和构件内部的应力分布情况。通过对结构和构件内应力分布的计算与分析，该过程帮助人们揭示材料在受力状态下的内部应力分布规律，进而评估结构或构件上的强度与稳定性。应力分析包含应力的计算和应力状态的细致分析，通过这些分析，可以明确结构或构件中的应力集中区域及其成因，为应力控制和结构设计提供科学依据。

应力分析的核心概念涵盖了内力分布、截面法和应力计算等要素。内力分布描述的是结构或构件内部受力的分布状况，对于理解结构的受力机制至关重要；截面法是一种广泛应用的结构计算方法，通过分析截面上的内力及弯矩的平衡状态，推导出截面应力分布的具体情况。应用截面法能够确定结构中不同截面的应力状态，为结构设计和优化提供重要依据。

进行应力计算是应力分析过程中的一个重要环节。它依托材料的本构关系(材料的应力与应变之间关系)和具体的受力条件，计算结构或构件中的应力水平。应力计算时需要考虑多种因素，包括受力类型(如拉力、压力、剪力等)、材料的力学特性(如弹性模量、屈服强度等)及结构的几何形态。通过精确的应力计算，可以评估结构各部位的应力水平，识别可能存在的应力过载区域，从而采取相应的控制措施和设计调整。

应力分析和应力计算的结果对结构设计、强度校核及结构优化具有至关重要的作用。深入掌握结构和构件的受力特性，有助于发现并解决潜在的结构问题，对确保结构安全性和可靠性发挥着不可或缺的作用。这些理论和方法在工程实践中得到了广泛应用，是结构工程师必备的技能之一。

1.5　变形与应变

在材料力学中，变形与应变是描述材料在受力作用下的重要概念。

1.5.1　变形

变形是指材料在受力作用下发生的形状或尺寸的改变。当外力作用于材料时，材料内部的原子、分子或晶粒会发生相对位移，从而导致材料整体的形状或尺寸发生变化。变形可以是弹性变形或塑性变形。弹性变形是指材料在受力后恢复到原始形状或尺寸的能力；塑性变形是指材料在受力后不能完全恢复到原始形状或尺寸的能力。

1.5.2　应变

应变是描述材料变形程度的物理量，它表示物体变形前后单位长度和角度的变形量。应变可以用来描述材料在受力下的变形情况，包括线性应变和非线性应变。

(1)线性应力－应变关系描述的是材料在受到外力作用时，应力与应变之间存在直线比例关系的现象。这意味着材料的变形(应变)与其所承受的力(应力)成正比关系。在这一框架下，线性应变进一步细分为正应变和剪应变，分别反映了材料在拉伸或压缩及剪切作用下的变形情况。

1)正应变(Longitudinal Strain)ε。正应变是指材料在拉伸或压缩过程中单位长度的变形量。在材料拉伸时，正应变是指材料在拉伸方向上的变形程度，通常用拉伸应变表示。正应变的计算公式为

$$\varepsilon = \Delta L / L_0$$

式中　ΔL——长度变化量；

　　　L_0——初始长度。

2)剪应变(Shear Strain)γ。剪应变是指材料在剪切过程中物体平面内垂直直线之间的相对角位移量。剪应变的计算公式为$\gamma = \tan\theta$，式中，θ表示剪切变形时切线与初始平面之间的夹角。

图1.5.1显示微元体的正应变和剪应变。图中采用了以物体的位移u定义正应变的表示方式。根据应变的定义可知，应变是无量纲物理量。尽管正应变ε和剪应变γ为无量纲物理量，但是有正负之分。正应变ε的符号以伸长为正，缩短为负；剪应变γ直角变大为正，直角变小为负。

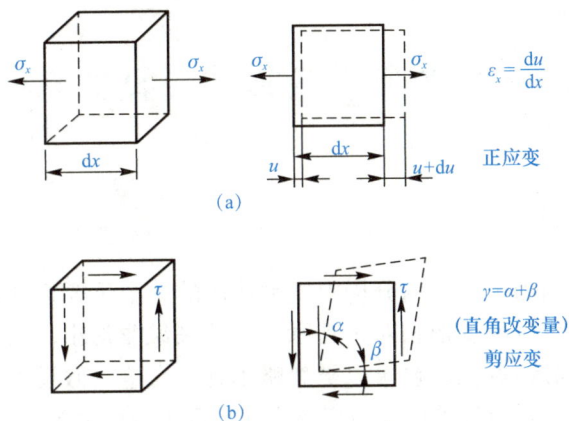

图 1.5.1 正应变和剪应变的几何表示

(a)正应变;(b)剪应变

【例 1.5.1】 一根长度为 10 cm 的金属杆受到拉力,拉伸后长度增加到 10.05 cm。求杆的线性应变。

解: 根据线性应变的定义,线性应变 ε 可以通过计算长度变化量 ΔL 与初始长度 L_0 的比值得到。

$$\Delta L = 10.05 - 10 = 0.05 (\text{cm})$$

$$L_0 = 10 \text{ cm}$$

$$\varepsilon = \Delta L / L_0 = 0.05 / 10 = 0.005$$

因此,杆的线性应变为 0.005。

在例 1.5.1 中,由于杆的应变与拉力之间呈线性关系,可以通过计算长度的变化量来确定线性应变的数值。线性应变的计算公式为应变等于长度变化量除以初始长度。但是当材料非均匀变形时,应变的计算必须采用微分计算,即 $\varepsilon = \dfrac{\mathrm{d}u}{\mathrm{d}l}$。其中,$\mathrm{d}u$ 是微线元 $\mathrm{d}l$ 两端的相对位移。

变形是指材料形状或尺寸的改变,而应变是单位长度的变形量。应变可分为线性应变和非线性应变,其中线性应变满足应变与材料变形之间的线性关系。通过计算长度变化量和初始长度的比值,可以确定线性应变的数值。这些概念和计算方法在材料力学与结构分析中具有广泛的应用,可以帮助人们理解材料的性能和行为,以及设计和分析工程结构的刚度、稳定性与可靠性。

(2)非线性应力一应变关系是指应力与应变之间不满足线性关系的情况。在某些材料中,应变与应力之间的关系可能是非线性的,如弹塑性材料或脆性材料。非线性应变的计算需要考虑材料的本构关系,通常需要利用试验数据或材料模型来描述。

综上所述,应变是描述材料变形程度的物理量,包括正应变和剪应变。正应变用于描述材料在拉伸或压缩过程中单位长度的变形量;剪应变用于描述材料在剪切过程中线段夹角的变化量。对于某些材料,应变与应力之间的关系可能是非线性的,需要考虑非线性材料的本构关系来描述非线性应变。

1.6 小变形、线弹性与叠加原理

1.6.1 小变形

小变形假设是在材料力学和结构分析中经常使用的一个重要概念，它指的是当一个结构或材料在受力作用下发生的变形相对于其原始尺寸来说非常小，以至于变形引起的二次效应（如变形对结构几何形状的影响）可以被忽略不计。在这一假设下，材料的应变定义可以通过线性关系来描述，这意味着应变与变形之间呈现出线性关系。

在小变形假设适用的条件下，可以将以下几点作为默认参考结论。

1. 应变小于 0.005

通常情况下，当应变小于 0.005 时，可以认为材料的弹性行为是近似线性的，即应力与应变之间的关系可以近似为直线。这允许人们使用线性弹性模型来描述材料的力学行为。

2. 结构尺寸相对于材料尺寸很大

结构尺寸相对于材料尺寸很大意味着结构的宏观尺寸远大于材料的微观尺度（如晶格常数或晶粒尺寸）。在这种情况下，可以将结构视为均匀的连续介质，利用连续介质力学的理论来描述其行为。

3. 结构的刚度分布均匀

结构的刚度分布均匀意味着结构中的刚度（或弹性模量）在整个结构中均匀分布。在这种假设下，材料的力学性质在结构的各个部分是相似的，不存在显著的非均匀性。因此，可以假设材料的变形是均匀的，并使用线性弹性模型来描述。

小变形假设是一个简化分析的有力工具，它允许在很多情况下使用线性弹性理论来描述和分析结构的力学行为。需要注意的是，当结构或材料的变形较大时，小变形假设不再适用，此时可能需要考虑非线性效应。

1.6.2 线弹性

线弹性描述的是材料在小变形条件下，应力与应变之间维持线性关系的行为。这种假设允许通过弹性模量（E）（也称为杨氏模量）来量化材料的应力-应变关系。弹性模量是一种表征材料抵抗形变能力的力学性质，它定义为单位应变下产生的应力。

线弹性行为可以用公式 $\sigma = E\varepsilon$ 来表达。其中，σ 是正应力，E 是弹性模量，ε 表示线性应变。在这个框架下，应力与应变之间保持线性关系，意味着弹性模量 E 是一个恒定值，是材料固有的属性，可以通过试验方法获得或根据材料的特性进行估算。

必须强调的是，线弹性假设仅在材料经受小范围变形时适用。一旦应变超出这一线性界限，材料的行为将转变为非线性，可能出现塑性变形、断裂等现象。因此，理解线弹性假设的适用范围对于准确预测和分析材料在各种加载条件下的响应至关重要。

1.6.3　叠加原理

叠加原理是指在结构或构件受到多个荷载(组合荷载)作用时,可以将每个荷载的效应分开计算,然后将其叠加得到整体的响应。这个原理可以应用于小变形和线弹性的条件下。

根据叠加原理,在结构受到多个荷载作用时,可以分别计算每个荷载引起的应力和变形。然后,将每个荷载的应力和变形分量按照线性叠加的方式相加,以得到整体的应力和变形。

叠加原理的应用使人们可以将结构的复杂荷载分解为简单的荷载情况进行分析。这对于工程设计和结构分析非常有用,因为它简化了计算的复杂性,并且可以更好地理解结构在不同荷载组合下的响应。同时,应用叠加原理可以解决原本无法通过解析方法计算的问题。

小变形是指在受力作用下,材料变形相对于结构尺寸很小的情况,可以忽略高阶项;线弹性是指材料在小变形范围内,应力与应变之间呈线性关系;叠加原理可以应用于小变形和线弹性的条件下,这些概念和原理在结构分析与工程设计中都起着重要的作用,帮助人们理解材料和结构的力学行为,以及进行准确的分析和设计。

1.7　杆件变形的几种基本形式

在材料力学中,杆件是指长度远大于截面尺寸的构件,主要变形形式包括拉伸、压缩、剪切、扭转和弯曲。这些变形由对应的特定外力作用引起。通常,讨论的杆件截面大多具有对称的形状,并且由截面形心连接形成的轴线是直线或曲线。因而,将杆件简化为直线或曲线表示,忽略截面形状。但在讨论截面转动和内力分布时,需要考虑其截面形状的因素。

1.7.1　拉伸

拉伸是指杆件在受到拉力作用下,沿轴向发生长度增加的变形形式。当外部拉力作用于杆件上时,杆件内部的原子、分子或晶粒会发生相对位移,从而导致杆件的长度增加。拉伸变形是杆件最常见的一种形式,如拉伸杆件、链杆和拉索。拉伸变形的特点是杆件受到的外力沿着杆件的轴向作用,并均匀分布在杆件截面上。

1.7.2　压缩

压缩是指杆件在受到压力作用下,沿轴向发生长度减小的变形形式。当外部压力作用于杆件上时,杆件会受到压缩力,导致杆件的长度减小。压缩变形也是杆件常见的一种形式,如链杆、柱子和支撑杆。压缩变形与杆件拉伸相似,只是作用力的方向相反。

1.7.3　剪切

剪切是指杆件在受到与其截面平行的切向力作用下，发生平行于杆件截面的相对位移的变形形式。当杆件受到切向力时，材料内部的层状结构会发生滑动，导致杆件发生剪切变形。剪切变形通常发生在材料的平面内，常见于受力部件如梁和切削工具等。剪切变形的特点是材料在剪切平面上的应力分布呈现剪(切)应力的形式，而剪切应变表示相对角位移的大小。

1.7.4　扭转

扭转是指材料在受到外力偶矩作用下发生的旋转变形。当外力偶矩作用于材料时，材料的不同截面会沿轴线发生旋转，形成扭转变形。扭转变形常见于轴、螺旋桨和传动轴等部件。扭转变形的特点是材料的应力分布呈现扭转应力，而扭转应变表示材料的旋转变形程度。

1.7.5　弯曲

弯曲是指杆件在受弯矩作用下发生的弯曲变形形式。当外力矩作用于杆件上时，杆件会沿其长度发生曲线形变。弯曲变形常见于梁、悬臂杆等结构中。在杆件向下弯曲变形时，杆件的上表面受到压应力，下表面受到拉应力，同时，伴随着截面变形和曲率变化。

1.7.6　组合变形

组合变形是指材料在受到多种形式力或力(扭)矩的共同作用下发生的复合变形形式。在实际应用中，常常存在多种力或力矩同时作用于材料的情况，导致材料同时发生多种变形形式的组合，产生复杂的应力和应变分布。常见的组合变形形式包括压缩和扭转的组合、弯曲和拉伸的组合等。这些组合变形形式的出现使材料在受力下呈现更为复杂的行为，需要通过适当的分析方法进行研究和描述。

通过对杆件变形的研究，可以获得关键的信息，例如，杆件在受力下的变形模式、变形程度及与其他部件的相互作用。这些数据对于评估结构的稳定性和承载能力有关键性作用。深入了解杆件的变形行为，能够识别潜在的问题和风险，采取适当的措施来确保结构的安全运行。

此外，了解杆件的变形形式还有助于优化结构设计和材料选择。通过对杆件变形及应力的研究，可以评估结构的稳定性、强度和刚度，确保其安全性和可靠性，满足特定的工程需求。

1.8　弹性和塑性变形

杆件在受力作用下主要表现为弹性变形和塑性变形两种类型的变形。

1.8.1　弹性变形

当杆件受到外部力作用时，如果杆件的应力未超过其弹性极限，杆件会发生弹性变形，这意味着当外部力移除后，杆件能够完全恢复到其原始形状和尺寸。弹性变形遵循胡克定律，即应力与应变成线性比例关系。

1.8.2　塑性变形

当杆件的应力超过其弹性极限时，杆件会发生塑性变形。在塑性变形下，杆件无法完全恢复到其原始形状和尺寸，而是会保留一定的塑性变形。塑性变形通常伴随着材料的屈服、流动和硬化等现象。

思考题 \\\\

1.1　材料力学分析的核心问题有哪些？

1.2　材料力学中的材料破坏形式有哪几种？各自有什么特征？

1.3　简述材料力学中叠加原理的适用条件及优点。

1.4　解释本章中提到的"各向异性"，并至少举出一种各向异性材料。

1.5　试简述内力与外力的区别和联系。

1.6　请归纳出材料力学中用到的几个基本假设。

习题 \\\\

1.1　根据构件材料均匀性假设，可以认为构件的(　　)在各处相同。

A. 应力

B. 应变

C. 材料的弹性系数

D. 位移

1.2　下列结论中(　　)是正确的。

A. 内力是应力的代数和

B. 应力是内力的集度

C. 应力是内力的平均值

D. 内力必大于应力

1.3　材料力学中的内力是指(　　)。

A. 构件内部的力

B. 构件内部各质点间固有的相互作用力

C. 构件内部一部分与另一部分之间的相互作用力

D. 因外力作用而引起构件内部一部分对另一部分作用力的改变量

1.4　构件的强度是指(　　)，刚度是指(　　)，稳定性是指(　　)。

A. 在外力作用下构件抵抗强度破坏的能力

B. 在外力作用下构件抵抗变形的能力

C. 在外力作用下构件保持原有平衡状态的能力

1.5 为将变形固体抽象为力学模型，材料力学课程对变形固体作出了一些假设，其中均匀性假设是指(　　)。

A. 组成固体的物质不留空隙地充满了固体的体积

B. 沿任何方向固体的力学性能都是相同的

C. 在固体内各处的力学性能相同

D. 固体内各处的应力都是相同的

1.6 对于直径为 d、长度为 l 的等截面圆直杆，当两端施加的拉伸轴力达到 F_{cr} 时，圆杆将被拉断。如果这根圆杆的直径增大一倍、长度缩短一半，此时杆端拉伸轴力应为多少，才能使圆杆被拉断？

1.7 对于横截面为椭圆的受压细长杆，椭圆截面的长短轴分别为 a 和 $b(a>b)$。请判断，当一端固定、另一端自由的椭圆截面杆受压失稳时，压杆将在什么平面内弯曲，并说明原因。

1.8 如图 1.1 所示，求：

(1)支座反力；

(2)1—1、2—2 截面内力。

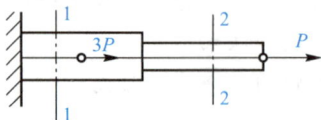

图 1.1

1.9 如图 1.2 所示结构中，杆 1、杆 2 和杆 3 分别发生什么变形？

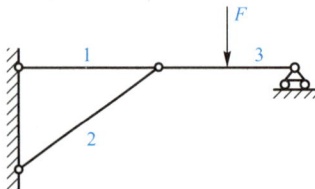

图 1.2

1.10 如图 1.3 所示结构中，杆 1、构件 2 和杆件 3 分别发生什么变形？

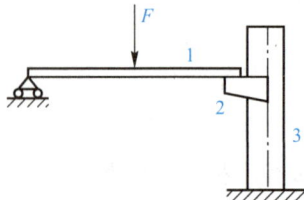

图 1.3

1.11　试求图 1.4 所示结构 $m-m$ 和 $n-n$ 两截面上的内力，并指出 AB 和 BC 两杆的变形属于何类基本变形。

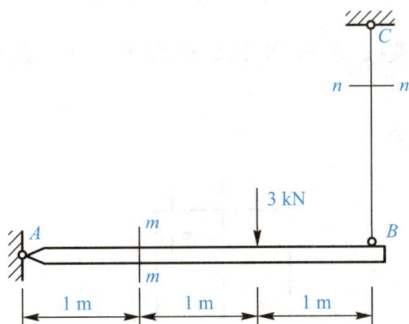

图 1.4

1.12　如图 1.5 所示，单元体 $ABCD$ 的边长为 $\mathrm{d}x$、$\mathrm{d}y$（$\mathrm{d}x=\mathrm{d}y$），其应变 $\varepsilon_x=\varepsilon_y=0$。如果单元体的剪应变为 γ，试求 AC 线元的线应变 ε_{AC}。

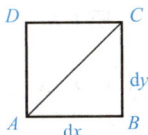

图 1.5

1.13　如图 1.6 所示，杆的横截面为等边三角形，已知该截面上正应力 σ_0 为均匀分布。试求截面上的内力及合力的作用点。

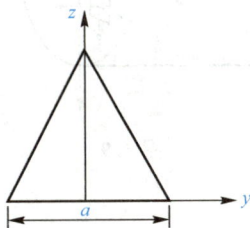

图 1.6

1.14　图 1.7 所示为正方形截面杆，杆长 $l=1\ \mathrm{m}$，横截面边长 $a=50\ \mathrm{mm}$。如果该杆产生均匀拉伸变形，其轴向伸长量 $\Delta l=0.5\ \mathrm{mm}$，横向边长缩短量为 $\Delta a=7.5\times10^{-3}\ \mathrm{mm}$。试求图示 $45°$ 标线的转角 α。

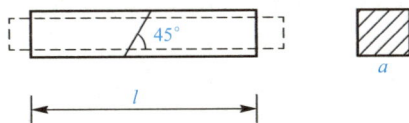

图 1.7

1.15 如图 1.8 所示，梁的横截面为矩形，$h=100$ mm，$b=50$ mm，已知该截面上的应力分布规律为 $\sigma=C\dfrac{z}{bh^3}$，其中 $C=1\times10^6$ kg·mm，$a=10$ mm，$d=20$ mm。

(1)试作正应力沿截面高度(z 方向)变化的分布图，并求最大拉应力及最大压应力；

(2)求该截面上的内力；

(3)求 A、B 两点的正应力。

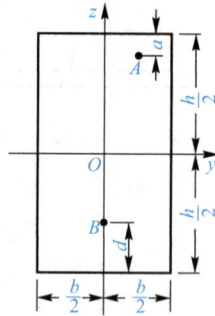

图 1.8

1.16 试写出图 1.9 所示的横截面上各内力与该截面上应力分布规律 $\sigma(y,z)$、$\tau_y(y,z)$ 及 $\tau_z(y,z)$ 间的关系。

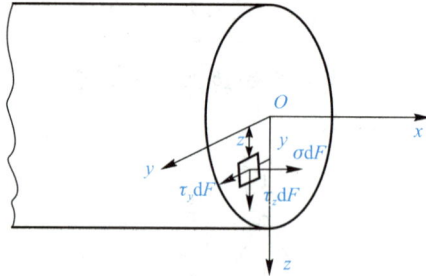

图 1.9

第2章 杆件轴向拉伸与压缩

❋ 本章导读

　　本章将介绍杆件轴向拉伸和压缩及其相关概念。通过实例，将深入了解轴向拉伸和压缩在实际工程中的应用。同时，将研究轴向拉压杆横截面及斜截面上的内力和应力，以便更好地理解杆件的力学行为。还将探讨轴向拉压杆在受力下的变形和应变。此外，将研究拉压变形杆的应变能，这是由外力对杆件所做的功而储存的能量。

　　在本章中，我们还将讨论杆件在承受拉伸和压缩作用时呈现的力学性质。特别重点介绍塑性材料在拉伸和压缩过程中的力学性能，并探讨了材料在卸载时的力学性能。

　　另外，将学习如何校核杆件在承受拉伸和压缩作用时的强度；了解如何评估杆件的强度以确保结构的安全性和可靠性。

　　应力集中现象也是本章的一个重要内容，本章将深入探讨应力集中的原因、影响和减轻方法。

　　最后，本章将介绍拉压杆的简单超静定问题，涉及杆件处于超静定力学状态时的行为和分析。

◆ 案例导入

　　假设你是一名结构工程师，负责设计一座高层建筑的主要支撑结构。在结构设计过程中，你需要对杆件的轴向拉伸和压缩进行合理的分析与设计，以确保结构的安全性和可靠性。

　　在这个案例中，考虑一根用于支撑建筑结构的钢杆。这根钢杆承受着沿着其轴线方向的轴向荷载。在建筑的运行过程中，这根钢杆会受到持续的压缩力，同时，还可能会遭受到突发的拉压力。

　　需要分析和确定这根钢杆在轴向拉伸与压缩状态下的稳定性及失稳行为。了解杆件的轴向受力特性、材料性质和几何形状对其稳定性的影响，对支撑结构进行正确评估和设计。

　　通过学习本章的内容，你将建立对杆件轴向拉伸和压缩的基本概念与分析方法的深入理解。这将使你能够准确评估和设计杆件的安全性与稳定性，并为高层建筑等结构的安全设计提供可靠的基本依据。杆件轴向拉伸和压缩是材料力学中的重要课题，掌握其关键概念和方法对工程实践具有重要的意义。

本章重点

1. 应力和应变的概念及其计算：理解应力和应变的定义，并了解它们与截面内力之间的关系。熟悉应力和应变的计算方法，因为它们是构件和结构在受力过程中重要的力学参数。熟悉轴力图的做法及轴力正负规定和标注未知内力的约定。掌握非均匀截面和内力情况下应力和变形的计算。

2. 弹性变形和塑性变形：了解杆件在拉伸过程中的弹性变形和塑性变形的特点。理解弹性极限和屈服点的概念及它们对杆件行为的影响。学习如何利用材料在屈服后的强化特性来提高材料的抗拉强度。

3. 应力集中：了解应力集中的原因和影响，并学习如何通过合理的设计减轻应力集中现象。熟悉定性计算应力集中系数的方法，并将其应用于实际工程问题中。

4. 强度条件：初步了解轴线拉压杆件强度校核的理论和计算方法。熟悉不同材料的许用应力的选择标准。

本章难点

1. 杆件断裂和破坏：理解杆件在拉伸过程中的破裂机制和断裂行为。学习不同材料的断裂特性和断裂韧性的概念，以及如何预测杆件的破裂。

2. 变截面杆件和非均匀变形：掌握变截面杆件和非均匀变形的拉伸分析方法。了解如何处理非均匀截面的应力分布和应变计算，并将其应用于实际工程问题中。

2.1 轴向拉伸和压缩

2.1.1 杆件的轴线

如图 2.1.1(a)所示的杆件，杆件的几何特征是其纵向长度比横向尺寸要大很多，即 $L \gg D$。任取杆件的横截面[图 2.1.1(b)]可以获得其截面形心 O，将所有截面的形心 O 连接起来就是杆件的轴线。轴线为直线的杆件叫作直杆；轴线为曲线的杆件叫作曲杆。在材料力学后续章节中，当不需要强调杆件截面形状和大小的情况时，通常采用杆件的轴线来表示杆件。

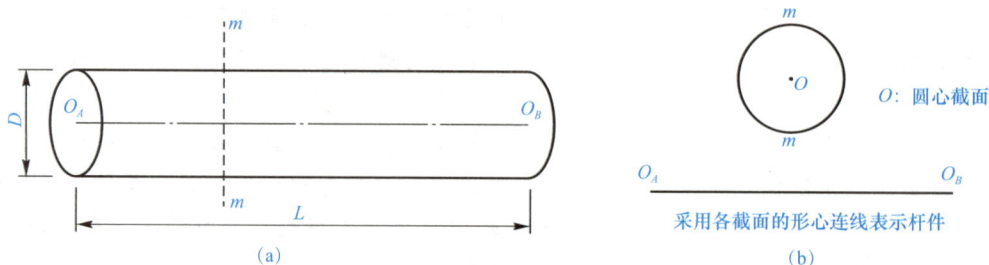

O：圆心截面

采用各截面的形心连线表示杆件

(a)　　　　　　　　　　　　　　　　　(b)

图 2.1.1　等截面直杆、截面和轴线

2.1.2 轴向拉伸和压缩实例

在实际工程中不难发现杆件承受拉力、压力作用的情况，如图 2.1.2 所示的桥梁桥墩和屋顶桁架链杆。图 2.1.2(a)所示为桥墩承载上部桥梁结构和车辆、行人的荷载，荷载作用方向垂直向下，使桥墩承受压力；图 2.1.2(b)所示为桁架链杆在铰结点荷载作用下，链杆中只有沿链杆轴向的拉力或压力。把承受压力作用的杆件叫作压杆；受到拉力作用的杆件叫作拉杆。压杆两端截面上受到的是指向杆端的外力，拉杆的外力是离开杆端截面指向外侧的，一般来说，拉力、压力都是杆端截面上的分布力。如果杆端的分布外力方向是沿直杆的轴线方向，且在杆端截面上均匀分布，也就是均布力系。根据力系合成原理，可以将这个均布力系合成为沿轴线的集中力，这种力被称为轴力。

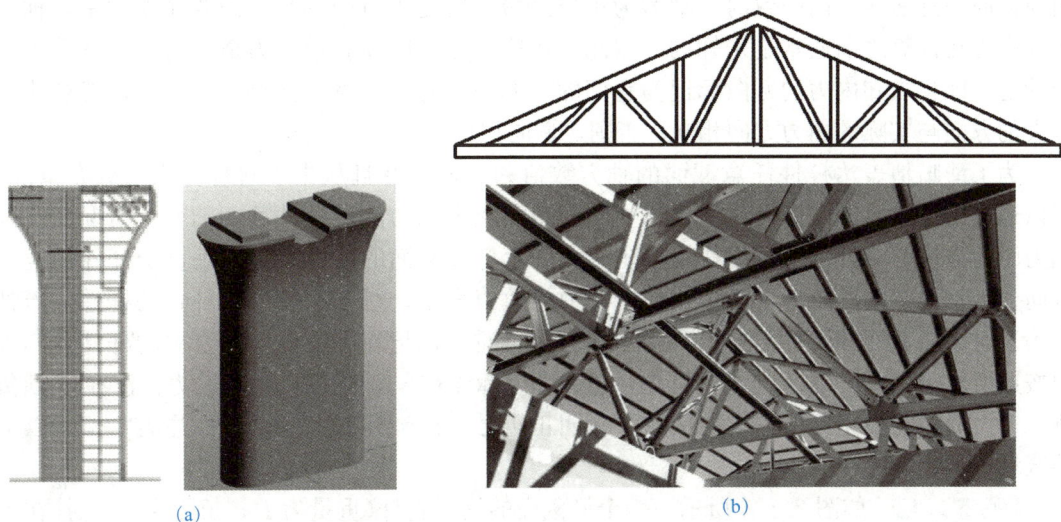

(a)   (b)

图 2.1.2 桥墩与桁架屋盖
(a)桥墩；(b)桁架屋盖

2.1.3 轴向拉压杆横截面上的内力和应力

杆件受到轴向拉力、压力作用后，这些作用力致使杆件产生拉压变形，因而同时在杆件内部出现内力。如第 1 章所述，为了将杆件截面上的内力显示出来，可以采用截面法将杆件从待确定截面内力的部位截开，杆件被分割成两段，分别取两段杆件作为隔离体进行力学分析时，原来连续的截面被分隔成两个隔离体上的截面，不同隔离体截面上的内力互为作用力与反作用力。

如图 2.1.3(a)所示，为了计算直杆 $m—m$ 横截面上的内力，可以采用截面法在横截面 $m—m$ 处将直杆一截为两段隔离体[图 2.1.3(b)、(c)]。$m—m$ 横截面现在被分割成左右两个截面，两个分离截面之间的相互作用力即截面上的内力，这个内力一般是分布力系，它的合力就是横截面 $m—m$ 的轴力 N，轴力的方向沿着杆件的轴线方向（轴向），垂直于杆件的横截面。左右两杆段都可以选作隔离体，视计算简便与否进行选择，本例中选取左边杆段或右边杆段作为隔离体均合适。

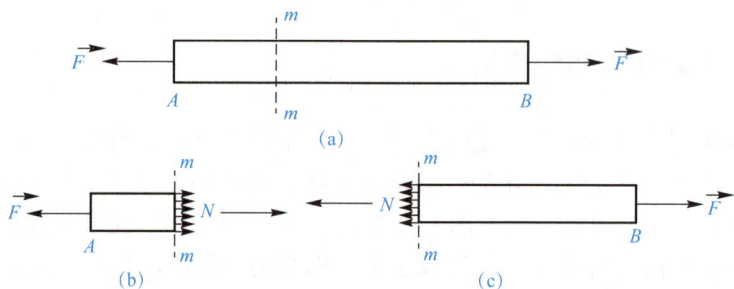

图 2.1.3　直杆横截面上的内力

(a)受拉直杆；(b)左杆段隔离体；(c)右杆段隔离体

　　根据隔离体截面的外法线方向是否与轴力方向一致，可以确定轴力的正负。当轴力方向与截面的外法线方向一致时，轴力为正(拉力)；反之为负(压力)。需要注意的是，轴力作为内力在计算之前通常是未知的。因此，在选择隔离体并表示受力情况时，始终采用一个约定，即将未知内力的方向标记为它们的正方向。通过计算，如果结果为正，就意味着假设的方向与实际的内力方向相同；否则，方向相反。

　　为了清晰地表达杆件任意截面的轴力数值和方向，并且从中了解杆件内力分布情况，可以通过绘制轴力图来满足这些要求。轴力图反映了轴力沿着杆件截面的变化情况。绘制轴力图的方法是将杆件的轴线作为横坐标，表示杆件截面的位置。选择垂直于杆件轴线的方向作为轴力图的纵坐标，表示截面上轴力的数值大小。对于水平(或斜向)的杆件，当轴力为正时，将截面轴力标记在上方，当轴力为负时，标记在下方；对于直立的杆件，其轴力按照所取坐标系 y 轴方向进行标注，正的轴力标注在 y 轴正侧，负的轴力标注在 y 轴负侧。轴力曲线与横坐标所围成的区域要标明正负号，横坐标以上的区域标注为"＋"，以下的区域标注为"－"。

　　【例 2.1.1】　如图 2.1.4 所示，一个等截面的均质直杆(重量为 P，长度为 L)悬挂在顶棚上。请计算直杆各截面的轴力，并绘制轴力随截面位置坐标变化的函数图形。

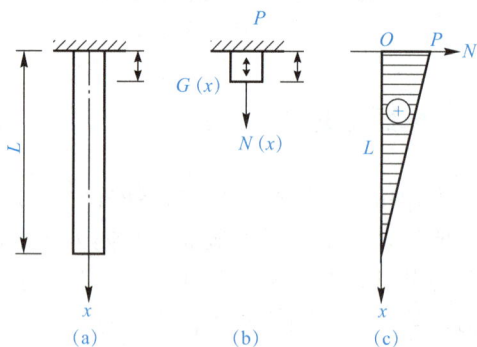

图 2.1.4　等截面均质直杆轴力计算

　　解： 如图 2.1.4(a)、(b)所示，选取坐标和隔离体，坐标原点取在顶棚上，截面位置坐标 x 沿直杆轴线向下为正；从距离坐标原点 x 处截取隔离体。作出隔离体受力图[图 2.1.4 (b)]。由于是等截面直杆，因此直杆单位长度的重量为

$$p = \frac{P}{L}$$

根据力的平衡条件 $\sum F_x = 0$，直杆上共受到顶棚的拉力 P、隔离体的自重 $G(x) = p \cdot x = \dfrac{Px}{L}$ 和截面上的轴力 $N(x)$。将这三个力代入力的平衡方程，有

$$N(x) + G(x) - P = 0$$

得

$$N(x) = P - G(x) = P\left(1 - \frac{x}{L}\right)$$

轴力随直杆截面位置坐标 x 的变化如图 2.1.4(c) 所示，所有截面上都是拉力，轴力图显示为 ＋。

【例 2.1.2】 试求图 2.1.5 所示阶梯形杆件 1－1、2－2、3－3 截面上的轴力，并作轴力图。

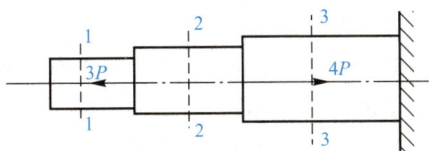

图 2.1.5　阶梯杆

解：三段阶梯杆段上的截面 1－1、2－2、3－3 的轴力与其在这段杆的位置无关，也就是同一段阶梯杆上的轴力是相等的。分别在截面 1－1、2－2、3－3 处将阶梯杆截断，为了计算简单，选取左段杆作为隔离体，如图 2.1.6(a)～(c) 所示。分别列出三段隔离体的力平衡方程，可得

$$N_{1-1} = 0$$
$$N_{2-2} = 3P\,(拉力)$$
$$N_{3-3} = -P\,(压力)$$

轴力图如图 2.1.6(d) 所示。

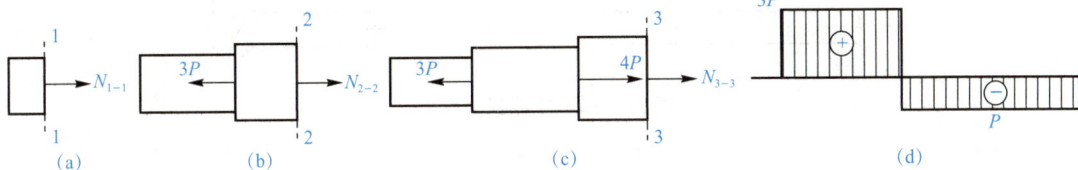

图 2.1.6　阶梯杆轴力图

【例 2.1.3】 试求图 2.1.7 所示桁架各链杆的轴力。

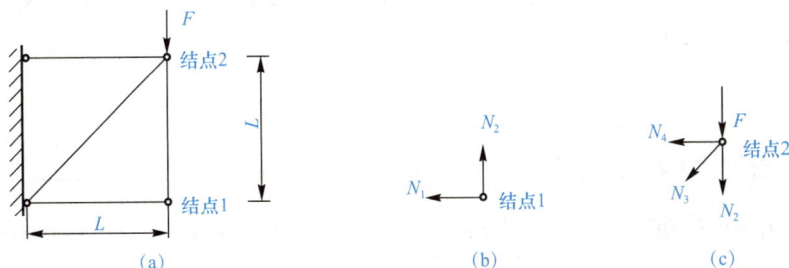

图 2.1.7　桁架链杆结构

解： 桁架通过铰结点将链杆相互连接而成。铰结点允许链杆在结点处发生转动。当外力作用在结点上时，链杆承受沿着链杆长度方向的拉力或压力，即轴力。为了计算链杆的轴力，依次选择铰结点 1 和 2 作为隔离体，如图 2.1.7(b)、(c) 所示。在截取结点时，实际上相当于将与结点相连接的链杆截取了一小段。因此，在隔离体链杆中，轴力沿着链杆的轴线方向，并用拉力的形式表示出来。

如图 2.1.8 所示，对于结点 1，与之连接的链杆的轴力 $N_1=0$，$N_2=0$；对于结点 2，列出水平方向和竖直方向力的平衡方程：

$$-N_4-N_3\sin45°=0$$
$$-F-N_3\cos45°=0$$

解得

$$N_3=-\sqrt{2}F（压力）$$
$$N_4=F（拉力）$$

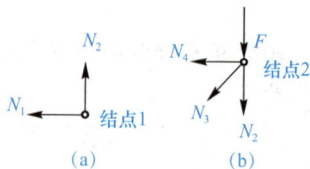

图 2.1.8 桁架链杆铰结点受力

杆件受到拉力、压力作用时，其强度除与受到的外力有关外，还与杆件截面的尺寸大小有关，也就是与杆件横截面上的内力分布密度有关。如图 2.1.9(a)、(b) 所示的两根制作材料相同，但左边杆件截面面积只有右边杆件截面面积的一半，两根杆件所能承受的最大轴向拉力显然右边杆件强于左边杆件。

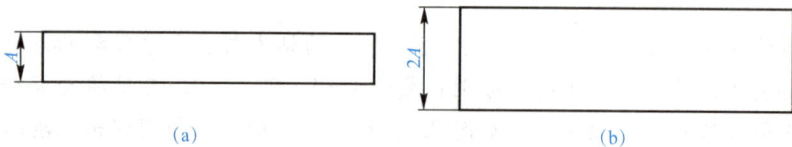

图 2.1.9 不同截面面积杆件

为了表示杆件的强度大小，引入截面应力。如图 2.1.10(a) 所示，该杆件受到轴向力 F 的作用。选取一个与杆件轴线正向 x 成 α 角的截面 [图 2.1.10(b)]。夹角 α 以逆时针方向从 x 轴正向旋转到截面外法线方向为正；反之为负。截面上的全应力 p 为

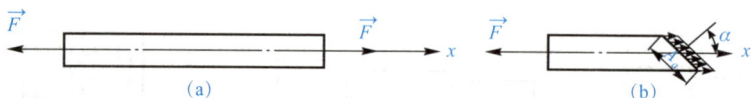

图 2.1.10 杆件截面应力

$$p=\frac{F}{A_\alpha}=\frac{N}{A_\alpha} \qquad (2.1.1)$$

式中，N 为截面轴力，$N=F$；A_α 为斜截面面积。根据式 (2.1.1) 可知，全应力 p 是矢量，其方向与截面内力 N 方向相同。将全应力 p 分解为沿横截面法线方向的分量 σ_α 和沿其切向分量 τ_α 如图 2.1.11 所示，即

$$\sigma_\alpha=p\cos\alpha \qquad (2.1.2)$$
$$\tau_\alpha=p\sin\alpha \qquad (2.1.3)$$

式中，σ_α、τ_α 分别称为斜截面上的正应力和剪应力。根据应力的定义不难知道，应力的单位和量纲分别为 $\dfrac{N}{m^2}$ 和 $\dfrac{[力]}{[面积]}$。从图 2.1.11 中可以看出，杆件斜截面面积 A_α 与杆件横截面面积 A 之间有以下关系：

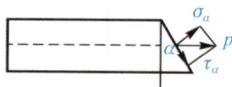

图 2.1.11 全应力分解

$$A = A_\alpha \cos\alpha \tag{2.1.4}$$

令式(2.1.1)~式(2.1.4)中 $\alpha = 0$，有

$$A = A_0 \tag{2.1.5}$$

$$\sigma_0 = p = \sigma \tag{2.1.6}$$

式(2.1.6)中 σ 即杆件横截面正应力，可得横截面上的正应力和剪应力：

$$\sigma = \frac{N}{A} \tag{2.1.7}$$

$$\tau = 0 \tag{2.1.8}$$

由式(2.1.7)、式(2.1.8)可知，杆件横截面上正应力等于横截面轴力与横截面面积比值，剪应力等于零。也就是，杆件横截面上只有正应力，没有剪应力。这是杆件拉压变形情况下的一种特殊应力状态。

【例 2.1.4】 横截面面积为 A 的等直圆杆两端受到轴向拉力 F 作用(图 2.1.12)，试求与杆件轴线成 $30°$、$45°$、$60°$ 的斜截面 $k-k$ 上的正应力与剪应力。

解： 任取一个与杆件轴线成 α 角的斜截面，如图 2.1.13 所示，考察左端杆件。

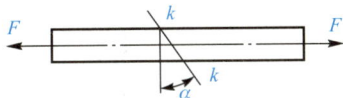

图 2.1.12　等直圆杆　　　　**图 2.1.13　横截面**

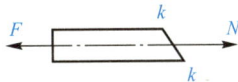

根据轴向力的平衡条件：轴力 $N = F$，将轴力 N 沿斜截面的法向和切向分解

$$N_\sigma = N\cos\alpha = F\cos\alpha \qquad N_\tau = N\sin\alpha = F\sin\alpha$$

根据正应力和剪应力的定义得到斜截面上的正应力和剪应力分别为

$$\sigma_\alpha = \frac{N_\sigma}{A_\alpha} = \frac{N\cos\alpha}{A_\alpha} = \frac{F}{A_\alpha}\cos\alpha \qquad \tau_\alpha = \frac{N_\tau}{A_\alpha} = \frac{N\sin\alpha}{A_\alpha} = \frac{F}{A_\alpha}\sin\alpha$$

式中，A_α 为斜截面的面积，由几何关系可得 $A_\alpha = \dfrac{A}{\cos\alpha}$，将其代入上列式中，有

$$\sigma_\alpha = \frac{F}{A_\alpha}\cos\alpha = \frac{F}{A}\cos^2\alpha = \sigma\cos^2\alpha \tag{2.1.9}$$

$$\tau_\alpha = \frac{F}{2A}\sin2\alpha = \frac{1}{2}\sigma\sin2\alpha \tag{2.1.10}$$

式中，σ 为横截面上正应力。分析上面推导出的公式可知，当 $\alpha = 0°$ 及截面是横截面时，$\sigma_{0°} = \sigma_{max} = \sigma$，$\tau_{0°} = 0$，也就是轴向拉压时横截面上的正应力最大，剪应力等于零；当 $\alpha = 90°$ 及截面平行于轴线时，$\sigma_{90°} = 0$，$\tau_{90°} = 0$，也就是轴向拉压作用下平行于轴线的平面上没有应力；当 $\alpha = 45°$ 时，$\sigma_{45°} = \dfrac{1}{2}\sigma$，$\tau_{45°} = \tau_{max} = \dfrac{1}{2}\sigma$，也就是在与杆件轴线成 $45°$ 的截面上，剪应力取最大值。

将截面夹角 $\alpha = 30°$、$45°$、$60°$ 分别代入计算正应力和剪应力的公式中，分别得到

$$\sigma_{30°} = \frac{3}{4}\sigma \qquad \tau_{30°} = \frac{\sqrt{3}}{4}\sigma \qquad \sigma_{45°} = \frac{1}{2}\sigma \qquad \tau_{45°} = \frac{1}{2}\sigma \qquad \sigma_{60°} = \frac{1}{4}\sigma \qquad \tau_{60°} = \frac{\sqrt{3}}{4}\sigma$$

以上推导出来的斜截面上的正应力和剪应力计算式可以当作公式使用。

【例 2.1.5】 如图 2.1.14 所示，截面形状为锥形、厚度为 t 的锥形杆，杆件总重 G，在其下端作用轴向力 P。锥形杆上部宽度为 b_1，下部宽度为 b_2，杆长为 L。计算锥形杆在任意横截面上的应力。

解： 如图 2.1.14 所示，选取坐标系，x 轴沿着杆件轴向，坐标原点在顶棚上。从距离顶棚 x 处截取锥形截面杆，选取下部为隔离体，如图 2.1.15 所示。隔离体上的力有轴力 $N(x)$、重力 $G(x)$ 和外力 P。应用沿竖直方向的力平衡方程：

$$\sum X = 0$$

可得

$$N(x) = P + G(x) \tag{a}$$

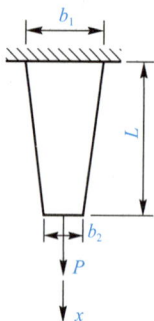

图 2.1.14　锥形杆

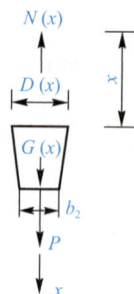

图 2.1.15　锥形杆隔离体

设图 2.1.15 锥形截面杆隔离体的上底宽度为 $D(x)$，根据几何相似关系，可以得到锥形截面杆隔离体的上底宽度 $D(x)$ 与截面位置 x 的函数关系为

$$D(x) = b_2 + \left(\frac{b_1 - b_2}{L}\right)(L - x) \tag{b}$$

计算 $G(x)$。根据锥形截面杆的重力与其体积成比例的比值关系，有

$$\frac{G(x)}{G} = \frac{\frac{1}{2}[b_2 + D(x)] \cdot (L - x) \cdot t}{\frac{1}{2}(b_1 + b_2) \cdot L \cdot t} = \frac{[b_2 + D(x)](L - x)}{(b_1 + b_2)L}$$

因此

$$G(x) = \frac{[b_2 + D(x)](L - x)G}{(b_1 + b_2)L} \tag{c}$$

将式(b)代入式(c)，然后代入式(a)即得轴力表达式。因此，计算锥形截面杆在任意横截面 x 上的应力：

$$\sigma(x) = \frac{N(x)}{S(x)} \tag{d}$$

式中，$S(x)$ 是隔离体上部截面面积，即

$$S(x) = D(x) \cdot t \tag{e}$$

将式(e)代入式(d)中，即得到锥形截面杆任意截面的应力 $\sigma(x)$。

杆件受到轴向拉压作用下，杆件任意平截面上的应力为均匀值。更一般情况下，物体截面上的内力是逐点变化的，因而应力也随点位置而变化。此时，计算一点处的应力必须

取微元面，图 2.1.16 显示采用截面法选取的隔离体，截面法线和切线方向分别用单位矢量 n、t 表示，截面内力为非均匀分布内力。为计算截面上一点 A 的应力，围绕点 A 取一个微面元 ΔS，面元上的内力为 ΔF，由于面元 ΔS 微小，因而可以认为面元上内力为一集中力。根据应力的定义，截面上 A 点的全应力 p_A 为如下极限：

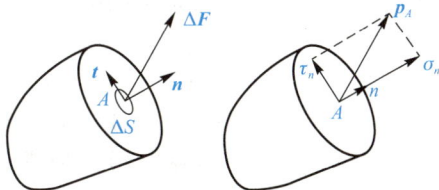

图 2.1.16 采用截面法选取的隔离体

$$p_A = \lim_{\Delta S \to A} \frac{\Delta F}{\Delta S} \qquad (2.1.11)$$

根据式(2.1.11)，可知截面 A 点的全应力 p_A 是其方向与内力 ΔF 同向的矢量。因此，A 点的全应力 p_A 也可以向微面元 ΔS 的法向和切向分解，得到截面上 A 点的正应力和剪应力：

$$\sigma = p_A \cdot n \qquad (2.1.12)$$

$$\tau = p_a \cdot t \qquad (2.1.13)$$

符号"·"表示矢量点乘，计算结果等于点乘的矢量的数值相乘，再乘以两个矢量夹角的余弦。

从正应力和剪应力的定义可知，物体内一点的正应力就是过这点某个方向的微元面上的单位面积法向内力，其物理实质是截面上单位面积的拉力或压力；而剪应力即单位面积剪切内力大小。由于过一点可以作出无数个不同方向截面，因此一点的应力不仅与点的位置有关，而且取决于经过该点截面的方向。如果已知物体内某截面上的应力 p，则可以计算这个截面的内力分布 F，即

$$F = \int p \, \mathrm{d}S \qquad (2.1.14)$$

式(2.1.14)中 $\mathrm{d}S$ 为面元，它是标量。

2.2 轴向拉压杆的变形、应变

图 2.2.1 所示截面面积为 A 的均质杆件，原长度为 l_0，受到轴向力 F 作用后，如果轴力是拉力，杆件被拉伸变长，轴力为压力时，杆件被压缩变短。变形后杆件的长度为 l_1，则杆件的轴向长度伸缩量 Δl 为

$$\Delta l = l_1 - l_0 \qquad (2.2.1)$$

把杆件的轴向长度伸缩量 Δl 与杆件变形前长度 l_0 的比值叫作杆件的轴向应变(或称线应变)ε，即

$$\varepsilon = \frac{\Delta l}{l_0} = \frac{l_1 - l_0}{l_0} \qquad (2.2.2)$$

从式(2.2.2)可以了解到，杆件受拉伸长时，杆件长度伸缩量 Δl 和轴向应变 ε 数值为正；反之若受压时，则伸缩量 Δl 和轴向应变 ε 数值为负。根据线应变的定义式(2.2.2)可知，应变 ε 是无量纲物理量。

必须注意的是，只有当杆件为均匀变形时，才可以采用式(2.2.2)计算线应变 ε。一般情况下物体中沿某个方向的线应变应该是位置坐标 x 的函数 $\varepsilon(x)$，要计算物体中 x 点沿 l

方向的线应变 $\varepsilon(x)$ 应该按照下式进行计算：

$$\varepsilon(x)=\lim_{dl\to 0}\frac{d(\Delta L)}{dl} \tag{2.2.3}$$

式中，ΔL 为物体中 x 点沿 l 方向选取的微线段长度；$d(\Delta L)$ 是同一点的微线段的伸缩量，如图 2.2.2 所示。实际应用中通常计算沿三个坐标轴方向的线应变，即分别取 $l=(x, y, z)$，由此可得 x 点处的三个相互正交方向的线应变 $(\varepsilon_x, \varepsilon_y, \varepsilon_z)$：

$$\begin{cases} \varepsilon_x = \dfrac{d(\Delta L_x)}{dx} \\[2mm] \varepsilon_y = \dfrac{d(\Delta L_y)}{dy} \\[2mm] \varepsilon_z = \dfrac{d(\Delta L_z)}{dz} \end{cases} \tag{2.2.4}$$

式中，$(\Delta L_x, \Delta L_y, \Delta L_z)$ 分别为沿三个坐标轴方向的微线段长度。

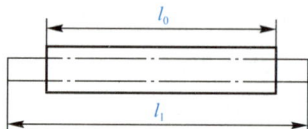

图 2.2.1 拉伸杆件

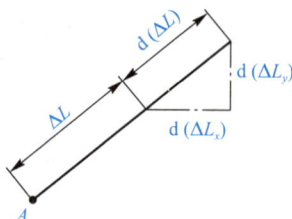

图 2.2.2 物体中任意一点沿 l 方向的伸缩

杆件在受到拉压轴向力作用下，如果杆件变形处于线弹性状态，也就是杆件的变形大小与受到的外力作用成比例，且当卸载外力后，变形杆件的变形可以完全恢复。此时，杆件的轴线伸缩量 Δl 可以合理假设与所受外力 F 和杆件轴长 l 成正比、与杆件横截面面积 A 成反比，即

$$\Delta l \propto \frac{Fl}{A} \tag{2.2.5}$$

式 (2.2.5) 中假设伸缩量与杆件轴长成正比、与横截面面积成反比，这一点与细长杆件更易伸缩变形的体验相吻合。同样分析出杆件伸缩量还应与杆件材料有关，简单假设两者之间关系通过材料参数 E 表示出来，将式 (2.2.5) 表示为

$$\Delta l = \frac{Fl}{EA} \tag{2.2.6}$$

式 (2.2.6) 称为胡克定律。其中，参数 E 叫作弹性模量，它的量纲与应力的量纲相同，为 $ML^{-1}T^{-2}$，单位为 Pa。弹性模量 E 的值随材料而变化，它是反映材料弹性性质的一个参数，根据试验可以确定一种材料的弹性模量参数值。表 2.2.1 列出几种常用材料的 E 值。

表 2.2.1 几种常用材料的弹性模量和泊松比

材料	弹性模量/GPa	泊松比
钢	200～210	0.3～0.33
铝	69	0.33
铜	110～128	0.34

材料	弹性模量/GPa	泊松比
钛	116	0.3
镁	45	0.35
玻璃	50～90	0.2～0.3
橡胶	0.01～0.1	0.45～0.495
混凝土	10～40	0.15～0.25
木材	10～20	0.3～0.5
大理石	20～70	0.2～0.3
聚合物(塑料)	1～3	0.3～0.5
石膏	2～4	0.2～0.3

从式(2.2.6)可以看出，杆件轴向变形与 EA 成反比，其他条件相同时，EA 越大变形越小，因此，EA 反映杆件抗拉伸压缩能力，故称其为抗拉(压)刚度。式(2.2.6)适用于计算等截面均匀轴向力的杆段伸缩变形，对于非均匀杆件，要采用取微元杆段，以如下微分形式进行计算：

$$\mathrm{d}(\Delta l) = \frac{1}{E} \frac{F(x)\mathrm{d}x}{A(x)}$$

$F(x)$、$A(x)$ 分别表示轴力、横截面面积随截面位置而变化的函数，对整根杆件积分即得到杆件的总伸缩量

$$\Delta l = \frac{1}{E} \int_0^l \frac{F(x)}{A(x)} \mathrm{d}x$$

将式(2.2.6)改写成如下形式：

$$E \frac{\Delta l}{l} = \frac{F}{A}$$

再由杆件轴向线应变 ε 和横截面正应力 σ 的定义，可得

$$\sigma = E\varepsilon \tag{2.2.7}$$

式(2.2.7)又称为单向应力状态下的胡克定律，这个定律适用于任意单向应力条件，是一个一般性力学定律。

考虑一个截面形状接近圆形的轴向拉压杆。当圆杆发生弹性变形时，由于圆杆的体积变化较小，轴向伸缩变形必然导致圆杆横截面的尺寸相应地发生相反的变形，即圆杆的轴向伸长会导致横向尺寸的缩短，而轴向压缩会导致横向尺寸的增大。杆件变形前的横向尺寸为 h_0，经受力变形后变为 h_1，其横向变形量为

$$\Delta h = h_0 - h_1$$

杆件的横向线应变可以表示为

$$\varepsilon_h = \frac{\Delta h}{h_0}$$

当拉压杆处于弹性变形时，两个垂直方向的线应变的绝对值之比是一个常数，这个常数被称为泊松比(Poisson's Ratio)，通常用符号 μ 表示，即

$$\mu = \left| \frac{\varepsilon_h}{\varepsilon} \right|$$

一个材料的泊松比可以通过试验测得，常用材料的泊松比见表 2.2.1。

【例 2.2.1】 等截面直杆 $ABCD$ 受到图 2.2.3 所示轴力作用，杆件材料的弹性模量为 E，横截面积为 A。试计算杆件的总伸长。

解： 从图 2.2.3 中观察到，在三个轴向外力作用下，三段杆 AB、BC、CD 上的轴力不均匀，及三段杆上的轴力不相等，所以必须分别计算每段杆上的轴力。选取隔离体如图 2.2.4 所示。

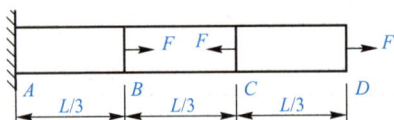

图 2.2.3　等截面直杆

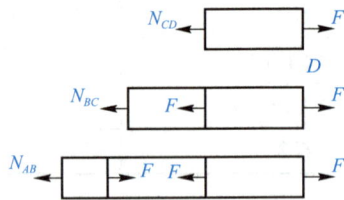

图 2.2.4　选取隔离体

AB 杆段：$N_{AB} = F$（拉力）

BC 杆段：$N_{BC} = 0$

CD 杆段：$N_{CD} = F$（拉力）

因此，AB 杆段被拉伸 $\Delta l_{AB} = \dfrac{l N_{AB}}{EA} = \dfrac{lF}{EA}$，$BC$ 杆段长度不变 $\Delta l_{BC} = 0$，CD 杆段伸长 $\Delta l_{CD} = \dfrac{l N_{CD}}{EA} = \dfrac{lF}{EA}$。杆件总伸长量 $\Delta l = \Delta l_{AB} + \Delta l_{BC} + \Delta l_{CD} = \dfrac{lF}{EA} + 0 + \dfrac{lF}{EA} = \dfrac{2lF}{EA}$。

【例 2.2.2】 如图 2.2.5 所示，由两根链杆组成的简单桁架，在铰结点 O 作用竖直向下的力 P，已知所有链杆材料的弹性模量为 E，链杆横截面面积为 A。计算铰结点 O 的位移。

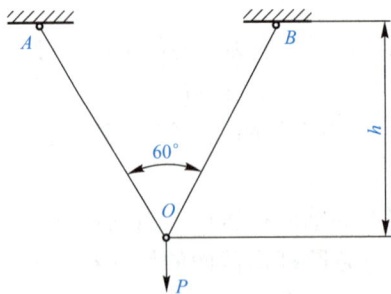

图 2.2.5　简单桁架

解： 根据对称性可知，链杆 OA、OB 的轴力和伸长量相等。

从图中可以看出，由竖直方向力的平衡有

$$N_{OA} = N_{OB}$$
$$2 N_{OA} \cos 30° = P$$

求得 $N_{OA} = \dfrac{\sqrt{3}}{3} P$，链杆中的力为拉力，链杆产生拉伸变形。两链杆的自由伸长量为

$$\Delta l_{OA} = \Delta l_{OB} = \frac{\dfrac{2}{\sqrt{3}}h \dfrac{1}{\sqrt{3}}P}{EA} = \frac{2hP}{3EA}$$

从图 2.2.6 中可以看出 $CO'' = \Delta l_{OA}$，$OC = \dfrac{CO''}{\cos 30°} = \dfrac{4}{3\sqrt{3}} \dfrac{hP}{EA}$，此即为铰结点向下位移值。

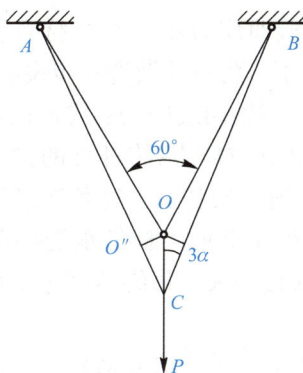

图 2.2.6　链杆受拉变形

【例 2.2.3】　一均匀钢杆水平放置时长度为 5 m，当其一端悬挂时，钢杆的伸长量是多少(钢杆的弹性模量 $E = 0.2$ MPa，密度 $\gamma = 8$ kg/m³)?

解：如图 2.2.7 所示，悬挂于顶棚上的钢杆，由于其自重产生伸长。从截面 x 处截开钢杆，取下部钢杆段作为隔离体，分析隔离体[图 2.2.7(c)]受力情况可知截面上轴力 $N_x = G_x = (l-x) \cdot A \cdot \gamma$。其中，$l$ 为钢杆自由杆长，A 为钢杆截面面积。

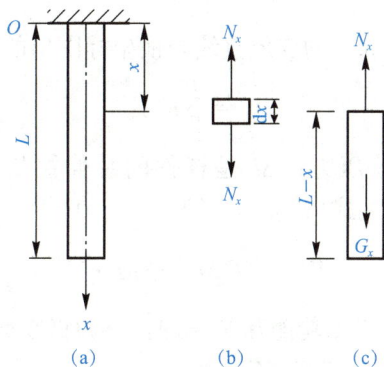

图 2.2.7　钢杆及其隔离体

由于钢杆截面的轴力不均匀，所以必须采用积分法进行杆件伸长量计算。在截面 x 处取一微杆段 dx[图 2.2.7(b)]，由于微杆段很短，其上下截面的轴力可以认为近似相等，即 $N_x = (l-x) \cdot A \cdot \gamma$，该微杆段的轴线伸长量用 $d(\Delta l)$ 表示，应用轴线拉伸公式计算得

$$d(\Delta l) = \frac{N_x dx}{EA}$$

式中，A 是钢杆截面面积。整个钢杆的伸长量等于无数个微杆段伸长量求和，即对上式进行积分

$$\Delta l = \int_0^l \frac{N_x}{EA} \mathrm{d}x = \frac{1}{EA} \int_0^l (l-x) \cdot A \cdot \gamma \mathrm{d}x = \frac{\gamma l^2}{2E} = 0.5 \text{ mm}$$

2.3 拉压变形杆的应变能

杆件在拉压过程中，当杆件截面应力小于某个材料参数值 σ_P（这个值称为材料的比例极限，下节将对其做进一步说明），在这种情况下，杆件横截面正应力 σ 与轴向线应变 ε 成正比，满足单向应力状态胡克定律 $\sigma = E\varepsilon$。卸载拉压力（将杆件的拉压力缓慢降到零）后，杆件能够完全恢复到原始状态。这种变形过程被称为线弹性变形。在进行静力弹性加载时，杆件承受的荷载 F 应该理解为杆件承受了从 0 开始缓慢增大，最终达到这个荷载值 F，如图 2.3.1 所示。

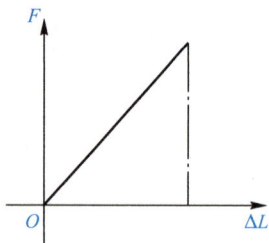

图 2.3.1 拉力与伸长量之间关系

杆件受到拉压力作用产生变形时，外力必须对杆件做功，由于能量守恒，这个外力功以杆件受力变形形式被储存在杆件中，这种因变形而产生的能量叫作变形能或应变能。杆件的轴向伸缩量 Δl 与拉压力 F 之间存在对应的函数关系，在杆件拉压力为 F 时，杆件轴向拉压力增加一个微量 $\mathrm{d}F$，相应地，杆件的轴向伸缩量变化 $\mathrm{d}l$。外力在对应方向位移上所做功为

$$\mathrm{d}W = F \cdot \mathrm{d}l \tag{2.3.1}$$

杆件轴向拉压力逐渐增大到最终值 F，拉压力所做的功为

$$W = \int_0^F F \mathrm{d}l \tag{2.3.2}$$

上面积分的几何意义就是图 2.3.1 的变形直线与横坐标围出的三角形面积，即

$$W = \frac{1}{2} F \Delta l \tag{2.3.3}$$

式中，F 是杆件受到的最终拉压力；Δl 是杆件的总伸缩长度。将杆件伸长量计算公式 (2.2.6) 和胡克定律 (2.2.7) 代入式 (2.3.3)，即

$$W = \frac{1}{2} F \Delta l = \frac{1}{2} \sigma \varepsilon \cdot V \tag{2.3.4}$$

式中，$V = A \cdot l$ 是杆件体积。根据功能互等原理，外力做功转变为弹性杆件的应变能，所以单位体积的应变能 u（又称为应变能密度）为

$$u = \frac{W}{V} = \frac{1}{2} \sigma \varepsilon \tag{2.3.5}$$

式 (2.3.5) 适用于杆件处于线弹性变形状态且材质均匀，也就是杆件横截面上的应力和应变关系满足线弹性胡克定律。对于非均质线弹性杆件的应变能密度应采用积分进行计算：

$$u = \int_V \sigma \mathrm{d}\varepsilon \tag{2.3.6}$$

式中，V 是杆件体积。那么整根杆件的应变能 U 等于

$$U = \int_V u \mathrm{d}V$$

【例 2.3.1】　试确定图 2.3.2 所示杆内的应变能，忽略杆的自重。假设横截面面积为 A，弹性模量为 E。

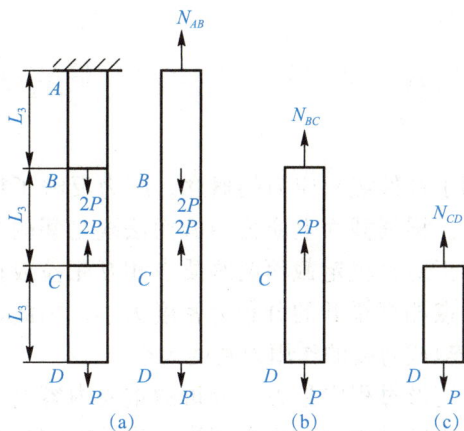

图 2.3.2　杆及其隔离体

(a)AB 杆段取隔离体；(b)BC 杆段取隔离体；(c)CD 杆段取隔离体

解： 由于杆件是由三段(AB、BC、CD)杆构成的，每根杆段内的受力均匀，因此，可以直接应用应变能密度公式(2.3.5)进行计算。

首先，计算每段杆横截面上的轴力和伸长量，如图 2.3.2 所示选取隔离体。

AB 杆段：

$$N_{AB} = 2P + P - 2P = P(拉力)$$

$$\Delta l_{AB} = \frac{l/3}{EA} \cdot P = \frac{lP}{3EA}(拉伸)$$

BC 杆段：

$$N_{BC} = -2P + P = -P(压力)$$

$$\Delta l_{BC} = \frac{\frac{l}{3}}{EA}(-P) = -\frac{lP}{3EA}(压缩)$$

CD 杆段：

$$N_{CD} = P(拉力)$$

$$\Delta l_{CD} = \frac{\frac{l}{3}}{EA} \cdot P = \frac{lP}{3EA}(拉伸)$$

再计算每段杆的正应力和正应变。

AB 杆段：

$$\sigma_{AB} = \frac{N_{AB}}{A} = \frac{P}{A} \qquad \varepsilon_{AB} = \frac{\Delta l_{AB}}{\frac{l}{3}} = \frac{P}{EA}$$

BC 杆段：

$$\sigma_{BC} = \frac{N_{BC}}{A} = -\frac{P}{A} \qquad \varepsilon_{BC} = \frac{\Delta l_{BC}}{\frac{l}{3}} = -\frac{P}{EA}$$

CD 杆段：

$$\sigma_{CD} = \frac{N_{CD}}{A} = \frac{P}{A} \qquad \varepsilon_{CD} = \frac{\Delta l_{CD}}{\frac{l}{3}} = \frac{P}{EA}$$

总应变能密度

$$u = \sum \frac{1}{2}\sigma\varepsilon = \frac{3P^2}{2EA^2}$$

应变能 $U=uV=\dfrac{3P^2}{2EA^2}\cdot Al=\dfrac{3lP^2}{2EA}$。

2.4 杆件承受拉压作用所呈现的力学性质

在前面的内容中，介绍了杆件截面应力的概念。应力反映了杆件内部截面两侧质点相互作用内力的分布密度大小。根据截面上应力与截面法线之间的方向关系，截面应力可分为法向（正）应力和剪应力。正应力决定截面两侧质点相互张拉或挤压的分布作用力密度大小；剪应力决定截面两侧质点相互错开的分布力密度大小。因此，正应力和剪应力决定杆件在某一截面出现拉断（压碎）或剪裂的作用力密度大小。

材料的强度问题在受力变形过程中是力学分析的重要内容之一。除与承受的荷载大小有关外，材料的力学性能是决定其强度的内在因素。为了确定材料的力学性能，需要进行试验。在这里，以低碳钢和铸铁作为韧性材料和脆性材料的代表，通过简单静载拉压试验来确定这两种典型材料的力学性能。

2.4.1 低碳钢拉伸时的力学性能

根据国家标准《金属材料拉伸试验第 1 部分：室温试验方法》（GB/T 228.1—2021）的规定，制作标准拉伸试件时采用如图 2.4.1 所示的形状。这些试件通常使用低碳钢制成，具有圆截面的直杆，其中在中间采用均匀截面的杆段。试件的长度 l 被称为试件标距，根据规定可以选择 $l=5d$ 或 $l=10d$，其中 d 是圆截面的直径。在大多数情况下，试件的标距取 $l=10d$。低碳钢是一种碳含量低于 0.25% 的碳素钢，其强度低、硬度低而具有一定的韧性。为了更明显地展现材料的力学性能，在拉伸试验中通常使用低碳钢作为试件材料。

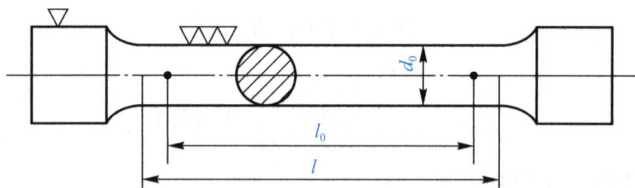

图 2.4.1 标准拉伸试件

图 2.4.2 展示了常用的万能试验机，用于进行拉伸试验。标准试件被安装在万能试验机上后，通过油压缓慢施加荷载于试件上。试验机会记录试件轴向拉力 F 与试件伸长量 Δl 之间的关系，并绘制成如图 2.4.3 所示的曲线。

拉伸曲线（图 2.4.3）无法直接反映试件材料的力学性能，所以，将应力和应变与轴向拉力 F 及试件伸长量 Δl 联系起来，轴向拉力 F 除以试件截面面积 A 就是试件横截面上正应力 σ；试件的伸长量 Δl 与试件原始标距 l 之比就是试件轴向线应变 ε。这样就将拉伸曲线图 2.4.3 转变成图 2.4.4 所示的 σ-ε 拉伸曲线。从 σ-ε 拉伸曲线图可见，试件变形过程可分为以下几个阶段。

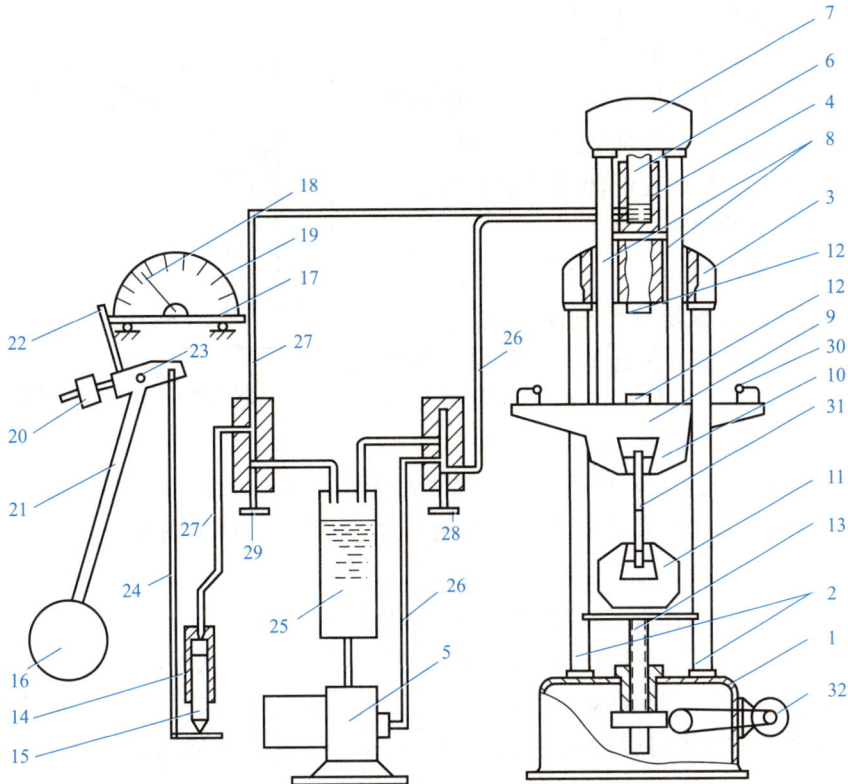

图 2.4.2　液压式万能试验机

1—底座；2—固定立柱；3—固定横头；4—工作油缸；5—油泵；6—工作活塞；7—上横头；8—活动立柱；
9—活动台；10—上夹头；11—下夹头；12—上、下垫板；13—螺柱；14—测力油缸；15—测力活塞；16—摆锤；
17—齿杆；18—指针；19—测力度盘；20—平衡舵；21—摆杆；22—推杆；23—支点；24—拉杆；25—油箱；
26—油管(1)；27—油管(2)；28—送油阀；29—回油阀门；30—弯曲支座；31—拉伸试件；32—下夹头电动机

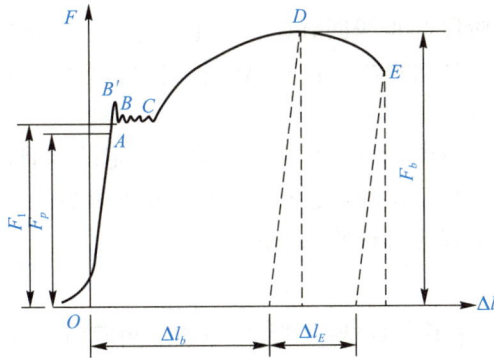

图 2.4.3　轴向拉力 F 与试件伸长量 Δl 的拉伸曲线

1. 线弹性阶段

在线弹性阶段，当荷载从零开始缓慢增加时，试件截面上的正应力 σ 随之增大，试件被拉长，应变 ε 也增加。从图 2.4.4 可以观察到，正应力 σ 与线应变 ε 之间的变化关系基本呈现一条陡直的线性关系。这表明在这个阶段，试件横截面上的正应力和线应变呈线性关系，应力随着变形的增长速度很快。如果在这个阶段减小拉力，试件可以沿着这条线性变形曲线退回到原始状态。因此，这个阶段被称为试件材料的线弹性变形阶段。

通过 $\sigma\text{-}\varepsilon$ 曲线图可以获取材料的两个重要参数。曲线图中的直线斜率被称为材料的弹性模量，即胡克定律中的 E。线性变形曲线的顶点对应的应力值 σ_p 被称为比例极限。

2. 非线性弹性阶段

非线性弹性阶段紧随线弹性阶段之后，$\sigma\text{-}\varepsilon$ 曲线呈现一小段曲线段。在这个变形阶段，如果试件卸载（撤除荷载），试件杆基本上可以沿着变形曲线退回到变形前的状态。这个阶段被称为非

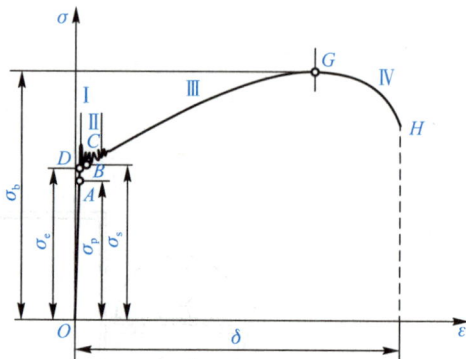

图 2.4.4　$\sigma\text{-}\varepsilon$ 的拉伸曲线

线性弹性阶段。阶段的顶点对应的应力值被称为弹性极限 σ_e。通常，非线性弹性阶段很短，因此，比例极限 σ_p 和弹性极限 σ_e 之间的差别不大，可以近似认为两者相等。

3. 不稳定塑性变形阶段

在不稳定塑性变形阶段，继续拉伸试件，试件的 $\sigma\text{-}\varepsilon$ 拉伸曲线出现一段不稳定的上下波动。这段变形过程很短，试件进入这个变形阶段后，如果卸载试件，它不会沿着原来的变形路径回到原点，而会保留部分变形，即试件材料进入一种新的状态——塑性变形阶段。通常，将这个阶段的终点对应的应力值称为材料的屈服极限，一般用符号 σ_s 表示。

4. 屈服阶段

屈服阶段是试件截面上的正应力超过屈服极限 σ_s 之后的阶段。在这个阶段，试件的 $\sigma\text{-}\varepsilon$ 拉伸曲线变成一条相对平缓的曲线，意味着在试件横截面上的拉力增加不大的情况下，试件的变形可以很大，也就是试件的刚性下降。这种现象被称为"屈服"或"流动"。在这个阶段卸载试件，试件的变形将保留很大的塑性变形。

一旦材料进入塑性变形阶段并完全卸载，其变形不会沿着原始变形路径返回原点，而是沿着近似平行于线弹性阶段的直线回到横坐标上。这一点对应的变形量被称为材料的塑性变形量，即保留的变形。如果再次反向加载，材料通常会沿着这条新的弹性变形直线变化，直到再次发生塑性屈服。

当试件材料进入塑性变形阶段后，尽管它仍具有一定的承载能力，但继续增加一个较小的拉力可能导致巨大的变形。这种现象对于结构来说是非常危险的。因此，在钢结构中，通常将达到钢材的屈服极限视为材料的承载极限。

5. 强化阶段

在强化阶段，试件的 $\sigma\text{-}\varepsilon$ 拉伸曲线经过塑性极限后略微向上弯曲，这意味着为了进一步变形，试件必须施加更大的拉力。这种现象被称为材料的强化。在试件的 $\sigma\text{-}\varepsilon$ 拉伸曲线中，强度极限或抗拉强度（σ_b）是试件截面上应力的最大值。它表示试件所能承受的最大拉力，也是强化阶段的终点。强度极限 σ_b 是材料的重要参数，用于表征材料的承载能力。

6. 局部变形阶段

在局部变形阶段，试件达到强度极限后，试件中部附近的杆件横截面面积开始缩小，这被称为颈缩现象。根据拉伸试验仪记录的 $\sigma\text{-}\varepsilon$ 拉伸曲线可知，随着变形的进行，试件截面上的应力反而下降。这是由于颈缩部位的横截面面积变小，导致应力增加，从而使试件在

不需要增加拉力的情况下发生颈缩部位的伸长。试件颈缩部位的应力是整个试件中最大的，因此，试件的伸长主要发生在这个部位，并且首先达到被拉断的应力值。因此，将这个不稳定的变形阶段称为局部变形阶段。

7. 卸载

在低碳钢的拉伸过程中，σ-ε 拉伸曲线具有几个关键的区隔点，包括比例极限 σ_p、弹性极限 σ_e、屈服极限 σ_s 和强度极限 σ_b。通常，比例极限 σ_p、弹性极限 σ_e 和屈服极限 σ_s 的数值相差不大，因此可以近似认为它们相等。屈服极限 σ_s 是材料开始发生塑性变形的条件，当拉伸杆件截面的应力达到这个值时，就表示材料开始进入塑性变形阶段。对于具有韧性（能够发生较大变形）的材料来说，屈服极限 σ_s 可以作为衡量其破坏强度的参数。

根据塑性极限 σ_s 和强度极限 σ_b 两个应力在拉伸曲线上的对应点，可以将试件的整个变形过程大致分为两段，即从零开始加载到出现塑性变形及从塑性变形到试件被拉断。在这两个过程中，如果试件被拉伸到某个位置后停止加载，并反向减小荷载（卸载），试件的初始变形将落在两个阶段的不同位置，因此，卸载后的变形表现完全不同。

如上所述，当试件在弹性阶段卸载时，试件的变形将沿着拉伸曲线回到原点，试件恢复到原始状态，没有残余变形。如果再次对试件进行正向加载，试件将沿着 σ-ε 拉伸曲线的原路径发生弹性变形。当试件的截面应力超过材料的塑性极限后继续加载后，材料的 σ-ε 关系将遵循拉伸曲线的强化规律。如果在到达强化曲线上某点 P 后开始缓慢卸载，此时试件的变形将不再沿着原曲线回退，而是大致沿着平行于弹性变形直线 OE 的直线 PO' 进行变形。整个卸载过程如图 2.4.5 所示。从图中可以看出，当试件完全卸载后进入塑性阶段，保留的塑性变形应变为 OO'，弹性恢复应变为 $O'P'$，总应变 $\varepsilon_T = OO' + O'P'$。

如果试件在卸载过程中达到某点 A 并继续加载，此时 σ-ε 拉伸曲线的弹性阶段将是直线段 AP，其中 P 表示卸载时的屈服点。在该点，试件重新进入塑性变形，对应的应力称为重新加载后的试件屈服极限。通常，重新加载后的屈服极限不小于材料的屈服极限 σ_s，这种现象被称为冷作硬化。在碳素钢的应用中，常常利用钢材的冷作硬化特性来提高其强度。

8. 脆性材料拉伸曲线

对于脆性材料，如铸铁等脆性材料制作的拉伸试件，在拉伸试验中得到的 σ-ε 拉伸曲线如图 2.4.6 所示。从图中可以观察到，与韧性材料试件不同，铸铁试件没有明显的流动阶段，其变形曲线呈微弯曲线。当脆性试件断裂时，其变形量非常小，并且断裂发生得非常突然。

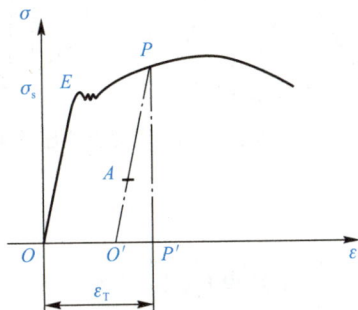

图 2.4.5　卸载曲线

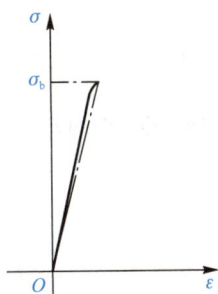

图 2.4.6　铸铁的 σ-ε 拉伸曲线

对于没有明显直线阶段的脆性材料，通常使用一条割线来近似表示初始拉伸阶段的曲线，并以此确定材料的割线弹性模量 E。

2.4.2 材料在压缩时的力学性能

在压缩试验中，低碳钢试件通常采用短粗柱形状，如图 2.4.7 所示。低碳钢在压缩过程中的 σ-ε 压缩曲线示例如图 2.4.8 所示，基本上可分为线弹性阶段、流动阶段和强化阶段三个阶段。当短粗试件进入塑性流动压缩阶段时，其截面面积明显增大，因此很难精确测量材料的压缩强度极限。低碳钢在压缩过程中的弹性模量、比例极限和塑性极限与拉伸过程中相同。

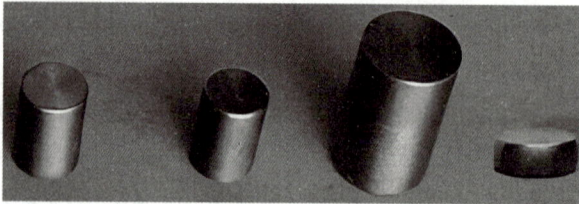

图 2.4.7 压缩试件

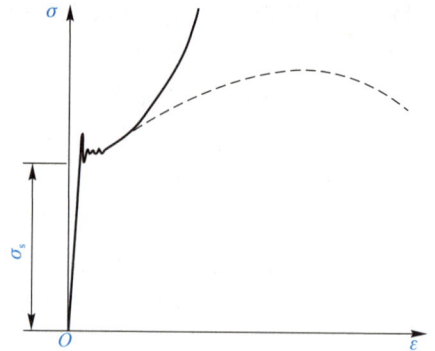

图 2.4.8 压缩曲线

混凝土是一种脆性材料，其在压缩过程中的 σ-ε 拉压曲线如图 2.4.9 所示。压缩试验表明，在混凝土被压（拉）断之前，其变形量非常小，这种特性被称为脆性。同时，还发现，相较于同类脆性材料的抗拉能力，混凝土的抗压能力普遍较高。混凝土的破坏形式受到两端约束条件的影响而不同。当两端不润滑时，由于混凝土试块与压力仪加压杆端面之间的摩擦阻力约束，试件破坏后形成两个截锥体；当试件和加压杆之间涂有润滑剂时，由于摩擦阻力降低，试件在压缩破坏时与承压方向平行（图 2.4.10）。

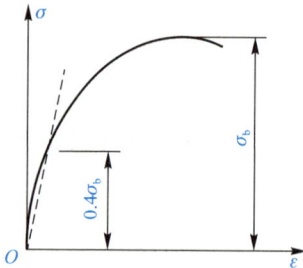

图 2.4.9 混凝土压缩时的 σ-ε 拉伸曲线

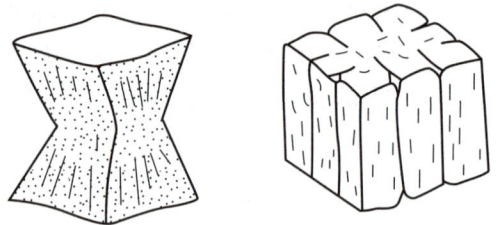

图 2.4.10 混凝土块压缩破坏

2.5 杆件承受拉压作用的强度校核

通过杆件的拉压试验，可以确定材料的几个重要性能参数。在不同的应用条件下，这些参数具有不同的价值。脆性材料在拉断之前没有明显的塑性变形，其断裂发生得很突然。因此，判断脆性材料的强度条件就是达到材料的强度极限。对于塑性试件而言，在被拉断之前存在明显的塑性变形阶段。由于此时材料的拉伸曲线较为平坦，即增加少量荷载就会出现较大的变形。在这种情况下，认为材料已无法正常工作。因此，通常将塑性材料的塑性极限作为其强度条件。

判断杆件在拉伸下破坏的条件取决于其材料性质，选取的强度参数值也不同。在破坏时，应力条件下的塑性材料采用塑性极限 σ_s，而脆性材料采用强度极限 σ_b。理想状态下给出的许用应力并未考虑材料的实际应用条件。因此，在进行强度校核时，必须将极限应力除以一个大于 1 的因数 n 作为安全系数。安全系数涵盖了材料在实际应用条件下各种不确定性因素的影响。对于塑性材料和脆性材料，用下标 s 和 b 来区分两种不同材料的安全系数。塑性材料和脆性材料的许用应力 $[\sigma]$ 分别为

$$[\sigma]=\frac{\sigma_s}{n_s}$$

$$[\sigma]=\frac{\sigma_b}{n_b}$$

当杆件的截面应力 σ 小于许用应力时，认为其工作状态是安全的。单向应力条件下的强度条件表达式如下：

$$\sigma\leqslant[\sigma] \tag{2.5.1}$$

在一定的工作条件下，材料的许用应力是确定的。为了提高杆件在拉压时的强度，使其满足强度条件式(2.5.1)，需要调节杆件的截面应力 σ。

【例 2.5.1】　在图 2.5.1 所示的三脚架中，杆 AB 由两根 10 号工字钢组成，杆 AC 由两根 80 mm×80 mm×7 mm 的等边角钢组成。两杆的材料均为 Q235 钢，$[\sigma]=170$ MPa。试求此结构的许可荷载 $[F]$。

解：(1)结点 A 的受力如图 2.5.2 所示，其平衡方程为

$$\sum X=0 \quad -F_{N2}-F_{N1}\cos30°=0$$

$$\sum Y=0 \quad -F+F_{N1}\sin30°=0$$

求得：$F_{N1}=2F$（拉力），$F_{N2}=-\sqrt{3}F$（压力）

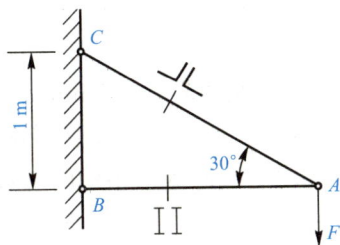

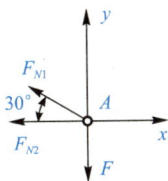

图 2.5.1　三脚架　　　　　　　图 2.5.2　三脚架受力图

(2)查附录的型钢表，获得两根杆的面积

杆 AC　　　　　　　　$A_{AC}=1\,086\times2=2\,172(\text{mm}^2)$

杆 AB　　　　　　　　$A_{AB}=1\,430\times2=2\,860(\text{mm}^2)$

(3)由强度条件获得杆件 AB、AC 的许可轴力：

$$[F_{N1}]=170\times10^6\times2\,172\times10^{-6}=369.24(\text{kN})$$

$$[F_{N2}]=170\times10^6\times2\,860\times10^{-6}=486.2(\text{kN})$$

(4)按每根杆的许可轴力求相应的许可荷载：

$$[F] = \min\left(\frac{[F_{N1}]}{2}, \frac{[F_{N2}]}{\sqrt{3}}\right) = \min(184.6, 280.7) = 184.6(\text{kN})$$

【例 2.5.2】 如图 2.5.3 所示，简单桁架在铰结点 A 受一垂直荷载 F，两根链杆的材料和截面面积 A_S 相同，链杆 AB 的长度 L 不变。当角度 $\angle CAB$ 随着 C 沿竖直方向移动而变化，AC 杆的长度随 C 点位置而改变。假设许用应力在拉伸和压缩时相同，并假设两根杆充分受力达到许用应力值 $[\sigma]$，试求该结构的最小 $\angle CAB$ 值。

解：设 $\angle CAB = \theta$，结点 A 的受力如图 2.5.4 所示，其平衡方程为

$$\sum X = 0 \quad -F_{N2} - F_{N1}\cos\theta = 0$$

$$\sum Y = 0 \quad -F + F_{N1}\sin\theta = 0$$

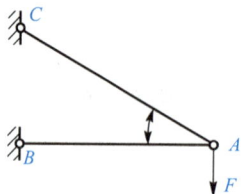

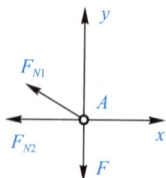

图 2.5.3　简单桁架　　　　　图 2.5.4　简单桁架受力图

求得：$F_{N1} = \dfrac{F}{\sin\theta}$（拉力），$F_{N2} = -F\cot\theta$（压力）。由于 $|F_{N2}| = \left(\dfrac{F}{\sin\theta}\right)\cos\theta = F_{N1}\cos\theta$，所以杆件 AB 中的轴力比杆件 AC 中的轴力大，即 $|F_{N2}| \leqslant F_{N1}$，杆件 AB 先出现破坏。因而，随着 C 沿竖直方向向下移动，角度 θ 减小，杆件 AB 的轴力 F_{N1} 不断增大。当杆件 AB 中应力 σ_{AB} 达到许用应力时，对应的角度 θ 值就是最小角度。也就是

$$\sigma_{AB} = \frac{F_{N1}}{A_S} = \frac{F}{A_S\sin\theta} \leqslant [\sigma]$$

由此推得

$$\theta_{\min} = \sin^{-1}\left(\frac{F}{A_S[\sigma]}\right)$$

【例 2.5.3】 在图 2.5.5 所示的结构中，钢索 BC 由一组直径 $d = 2\text{ mm}$ 的钢丝组成。若钢丝许用应力 $[\sigma] = 1\,600\text{ kg/cm}^2$，$AC$ 梁受有均布荷载 $q = 3\text{ t/m}$。试求所需钢丝的根数。又若将杆 BC 改为由两个等边角钢焊成的组合截面，试确定所需等边角钢的号数。角钢的 $[\sigma] = 1\,600\text{ kg/cm}^2$。

解：(1)选取梁 AC 作为隔离体，受力如图 2.5.6 所示。

列出水平和竖直方向的力平衡方程，以及以 A 点为矩心的力矩平衡方程：

$$\sum X = 0 \quad F_{Ax} - \frac{4}{5}F_{BC} = 0$$

$$\sum Y = 0 \quad F_{Ay} - 4 \times q + \frac{3}{5}F_{BC} = 0$$

$$\sum M(A) = 0 \quad -F_{BC} \times 4 \times \frac{3}{5} + 3 \times 4 \times 2 = 0$$

求解得

$$F_{BC}=10 \text{ t}(拉力)，\quad F_{Ax}=8 \text{ t}(\rightarrow)，\quad F_{Ay}=6 \text{ t}(\uparrow)$$

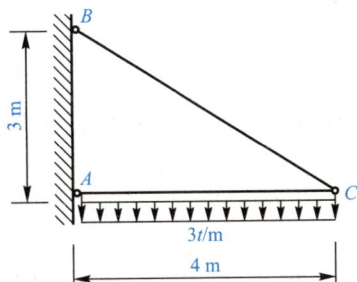

图 2.5.5　钢索吊梁

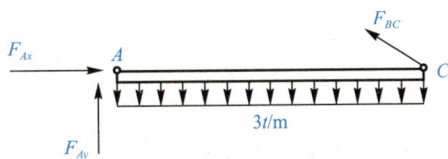

图 2.5.6　钢索吊梁受力图

(2)确定满足强度要求时的钢丝股数。设钢丝股数为 n，则根据强度准则有

$$\sigma=\frac{F_{BC}}{n\pi\left(\dfrac{d}{2}\right)^{2}}=\frac{4F_{BC}}{n\pi d^{2}}\leqslant[\sigma]$$

$$n\geqslant\frac{4F_{BC}}{\pi d^{2}[\sigma]}=\frac{4\times10^{5}}{3.14\times(2\times10^{-3})^{2}\times160\times10^{6}}=199.045$$

取整 $n=199$，也就是钢丝的股数为 199 根。

(3)根据强度条件选择等边角钢型号。设角钢截面面积为 A_{S}，应用强度条件计算单根角钢截面面积：

$$2\cdot[\sigma]\cdot A_{S}=[F]\geqslant F_{BC}\qquad A_{S}\geqslant\frac{F_{BC}}{2\cdot[\sigma]}=\frac{10^{5}}{2\times1.6\times10^{8}}=312.5(\text{mm}^{2})$$

查型钢表与此截面面积最接近的等边角钢是 40 mm×40 mm×4 mm。

【例 2.5.4】　如图 2.5.7 所示，结构中杆件 AB 可视为钢杆，承受荷载 P。设计要求强度安全系数 $n\geqslant2$；限定钢杆只能向下平移而不能转动；竖直位移不允许超过 1 mm。试计算杆件 AC 和杆件 BD 所需的横截面面积。杆件材料的力学性质见表 2.5.1。

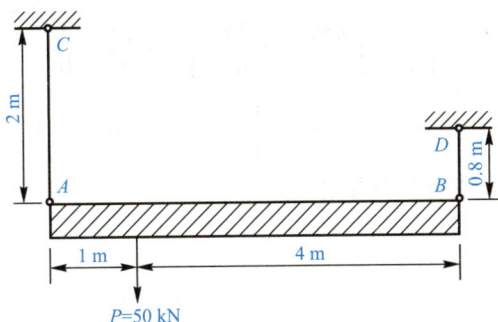

图 2.5.7　结构杆件

表 2.5.1　杆件材料的力学性质

杆件	弹性模量 E/GPa	屈服极限 σ_{s}/MPa	强度极限 σ_{b}/MPa
AC 杆	200	200	400
BD 杆	200	400	600

解：(1)计算链杆中的轴力。列平衡方程求得轴力：
$$F_A = 40 \text{ kN}, \quad F_B = 10 \text{ kN}。$$

(2)强度计算。

链杆 AC：许用应力 $[\sigma]_{AC} = \dfrac{\sigma_{s,AC}}{n} = \dfrac{200}{2} = 100(\text{MPa})$，由 $\sigma_{AC} = \dfrac{F_A}{A_{AC}} \leqslant [\sigma]_{AC}$ 可得

$$A_{AC} \geqslant \frac{F_A}{[\sigma]_{AC}} = \frac{40 \times 10^6 \times 10^6}{100 \times 10^6} = 400(\text{mm}^2)$$

链杆 BD：许用应力 $[\sigma]_{BD} = \dfrac{\sigma_{s,BD}}{n} = \dfrac{400}{2} = 200(\text{MPa})$，由 $\sigma_{BD} = \dfrac{F_B}{A_{BD}} \leqslant [\sigma]_{BD}$ 可得

$$A_{BD} \geqslant \frac{F_B}{[\sigma]_{BD}} = \frac{10 \times 10^6 \times 10^6}{200 \times 10^6} = 50(\text{mm}^2)$$

(3)刚度计算。由于规定链杆的伸长变形不能超过 1 mm，因而

对于链杆 AC：

$$\Delta l_{AC} = \frac{F_A l_{AC}}{E A_{AC}} \leqslant 1 \times 10^{-3}$$

$$A_{AC} \geqslant \frac{F_A l_{AC}}{E \times 1 \times 10^{-3}} = \frac{40 \times 10^3 \times 2 \times 10^6}{200 \times 10^9 \times 1 \times 10^{-3}} = 400(\text{mm}^2)$$

对于链杆 BD：

$$A_{BD} \geqslant \frac{F_B l_{BD}}{E \times 1 \times 10^{-3}} = \frac{10 \times 10^3 \times 0.8 \times 10^6}{200 \times 10^9 \times 1 \times 10^{-3}} = 40(\text{mm}^2)$$

(4)根据题意，钢杆在链杆伸长时不能转动的限制，可得

$$\Delta l_{AC} = \Delta l_{BD}$$

即

$$\frac{F_A l_{AC}}{E A_{AC}} = \frac{F_B l_{BD}}{E A_{BD}}$$

因此

$$\frac{A_{BD}}{A_{AC}} = \frac{F_B l_{BD}}{F_A l_{AC}} = \frac{10 \times 10^3 \times 0.8}{40 \times 10^3 \times 2} = \frac{1}{10}$$

也就是说，只要两链杆横截面面积之比 $\dfrac{A_{BD}}{A_{AC}} = \dfrac{1}{10}$，那么，当应力 $\sigma \leqslant \sigma_p$（$\sigma_p$ 链杆材料的比例极限）时，钢杆只会平移而不会转动。

2.6 应力集中

当杆件截面存在孔洞和裂缝等缺陷时，杆件在受拉力作用下，缺陷附近的截面应力将远大于无缺陷时的应力，这种现象被称为应力集中。应力集中的最直观原因是缺陷导致承受拉力的截面缩小，从而使该处的应力数值增大，如图 2.6.1 所示。然而，要全面分析应力集中现象，需要运用断裂力学知识进行深入分析。

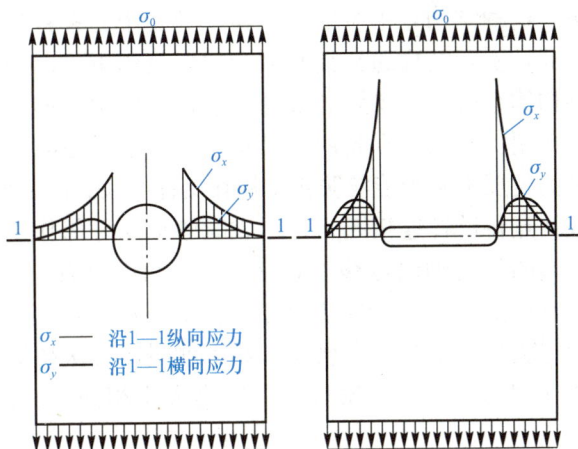

图 2.6.1　有缺陷(孔洞及槽孔)杆件的应力集中

应力集中程度受多种因素影响,其中最重要的是缺陷的几何形状,即孔洞或裂缝的曲率半径。对于尖锐的裂缝端点,其曲率半径理论上为无穷大,因此应力在该处会增至无穷大。因此,在工程中,如果构件存在开孔情况,应尽量将孔开成圆孔,这样可以降低应力集中程度。在实际工程结构中,严重的应力集中现象会显著降低结构的强度,并对结构的安全使用产生影响,因此,必须高度重视。

2.7　拉压杆的超静定问题

杆件通过特定的连接方式组成了能够承受荷载的结构形式。为了确保结构能够承受荷载,首先必须保证结构体系在几何上是不变的,即具有足够的约束,使结构在除变形外不会发生位移。连接不同杆件的部件称为结点。根据结点对连接杆件的相对运动施加的约束方式的不同,常见的结点类型有铰结点和刚结点。刚结点能够约束连接杆件的相对平动位移和截面转角位移,也就是在刚结点处连接的杆件既不能相互分离,也不能相对转动,这意味着在刚结点处,每根杆的杆端线位移和角位移是相同的;铰结点能够使连接杆件的相对线位移为零,但连接杆件的相对转动是自由的,可以相对转动。因此,在铰结点处,每根杆的杆端转角位移可以各不相同。

最简单的几何不变杆件体系包括简支梁、悬臂梁和外伸梁三种形式,如图 2.7.1 所示。

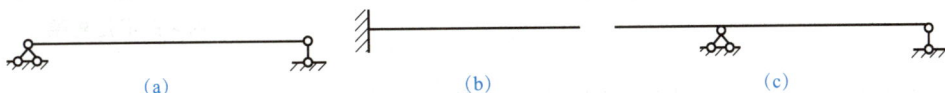

图 2.7.1　最简单的几何不变杆件体系
(a)简支梁;(b)悬臂梁;(c)外伸梁

对于以上三种静定结构杆件,无论是内力还是支座反力,可以使用截面法,并适当选择隔离体,通过列平衡方程来求解。这种只需要列平衡方程就可以求解所有未知力的体系被称为静定结构。静定结构的几何特征是维持体系几何不变性所需的约束最少,没有多余的约束。在实际应用中，这种结构是极少的，因为一旦其中一根杆件失效，整个结构就会崩溃，非常不安全。因此，实际结构通常具有大量的多余约束，以确保结构体系的安全可靠。具有多余约束的结构体系被称为超静定结构。每个约束通常对应一个相应的约束反力，这些约束反力是由外界作用引起的。在超静定结构中，约束反力的力学作用体现了它们的约束效果，例如，支杆的支反力必须能够防止结构在支杆约束方向上发生位移。

桁架结构是通过铰结点将链杆连接起来，形成能够承受外部作用的几何不变体系。每根链杆约束着铰结点两端的相对轴向位移，对应着一个约束内力——轴力。图 2.7.2 展示了具有一个多余约束的对称桁架，在铰结点 D 上受到竖直向下的集中力 F。结构中多余约束的个数通常叫作超静定次数；结构中多出几个约束就叫作几次超静定结构。需要计算图中每根链杆的轴力。由于对称性，左右链杆中的轴力大小相同。选择铰结点 D 作为隔离体，列出平衡方程如下：

$$2N_1\cos\alpha + N_2 = F \tag{2.7.1}$$

在式(2.7.1)中，有两个未知轴力 N_1 和 N_2。因此，仅仅依靠平衡方程无法进行求解，必须添加额外的方程。可以将中间链杆 BD 作为多余约束，将其从桁架中移除，并用多余约束力 N_2 来代替链杆 BD 在桁架中的作用。链杆中轴力 N_2 的作用是使铰结点 D 的位移与原本的超静定结构 D 点位移保持一致。基于这一点，可以建立关于多余约束反力的补充方程。

通过去掉多余的链杆 BD，超静定桁架可以转变为静定桁架，如图 2.7.3 所示。在这种情况下，未知约束轴力 N_2 可以被看作一个待定外力。撤销多余约束后的静定桁架可以视为在原有外力 F 和多余约束轴力 N_2 的作用下进行分析，而 N_2 必须保证静定桁架 D 点的位移与对应的超静定桁架相同。根据叠加原理，D 点的位移可以分解为外力 F 和多余约束轴力 N_2 的叠加效果。根据约定，将未知力 N_2 视为拉力，如图 2.7.3 所示。

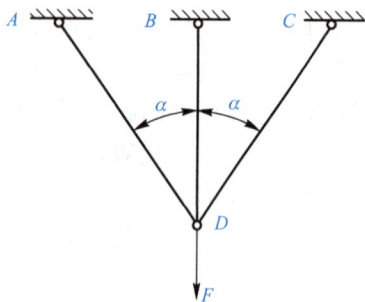

图 2.7.2　一次超静定桁架

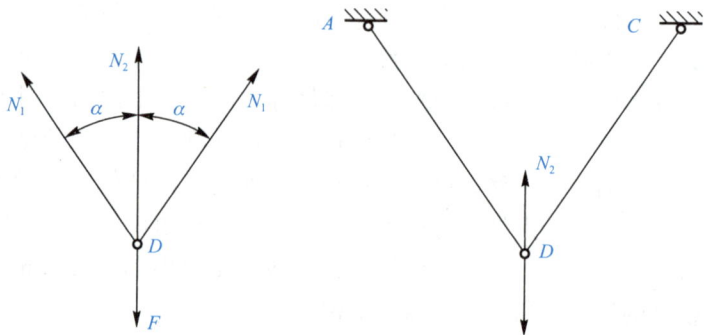

图 2.7.3　撤除一个多余约束的静定桁架

为了计算 D 点在 N_2 作用下的位移，取图中 D 点为隔离体(图 2.7.4)，可以计算出 AD、CD 链杆中轴力 $N_1 = F_{AD} = F_{CD} = \dfrac{N_2}{2\cos\alpha}$，$AD$、$CD$ 链杆承受压力，链杆长度变化为

$$\Delta l_{AD} = \Delta l_{CD} = \frac{l}{EA} \cdot \frac{N_2}{2\cos\alpha}$$

在上述公式中，E 代表链杆材料的弹性模量，A 代表链杆的横截面面积，l 是链杆在变形之前的长度。由于链杆 AD 和 CD 通过铰接点 D 相连，它们不能独立地发生变形。因

此，需要确定铰结点 D 的最终位置。公式中的 Δl_{AD} 和 Δl_{CD} 表示链杆 AD 和 CD 在受到轴力作用后实际发生的变形量。然而，由于受到铰结点 D 的约束，结点 D 在变形后的位置应该是链杆 AD 和 CD 分别伸长 Δl_{AD} 和 Δl_{CD} 后的交点 D'，即两根链杆各自伸长 Δl_{AD} 和 Δl_{CD} 后，在绕着 A 和 C 旋转后的交点，如图 2.7.5 所示。

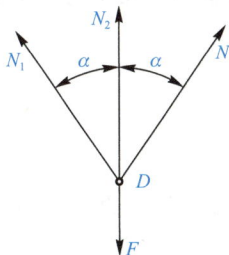

图 2.7.4　取 D 点作为隔离体　　　　图 2.7.5　链杆伸长

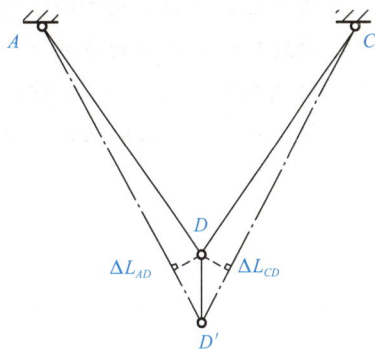

由于对称性，铰结点只有竖直方向的变位，又由于是小变形，链杆之间的夹角变化很小，近似认为变形前后链杆之间夹角不变。根据图 2.7.5 计算可得铰结点 D 的竖向位移为

$$\Delta_N = \frac{\Delta l_{AD}}{\cos\alpha} = \frac{lN_1}{2EA\cos^2\alpha}$$

类似地，已知结点力 F 作用在静定桁架上引起铰结点 D 的竖向位移为

$$\Delta_F = \frac{lF}{2EA\cos^2\alpha}$$

根据位移协调关系，外力 F 和多余约束轴力 N_2 共同作用下引起铰结点 D 产生的竖向位移应该等于链杆 BD 中轴力产生的位移，即

$$\Delta_F - \Delta_N = \frac{l}{2EA\cos^2\alpha}(F - N_1) = \frac{l_{BD}N_2}{EA} = \frac{lN_2\cos\alpha}{EA} \tag{2.7.2}$$

联立求解方程式(2.7.1)、式(2.7.2)，可得

$$N_1 = \frac{F\cos^2\alpha}{1 + 2\cos^3\alpha} \qquad\qquad N_2 = \frac{F}{1 + 2\cos^3\alpha}$$

通过分析上述超静定结构问题，可以了解到仅仅应用平衡方程是不足以确定所有约束力的。因此，介绍了一种方法，即通过解除多余约束，引入未知约束反力，将超静定结构转化为对应的静定结构，并利用位移协调关系进行补充求解方程以进行计算。在这种方法中，使用未知约束反力作为未知量，因此称为力法。在后面的结构力学课程中，将介绍一种更通用的方法来求解超静定结构，即位移法。位移法不仅适用于超静定结构的计算，而且同样适用于静定结构的计算，并且适合进行程序化计算。

思考题

2.1　简述截面法求解内力的一般步骤。

2.2　两根材料不同的等截面直杆，承受着相同的拉力，它们的截面面积与长度均相等，问：①两杆件的内力是否相等；②两杆件的应力是否相等；③两杆件的变形是否相等。

2.3 请结合所学知识判断轴向拉(压)杆斜截面上应力是否均匀分布。

2.4 弹性模量 E 的物理意义是什么？如低碳钢的弹性模量 $E=210\ \text{GPa}$，混凝土的弹性模量 $E=28\ \text{GPa}$，试求下列各项：

(1)在横截面上正应力 σ 相等的情况下，钢和混凝土杆的纵向线应变 ε 之比；

(2)在纵向线应变 ε 相等的情况下，钢和混凝土杆横截面上正应力 σ 之比；

(3)当纵向线应变 $\varepsilon=0.000\ 15$ 时，钢和混凝土杆横截面上正应力 σ 的值。

2.5 试简述内力与应力的区别与联系。

习题

2.1 试求图 2.1 所示直杆横截面 1—1、2—2、3—3 上的轴力，并画出轴力图。

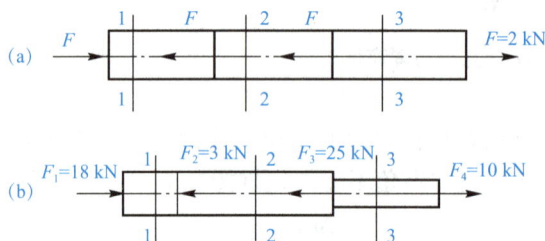

图 2.1

2.2 如图 2.2 所示，中部对称开槽的直杆，试求横截面 1—1 和 2—2 上的正应力。

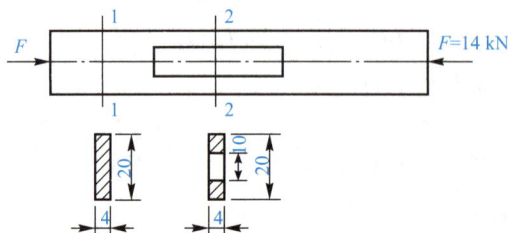

图 2.2

2.3 试用截面法计算图 2.3 所示杆件各段的轴力，并绘制轴力图。

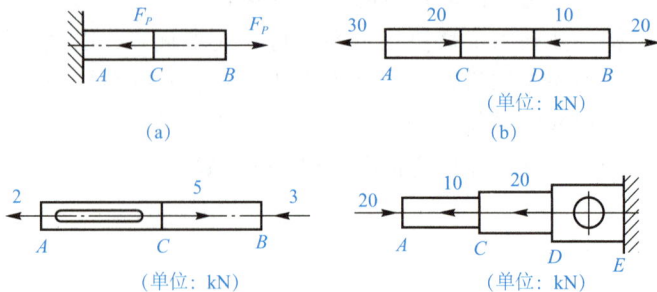

图 2.3

2.4　试求图 2.4 所示各杆 1—1 和 2—2 横截面上的轴力，并作轴力图。

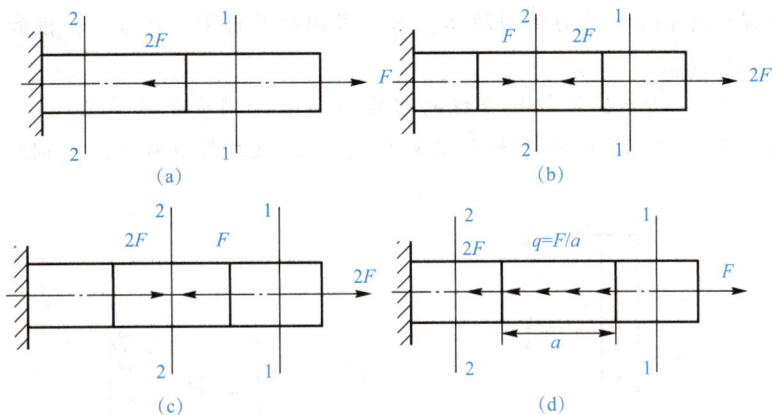

(a)　　　　　　　　　　　(b)

(c)　　　　　　　　　　　(d)

图 2.4

2.5　试求图 2.5 所示等直杆横截面 1—1、2—2 和 3—3 上的轴力，并作轴力图。若横截面面积 $A = 400\ \mathrm{mm}^2$，试求各横截面上的应力。

2.6　试求图 2.6 所示阶梯状直杆横截面 1—1、2—2 和 3—3 上的轴力，并作轴力图。若横截面面积 $A_1 = 200\ \mathrm{mm}^2$，$A_2 = 300\ \mathrm{mm}^2$，$A_3 = 400\ \mathrm{mm}^2$，并求各横截面上的应力。

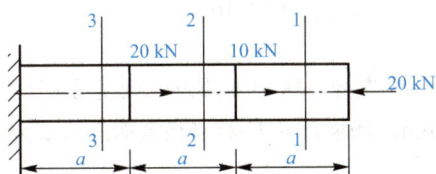

图 2.5

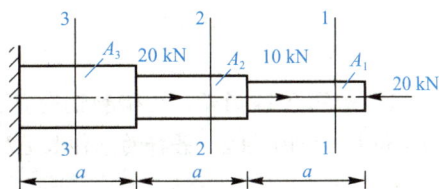

图 2.6

2.7　一圆截面阶梯杆受力如图 2.7 所示，AC 段横截面直径为 40 mm，CB 段横截面直径为 20 mm，作用力 $P = 40$ kN，材料的弹性模量 $E = 200$ GPa。试求 AC 段杆横截面上的应力和 AB 杆的总伸长。

2.8　如图 2.8 所示，三角形托架的 AB 杆横截面面积为 6 cm^2，BC 杆横截面面积为 6 cm^2，作用力 $P = 75$ kN，试求 AB 杆和 BC 杆横截面上的应力。

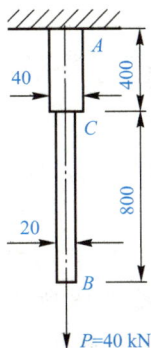

图 2.7

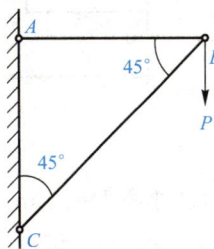

图 2.8

2.9 如图 2.9 所示，等截面直杆由钢杆 ABC 与铜杆 CD 在 C 处粘接而成。直杆各部分的直径均为 $d=36$ mm，受力如图所示。若不考虑杆的自重，试求 AC 段和 AD 段杆的轴向变形量 Δl_{AC} 和 Δl_{AD}。

2.10 如图 2.10 所示的桅杆起重机的起重杆 AB 的横截面是外径为 20 mm、内径为 18 mm 的圆环，钢丝绳 BC 的横截面面积为 10 mm^2。试求起重杆 AB 和钢丝绳 BC 横截面上的应力。

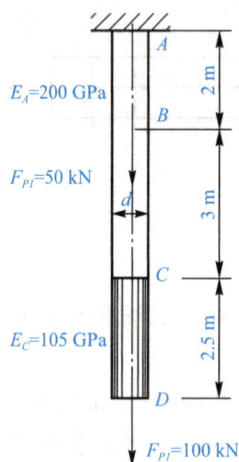

图 2.9

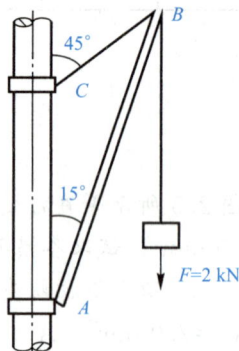

图 2.10

2.11 如图 2.11 所示，由铜和钢两种材料组成的等直杆，铜和钢的弹性模量分别为 $E_1=100$ GPa 和 $E_2=210$ GPa。若杆的总伸长 $\Delta l=0.126$ mm，试求荷载 F 和杆横截面上的应力。

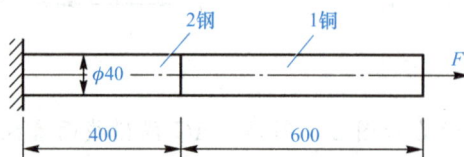

图 2.11

2.12 图 2.12 所示阶梯形钢杆，材料的弹性模量 $E=200$ GPa，试求杆横截面上的最大正应力和杆的总伸长。

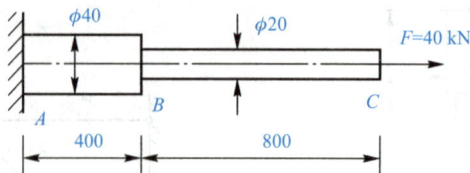

图 2.12

2.13 石砌桥墩的墩身高 $l=10$ m，其横截面尺寸如图 2.13 所示。荷载 $F=1\ 000$ kN，材料的密度 $\rho=2.35\times10^3$ kg/m。试求墩身底部横截面上的压应力。

2.14 如图 2.14 所示，拉杆承受轴向拉力 $F=10$ kN，杆的横截面面积 $A=100$ mm^2。如以 a 表示斜截面与横截面的夹角，试求：

（1）当 $a=0°$、$45°$、$-60°$ 时各斜截面上的正应力和切应力，并用图表示其方向；

（2）拉杆的最大正应力和最大切应力及其作用的截面。

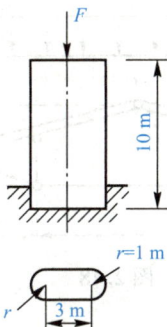

图 2.13　　　　　　　　　　　　**图 2.14**

2.15　一木桩受力如图 2.15 所示。柱的横截面边长为 200 mm 的正方形，材料可认为符合胡克定律，其纵向弹性模量 $E=10$ GPa。如不计柱的自重，试求：

（1）作轴力图；

（2）各段柱横截面上的应力；

（3）各段柱的纵向线应变；

（4）柱端 A 的位移。

2.16　如图 2.16 所示，实心圆钢杆 AB 和 AC 在 A 点以铰相连接，在 A 点作用有铅垂向下的力 $F=35$ kN。已知杆 AB 和 AC 的直径分别为 $d_1=12$ mm 和 $d_2=15$ mm，钢的弹性模量 $E=210$ GPa。试求 A 点在铅垂方向的位移。

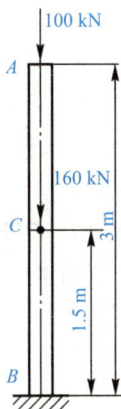

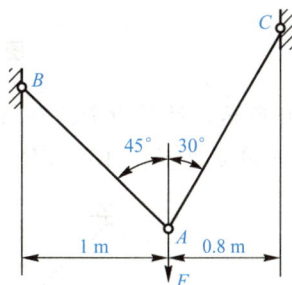

图 2.15　　　　　　　　　　　　**图 2.16**

2.17　某简易起重设备的计算简图如图 2.17 所示。已知斜杆 AB 由两根 63 mm×40 mm×4 mm 不等边角钢组成，钢的许用应力 $[\sigma]=150$ MPa。当提起重量 $P=15$ kN 的重物时，试校核斜杆 AB 的强度。

2.18　图 2.18 所示一混合屋架结构的计算简图。屋架的上弦用钢筋混凝土制成。下面的拉杆和中间竖向撑杆用角钢构成，其截面均为两个 75 mm×8 mm 的等边角钢。已知屋面承受集度 $q=20$ kN/m 的竖直均布荷载。试求拉杆 AE 和 EG 横截面上的应力。

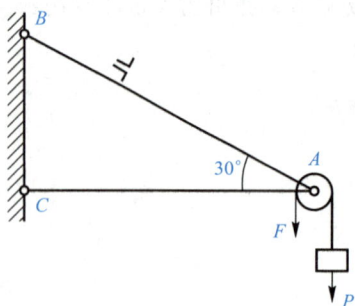

图 2.17

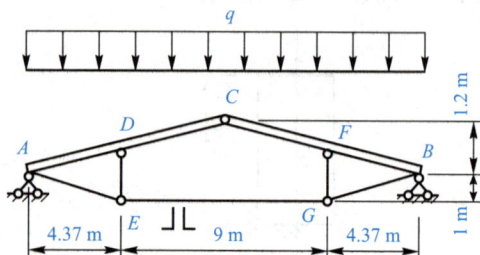

图 2.18

2.19 如图 2.19 所示，长度 $l=1.2$ m、横截面面积为 1.10×10^3 m² 的铝制圆筒放置在固定的刚性块上，直径 $d=15.0$ mm 的钢杆 BC 悬挂在铝筒顶端的刚性板上；铝制圆筒的轴线与钢杆的轴线重合。若在钢杆的 C 端施加轴向拉力 F_P，且已知钢和铝的弹性模量分别为 $E_s=200$ GPa，$E_a=70$ GPa；轴向荷载 $F_P=60$ kN，试求钢杆 C 端向下移动的距离。

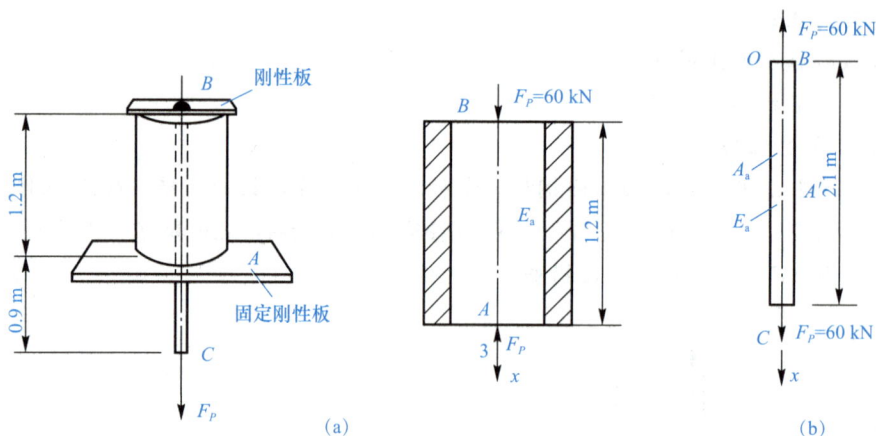

图 2.19

2.20 如图 2.20 所示，结构中 BC 和 AC 都是圆截面直杆，直径均为 $d=20$ mm，材料都是 Q235 钢，其许用应力 $[\theta]=157$ MP。试求该结构的许用荷载。

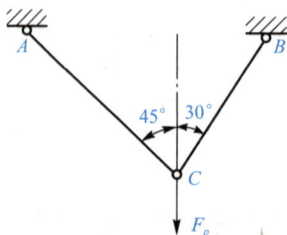

图 2.20

第3章 剪 切

本章导读

剪切是材料力学中一个重要而广泛应用的主题。在工程实践中，剪切现象普遍存在于各种材料和结构中，因此，理解和分析剪切行为对于工程设计和结构安全至关重要。

本章将介绍剪切的基本概念、理论和分析方法。首先，理解材料在剪切加载下的力学行为。然后，将研究剪切应力的分布和变化规律，讨论不同构件剖面的剪切应力计算方法，并深入探讨复杂构件的剪切应力分布。

本章还将涵盖剪切应力在实际工程中的应用。将探讨剪切连接的设计和分析方法，剪切构件的力学原理和应用，以及剪切应力对结构和材料性能的影响。

此外，将研究特殊情况下的剪切行为，如剪切破坏准则和剪切强度评估方法等。

通过学习本章内容，将建立对剪切行为的深入理解，并具备分析和解决实际工程问题的能力。剪切是一个复杂而重要的主题，掌握其中的核心概念和方法将对大家从事工程实践工作具有重要的意义。

案例导入

假设你是一名土木工程师，负责设计一座桥梁的横梁结构。在桥梁设计中，你需要考虑横梁上的剪切力，以确保横梁在受到剪切力作用时的稳定性和安全性。

例如，一座桥梁横梁承受着由行驶车辆与桥墩之间作用力产生的剪切力。这些剪切力作用于横梁的截面上，试图将其分成上下两部分并产生相对滑动。横梁的稳定性取决于其抵抗剪切破坏的能力。

在这个案例中，你需要分析和确定横梁在剪切力作用下的稳定性与承载能力。了解材料的剪切应变和应力分布、剪切破坏机制，以及横梁的几何形状对其稳定性的影响，对于正确评估和设计桥梁横梁至关重要。

在本章中，将深入研究剪切的相关概念和分析方法，并将学习剪切应变和应力的定义、剪切变形的特点及材料的剪切强度。了解这些基本概念将帮助确定横梁的剪切稳定性，并进行合理的梁结构设计。

此外，还将研究剪切应力的计算方法和剪切破坏的评估。学习如何计算横梁上的剪切应力，并了解剪切破坏的机制和影响因素，将有助于评估横梁的稳定性，并采取适当的措施来增强其剪切承载能力。

通过学习本章的内容，你将建立对剪切的基本概念和分析方法的深入理解。这将使你能够准确评估和设计横梁的剪切稳定性，并为桥梁等结构的安全设计提供可靠的依据。

本章重点

1. 接头的内力、应力计算和强度分析。
2. 构件截面的剪切应力和挤压应力的计算方法及其强度校核。
3. 连接件接头的应力计算方法。

本章难点

1. 剪切应力的分布和变化：理解剪切应力在剪切面上的分布情况，学习如何分析复杂连接件及其断面的剪切应力分布。
2. 剪切变形的本质：深入理解剪切变形的本质，了解剪切变形对材料性能和结构安全性的影响。
3. 剪切破坏准则：学习剪切破坏准则的基本原理和应用。了解不同构件的剪切破坏模式和剪切强度的评估方法。

3.1　剪切概述

剪切是杆件基本变形形式之一。当杆件在一个截面处受到大小相等、方向相反的力，但彼此错开一个很小的距离时，截面两侧的杆段沿截面切向产生相对错动，这种变形形式称为剪切(图 3.1.1)。剪切现象在日常生活中最常见于使用剪刀剪切物体；而在水平地震作用下，房屋底部防震垫层受到的地震荷载可以视为剪切作用(图 3.1.2)。

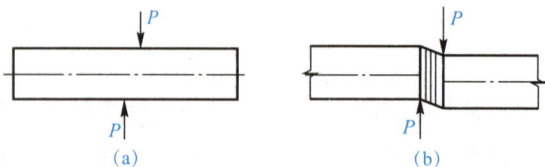

图 3.1.1　杆件剪切变形

图 3.1.2　房屋底层防震垫层

工程中构件连接部位最重要的受力状态就是剪切作用。为了实现连接，可以采用不同的连接方式，如榫卯、螺杆、焊接等。将榫卯、螺杆、焊接等连接部位称为构件之间的连接件。图 3.1.3 展示了实际工程中几种构件连接方式的例子。

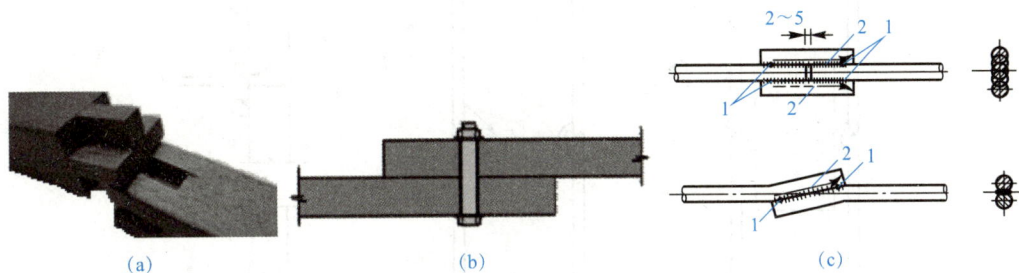

图 3.1.3 构件连接件

(a)榫卯连接；(b)螺栓连接；(c)帮条焊、搭接焊

1—定位焊缝；2—弧坑拉出方位

在我国的木建筑中，榫卯连接是一种常见的结构连接方式。这种连接方式通过将榫(连接件的凸出部分)嵌入卯(连接件的凹进部分)中，实现了两部分木构件的结合。榫卯结构的剪切作用主要发生在榫头和榫槽的底部(图 3.1.4)。一般情况下，榫卯嵌合位置会存在与榫卯相切的荷载分力，因此，榫卯接头处的变形以剪切变形为主要形式。

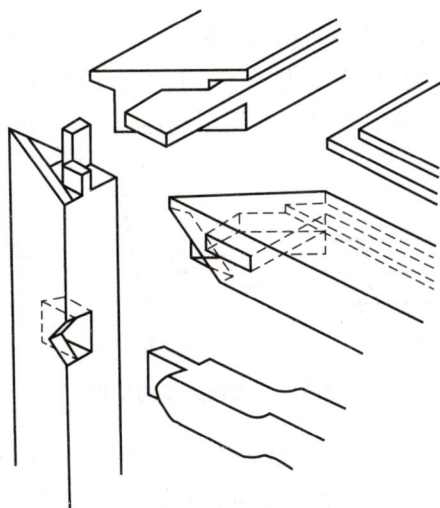

图 3.1.4 榫卯嵌合

钢结构是现代工程建筑中的重要结构形式之一。它由钢板、热轧型钢或冷加工成型的薄壁型钢通过特定的连接方式组成构件，这些构件再通过适当的装配连接形成整体钢结构。钢结构的连接方式在其发展初期主要采用铆钉和螺栓，但现在基本上都采用焊接方式进行连接。在拉压力作用下，搭接焊和帮条焊通常会表现出剪切变形的特征，具体示例如图 3.1.5 所示。

理论计算表明，在上述实际工程问题中，各种构件接头处的应力分布相当复杂。剪切面上的内力通常是逐点变化的面力，因此，需要借助弹性力学知识进行准确计算。在目前的条件下，对于接头处的剪切现象只能进行近似分析，因此，大多数问题是基于等效假设来给出近似计算公式。

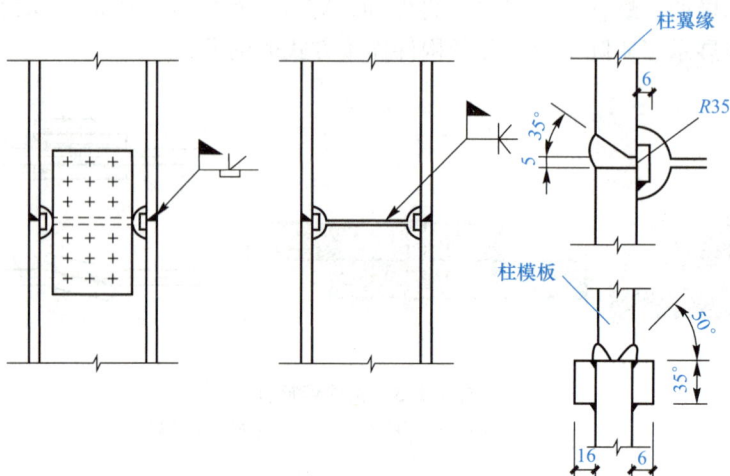

图 3.1.5　焊接钢筋

3.2　接头的内力计算

如图 3.2.1 所示，螺栓连接件是一种常见的连接方式。螺栓连接的两个构件之间会产生一对大小相等、方向相反的横向作用力 P。在这对力的作用下，螺栓截面 $m—m$ 会发生横向错动，该截面被称为剪切面。剪切面上会形成逐点变化的分布面力。

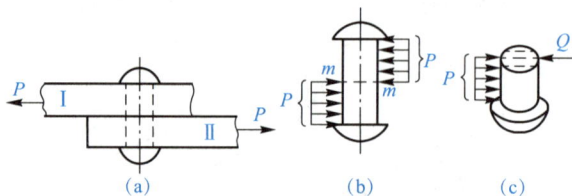

图 3.2.1　螺栓连接的构件

采用截面法，可以将螺栓在剪切面 $m—m$ 处切开，并将下半截螺栓作为隔离体（图 3.2.1）。根据平衡条件，剪切面上的分布面力的合力 Q 等于作用力 P，即

$$Q = P$$

上下两段螺栓分别在剪切面 $m—m$ 处产生一对大小相等、方向相反的剪切力，这对剪切力会导致螺栓产生剪切变形。同时，螺栓本身在受到力 P 的作用时，螺栓侧面会承受压缩力，即存在挤压作用。螺栓同时承受剪切和挤压两种作用，这两种作用都可能导致螺栓的破坏。剪切破坏和挤压破坏是螺栓可能发生的两种破坏形式。

上述内容描述了螺栓横向受力情况，螺栓纵向的作用力通过螺母在螺栓两端承受，以保持螺栓整体平衡。通常，忽略螺母上的纵向作用力。

螺栓连接的构件上的受力情况如图 3.2.2 所示。当考察一个构件的受力变形情况时，螺栓与构件接触面上存在接触分布力。合成的等效力 p_c 与作用力平衡，即 $p_c = P$（图 3.2.3）。螺栓与构件之间的接触作用力也可能导致构件的破坏，这种破坏是由于构件和螺栓相互挤压所引起的。同样，构件也具有剪切面，在螺栓上下边缘水平线 $a-a$ 和 $b-b$ 处形成。如果构件的强度不足，沿着这个方向就有可能发生剪切破坏。如果我们沿着螺栓对称面将构件截开，并选择其中一半作为隔离体，可以得到其受力图（图 3.2.4）。由于构件受到的是纵向拉力，隔离体上构件与螺栓接触面上没有相互作用力，构件截面上的内力是任意分布力，其合力等于外力 P。经过分析可知，螺栓孔边附近的分布力密度在有螺栓时会增大，即出现应力集中现象。

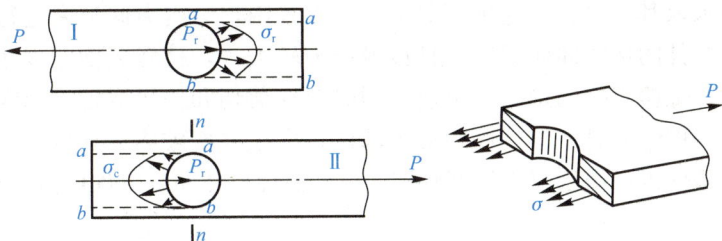

图 3.2.2　螺栓连接的构件受力图

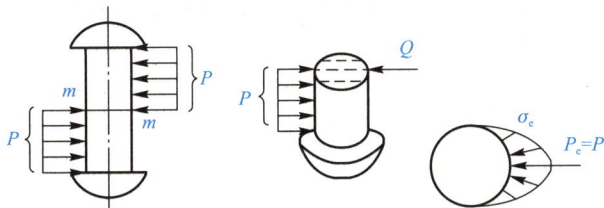

图 3.2.3　螺栓受力图

图 3.2.4　构件隔离体

连接件中的螺杆和构件在剪切力的作用下，螺杆在剪切面上受到剪切作用，而在螺杆与构件接触面上则产生挤压作用；构件只在与螺杆接触面上存在挤压作用。因此，连接件的强度分析必须考虑剪切、挤压和构件的拉伸破坏。

在螺栓连接中，螺栓和构件之间承受着多种力和应力。除之前提到的剪切力和挤压力外，还存在其他重要的因素需要考虑。

1. 拉伸力

螺栓连接的主要作用是通过拉伸力将构件紧密连接在一起。拉伸力是由外部加载施加在连接件上的拉力，它使螺栓与构件之间形成预加载力，以防止松动和失效。

2. 弯曲力

在某些情况下，连接件可能会受到弯曲力的作用，如在悬臂构件连接中。弯曲力会引起连接件内部的弯曲应力，需要进行适当的强度分析以确保连接的可靠性。

3. 疲劳荷载

连接件在使用过程中可能会受到重复加载或振动荷载，这会导致疲劳应力集中和疲劳破坏。因此，对于连接件的设计和选择，需要考虑其在疲劳加载下的强度和寿命。

4. 预紧力控制

为了确保连接的紧固度和可靠性，螺栓连接通常需要施加适当的预紧力。预紧力的控制对于连接的性能和寿命至关重要，需要在装配过程中严格控制。

3.3　接头的应力计算和强度

在接头受到剪切力时，构件截面和接头横截面上的内力呈现复杂的分布情况，准确确定内力的详细分布是困难的。因此，在不需要进行局部应力分布计算的情况下，通常采用静力等效方法来求取其合力。在这种情况下，可以采用均匀内力假设来进行应力的近似计算。另外，当连接件的接触面面积较小且接触压力较大时，接触表面会发生压缩现象，这被称为挤压变形。螺栓连接的接头部位通常同时存在剪切和挤压变形。当螺栓与构件接触面上的应力超过许用应力时，连接件的接头部位将发生强度破坏。与拉压变形的强度条件类似，剪切强度条件也可用于解决强度校核、设计截面尺寸和确定许可荷载三类问题。

3.3.1　剪切应力

假设剪应力在剪切面内均匀分布。剪切面内的剪力对应于剪应力，如果剪力为 Q，剪切面的面积为 A，则剪应力 τ 可以近似地表示为

$$\tau = \frac{Q}{A}$$

3.3.2　挤压应力

挤压应力是由挤压力在挤压面上引起的应力，用 σ_c 表示。挤压应力在挤压面上的分布规律也是相对复杂的，因此，同样采用挤压应力在挤压面上均匀分布的假设。如图 3.3.1 所示，螺栓的挤压应力是指挤压力 p_c 被认为作用在螺栓直径截面上的均布力，该截面的横截面面积为 A_c。因此，挤压正应力 σ_c 可以表示为

$$\sigma_c = \frac{p_c}{A_c}$$

式中，$A_c = d \cdot h$，其中 d 是螺栓直径，h 为螺栓的半长（图 3.3.1）。

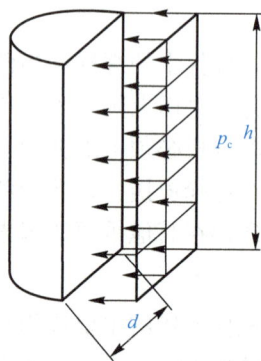

图 3.3.1　承受挤压力的螺栓

综上所述，接头的强度分析需要考虑剪切应力和挤压应力。剪切应力可以根据剪力和剪切面积的比值计算得出，而挤压应力可以根据挤压力与挤压面积的比值来计算。这些计算方法可以用于接头的强度校核、设计截面尺寸和确定许可荷载。

当涉及接头的应力计算和强度分析时，还有一些重要的概念和考虑因素，以下对其做进一步解释。

1. 计算应力分布

在实际情况中，接头的内力分布通常是复杂的，无法简单地假设为均匀分布。为了更准确地计算接头的应力分布，需要采用更精细的方法，如有限元分析（Finite Element

Analysis，FEA)或其他数值模拟技术。这些方法可以考虑接头的几何形状、材料特性和加载条件，以获得更精确的应力分布结果。

2. 强度评估准则

接头的强度评估基于材料的强度性能和设计准则。不同的应用和行业可能有不同的准则与标准。例如，在机械工程中，常用的强度准则包括强度安全系数法、极限状态设计法和可靠性设计方法。这些准则考虑了材料的强度、疲劳寿命、可靠性要求等因素，以确保接头在设计寿命内具有足够的强度。

3. 材料选择

接头的强度和可靠性与所选材料密切相关。不同材料具有不同的强度、刚性和耐久性特性。在接头设计中，需要选择适当的材料，考虑到所需的强度、耐腐蚀性、热稳定性等因素。常用的接头材料包括钢、铝合金、钛合金等。

4. 考虑动荷载

接头在服务过程中可能会受到动态荷载和振动的作用。这会导致接头的应力变化和疲劳破坏。因此，除静态荷载的考虑外，还需要对接头在动态荷载下的强度和疲劳寿命进行评估。这可以通过疲劳分析和动态荷载试验来实现。

5. 环境影响

接头所处的环境条件也会对其强度和耐久性产生影响。例如，高温、湿度、腐蚀介质等环境因素可能导致接头材料的腐蚀、氧化或变形。因此，在接头设计和评估中，需要考虑环境因素对材料和连接性能的影响，并采取适当的防护措施。

总之，接头的应力计算和强度分析涉及多个方面，包括准确的应力分布计算、强度评估准则、材料选择、动态荷载考虑和环境影响等。这些因素的综合考虑可以确保接头的设计和性能满足工程要求，并具有足够的强度和耐久性。

3.3.3 连接件接头的应力

在剪切加载下，构件和连接件的破坏形式通常包括剪切破坏和挤压破坏。相应的许用应力分别记作 $[\tau]$ 和 $[\sigma_c]$，其数值由材料属性确定。因此，强度条件可以表示为

$$\tau = \frac{Q}{A} \leqslant [\tau]$$

$$\sigma_c = \frac{p_c}{A_c} \leqslant [\sigma_c]$$

这里，Q 表示剪力，A 表示剪切面积，p_c 表示挤压力，A_c 表示挤压面积。

3.3.4 剪切胡克定律

在剪切变形中，根据剪切胡克定律，考虑剪切变形后的微元体。设在剪切部位取边长为 dx 的微元体 $abef$ [图 3.3.2(a)]，在剪切变形后，微元体变为图 3.3.2(b)中所示的形状。微元体的四边上存在剪应力 τ，由于剪切变形引起的纵向纤维偏转角度为 γ。

根据剪切胡克定律，剪应力与剪应变之间存在以下关系：

$$\tau = G\gamma$$

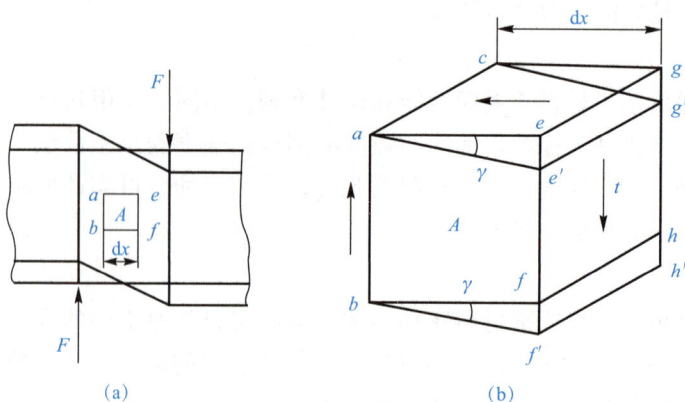

图 3.3.2　剪切变形部位微元体

　　上述公式表示了剪切应力与剪切应变之间的关系，其中，G 称为材料的剪切模量。剪切模量是衡量材料抵抗剪切变形能力的物理量，其单位与应力的单位相同。剪切模量的值取决于材料的特性，通常通过试验确定。

　　需要注意的是，剪切胡克定律是在假设剪切应力与剪应变之间呈线性关系的条件下得出的。对于某些材料，如弹性体，剪切胡克定律是适用的。然而，对于其他材料，如塑性材料或复合材料，剪切胡克定律的适用性可能受到限制。

　　【例 3.3.1】　假设有两个杆件通过螺杆连接在一起，如图 3.3.3 所示。螺杆的直径为 d，螺距为 p，受到的外部剪切力为 F。材料的抗剪强度为 $[\tau_{max}]$。

　　(1)计算连接处的剪切应力。

　　(2)计算连接螺杆所能承受的许可荷载。

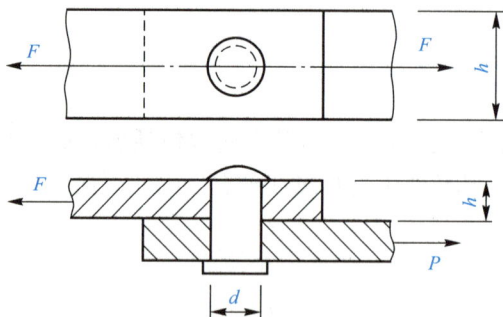

图 3.3.3　螺栓连接

　　解：(1)计算连接处的剪切应力：螺杆连接时，剪切力传递通过螺杆的剪切面积来计算。剪切面积可以通过螺杆的几何参数来确定。则螺杆的剪切面积为 $A = \pi\left(\dfrac{d}{2}\right)^2$，为了计算简便可行，一般假定剪切力在剪切面上均匀分布，因此，平均剪应力等于剪切力除以剪切面面积，即剪切应力为 $\tau = \dfrac{F}{A} = \dfrac{4F}{\pi d^2}$。

　　(2)计算连接螺杆所能承受的许可荷载：如果只考虑螺杆的剪切破坏，可以采用剪切强度条件进行校核，即 $\tau \leqslant [\tau_{\max}]$。将以上求出的剪切应力代入剪切强度条件，可得连接螺杆所能承受的许可荷载 $F_{\max} \leqslant \dfrac{\pi d^2}{4}[\tau_{\max}]$。

【例 3.3.2】　两块完全相同的金属板采用铆钉接头连接，如图 3.3.4 所示。金属板和铆钉的几何和材料参数：金属板的厚度 $h=2$ mm、宽度 $b=15$ mm，板材料的许用拉应力 $[\sigma]=160$ MPa；铆钉直径 $d=4$ mm，许用剪应力 $[\tau]=100$ MPa，许用挤压应力 $[\sigma_c]=300$ MPa，试计算该接头的许可荷载。

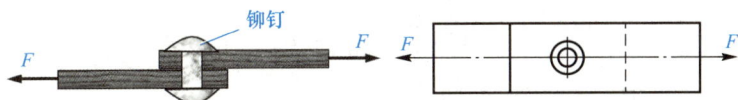

图 3.3.4　铆钉接头连接

解：（1）破坏形式分析。本例题中接头由铆钉和金属板构成，铆钉在剪切面产生剪切应力、在与金属板的接触面上承受挤压应力，因而，铆钉存在剪切破坏和挤压破坏的可能；金属板在孔壁上有挤压作用和经过铆钉直径的横截面上的轴向拉伸作用，因此，金属板的破坏有挤压破坏和轴线方向的拉伸破坏，但由于轴向应力一般小于挤压应力，所以可以不考虑轴向破坏情况。

（2）荷载计算。

1）按铆钉的剪切强度计算：

根据剪切强度条件 $\tau = \dfrac{F_q}{A} \leqslant [\tau]$ 得

$$F_q \leqslant [\tau]A = 100 \times \frac{1}{4} \times 4^2 \times 3.14 = 1\ 256(\text{N})$$

由于 $F=F_q$，此时，许可荷载 $F \leqslant 1\ 256$ N。

2）按铆钉的挤压强度计算：

根据铆钉的挤压强度条件 $\sigma_c = \dfrac{F_{bc}}{A_c} \leqslant [\sigma_c]$ 得

$$F_{bc} \leqslant A_c[\sigma_c] = dh[\sigma_c] = 4 \times 2 \times 300 = 2\ 400(\text{N})$$

由于挤压力 $F=F_{bc}$，此时，许可荷载 $F \leqslant 2\ 400$ N。

3）按金属板的拉伸强度计算：

根据拉伸强度条件 $\sigma = \dfrac{F_n}{A} \leqslant [\sigma]$ 得

$$F_n \leqslant A[\sigma] = (b-d)h[\sigma] = (15-4) \times 2 \times 160 = 3\ 520(\text{N})$$

由于轴力 $F_n=F$，此时，许可荷载 $F \leqslant 3\ 520$ N。

综合考虑以上三种情况，该接头的许可荷载应该取三个值中的最小的数值，即 $F \leqslant 1\ 256$ N。

【例 3.3.3】　如图 3.3.5（a）所示，齿轮与轴键连接。键的高 $h=14$ mm，宽 $b=24$ mm，键嵌入键槽的深度 $h_0=h/2$，键材料的许可剪切应力 $[\tau]=40$ MPa，许可挤压应力 $[\sigma_{bs}]=90$ MPa。轴传递的功率 $N=60$ kW，转速 $n=180$ r/min，轴的直径 $D=80$ mm。试确定键的长度 l。

解：（1）轴转动产生的力偶矩。

$$m = 9\ 550 \times \frac{N}{n} = 9\ 550 \times \frac{60}{180} = 3\ 183(\text{N} \cdot \text{m})$$

(2)键上承受的剪力。根据力偶矩平衡方程 $\sum m_{\text{t}} = 0$，由图 3.3.5(b)所示，可得

$$m - P\frac{D}{2} = 0 \qquad P = \frac{2m}{D} = \frac{2 \times 3\ 183}{80 \times 10^{-3}} = 79.6 \times 10^3(\text{N})$$

(3)键的剪切强度。剪切面面积 $A_S = bl$，剪切力 $Q = P = 79.6 \times 10^3\text{N}$，根据剪切强度条件

$$\tau = \frac{Q}{A_S} = \frac{P}{bl} \leqslant [\tau]$$

$$l \geqslant \frac{P}{b\tau} = \frac{79.6 \times 10^3}{24 \times 10^{-3} \times 40 \times 10^6} = 83 \times 10^{-3}(\text{m}) = 83 \text{ mm}$$

(4)键的挤压强度。键的挤压面积 $A_{\text{bs}} = \frac{h}{2} \cdot l$，挤压力 $p_{\text{bs}} = P = 79.6 \times 10^3 \text{ N}$。根据挤压强度条件

$$\sigma_{\text{bs}} = \frac{p_{\text{bs}}}{A_{\text{bs}}} = \frac{2P}{hl} \leqslant [\sigma_{\text{bs}}]$$

$$l \geqslant \frac{2P}{h[\sigma_{\text{bs}}]} = \frac{2 \times 79.6 \times 10^3}{14 \times 10^{-3} \times 90 \times 10^6} = 0.126(\text{m}) = 126 \text{ mm}$$

因此，取键的长度 $l = 126 \text{ mm}$。

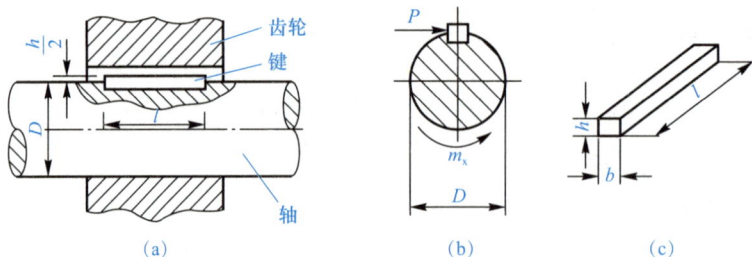

图 3.3.5　齿轮与轴键连接

思考题

3.1　压缩与挤压有何区别？为何材料的挤压许用应力常常大于材料的压缩许用应力？

3.2　铆钉的破坏形式共分为几种？

3.3　请问在图 3.1 所示的铆接结构中，力是怎样传递的？

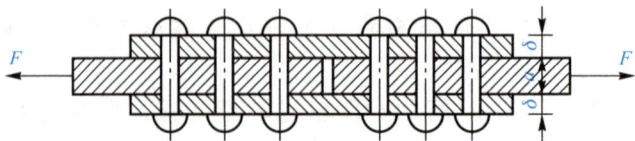

图 3.1

3.4　试述铆钉(螺栓)连接中，计算每一铆钉受力的假设，并计算图 3.2 所示的三种连接方式中每个铆钉的受力。

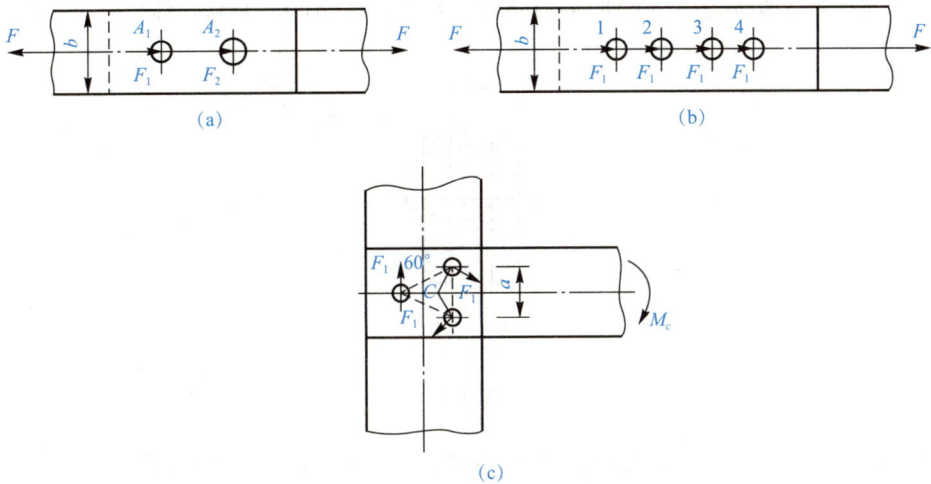

图 3.2

(a)材料相同，直径不等；(b)材料相同，直径相等(承受拉力)；(c)材料相同，直径相等(承受弯矩)

3.5　某桥设有斜支柱，其支柱撑在橡木垫上，而橡木垫又通过齿形榫将力传递给桥桩，如图 3.3 所示。试分析该齿形榫的剪切面面积和承压面面积。

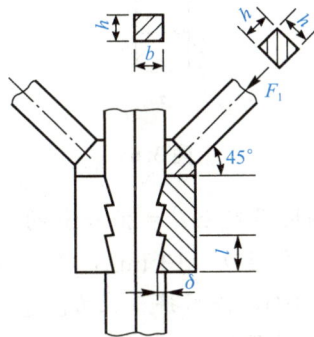

图 3.3

习题

3.1　矩形截面木拉杆的接头如图 3.4 所示。已知轴向拉力 $F=50$ kN，截面宽度 $b=250$ mm，木材的顺纹许用挤压应力$[\sigma_{bs}]=10$ MPa，顺纹许用切应力$[\tau]=1$ MPa。试求接头处所需的尺寸 l 和 a。

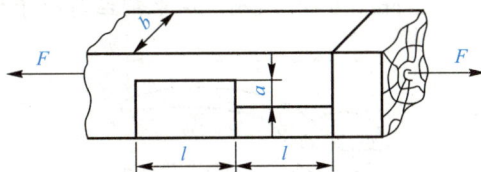

图 3.4

3.2　某螺栓连接如图 3.5 所示，已知外力 $F=200$ kN，板厚度 $t=20$ mm，板与螺栓的材料相同，其许用挤压应力$[\sigma_{bs}]=200$ MPa，许用切应力$[\tau]=80$ MPa，试设计螺栓的最佳直径。

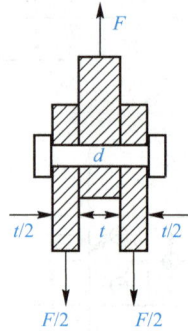

图 3.5

3.3 如图 3.6 所示，一销钉受拉力 F 作用，销钉头的直径 $D=32$ mm，$h=12$ mm，销钉杆的直径 $d=20$ mm，许用切应力$[\tau]=120$ MPa，许用挤压应力$[\sigma_{bs}]=300$ MPa，许用拉应力$[\sigma]=160$ MPa。试求销钉可承受的最大拉力 F_{max}。

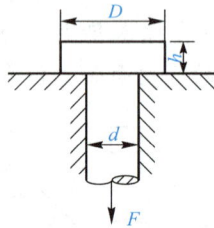

图 3.6

3.4 如图 3.7 所示，两块钢板用直径 $d=20$ mm 的铆钉搭接，钢板与铆钉材料相同。已知 $F=160$ N，两板尺寸相同，厚度 $t=10$ mm，宽度 $b=120$ mm，许用拉应力$[\sigma]=160$ MPa，许用切应力$[\tau]=140$ MPa，许用挤压应力$[\sigma_{bs}]=320$ MPa，试求所需要的铆钉数，并加以排列，然后校核板的拉伸强度。

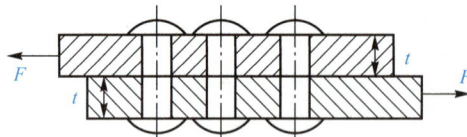

图 3.7

3.5 夹剪的尺寸如图 3.8 所示，销子 C 的直径 $d=0.5$ cm，作用力 $P=200$ N，在剪直径相同的铜丝 A 时，若 $a=2$ cm，$b=15$ cm，试求铜丝与销子横截面上的平均剪应力 τ。

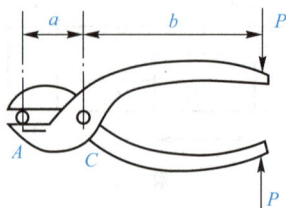

图 3.8

3.6　如图 3.9 所示，结点板用 4 只直径 $d=17$ mm 的铆钉固定在立柱上，已知结点板承受荷载 $P=20$ kN，试求各铆钉内的剪应力。

3.7　如图 3.10 所示，冲床的最大冲击力为 400 kN，冲头材料的许用应力 $[\sigma]=440$ MPa，被冲钢板的剪切强度极限 $\tau_b=360$ MPa，求在最大冲力作用下所能冲剪的圆孔的最小直径 d 和的最大厚度 t。

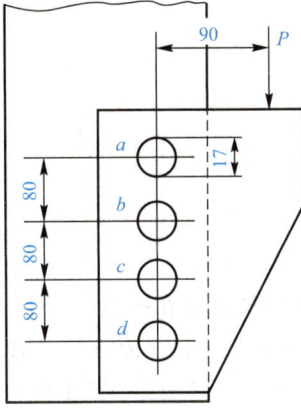

图 3.9

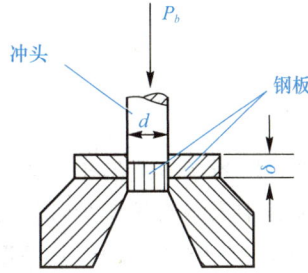

图 3.10

3.8　图 3.11 所示为一螺栓接头。已知 $F=40$ kN，螺栓的许用切应力 $[\tau]=130$ MPa，许用挤压应力 $[\sigma_{bs}]=300$ MPa。试计算螺栓所需的直径。

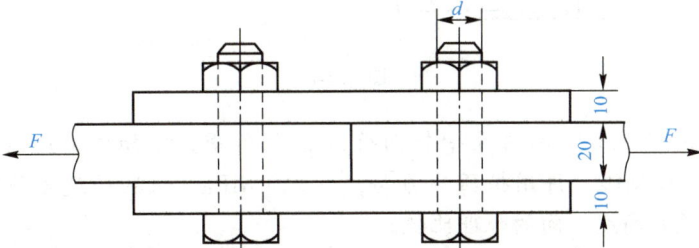

图 3.11

3.9　受拉力 $F=80$ kN 的螺栓连接如图 3.12 所示。已知 $b=80$ mm，$\delta=10$ mm，$d=22$ mm，螺栓的许用切应力 $[\tau]=130$ MPa，钢板的许用挤压应力 $[\sigma_{bs}]=300$ MPa，许用拉应力 $[\sigma]=170$ MPa。试校核接头的强度。

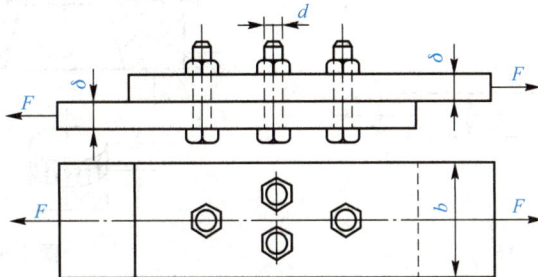

图 3.12

3.10 已知如图 3.13 所示构件，材料的许用切应力$[\tau]$和拉伸许用应力$[\sigma]$之间的关系均为$[\tau]=0.6[\sigma]$，试求螺钉直径d和钉头高度h的合理比值。

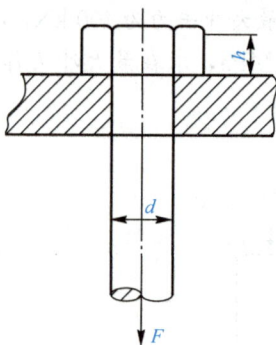

图 3.13

3.11 如图 3.14 所示，两根矩形截面木杆，用两块钢板连接在一起，承受轴向荷载$F=45$ kN 作用。已知木杆的截面宽度$b=250$ mm，沿木纹方向的许用拉应力$[\sigma]=6$ MPa，许用挤压应力$[\sigma_{bs}]=10$ MPa，许用切应力$[\tau]=1$ MPa。试确定钢板的尺寸δ与l以及木杆的高度h。

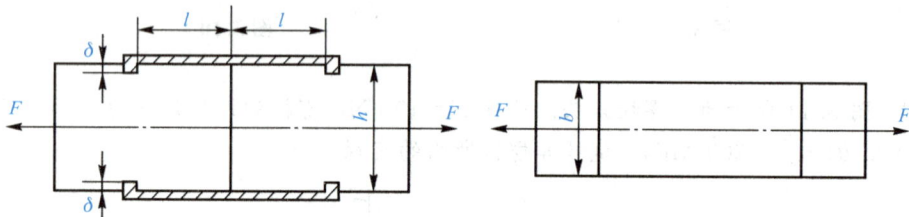

图 3.14

3.12 如图 3.15 所示，杆件承受轴向荷载F的作用。已知许用应力$[\sigma]=120$ MPa，许用切应力$[\tau]=90$ MPa，许用挤压应力$[\sigma_{bs}]=240$ MPa，试从强度方面考虑，建立杆径d、墩头直径D及其高度h间的合理比值。

3.13 如图 3.16 所示，已知钢板厚度$t=10$ mm，其剪切极限应力$[\tau_b]=300$ MPa。若用冲床将钢板冲出直径$d=25$ mm 的孔，问需要多大的冲剪力F？

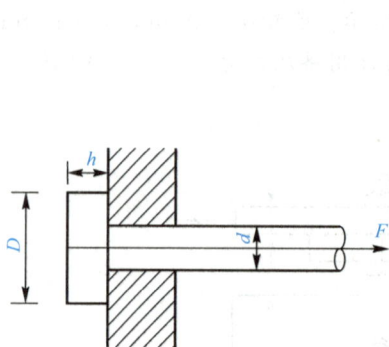

图 3.15

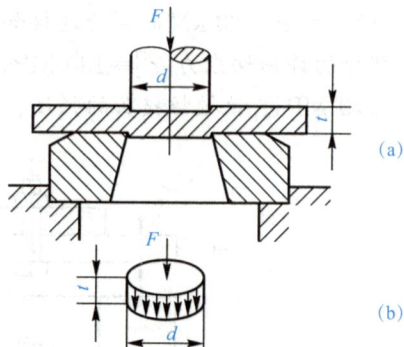

图 3.16

3.14 如图 3.17 所示，电瓶车挂钩用插销连接。已知$l=8$ mm，插销材料的许用切应力$[\tau]=30$ MPa，许用挤压应力$[\sigma_{bs}]=100$ MPa，牵引力$F=15$ kN。试选定插销的直径d。

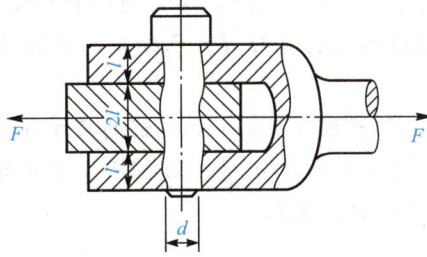

图 3.17

3.15 如图 3.18 所示，结构采用键连接，键长度 $l=35$ mm，宽度 $b=5$ mm，高度 $h=5$ mm，其余尺寸如图 3.18 所示，键材料许用剪应力 $[\tau]=100$ MPa，许用挤压应力 $[\sigma_{bs}]=220$ MPa，键与所连接构件材料相同，确定手柄上最大压力 P 的值。

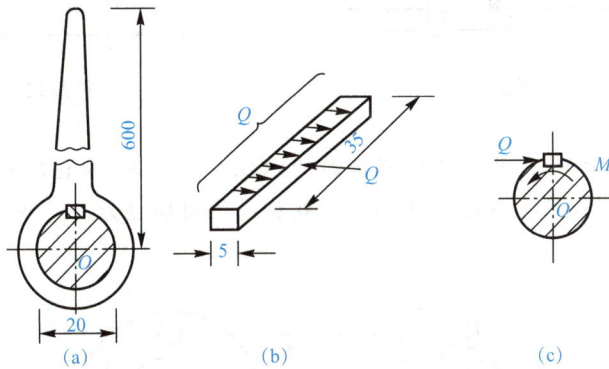

图 3.18

3.16 图 3.19 所示的钢板冲孔，冲床最大冲力 $P=400$ kN，冲头材料的许用应力 $[\sigma]=440$ MPa，钢板剪切强度极限 $[\tau]=360$ MPa，试确定：

(1)该冲床能冲剪切的最小孔径。

(2)该冲床能冲剪切的钢板的最大厚度 t。

3.17 试校核图 3.20 所示连接销钉的抗剪强度。已知 $F=100$ kN，销钉直径 $d=30$ mm，材料的许用切应力 $[\tau]=60$ MPa。若强度不够，应改用多大直径的销钉?

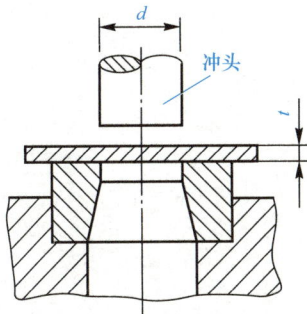

图 3.19

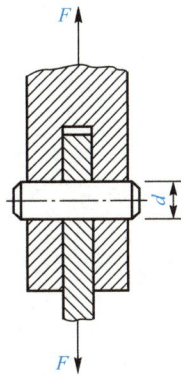

图 3.20

3.18 如图 3.21 所示，销钉式安全联轴器所传递的扭矩需小于 300 N·m，否则销钉应被剪断，使轴停止工作，试设计销钉直径 d。已知轴的直径 $D=30$ mm，销钉的剪切极限应力 $[\tau]=360$ MPa。

3.19 如图 3.22 所示，轴的直径 $d=80$ mm，键的尺寸 $b=24$ mm，$h=14$ mm。键的许用切应力 $[\tau]=40$ MPa，许用挤压应力 $[\sigma_{bs}]=90$ MPa。若由轴通过键所传递的扭转力偶矩 $T_e=3.2$ kN·m，试求所需键的长度 l。

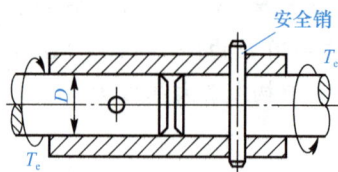

图 3.21

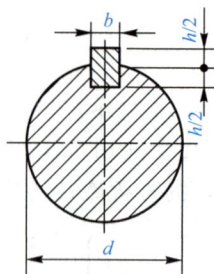

图 3.22

3.20 如图 3.23 所示，凸缘联轴节传递的扭矩 $T_e=3$ kN·m，四个直径 $d=12$ mm 的螺栓均匀地分布在 $D=150$ mm 的圆周上。材料的许用切应力 $[\tau]=90$ MPa，试校核螺栓的抗剪强度。

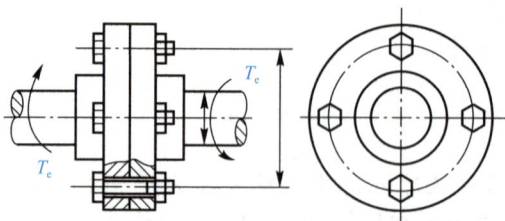

图 3.23

第4章 扭　转

本章导读

　　本章将介绍材料力学中的扭转问题，包括扭转的基本概念、变形假定、内力计算、应力分布、扭转刚度、扭转变形等内容。

　　本章首先介绍扭转的基本概念和假设条件，包括扭转力偶、扭转角、扭矩等，同时，还讨论了纯扭转变形的剪应力假设和平面假设在圆杆扭转问题中的适用性。然后介绍在圆柱形杆件中的扭转应力分布和变形特征，以及扭转角和扭转半径之间的关系。

　　本章将介绍圆柱形杆件的扭转刚度和扭转变形，包括圆柱形杆件在扭转过程中的刚度计算公式、扭转变形的计算方法和扭转角随扭矩的变化规律等。

　　学习本章内容，将掌握材料力学中扭转问题的基本概念、理论分析方法和实际应用技术，深入了解材料在扭转加载下的力学行为和性能表现，为实际工程问题的解决提供理论支持和技术指导。

案例导入

　　扭转是一种常见的力学现象，在土木、机械、航空、航天、汽车等领域广泛应用。

　　以汽车为例，当车辆行驶时，车轮和车轴需要承受扭转荷载的作用。如果车轴的强度不够，就会导致车轮扭转时发生变形或断裂，从而影响车辆的行驶安全性和稳定性。因此，对于扭转相关领域的工程师来说，了解材料在扭转加载下的力学行为和性能表现至关重要。

　　在这个案例中，扭转问题的解决对于汽车领域的工程师来说具有重要的实际意义。通过研究材料在扭转加载下的力学行为和性能表现，他们可以设计出更加安全和稳定的车轴与车轮，提高车辆的性能和可靠性。因此，深入学习材料力学中的扭转问题，对于从事相关领域工作的人员来说具有重要的工程应用价值。

本章重点

　　1. 扭转的基本概念：扭转角、外力偶矩和扭矩等基本概念是理解扭转问题的基础。

　　2. 应力分布和变形特点：在扭转问题中，材料内部会产生剪应力和扭转变形，这对于了解材料的力学性质和性能表现具有重要的意义。

　　3. 扭转刚度和扭转变形：扭转刚度和扭转变形是扭转问题中的重要参数，它们影响着材料在扭转过程中的力学行为和形变程度。

>>> **本章难点**

1. 应力分布和变形特点：在扭转问题中，材料内部的应力和变形具有复杂的形式与变化规律，需要读者具备一定的力学和数学基础才能深入理解。

2. 扭转刚度和扭转变形：扭转刚度和扭转变形是扭转问题中的两个重要参数，需要读者具备良好的空间想象力和逻辑思维能力才能掌握其计算方法与物理本质。

4.1 扭转现象

图 4.1.1 展示了几种在日常生活中常见的扭转现象示例。图 4.1.1(a)是一个水龙头阀门，通过对阀门手柄施加扭力，实现阀门螺杆的升降，从而控制水龙头的开关；图 4.1.1(b)描绘了汽车方向盘的基本结构，当驾驶员转动方向盘时，外力偶矩被传递至汽车的齿轮齿条机构，使齿条移动。这一移动的距离直接影响轮胎转动的角度，进而控制汽车的行驶方向；图 4.1.1(c)展现了一扇钢制闸门手柄，闸门的开合通过旋转顶部手柄来实现。在这些示例中，操作的基本原理都涉及在构件上施加外力偶。同时，由于阻尼效应，螺杆的另一端会产生相应的反作用力偶矩。在这些场景下，螺杆的主要变形是其截面围绕杆轴线的扭转变形，这是由于螺杆两端的截面受到了一对平行且相反的外力偶矩的作用。

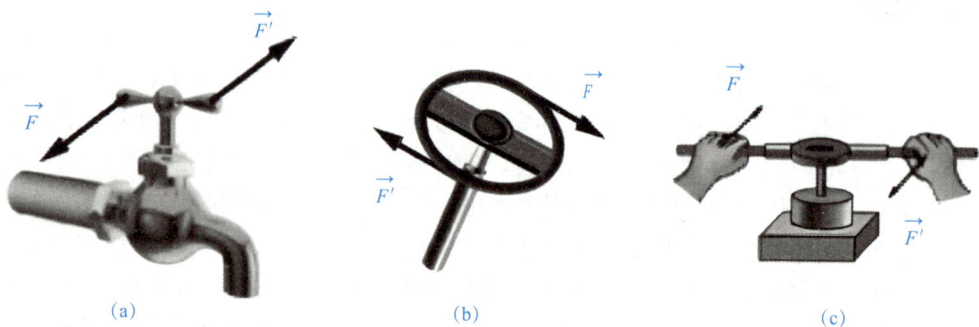

图 4.1.1 扭转现象
(a)水龙头阀门；(b)汽车方向盘；(c)钢制闸门

(1)水龙头阀门——通过手柄施加扭力控制开关。

(2)汽车方向盘——驾驶员转动方向盘以控制行驶方向。

(3)钢制闸门——通过旋转手柄实现闸门的升降。

在图 4.1.1(c)所示的钢制闸门中，也必须考虑到螺杆受到的闸门自重的影响。因此，螺杆不仅会有扭转变形，还会有由于闸门自重导致的拉伸变形，这实际上是扭转和拉伸的组合变形。如果认为闸门自重导致的拉伸作用可以忽略，那么这种情况可以简化为纯扭转变形。

扭转现象在杆件转动传输中非常常见，图 4.1.2 所示的实例便可以清晰地展示这一点。

在所有杆件扭转分析中，等直圆截面杆件扭转的情况是最为简单的，并且能够得到理论上的解答。因此，本章将主要讨论等直圆杆的扭转问题。至于非等直圆杆的扭转情况，由于其需要运用弹性力学理论进行研究，已经超出了本课程的介绍范围。

可以将等直圆截面杆件的扭转变形简化为图 4.1.3 所示的状况，即杆件的横截面绕着杆轴产生相对转动，这种变形形式被称为扭转变形。同时，假设等直圆杆的横截面在变形前后都保持平面，任意横截面都不会发生翘曲。这种假设被称为平截面假定。

如图 4.1.3 所示，在一对外力偶矩 M_e 的作用下，相邻的两个横截面 AB 和 CD 发生相对转动，形成的角度 φ 被称为扭转角。在等直圆截面杆件的任一横截面上，存在与外力偶相平衡的分布面力。这种面力关于圆截面轴心的合力矩被称为杆件的内力扭矩。在等直圆杆平截面假定成立的条件下，横截面上的分布内力只有环向面力，而且各点的面力关于轴心反对称。对应地，横截面上只有切向剪应力分量。

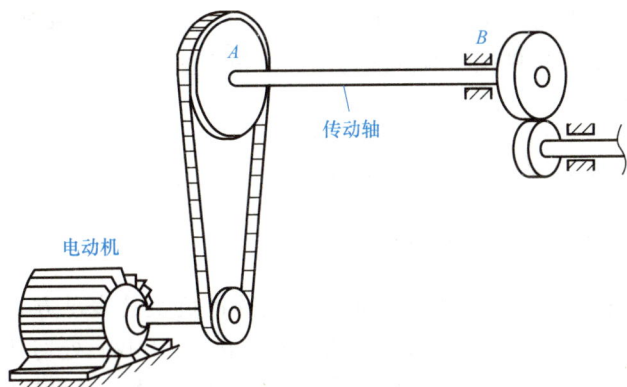

图 4.1.2 传动机构

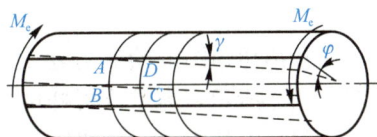

图 4.1.3 等直圆杆扭转

4.2 传动力偶矩

图 4.2.1 所示为一个常见的转动传输机构，电动机以一定的功率 p_e 和转速 n 向主动轮提供动力，主动轮带动从动轮以相同的转速 n 转动，主动轮的力学效果就是对传动轴产生外力偶矩 M_e。电动机传动系统提供的单位时间内的转速和功率分别以 $n(\text{r/min})$ 和 $p_e(\text{kW})$ 表示，换算成国际单位，则

$$n(\text{r/min}) = \frac{n}{60}(\text{r/s}) , \quad p_e(\text{kW}) = 1\,000 \times P(\text{W})$$

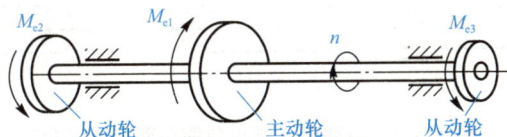

图 4.2.1 主从动轮组

根据功能原理，电动机功率等于单位时间内其对主动轮所做的功，即

$$2\pi \times \frac{n}{60} \times M_e = 1\,000 \times P \tag{4.2.1}$$

因而，计算外力偶矩 M_e 的公式为

$$\{M_e\}_{N \cdot m} = 9\ 549 \frac{\{P\}_{kW}}{\{n\}_{r/min}} \tag{4.2.2}$$

式(4.2.2)中下角标指明对应物理量采用的单位。

4.3　扭矩和扭矩图

在扭转的杆件中，每个横截面上都存在由外力偶矩产生的内力偶矩，即扭矩。在杆件扭转过程中，各个横截面上的扭矩并不一定均匀，特别是当在杆件的多个截面上施加了不同的外力偶矩时，各个杆段的扭矩的大小和方向都会有所不同(图4.3.1)。为了清晰地理解杆件截面上的扭矩分布，需要绘制出类似于杆件拉压时的内力图——扭矩图。

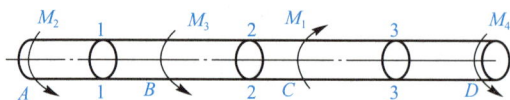

图 4.3.1　非均匀扭转圆杆

在介绍扭矩图的绘制方法之前，首先，需要定义横截面上扭矩的正负及其表示方式。如图4.3.2所示，为了分析杆件截面1—1的扭矩，采用截面法将杆件在1—1截面处切开，以显示截面上的内力——扭矩 T。根据计算简化原则，可以适当地选择隔离体。在目前的简单情况下，选择杆件左侧或右侧的杆段作为隔离体的计算没有区别[图4.3.2(b)、(c)]。但是，无论选择杆件的左侧还是右侧作为隔离体，落在不同隔离体上的同一截面的扭矩都是一对作用力与反作用力，即扭矩的大小相同，但方向相反。

扭矩是一个旋转物理量，其正负规定采用旋转物理量的右手螺旋法则。即如果右手的四指按照横截面扭矩的方向旋转，而伸出的大拇指指向横截面的外法线方向，则该横截面上的扭矩被规定为正；反之为负。根据前述未知物理量的表示方法及扭矩的正负规定，图4.3.2(b)、(c)所标注的左、右杆段横截面1—1的扭矩均为正。

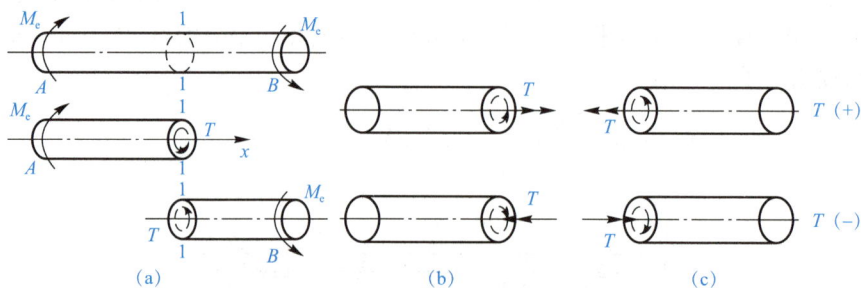

图 4.3.2　横截面扭矩正负横截面扭矩正负

扭矩图的绘制方法与之前杆件拉压时的轴力图的绘制方法大致相同。我们用杆件轴线作为标记截面位置的横坐标，纵坐标表示横截面上的扭矩。正扭矩在横坐标的上方，负扭矩在下方。

在杆件的不同截面上有集中外力偶矩作用的情况是很常见的，如图4.3.3所示，在这

种情况下，扭矩图呈现出台阶形折线的形状。需要注意的是，在集中外力偶矩作用的截面左右两侧，扭矩并不连续，也就是说，同一截面的左右侧扭矩不等，两侧扭矩之差等于外力偶矩的值。

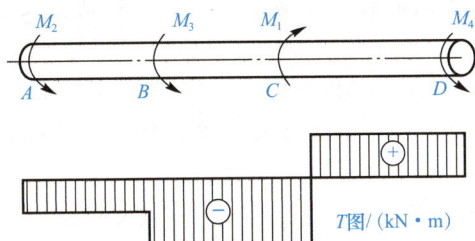

图 4.3.3　圆杆截面不同位置受到外力偶作用

【例 4.3.1】　如图 4.3.4 所示的一根传动轴，轮 B 为主动轮，其转速 $n = 500$ r/min，输入功率 $p_B = 396$ kW。从动轮 A、C、D 的输出功率分别为 $P_A = 200$ kW，$P_C = P_D = 98$ kW。试作出该轴的扭矩图。

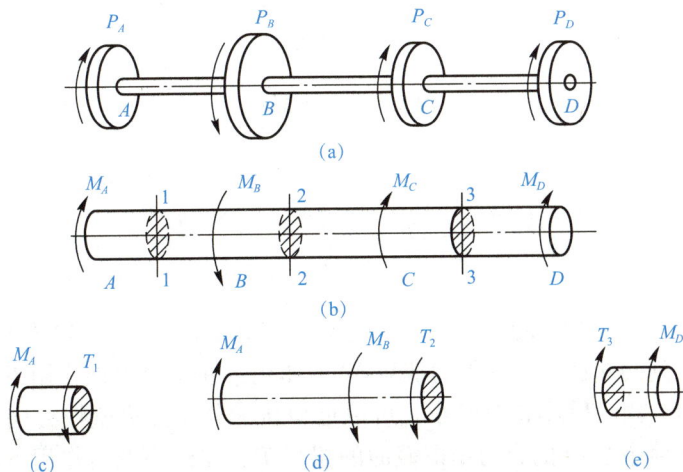

图 4.3.4　传动轴及其受力图

解：(1)根据外力偶矩的计算公式求出各轮中的外力偶矩

$$\{M_e\}_{N \cdot m} = 9\,549 \frac{\{P\}_{kW}}{\{n\}_{r/min}}$$

分别计算如下：

$$M_A = 9\,549 \times \frac{200}{500} = 3.82 \times 10^3 (\text{N} \cdot \text{m}) = 3.82 \text{ kN} \cdot \text{m}$$

$$M_B = 9\,549 \times \frac{396}{500} = 7.56 \times 10^3 (\text{N} \cdot \text{m}) = 7.56 \text{ kN} \cdot \text{m}$$

$$M_C = M_D = 9\,549 \times \frac{98}{500} = 1.87 \times 10^3 (\text{N} \cdot \text{m}) = 1.87 \text{ kN} \cdot \text{m}$$

根据以上计算结果，画出计算简图如图 4.3.4(b)所示。

(2)作扭矩图。根据力矩平衡，可以计算出从 A 端到 B 端之间的轴截面上扭矩。从其中任意截面 1—1 处截开轴，取左边轴段作为隔离体，如图 4.3.4(c)所示。因而有

$$T_{1-1} - M_A = 0$$

得到

$$T_{1-1} = M_A = 3.82 \text{ kN} \cdot \text{m}$$

同理，从 B 端到 C 端之间的任意截面 2—2 处截开轴，取左边轴段作为隔离体，如图 4.3.4(d) 所示。求得

$$T_{2-2} = M_A - M_B = -3.74 \text{ kN} \cdot \text{m}$$

计算 C 端到 D 端的扭矩 T_{3-3}，为了计算简单，可取截开截面的右边轴段作为隔离体，如图 4.3.4(e) 所示。因此有

$$T_{3-3} = -M_D = -1.87 \text{ kN} \cdot \text{m}$$

故该轴的扭矩图如图 4.3.5 所示。

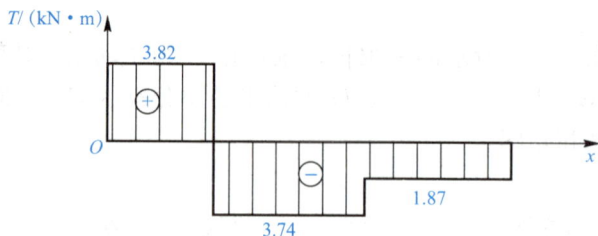

图 4.3.5 扭矩图

4.4 薄壁圆筒的扭转

所谓薄壁圆筒，是指圆筒的外径与内径的比值小于或等于 1.2。如图 4.4.1 所示，均匀壁厚的薄壁圆筒受到两端截面上的外力偶矩 M 的作用。在这对力偶作用下，薄壁圆筒的横截面出现面分布力。由于壁厚相对较小，可以近似认为分布力沿壁厚方向是恒定的。这个均匀分布力关于圆筒中心 O 的合力矩即截面的扭矩 T。在外力偶矩作用下，圆筒的截面将出现相对转动，产生扭转。相邻横截面的相对转角称为扭转角 φ，如图 4.4.1 所示。

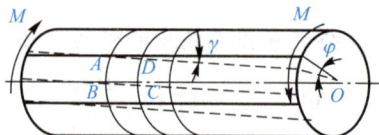

图 4.4.1 薄壁圆筒受扭

为了理解扭转时横截面上的应力 τ 与外力偶矩 M 之间的关系，可以通过截面法选择一段薄壁圆筒作为隔离体，如图 4.4.2 所示。根据合力矩平衡条件，剪应力 τ 对应的剪力关于圆筒轴心的合力矩（扭矩）等于外力偶矩 M，即

$$T = \tau \cdot 2\pi R_0 \cdot t \cdot R_0 = M$$

$$\tau = \frac{T}{2\pi R_0^2 t}$$

式中，T 为内力扭矩，R_0 是圆筒的平均半径，也是轴心到薄壁中间位置的半径，t 是薄壁圆筒的壁厚。

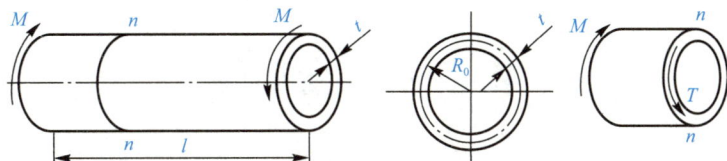

图 4.4.2 选取薄壁圆筒的隔离体

4.5 剪切本构方程

如图 4.5.1(a)所示，从扭转的薄壁圆筒上沿环向和轴向选取一个微元体 $ABCD$。根据前文的描述，不难了解微元体所有表面上都只有剪应力，没有正应力，这种变形被称为纯剪切。在扭转变形前，微元体中两个相交面相互垂直，两个面的交线也彼此垂直。而扭转变形后，原来相互垂直的纵向交线与环向交线之间的夹角由直角变为锐角，这个角度的变化值用 γ 表示。通常，将这个角度变化量 γ 定义为剪应变，它是一个无量纲的物理量。

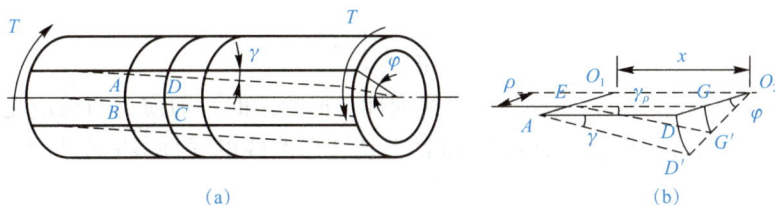

图 4.5.1 薄壁圆筒扭转时的微元体

根据图 4.5.1(b)中两个扇形 EGG' 和 O_2GG' 的相等弧长，可以得出剪应变 γ 与扭转角 φ 之间的关系：

$$\gamma = \varphi \cdot r / x$$

式中，r 为薄壁圆筒的半径；x 为相邻横截面之间的距离。

在纯剪切的情况下，上面选取的微元体所有面上的正应力都等于零，只存在剪应力。薄壁圆筒扭转试验指出，对于韧性材料，纯扭转剪切 τ-γ 曲线在剪应力小于材料的剪切比例极限时，存在一段类似于拉伸曲线的初始直线段。也就是说，剪应力和剪应变之间存在正比关系，即

$$\tau = G\gamma$$

这个公式被称为剪切胡克定律。同时，试验验证了剪应力只与对应的剪应变相关，与正应力无关。公式中的 G 称为剪切弹性模量，其量纲与应力相同，单位为 Pa。剪切弹性模量是与材料相关的参数，其值通常通过试验测定。对于各向同性的同一种材料，其剪切弹性模量 G 与弹性模量 E 和泊松比 μ 之间存在以下关系：

$$G = \frac{E}{2(1+\mu)}$$

扭转试验是研究材料扭转性能的常用方法之一，包括单轴扭转试验和双轴扭转试验等。熟练掌握扭转试验技术，可以为研究材料的力学性质和实际应用提供重要的试验数据和参考依据。

4.6 剪切变形能

在轴向外力偶矩的作用下，薄壁圆筒产生了扭转变形。这个外力偶矩对薄壁圆筒做了一定的功，这部分功就转化成了薄壁圆筒的变形能——剪切应变能。根据能量守恒定律，可以推导出剪切应变能的计算公式。

如图 4.6.1(b)所示的微元体，其右侧截面相对左侧截面由于纯剪切变形产生的微小相对位移为 $\mathrm{d}\gamma \cdot \mathrm{d}x$，$\mathrm{d}\gamma$ 为剪应变增量。右侧截面的内力等于 $\tau \cdot \mathrm{d}y\mathrm{d}z$，这个内力在相应方向上所做的功可以表示为

$$\mathrm{d}W = \int_0^\gamma \tau \cdot \mathrm{d}y\mathrm{d}z \cdot \mathrm{d}\gamma \cdot \mathrm{d}x = \mathrm{d}x\mathrm{d}y\mathrm{d}z \int_0^\gamma \tau\mathrm{d}\gamma = \left(\int_0^\gamma \tau\mathrm{d}\gamma\right)\mathrm{d}V$$

其中，$\mathrm{d}V = \mathrm{d}x\mathrm{d}y\mathrm{d}z$ 是微元体的体积。根据功能原理，内力功转变为剪切应变能，即

$$\mathrm{d}U = \mathrm{d}W = \left(\int_0^\gamma \tau\mathrm{d}\gamma\right)\mathrm{d}V$$

所以单位体积内的剪切应变能（比能）为

$$u = \frac{\mathrm{d}U}{\mathrm{d}V} = \int_0^\gamma \tau\mathrm{d}\gamma$$

由于在剪切变形过程中，当材料处于线弹性变形阶段时，剪应力与剪应变成线性关系。如图 4.6.1(b)所示，内力所做的功等于线性剪切变形曲线的线性段 OA 与水平坐标围成的三角形面积。

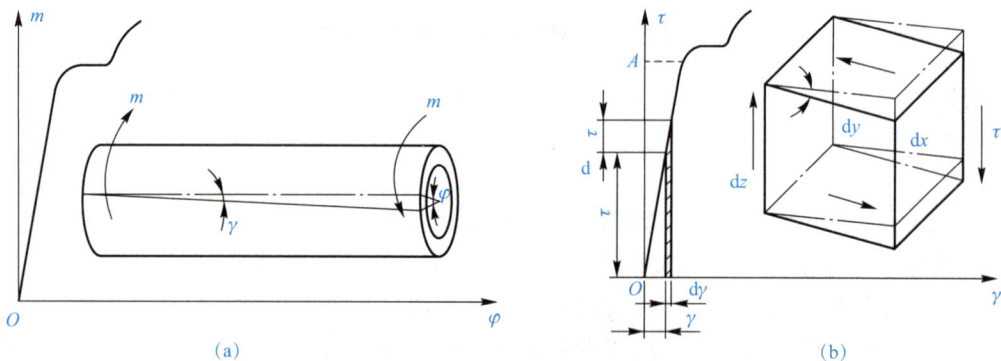

图 4.6.1 薄壁圆筒和微元体

将剪切胡克定律 $\tau = G\gamma$ 代入上述公式，可以得出

$$u = \frac{1}{2}\tau\gamma = \frac{\tau^2}{2G}$$

4.7 圆杆扭转时的应力

4.7.1 变形特点与计算

当等直圆杆的材料性质具有轴向对称性，并在一对外力偶矩 M 作用下产生扭转变形

时，可以做出以下假设：圆柱体横截面上相距一定距离的圆周线绕圆轴线相对转过一个扭转角后，其形状仍然保持为圆形；扭转后的横截面不会发生翘曲或凹陷，仍然保持平面，即平截面假定。这种平截面假定经过大量的实证检验，被认为是正确的。

在图 4.7.1 所示的等直圆杆扭转变形中，相距为 l 的两个横截面相对转过一个扭转角 φ，而圆杆表面的轴向直线偏转了一个角度 γ，根据剪应变的定义，这个角度 γ 即扭转变形的剪应变。为了推导出杆截面上距离轴心 r 处的剪应变 γ，可以选择圆杆中的两个相邻的圆截面 a 和 b（图 4.7.1），它们相对扭转了 φ。在小扭转变形情况下，图 4.7.1 中两个扇形 EGG' 和 O_2GG' 的弧度相等，由此可以得到

$$\gamma = \frac{r\varphi}{l} \tag{4.7.1}$$

由式 (4.7.1) 可以看出，由于在同一圆杆横截面上相对扭转角 φ 是相同的，所以在同一圆周上的剪应变都是相等的，并且与到轴心的距离 r 成正比。

根据剪切胡克定律，可以得出圆杆截面上一点的剪应力的关系式。距离轴心为 r 的一点的剪应力 τ 与该点的剪应变 γ 之间满足剪切胡克定律：

$$\tau = G\gamma$$

将式 (4.7.1) 代入式 (4.7.2)，可以得到

$$\tau = G\frac{r\varphi}{l} \tag{4.7.2}$$

上述公式也表明剪应力 τ 与点到轴心的距离 r 成正比，而且，圆杆横截面上一点的剪应力 τ 垂直于这一点的半径。因此，圆杆横截面上剪应力沿径向的变化如图 4.7.2 所示。

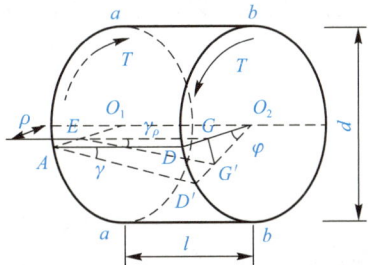

图 4.7.1　等直圆杆扭转变形

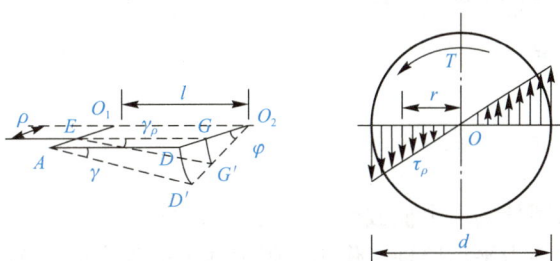

图 4.7.2　圆杆横截面上剪应力沿径向的变化

为了计算圆杆横截面上的剪应力 τ，必须确定该横截面上的 φ。上面推导利用了圆杆扭转变形的几何关系和物理关系，下面将利用圆杆扭转的静力平衡来计算剪应力公式。

假设在某个横截面位置切割圆柱，如图 4.7.3 所示，得到的两个部分横截面分别受到剪应力的作用。这些剪应力产生的内部扭矩必须等于外部施加的力偶矩 M，才能确保系统的平衡。

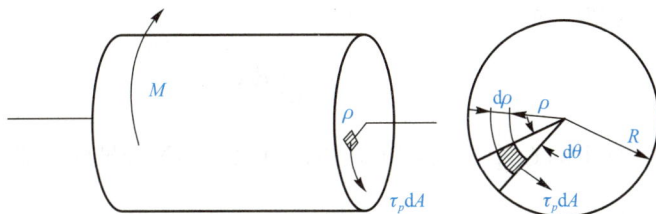

图 4.7.3　切割圆柱

根据式(4.7.2)，在圆杆的任意截面上，剪应力的大小取决于距离轴心的距离 r。因此，可以对由圆柱截面剪应力产生的内力关于圆心求合力矩，得到圆柱截面扭矩 T：

$$T = \int \tau \cdot r \cdot dA$$

将我们之前得到的剪应力的表达式 $\tau = G \cdot \dfrac{r\varphi}{l}$ 代入，可以得到

$$T = \int G \cdot \frac{r\varphi}{l} \cdot r \cdot dA = G \cdot \frac{\varphi}{l} \cdot \int r^2 \, dA = \frac{G\varphi}{l} \cdot J$$

其中，$J = \int r^2 \, dA$ 是截面的极惯性矩。因此，可以得到

$$\frac{G\varphi}{l} \cdot J = T$$

从而，可以解出 φ：

$$\varphi = \frac{Tl}{GJ}$$

这样，就可以根据已知的扭矩 T、长度 l、剪切模量 G 和极惯性矩 J，求出扭转角 φ。然后，可以将 φ 代入剪应力的表达式中，计算出任意位置的剪应力。

注意：这些公式都是在材料满足线性弹性的假设下得到的，如果材料的应力－应变关系是非线性，或者存在塑性变形，那么这些公式可能就不再适用了，需要采用更复杂的理论进行分析。

材料的几何结构对扭转变形有着重要的影响，因此，在进行扭转问题的分析和计算时，需要充分考虑材料的几何结构，如材料的长度、半径和截面形状等，以确保计算结果的准确性和可靠性。

4.7.2 剪应力计算公式

截取圆杆的一个横截面，如图4.7.4所示。

根据静力平衡原理，作用在隔离体上的外力偶矩 M 与横截面上内力扭矩 T 必须达到平衡。这个内力扭矩实际上是由剪应力产生的分布力对轴心的合力矩 T。在横截面上，我们选取一个小面元 dA，可以看到 $dA = \rho \, d\varphi \, d\rho$。此小面元的合力 $dF_\rho = \tau_\rho dA$，它对轴心的力矩等于 $dT = dF_\rho \cdot \rho = (\tau_\rho dA) \cdot \rho$。因此，整个横截面的总力矩为

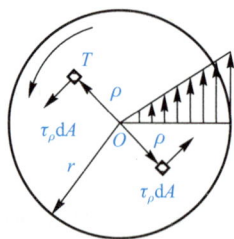

图4.7.4 圆杆的横截面

$$T = \int_A dF_\rho \cdot \rho = \int_A \rho \cdot (\tau_\rho dA)$$

代入之前得到的剪应力的表达式中，得到

$$T = \int_A G\rho^2 \frac{d\varphi}{dx} dA$$

由于同一个横截面上的 $G\dfrac{d\varphi}{dx}$ 是相同的，所以可以提到积分号外，即

$$T = G \frac{d\varphi}{dx} \int_A \rho^2 \, dA \qquad (4.7.3)$$

式(4.7.3)中，$\int_A \rho^2 dA$ 为杆件截面的极惯性矩，通常用符号 J 表示，从以上定义可知，极惯性矩的量纲是[长度]^4，单位为 m^4。式(4.7.3)重写为

$$T = G \frac{d\varphi}{dx} J$$

即

$$\frac{d\varphi}{dx} = \frac{T}{GJ} \qquad (4.7.4)$$

将式(4.7.4)代入式(4.7.2)得到剪应力的计算公式

$$\tau = \frac{T\rho}{J} \qquad (4.7.5)$$

这个公式说明，圆杆横截面上的剪应力 τ 与点到轴心的距离 ρ 成正比，剪应力的方向垂直于半径，指向扭矩方向；剪应力与截面的极惯性矩 J 成反比。当点到轴心的距离为半径 R 时，剪应力达到最大值 τ_{max}，即 $\tau_{max} = \frac{TR}{J}$。将 J/R 定义为抗扭截面模量 W_t，它是一个只与截面几何形状有关的量，量纲为[长度]^3。因此，最大剪应力的计算公式可以简化为

$$\tau_{max} = \frac{T}{W_t}$$

【例 4.7.1】　如图 4.7.5 所示，一刚性杆被固定在直径为 20 mm 的圆轴末端，加载前刚性杆与支座 D 的间隙为 10 mm，求加载后圆轴内的最大剪应力。已知 $G = 2.8 \times 10^4$ MPa。圆轴的自由端为 C，固定端为 F，集中外力偶作用截面为 E。

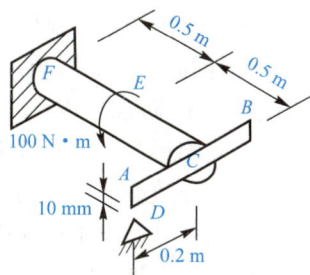

解：在力偶作用下，圆轴杆的扭转角

$$\varphi_{EF} = \frac{Tl_1}{GJ_\rho} = \frac{100 \times 0.5}{28 \times 10^9 \times \frac{\pi \times (20 \times 10^{-3})^4}{32}} = 0.113\ 7 (rad)$$

图 4.7.5　刚性杆

圆轴杆允许转过的自由角度为

$$\theta = \frac{0.01}{0.2} = 0.05 (rad) < \varphi$$

在圆轴杆的自由端 C 和固定端 F 处的扭矩分别用 M_{e1} 和 M_{e3} 表示，如图 4.7.6 所示。

图 4.7.6　扭矩

由平衡方程

$$M_{e1} - M_{e2} + M_{e3} = 0$$

$$T_1 = M_{e1} \qquad T_2 = -M_{e3}$$

$$\varphi_{EF} + \varphi_{EC} = \theta$$

$$\varphi_{EF} = \frac{T_1 l_1}{GJ_\rho} = \frac{0.5 M_{e1}}{GJ_\rho} \qquad \varphi_{EC} = \frac{T_2 l_2}{GJ_\rho} = \frac{0.5 M_{e3}}{GJ_\rho}$$

$$M_{e1} = 72\ N \cdot m \qquad M_{e3} = 28\ N \cdot m$$

$$\tau_{\max} = \frac{T}{W_t} = \frac{T_1}{\pi d^3/16} = \frac{72}{\pi \times (20 \times 10^{-3})^4/16} \times 10^{-6} = 45.8 (\text{MPa})$$

4.7.3　非圆形截面杆件扭转

非圆形截面杆在扭转时会发生扭曲变形，这意味着除沿着杆的轴线扭转外，截面的形状也会发生变化。在圆形截面的杆中，截面在扭转下保持不变，仅仅是围绕中心轴线旋转。但是，在非圆形截面，如矩形、椭圆形或其他任意形状的截面中，由于剪切应力分布不均匀，各部分将以不同的角度扭转，导致整个截面扭曲。这种扭曲导致截面某些部分相对于其他部分位移，这种现象在工程设计中非常重要，需要通过使用弹性理论和试验数据仔细考虑和计算，以确保结构的完整性和功能性。

非圆形截面杆在扭转时的特点和变形分析较为复杂，主要因为这种类型的截面在受到扭转时，不仅会产生角变形，还会伴随截面的扭曲。以下给出非圆形截面扭曲时的特点：

(1)截面扭曲：与圆形截面不同，非圆形截面(如矩形、正方形、T形等)在扭转时会发生截面扭曲。这是因为材料的各部分受到的剪切应力不均匀，导致不同区域产生不同的变形量。

(2)剪切应力分布：非圆形截面的剪切应力分布不均匀，且不仅仅依赖与中心轴的距离。剪切应力的计算比圆形截面复杂，需要考虑截面的具体形状和尺寸。

(3)截面尺寸的影响：非圆形截面的扭转性能受到其宽高比的显著影响，尤其是当截面高度远大于宽度时(或反之)，其扭曲效应更为显著。

在非圆形截面的杆件中，剪切变形通常是由截面内部的剪切应力引起的。这种不均匀剪应力会导致截面内部的剪切变形，从而影响杆件的扭转刚度和强度。例如，对于一个矩形截面的杆，由于截面内部的不同部分会受到不同的剪切应力，因此截面的角部会发生更大的剪切变形。

另外，当杆件受到扭转作用时，截面内部的应力分布会导致截面发生弯曲，这会影响杆件的扭转刚度和强度。对于一个非常规的截面，如一个T形截面，由于其较大的边缘与较小的边缘之间会发生弯曲，因此其扭转刚度和强度通常会受到较大的影响。

为了确定非圆形截面杆件的扭转特性，通常需要进行复杂的力学分析和数值模拟。其中，有限元方法是一种常用的数值模拟方法。该方法可以将非圆形截面杆件分割成多个小区域，并对每个小区域进行应力和变形的计算。这样可以得到整个杆件的应力和变形情况，从而确定杆件的扭转刚度和强度。

此外，实验研究也是确定非圆形截面杆件扭转特性的一种有效方法。例如，可以进行拉扭试验来测定杆件的扭转刚度和扭转强度，从而验证弹性力学分析和数值模拟的结果。

总之，当非圆形截面的杆件在扭转时会发生剪切变形和扭曲变形，这些变形会影响杆件的扭转刚度和强度。为了确定杆件的性能和优化设计参数，需要进行复杂的弹性力学分析和数值模拟，并可能需要进行试验研究。

4.7.4　两种圆形截面的极惯性矩

下面根据圆杆截面的不同形状，分别讨论实心圆杆和空心圆杆的极惯性矩的计算。

1. 实心圆杆的极惯性矩

对于实心圆杆，可以根据极惯性矩的定义，计算出它的截面极惯性矩

$$J_\rho = \int_A \rho^2 \mathrm{d}A = \int_0^R \rho^2 2\pi\rho\mathrm{d}\rho = \frac{\pi R^4}{2} = \frac{\pi D^4}{32}$$

其中，D 是圆截面的直径。因此，实心圆杆的极惯性矩为

$$J_\rho = \frac{\pi D^4}{32}$$

实心圆杆的抗扭截面模量为

$$W_t = \frac{J_\rho}{D/2} = \frac{\pi D^3}{16}$$

2. 空心圆杆的极惯性矩

对于空心圆杆，其内直径为 d，外直径为 D。根据极惯性矩的定义，可以得到

$$J_\rho = \int_A \rho^2 \mathrm{d}A = \int_{d/2}^{D/2} \rho^2 2\pi\rho\mathrm{d}\rho = \frac{\pi}{32}(D^4 - d^4) = \frac{\pi D^4}{32}(1 - \alpha^4)$$

空心圆杆的抗扭截面模量

$$W_t = \frac{J_\rho}{R} = \frac{\pi}{16D}(D^4 - d^4) = \frac{\pi D^3}{16}(1 - \alpha^4)$$

3. 圆杆扭转时的变形

在圆杆扭转时，两个横截面在力偶矩的作用下会产生相对转动。横截面 1 相对于横截面 2 的扭转角 φ 可以通过积分式(4.7.3)得到，即

$$\varphi = \int_{x_1}^{x_2} \frac{T}{GJ_\rho}\mathrm{d}x$$

对于等直径的圆杆，在扭转过程中，通常其各部分所承受的扭矩是均匀分布的，即圆杆各段的扭矩是一个常数。因此，有

$$\varphi = \frac{Tl}{GJ_\rho}$$

式中显示抗扭刚度越大，相对扭转角就越小，这表明了圆杆抵抗扭转变形的能力。对于直径相同的圆杆，实心圆杆比空心圆杆更容易产生扭转变形。

问题：扭转分析中的假设条件是什么？为什么需要这些假设条件？

4.8　剪应力互等定律

在一个薄壁圆筒厚度方向上沿着轴向和径向选取两个距离极小的截面，从而形成一个微元体，其尺寸分别为 $\mathrm{d}\theta$、$\mathrm{d}\delta$ 和 $\mathrm{d}x$。x 代表圆筒的轴向，θ 表示圆筒的环向。如图 4.8.1 所示，在这个微元体的左右两个面上，即薄壁圆筒的横截面上，存在剪应力 τ，但没有正应力。同时，微元体的前后两面为未受荷载的自由面，故在这两面上不承受任何应力。假定微元体的上下两面承受着剪应力 τ'。

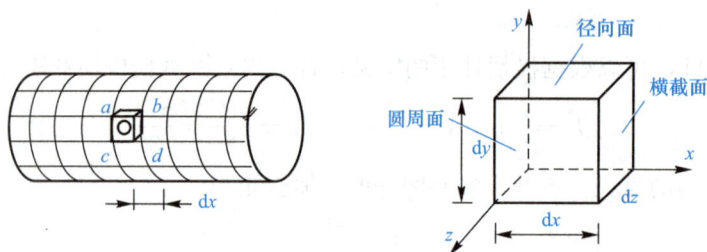

图 4.8.1　薄壁圆筒单元

为了便于分析，并使之与常用的直角坐标系保持一致，将微元体的坐标系进行转换。具体而言，将圆筒的轴向重新定义为 x 轴，环向定义为 y 轴，而径向对应于 z 轴。通过这样的坐标轴重新定义，可以更加直观地分析微元体在直角坐标系下的应力状态，如图 4.8.2 所示。

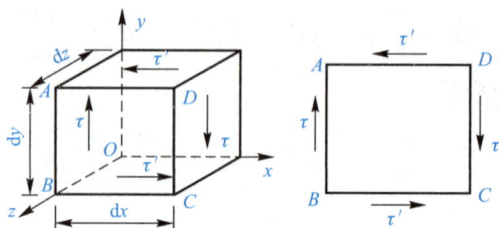

图 4.8.2　直角坐标系下的薄壁圆筒单元

对微元体进行力学分析，由力的平衡条件

$$\sum X = 0 \qquad \tau'_{AD} = \tau'_{BC} = \tau'$$

$$\sum Y = 0 \qquad \tau_{AD} = \tau_{BC} = \tau'$$

可知，相对面——左、右面的剪应力 τ 和上、下面的剪应力 τ' 大小相等、方向相反。以微元体形心为矩心列力矩平衡

$$\tau \cdot \overline{AB} \cdot \frac{\overline{AD}}{2} - \tau' \cdot \overline{AD} \cdot \frac{\overline{AB}}{2} + \tau \cdot \overline{DC} \cdot \frac{\overline{AB}}{2} - \tau' \cdot \overline{BC} \cdot \frac{\overline{DC}}{2} = 0$$

可得

$$\tau = \tau'$$

上式即剪应力互等定律。剪应力互等定律阐述了一个材料内任意点处，沿两个互相垂直方向的剪应力必定是相等且方向相反的原理。简而言之，这意味着在相交于垂直面上的剪应力，要么指向这两个垂直面的交线，要么从交线处背离。值得注意的是，这一定律的推导并未基于任何特定假设，从而使剪应力互等定律成为一个普遍适用的结论。

4.9　圆杆扭转时的强度和刚度计算方法

4.9.1　圆杆扭转强度计算

在实际工程中，为了确保安全，需要避免材料的破坏，通常会制定许用应力，即材料可以承受的最大应力。因此，在设计和分析扭转部件时，需要保证最大剪应力 τ_{max} 小于许用剪应力 $[\tau]$，即满足强度条件 $\tau_{max} \leqslant [\tau]$。类似地，扭转变形时最大扭转角 φ_{max} 必须小于最大许可扭转角 $[\varphi]$，亦即满足刚度条件 $\varphi_{max} \leqslant [\varphi]$。

【例 4.9.1】 如图 4.9.1 所示，传动轴的转速 $n = 500$ r/min，主动轮输入功率 $P_1 = 368$ kW，从动轮 2 和 3 分别输出功率 $P_2 = 147$ kW，$P_3 = 221$ kW。已知 $[\tau] = 70$ MPa，$[\varphi'] = 1°/m$，$G = 80$ GPa。

(1)试确定 AB 段和 BC 段的直径。

(2)若 AB 和 BC 两段选用同一直径，试确定直径。

(3)主动轮和从动轮如何安排才合理？

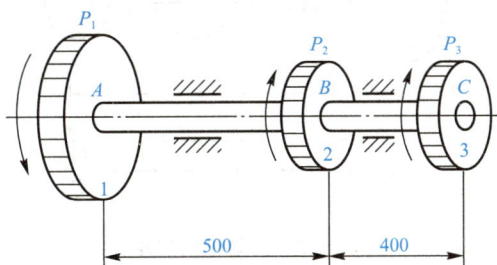

图 4.9.1 传动轴

解： (1)如图 4.9.2 所示，即

$$M_{e3} = 9\,549 \times \frac{P_3}{n} = 9\,549 \times \frac{221}{500} = 4\,200(\text{N} \cdot \text{m})$$

$$M_{e2} = 9\,549 \times \frac{P_2}{n} = 9\,549 \times \frac{147}{500} = 2\,810(\text{N} \cdot \text{m})$$

$$M_{e1} = M_{e2} + M_{e3} = 2\,810 + 4\,220 = 7\,030(\text{N} \cdot \text{m})$$

由强度条件

$$\tau_{AB} = \frac{T_{AB}}{W_t} = \frac{T_{AB}}{\pi d_1^3/16} \leqslant [\tau]$$

$$d_1 \geqslant \sqrt[3]{\frac{16T_{AB}}{\pi[\tau]}} = \sqrt[3]{\frac{16 \times 7\,030}{\pi \times 70 \times 10^6}} \times 10^3 = 80(\text{mm})$$

由刚度条件

$$\varphi'_{AB} = \frac{T_{AB}}{GJ_\rho} \times \frac{180}{\pi} = \frac{32T_{AB}}{G\pi d^4} \times \frac{180}{\pi} \leqslant [\varphi']$$

$$d_1 \geqslant \sqrt[4]{\frac{180T_{AB} \times 32}{G\pi^2[\varphi']}} = \sqrt[4]{\frac{180 \times 7\,030 \times 32}{80 \times 10^9 \times \pi^2 \times 1}} \times 10^3 = 84.6(\text{mm})$$

$$\therefore d_1 = 85 \text{ mm}$$

$$\tau_{BC} = \frac{T_{BC}}{W_t} = \frac{T_{BC}}{\pi d_2^3/16} \leqslant [\tau]$$

$$d_2 \geqslant \sqrt[3]{\frac{16T_{BC}}{\pi[\tau]}} = \sqrt[3]{\frac{16 \times 4\,220}{\pi \times 70 \times 10^6}} \times 10^3 = 67.5(\text{mm})$$

$$\varphi'_{BC} = \frac{T_{BC}}{GJ_\rho} \times \frac{180}{\pi} = \frac{32T}{G\pi d^4} \times \frac{180}{\pi} \leqslant [\varphi']$$

$$d_2 \geqslant \sqrt[4]{\frac{180 T_{BC} \times 32}{G\pi^2 [\varphi']}} = \sqrt[4]{\frac{180 \times 4\ 200 \times 32}{80 \times 10^9 \times \pi^2 \times 1}} \times 10^3 = 74.5 \text{(mm)}$$

$$\therefore d_2 = 75 \text{ mm}$$

（2）若取同一直径，则轴的直径取

$$d = 85 \text{ mm}$$

（3）主动轮放在两从动轮之间，可使最大扭矩取最小值，所以这样安排比较合理。

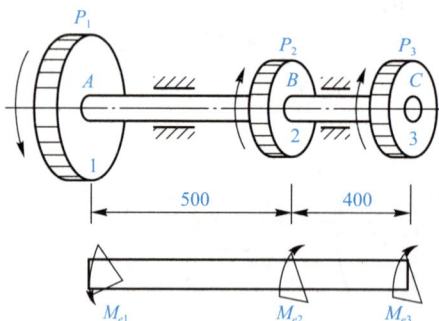

图 4.9.2　传动轴的扭矩

4.9.2　圆杆扭转刚度计算

在圆杆扭转问题中，扭转刚度定义为单位扭矩下产生的剪应变 γ，也即扭矩 T 与剪应变 γ 的比值，即 $k = T/\gamma$。

这个参数 k 描述了材料对扭矩的抵抗能力，也就是说，扭转刚度 k 越大，说明在相同的扭矩下，杆的剪应变 γ 越小，扭转性能越好。这在实际工程中是一个非常重要的参数，因为它可以帮助我们预测和控制扭转部件的变形行为。

【例 4.9.2】　如图 4.9.3 所示的阶梯形圆轴。轴的直径分别为 $d_1 = 40$ mm，$d_2 = 70$ mm，主动轮输入功率 $N_3 = 30$ kW，从动轮 1 输出的功率 $N_1 = 13$ kW。轴转速 $n = 200$ r/min。假设材料的许用剪应力 $[\tau] = 60$ MPa，$G = 8 \times 10^4$ MPa，轴的单位长度许用扭转角 $[\theta] = 2^\circ/\text{m}$。校核该轴的强度和刚度。

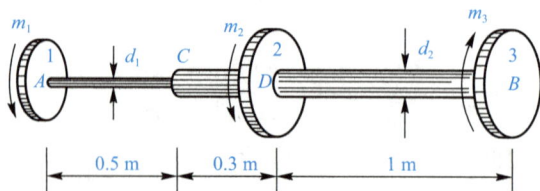

图 4.9.3　阶梯形圆轴

解：（1）计算外力偶矩。

$$m_1 = 9.55 \times \frac{N_1}{n} = 9.55 \times \frac{13}{200} = 0.621 \text{(kN · m)}$$

$$m_3 = 9.55 \times \frac{N_3}{n} = 9.55 \times \frac{30}{200} = 1.43 \text{(kN · m)}$$

$$m_2 = m_3 - m_1 = 0.809 \text{ kN · m}$$

（2）扭矩图如图 4.9.4 所示。

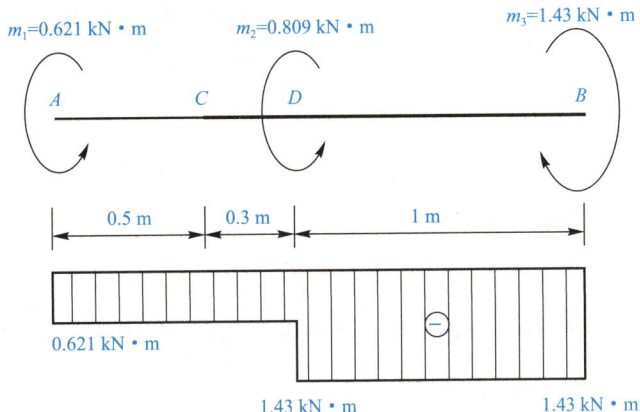

图 4.9.4　扭矩图

（3）强度校核。由于 AC 段和 BD 段的直径不相同，横截面上的扭矩也不相同，因此需要分别校核 AC 段和 BD 段的强度。

AC 段

$$\tau_{max}=\frac{M}{W_t}=\frac{0.621\times10^3}{\frac{\pi}{16}\times d_1^3}=\frac{0.621\times10^3}{\frac{\pi}{16}\times40^3\times10^{-9}}\times10^{-6}=49.4(MPa)<[\tau]=60\ MPa$$

BD 段

$$\tau_{max}=\frac{M}{W_t}=\frac{1.43\times10^3}{\frac{\pi}{16}\times d_2^3}=\frac{0.621\times10^3}{\frac{\pi}{16}\times70^3\times10^{-9}}\times10^{-6}=21.2(MPa)<[\tau]=60\ MPa$$

计算结果表明，扭转轴的强度符合强度条件。

（4）刚度校核。

AC 段

$$\theta_{max}=\frac{M}{GJ}=\frac{0.621\times10^3}{8\times10^4\times10^6\times\frac{\pi}{32}\times40^4\times10^{-12}}\times\frac{180}{\pi}=1.77(°/m)<[\theta]=2°/m$$

BD 段

$$\theta_{max}=\frac{M}{GJ}=\frac{1.43\times10^3}{8\times10^4\times10^6\times\frac{\pi}{32}\times70^4\times10^{-12}}\times\frac{180}{\pi}=0.434(°/m)<[\theta]=2°/m$$

计算结果表明，该轴的刚度符合刚度要求。

扭转是材料力学中的一个重要章节，主要研究圆形或圆环截面的杆件在受到沿其长度方向的力偶作用时产生的变形和应力分布规律。这种由力偶引起的变形称为扭转，相关的应力主要是剪应力。

在实际应用中，扭转分析对于设计轴类构件（如传动轴、钻杆等）至关重要，它有助于确定材料和截面形状，以确保结构在操作条件下的安全性和功能性。此外，扭转测试也是评估材料力学性能的重要方法之一，特别是在材料的剪切模量测定上。

扭转理论的进阶研究还包括非圆截面的扭转、复合材料的扭转及扭转与弯曲组合作用下的应力分析等，这些内容丰富了材料力学的理论体系，对于解决实际工程问题具有重要的意义。

思考题

4.1 如何计算材料的扭转刚度？

4.2 扭转问题在实际工程中有何应用？

4.3 扭转剪应力公式 $\tau = \dfrac{T}{W_p}$ 的应用范围有以下几种，试判断哪一种是正确的？

(1) 等截面圆轴，弹性范围内加载；

(2) 等截面圆轴；

(3) 等截面圆轴与椭圆轴；

(4) 等截面圆轴与椭圆轴，弹性范围内加载。

4.4 两根长度相等、直径不等的圆轴承受相同的扭矩受扭后，轴表面上母线转过相同的角度。设直径大的轴和直径小的轴的横截面上的最大剪应力分别为 $\tau_{1\max}$ 和 $\tau_{2\max}$，剪切弹性模量分别为 g_1 和 g_2。试判断下列结论的正确性。

(1) $\tau_{1\max} > \tau_{2\max}$；

(2) $\tau_{1\max} < \tau_{2\max}$；

(3) 若 $g_1 > g_2$，则有 $\tau_{1\max} > \tau_{2\max}$；

(4) 若 $g_1 > g_2$，则有 $\tau_{1\max} < \tau_{2\max}$。

4.5 在车削工件时（图 4.1），工人师傅在粗加工时通常采用较低的转速，而在精加工时，则用较高的转速，试问这是为什么。

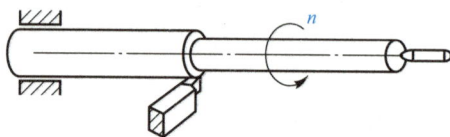

图 4.1

4.6 承受相同扭矩且长度相等的直径为 d_1 的实心圆轴与内、外径分别为 d_2，$D_2 (a = d_2/D_2)$ 的空心圆轴，两者横截面上的最大剪应力相等。试计算两者的扭转截面系数之比 W_1/W_2 的值。

4.7 变截面轴受力如图 4.2 所示，图中尺寸单位为 mm。若已知 $M_{e1} = 1\,765$ N·m，$M_{e2} = 1\,171$ N·m，材料的切变模量 $G = 80.4$ GPa，求：

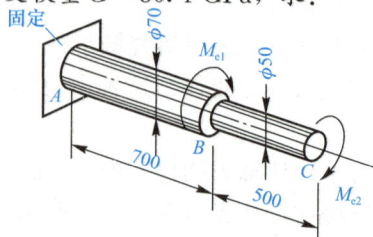

图 4.2

(1)轴内最大剪应力,并指出其作用位置;

(2)轴内最大相对扭转角 $\varphi_{\max}$。

4.8 应用截面法求出图 4.3 各截面上的扭矩 T,并画出扭矩图。

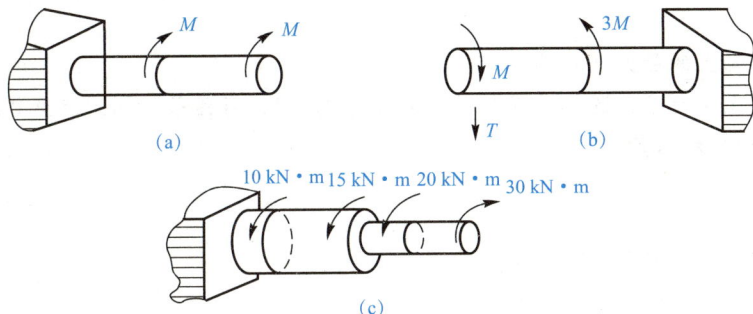

图 4.3

4.9 长为 l、直径为 d 的两根由不同材料制成的圆轴,在其两端作用相同的扭转力偶矩 M_e。试问:

(1)最大切应力是否相同?为什么?

(2)相对扭转角 φ 是否相同?为什么?

4.10 如图 4.4 所示的单元体,已知右侧面上有与 y 方向呈 θ 角的切应力 τ。试根据切应力互等定理,画出其他面上的切应力。

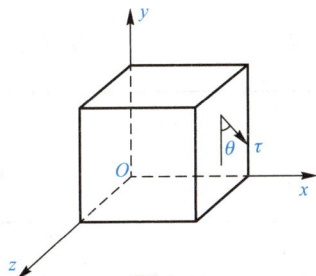

图 4.4

习题

4.1 试用截面法求出如图 4.5 所示圆轴各段内的扭矩 T,并作扭矩图。

4.2 如图 4.6 所示,圆轴上作用有四个外力偶矩 $M_{e1}=1$ kN·m, $M_{e2}=0.6$ kN·m, $M_{e3}=M_{e4}=0.2$ kN·m。

(1)试画出该轴的扭矩图;

(2)若 M_{e1} 与 M_{e2} 的作用位置互换,扭矩图有何变化?

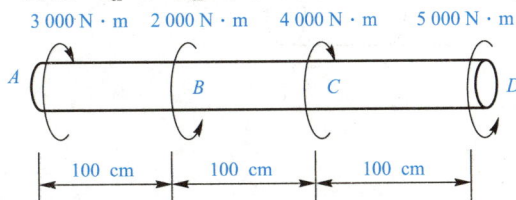

图 4.5

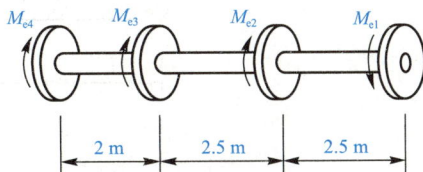

图 4.6

4.3 如图 4.7 所示，空心圆轴的外径 $D=100$ mm，内径 $d=80$ mm，$l=500$ mm，$M_1=6$ kN·m，$M_2=4$ kN·m。

（1）请绘制出该轴的扭矩图并绘图表达 AB 段空心圆轴横截面的扭矩 T 及横截面上的剪应力分布；

（2）求出该轴上的最大剪应力。

4.4 如图 4.8 所示，圆形截面轴的抗扭刚度为 GI，每段长 1 m。试画其扭矩图并计算出圆轴两端的相对扭转角。

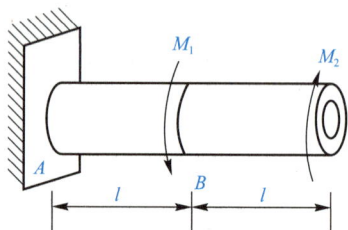

图 4.7

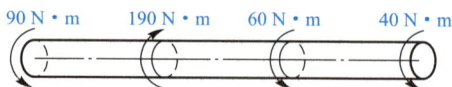

图 4.8

4.5 如图 4.9 所示，传动轴长 $l=510$ mm，直径 $D=50$ mm。现将此轴的一段钻成内径 $d_1=25$ mm 的内腔，而余下一段钻成 $d_2=38$ mm 的内腔。若材料的许用切应力 $[\tau]=70$ MPa，试求：

（1）此轴能承受的最大转矩；

（2）若要求两段轴内的扭转角相等，则两段的长度应分别为多少？

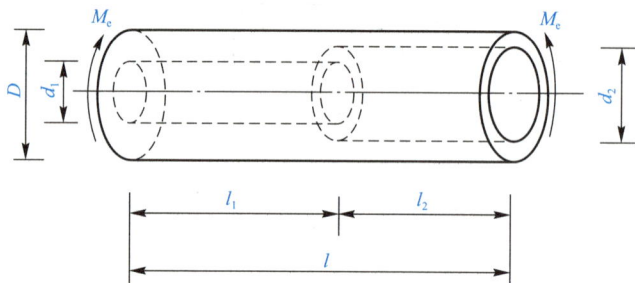

图 4.9

4.6 如图 4.10 所示，钢轴 AD 的材料许用切应力 $[\tau]=50$ MPa，切变模量 $G=80$ MPa，许用扭转角 $[\theta]=0.25°/$m。作用在轴上的转矩 $M_A=800$ N·m，$M_B=1\,200$ N·m，$M_C=400$ N·m。试设计此轴的直径。

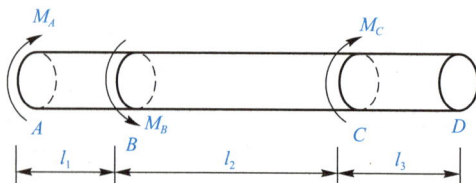

图 4.10

4.7 如图 4.11 所示，传动轴中 A 轮输入的转矩 $M_A=800$ N·m，B、C 和 D 轮输出的转矩分别为 $M_B=M_C=300$ N·m，$M_D=200$ N·m。传动轴的许用切应力 $[\tau]=40$ MPa，

许用扭转角$[\theta]=1°/m$，材料的剪切弹性模量$G=80\ GPa$。

(1)若该传动轴采用等截面实心圆轴，试根据轴的强度条件和刚度条件，确定该轴的直径；

(2)若将传动轴改为等截面空心圆轴，并要求内外直径之比$\alpha=\dfrac{d}{D}=0.6$，试确定该轴的外径；

(3)计算两种情形下轴的质量比。

4.8 一宽度$b=50\ mm$、高度$h=100\ mm$的矩形截面钢杆，长度$l=2\ m$，在其两端承受扭转外力偶矩M_e作用，如图 4.12 所示。已知材料的许用切应力$[\tau]=100\ MPa$，切变模量$G=80\ GPa$，杆的许可单位长度扭转角$[\varphi']=1°/m$。试求外力偶矩的许可值。

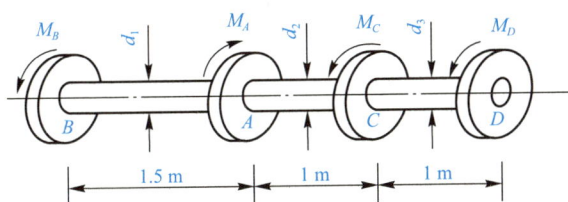

图 4.11

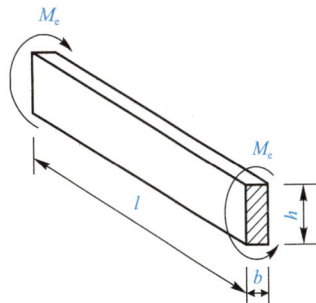

图 4.12

4.9 实心圆轴的直径$d=100\ mm$，长$l=1\ m$，其两端所受外力偶矩$M_e=14\ kN·m$，材料的切变模量$G=80\ GPa$。试求：

(1)最大切应力及两端截面间的相对扭转角；

(2)如图 4.13 所示，截面上A、B、C三点处切应力的数值及方向；

(3)C点处的切应变。

4.10 如图 4.14 所示，一传动轴做匀速转动，转速$n=200\ r/min$，轴上装有五个轮子，主动轮 Ⅱ 输入的功率为$60\ kW$，从动轮Ⅰ、Ⅲ、Ⅳ、Ⅴ依次输出$18\ kW$、$12\ kW$、$22\ kW$和$8\ kW$。试作轴的扭矩图。

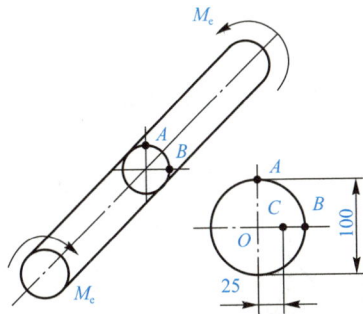

图 4.13

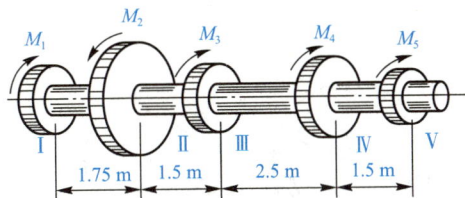

图 4.14

4.11 某小型水电站的水轮机容量为$40\ kW$，转速为$300\ r/min$，钢轴直径为$75\ mm$，若在正常运转下且只考虑扭矩作用，其许用切应力$[\tau]=20\ MPa$。试校核该轴的强度。

4.12 已知钻探机钻杆(图 4.15)的外直径 $D=60$ mm，内直径 $d=50$ mm，功率 $P=7.355$ kW，转速 $n=180$ r/min，钻杆入土深度 $l=40$ m，钻杆材料的切变模量 $G=80$ GPa，许用切应力 $[\tau]=40$ MPa。假设土壤对钻杆的阻力是沿长度均匀分布的，试求：

(1)单位长度上土壤对钻杆的阻力矩集度 m；

(2)作钻杆的扭矩图，并进行强度校核；

(3)两端截面的相对扭转角。

4.13 图 4.16 所示的一等直圆杆，已知 $d=40$ mm，$a=400$ mm，$G=80$ GPa，$\varphi_{DB}=1°$。试求：

(1)最大切应力；

(2)截面 A 相对于截面 C 的扭转角。

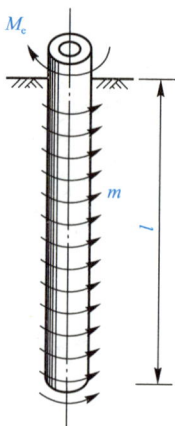

图 4.15

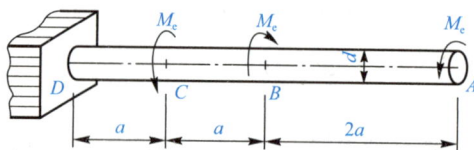

图 4.16

4.14 如图 4.17 所示，长度相等的两根受扭圆轴，一为空心圆轴，一为实心圆轴，两者的材料和所受的外力偶矩均相同。实心轴直径为 d；空心轴外直径为 D，内直径为 d_0，且 $\dfrac{d_0}{D}=0.8$。试求当空心轴与实心轴的最大切应力均达到材料的许用切应力($\tau_{\max}=[\tau]$)时的质量比和刚度比。

4.15 全长为 l、两端面直径分别为 d_1、d_2 的圆锥形杆，在两端各承受一外力偶矩 M_e，如图 4.18 所示。试求杆两端面间的相对扭转角。

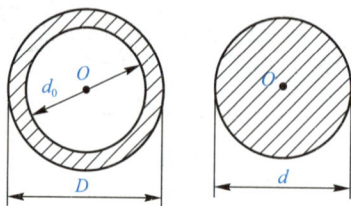

图 4.17

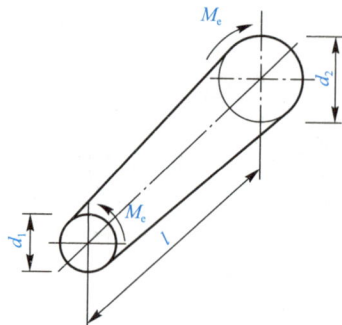

图 4.18

4.16 已知实心圆轴的转速 $n=300$ r/min，传递的功率 $P=330$ kW，圆轴材料的许用切应力 $[\tau]=60$ MPa，切变模量 $G=80$ GPa。若需保证圆轴在 2 m 长度的相对扭转角不超过 $1°$，试求该轴所需的直径。

4.17 设尺寸相同的薄壁无缝钢管和有缝钢管(图 4.19)承受相同的扭矩 M_n。试比较它们的剪应力大小。

4.18 如图 4.20 所示，内外径比值 $\alpha=\dfrac{d}{D}=0.8$ 的空心圆轴受扭时，若 a 点的剪应变 γ_a 为已知，则 b 点的剪应变 γ_b 为多少？

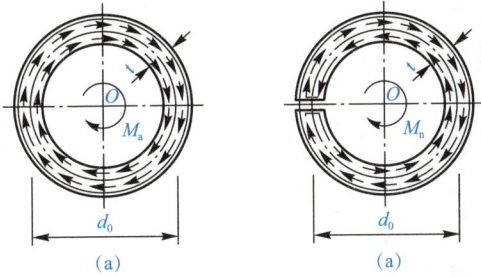

图 4.19

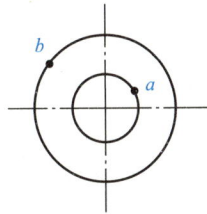

图 4.20

4.19 阶梯轴尺寸及受力如图 4.21 所示，AB 段的最大剪应力 τ_{max1} 与 BC 段的最大剪应力 τ_{max2} 之比为多少？

4.20 如图 4.22 所示，受扭圆轴的直径 $d=50$ mm，外力偶矩 $m=2$ kN·m，材料的 $G=82$ GPa。试求：

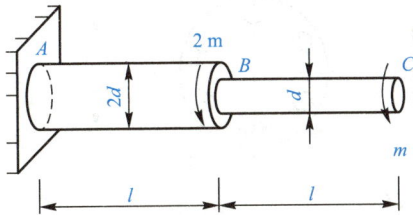

图 4.21

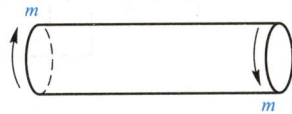

图 4.22

(1)横截面上 A 点处 $(\rho_A=d/4)$ 的剪应力和相应的剪应变；

(2)最大剪应力和单位长度相对扭转角。

4.21 某传动轴如图 4.23 所示，转速 $N=300$ r/min，轮 1 为主动轮，输入功率 $N_1=50$ kW，轮 2、3、4 为从动轮，输出功率分别为 $N_2=10$ kW，$N_3=N_4=20$ kW。

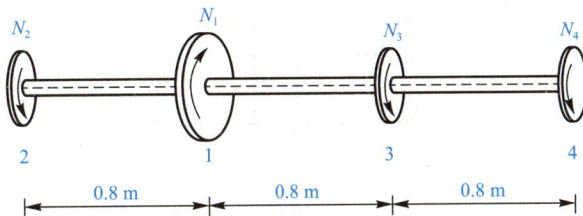

图 4.23

（1）试绘出该轴的扭矩图；

（2）若将轮1与轮3的位置对调，试分析对轴的受力是否有利。

4.22 如图 4.24 所示，一钻探机的功率 $N=10$ kW，转速 $n=180$ r/min，钻杆钻入土层的深度 $l=40$ m。假设土壤对钻杆的阻力偶沿杆截面位置 x 呈线性关系 $[m_t(x)=Ax$，x 坐标的原点取在地表面]，试确定系数 A 的值并画扭矩图。

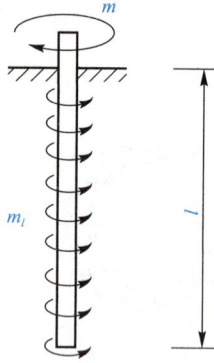

图 4.24

4.23 如图 4.25 所示，两段同样直径的实心钢轴，由法兰盘通过 6 只螺栓连接。传递功率 $N=80$ kW，转速 $n=240$ r/min，轴与螺栓的许用剪应力分别为 $[\tau_1]=80$ MPa 和 $[\tau_2]=55$ MPa。

（1）校核轴的强度。

（2）设计螺栓直径。

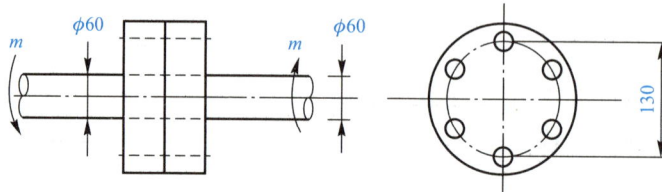

图 4.25

4.24 图 4.26 所示等截面圆轴，已知 $d=100$ mm，$l=500$ mm，$m_1=8$ kN·m，$m_2=3$ kN·m，$G=82$ GPa，求：

（1）最大剪应力；

（2）A、C 两截面间的相对扭转角；

（3）若 BC 段的单位长度扭转角与 AB 段相等，则在 BC 段钻孔的孔径 d_1 应为多大？

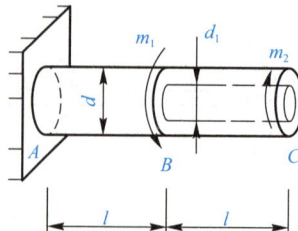

图 4.26

4.25　如图 4.27 所示，已知作用在变截面钢轴上的外力偶矩 $m_1 = 1.8$ kN·m，$m_2 = 1.2$ kN·m。试求最大剪应力和两端面间相对扭转角(材料的 $G = 80$ GPa)。

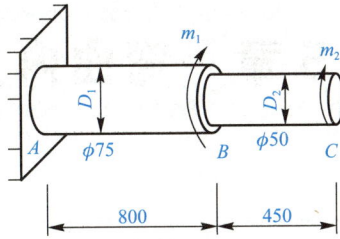

图 4.27

4.26　试作出图 4.28 所示直径为 d 的圆轴的扭矩图，并求 B 截面相对 A 截面的相对扭转角。设 m、a、G、d、$m_q = 2m/a$ 是均布扭转力偶矩的集度。

4.27　如图 4.29 所示，实心轴与空心轴通过牙嵌离合器相连接，已知轴的转速 $n = 100$ r/min，传递的功率 $N = 10$ kW，$[\tau] = 80$ MPa。试确定实心轴的直径 d 和空心轴的内外直径 d_1、D_1。已知 $\alpha = \dfrac{d_1}{D_1} = 0.6$。

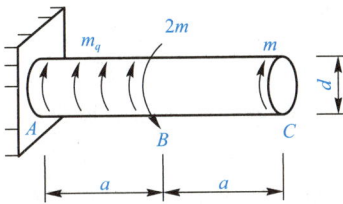

图 4.28

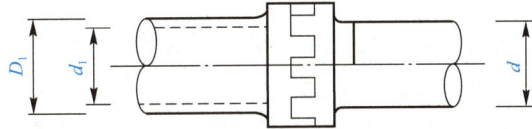

图 4.29

第5章 弯曲内力

本章导读

弯曲内力是材料力学的一个核心领域，对于工程设计和结构安全至关重要。本章将深入探讨弯曲内力的基础理论、关键概念及分析方法，旨在提供一个全面的理解和实用的分析工具。将从弯矩和剪力的基本概念入手，逐步深入荷载作用下的计算方法，探讨荷载密度与内力之间的关系，并通过叠加原理，介绍均布荷载下的弯矩计算方法。通过本章的学习，学习者将获得关于弯曲行为分析和解决实际工程问题的能力，为工程实践铺垫坚实的基础。

案例导入

设想你是一位负责桥梁设计的结构工程师。在这个角色中，对梁体结构的弯曲内力进行准确分析和设计是你的一项关键任务，这不仅关乎桥梁的强度和刚度，更是桥梁安全的保障。例如，一座大跨度桥梁承受着行人和行驶车辆的质量，这些质量引起桥梁的弯曲变形和桥梁内力，有可能会威胁到结构的强度和可靠性。

在这个案例中，分析梁体在弯曲力作用下的稳定性和承载力至关重要。了解弯曲内力的分布、破坏机制及梁体几何形状对稳定性的影响是进行有效评估和设计的关键。本章将引导深入理解弯曲内力的概念，掌握剪力和弯矩的计算方法，以及荷载分布和作用形式对梁截面内力的影响。

通过本章的学习，学习者将不仅掌握弯曲内力的理论基础，还将具备评估和设计梁体弯曲稳定性的实践能力。

本章重点

1. 弯矩 M 和剪力 Q 的基础理解：首先，掌握弯矩和剪力的基本概念是关键。这包括能够熟练运用截面法来计算梁截面上的弯矩和剪力，同时，正确理解和应用剪力与弯矩的正负号规则。

2. 弯矩图和剪力图的预测：掌握如何基于梁上分布力密度与截面剪力、弯矩间的微分关系，准确预测梁的剪力图和弯矩图的概貌。

3. 弯矩图和剪力图的准确绘制与核查：学习并掌握如何根据荷载的突变规律，绘制梁的剪力图和弯矩图，并进行详细核查。

4. 叠加原理的实际应用：掌握叠加原理，以便于绘制均布荷载作用下梁的弯矩图。

>> **本章难点**

1. 关键截面的选择与切割方法：在计算梁截面上的剪力和弯矩时，选择合适的关键截面和采用正确的切割方法是关键。

2. 内力计算中的方向标注：在选取梁弯曲进行内力计算时，正确标注隔离体梁（杆）段截面上剪力和弯矩的正负方向。

均布荷载下的弯矩图绘制：利用叠加原理绘制均布荷载作用下杆段的弯矩图需要特别注意和练习。

5.1　弯曲变形

在土木工程结构中，梁是一种常见的重要构件，主要承受垂直于梁轴线的竖（横）向荷载，对结构的功能起着极其重要的作用，如图 5.1.1 所示的建筑梁和图 5.1.2 所示的桥梁。为了生产加工方便起见，工程结构中梁通常被加工成等截面纵向对称梁。当梁受到垂直于轴线的外荷载时，梁轴线弯成曲线，弯曲变形后的梁轴线称为挠曲线（图 5.1.3）。

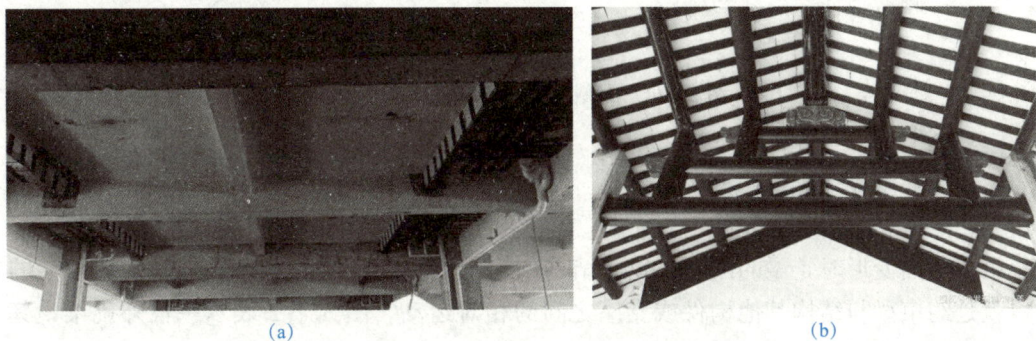

(a)　　　　　　　　　　　　　(b)

图 5.1.1　梁

（a）混凝土建筑楼盖梁；（b）木建筑屋盖梁和主梁

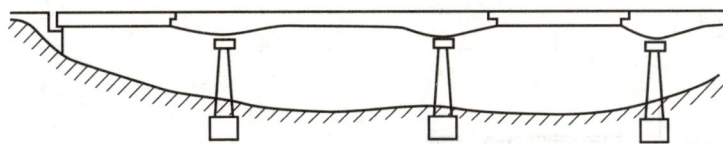

图 5.1.2　桥梁

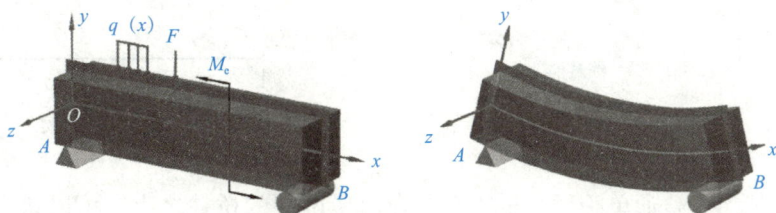

图 5.1.3　梁的弯曲变形

在图 5.1.3 中，外荷载不仅垂直于梁的轴线 AB，而且外荷载作用线处在梁的纵向对称面内，此时，梁的所有纵向线都弯曲为相同的平行曲线，梁的这种变形形式被称为平面弯曲变形。因而，梁的弯曲可以用弯曲的轴线表示。

5.2 梁杆件的简化

如上所述，弯曲梁至少具有一个经过梁轴线的纵向对称面，目前只讨论外荷载作用线位于纵向对称面内的情况。因而，梁弯曲变形时可以简化为以其轴线表示，在变形过程中梁横截面垂直于这根轴线。梁的变形采用挠度 w 和截面转角 θ 表示，挠度 w 就是变形前梁轴线上一点沿垂直于轴线方向的位移；转角 θ 为垂直于梁轴线的横截面转过的角度（图 5.2.1）。

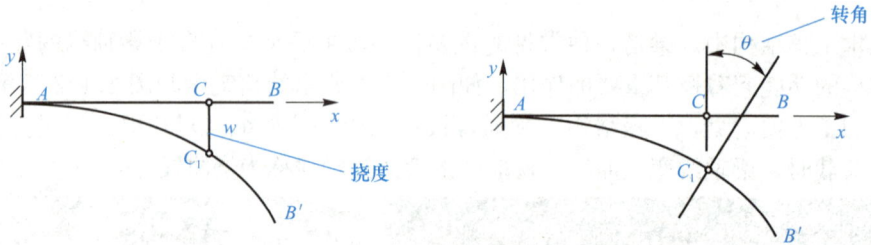

图 5.2.1　梁截面位移：线位移和角位移

5.2.1　梁支座的简化

梁在弯曲变形时，梁的两端必须与结构的构件或支座发生联系，这种联系从力学的角度看就是约束梁与结构其他构件或支座之间的相对运动。图 5.2.2 表示一根外挑梁，其一端采用混凝土将其与墙体浇筑在一起，另一端是完全没有支撑的自由端。

当梁与墙体刚性连接时，梁和墙体之间不存在相对运动，即梁端既没有平动位移（$w=0$）也没有转动位移（$\theta=0$），这种没有挠度和转角位移的梁端称为固定端，这种梁称为悬臂梁，以图 5.2.3 简化表示。

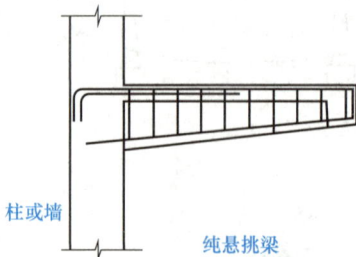

柱或墙　　　纯悬挑梁

图 5.2.2　外挑梁

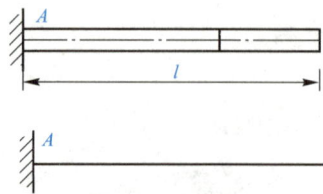

图 5.2.3　悬臂梁

图 5.2.4 所示为普通单跨桥。桥梁搁置在河岸两端的桥柱之上，可以认为桥梁的一端位移是被约束的，但可以转动；另一端只是简单搁置在桥墩柱上，因此，这一端梁只有竖

向位移受到约束。因而,这种梁一端的水平位移和竖向位移等于零,另一端的竖向位移为零。将这种梁称为简支梁。简支梁的简化示意如图 5.2.5 所示。

图 5.2.4　单跨桥

图 5.2.5　简支梁的简化示意

5.2.2　荷载的简化

结构中的梁杆件承受垂直于梁轴线的外荷载的形式多样,为了方便计算,必须将多种多样的外荷载进行简化处理,分解成几种方便计算的形式。图 5.2.6 所示的工业厂房吊车梁,当行车车轮行走到梁中时,重力荷载通过行车车轮传递到吊车梁上,重力荷载可以简化为作用在车轮与梁的接触部位的集中荷载,受力图如图 5.2.7 所示。而对于图 5.2.8 所示的房屋横梁,横梁承受由楼板传递的上部结构的重力荷载,荷载连续遍及横梁,这种连续分布在梁上的荷载称为分布荷载。图 5.2.9 所示为横梁受力图。

图 5.2.6　吊车梁

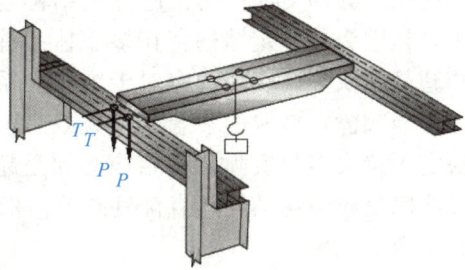

图 5.2.7　吊车梁受力图

图 5.2.8　房屋横梁

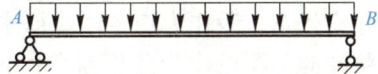

图 5.2.9　横梁受力图

在外荷载作用形式方面，除上述的集中荷载和分布荷载外，还有集中外力（偶）矩和分布外力（偶）矩。集中力（偶）矩就是作用于梁上某一点的外力（偶）矩（图 5.2.10）；分布力（偶）矩是沿一段梁杆分布的外力（偶）矩，但分布力（偶）矩的情况在实际工程中比较少见，本书中将很少提及。

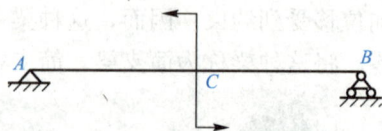

图 5.2.10　集中力偶矩

5.2.3　超静定梁

一般来说，作用在结构上的外部荷载都是已知的，而因此产生的支座反力绝大多数是未知的。上面提到的两种基本形式的梁，在平面荷载作用下支座反力个数不会超过三个，悬臂梁的固定端的支座反力为两个垂直的反力加一个平面内的反力矩，简支梁的固定铰支座处存在两个垂直的反力，另一端的滑动支座处有一个沿支座支杆方向的反力，也是三个反力。这两种结构的支座反力都可以通过静力学平衡方程计算出来，像这种可以仅凭静力学理论计算所有支座反力的结构，将它们称为静定结构。但很多情况下结构的支座反力并不能仅凭静力学平衡方程就可以将所有反力计算出来，如图 5.2.11 所示，结构只

图 5.2.11　一次超静定梁

是静定的悬臂梁在其自由端加上了一根支杆，也就是增加了一个竖向约束，这时无论如何选取隔离体都不能通过静力学平衡方程计算出所有支座反力。这种仅凭静力学平衡方程无法计算出全部支座反力的结构，称为超静定结构。一个方向的约束对应一个约束反力，支座的约束反力即支座反力。超静定结构之所以不能由静力学平衡方程计算出所有的支座反力，是因为超静定结构存在多于体系静力学平衡方程数的多余约束，多余约束的个数叫作超静定次数。多余约束对于维持体系的几何不变性没有作用，但对体系的稳定性很重要，当超静定结构的多余约束失效后，并不一定会使结构失稳，超静定结构的这个性质决定了绝大多数实际工程结构必须是超静定结构。在工程中，普遍采用超静定结构的主要原因是超静定结构具有优良的结构稳定性和安全性。一般来说，超静定次数越高，结构越安全。

5.3　梁横截面上的内力

如图 5.3.1(a)所示，简支梁上受到集中力、分布力和集中外力偶作用。通过运用静力学平衡方程，可以首先计算出静定结构的支座反力。因此，简支梁上的所有外力均是已知的。为了确定简支梁横截面上的内力，采用截面法将简支梁从横截面处切开。切割后的简支梁被分为左右两段，横截面上的力即内力。一般来说，横截面上的内力是沿横截面逐点变化的分布面力[图 5.3.1(b)]。切割后的两侧横截面上的内力互为作用力与反作用力。可以选择左右任意一段作为隔离体，具体取决于哪一段计算更简便。

当将左侧的梁段作为分析对象时，首先在隔离体图上绘制出所有作用在其上的外力。这些外力都位于经过简支梁中心轴线的对称平面内。借助力的合成原理能够将横截面上的内力简化为一个合力(Q)和一个合力矩(M)。在对图 5.3.1 所示的简支梁进行分析时，为了保持梁结构的静力学平衡，横截面上的内力 Q 主要以沿着切面方向的分力形式出现，即剪

力 Q。由于所有已知外力都是竖直方向作用的，因此在梁上没有水平支座反力和截面轴向内力。同时，通过对横截面上的分布面力关于横向轴的力矩平衡进行求解，可以计算出合力矩 M。在这种情况下，沿着切面方向的内力 Q 被定义为剪力，而横截面上的内力矩 M 则被定义为弯矩，如图 5.3.2 所示。

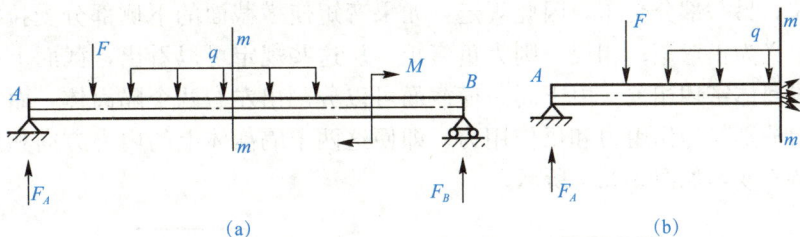

图 5.3.1 简支梁

利用静力学平衡条件对选取的左段隔离体[图 5.3.3(a)]进行计算，按照约定水平向右取为 x 轴，竖直向上为 y 轴，坐标原点设置在左边结点处，如图 5.3.3 所示(注意：这里横截面上的内力方向是随意表示的，关于内力正负的规定在下节给出)。所取的隔离体处于平衡状态，必须满足静力学平衡条件。因此，可以计算出简支梁的所有支座反力和任意截面上的内力。首先，列出竖直方向力的平衡方程

$$R_A - F_B - q(x-h) - Q = 0$$

其中，集中力 F_B 和分布力密度 q 已知，支座反力 R_A 可以通过列平衡方程事先计算出，故剪力 Q 可计算得

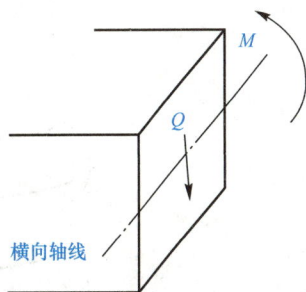

图 5.3.2 梁横截面上的内力

$$Q = R_A - F_B - q(x-h)$$

为了计算出横截面上的弯矩 M，可以任选横截面内一点为矩心，关于这点列合力矩平衡方程，为了简化计算起见，不妨取横截面的形心 O' 作为矩心，得到合力矩平衡方程

$$\sum M(O') = 0$$

$$R_A \cdot x - F_B \cdot (x-b) - \frac{1}{2} q \cdot (x-b)^2 - M = 0$$

式中利用了前面给出的力矩正负号约定。弯矩 M 为

$$M = R_A \cdot x - F_B \cdot (x-b) - \frac{1}{2} q \cdot (x-b)^2$$

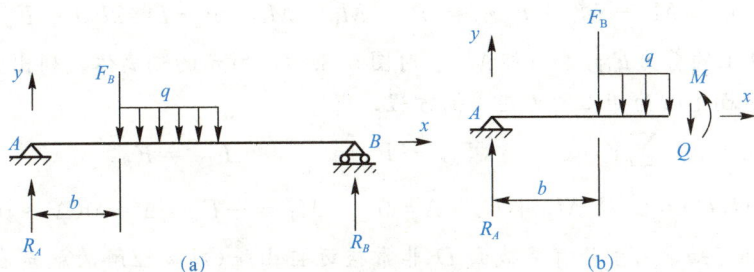

图 5.3.3 简支梁取隔离体分析

在图 5.3.3(b)中，标出的横截面弯矩 M 和剪力 Q 的方向是随意假定的。按照常规做法，将未知的内力标记为正方向。对于所选的平面内隔离体，横截面上的内力仅有两个可能的方向。规定：如果剪力 Q 导致隔离体顺时针旋转，则这个方向被视为正方向；如果它导致逆时针旋转趋势，则这个方向为负方向。对于横截面上的弯矩 M，由于它导致横截面的一部分受拉，另一部分受压，因此规定：如果弯矩使横截面的下侧部分受拉，则这种弯矩的方向被定义为正弯矩；相反，则为负弯矩。从这些规定可以看出，截面上内力的正方向与选择的隔离体密切相关。由于同一横截面可以分割出左右两个隔离体，而左右两个隔离体上的内力分别互为作用力和反作用力，即便这两个隔离体上的内力方向相反，它们的正负号仍保持不变，如图 5.3.4 所示。

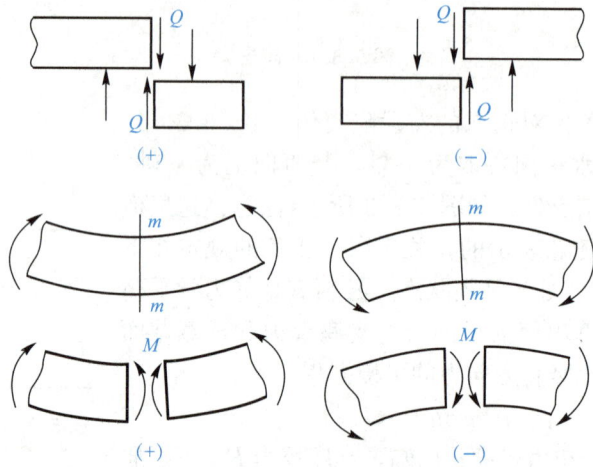

图 5.3.4　隔离体上剪力和弯矩示意

【例 5.3.1】　如图 5.3.5(a)所示，悬臂梁受到集中力 F_p 和集中力偶 M_0 作用。试计算截面 C 和 D 上的剪力和弯矩。

解：(1)一般来说，计算梁截面内力必须首先计算梁的支座反力。但在本例中，由于通过选取合适的隔离体，可以回避计算支座反力，即通过选取图 5.3.5(b)、(c)所示的隔离体。

(2)截面 C 上的剪力 F_{QC} 和弯矩 M_C。对图 5.3.5(b)所示的隔离体，列出竖直方向的力平衡方程和以截面形心为矩心的力矩平衡方程，得

$$\sum Y = 0 \qquad F_{QC} - F_p = 0 \qquad F_{QC} = F_p$$

$$\sum M(C) = 0 \qquad M_C - M_0 + F_p \cdot l = 0 \qquad M_C = M_0 - F_p \cdot l = 2F_p l - F_p \cdot l = F_p l$$

(3)截面 D 上的剪力 F_{QD} 和弯矩 M_D。对图 5.3.5(c)所示的隔离体，列出竖直方向的力平衡方程和以截面形心为矩心的力矩平衡方程，得

$$\sum Y = 0 \qquad F_{QD} - F_p = 0 \qquad F_{QD} = F_p$$

$$\sum M(D) = 0 \qquad M_D + F_p \cdot \Delta = 0 \qquad M_D = -F_p \cdot \Delta \approx 0(\Delta \to 0)$$

从以上计算可知，由于悬臂梁截面 D 非常接近自由端(或者理解为就是自由端截面)，使其上的弯矩 M_D 恒等于 0。自由端的集中力 F_p 仅对截面的剪力产生影响，对截面弯矩没有作用。

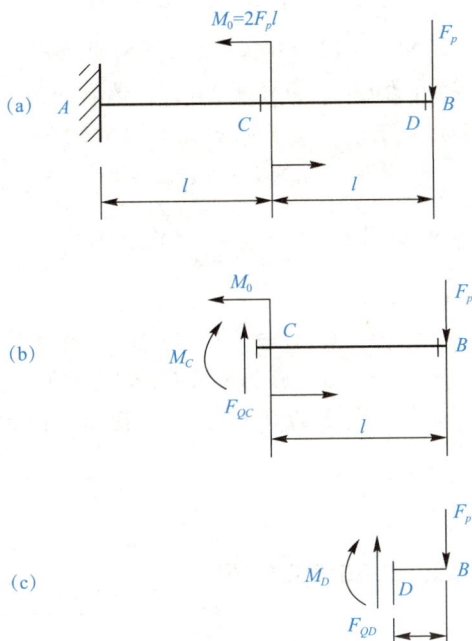

图 5.3.5　悬臂梁及其隔离体分析

【**例 5.3.2**】　　如图 5.3.6(a)所示的简支梁，计算横截面①—①和②—②上的剪力与弯矩。

解：(1)计算简支梁的支座反力。取固定铰支座 A 点为矩心，列力矩平衡方程 $\sum M(A)=0$(按照本书约定，平衡方程中力矩以顺时针方向为正。必须注意平衡方程中力学量的正负和截面上内力正负的区别)得

$$P \times 1.5 + q \times 3 \times 4.5 - Y_B \times 6 = 0$$

在上式中，应用了求均布力对某点力矩的简化公式，即将作用在杆段上的均布力看作作用在杆段中点的集中力，集中力的大小等于均布力密度乘以杆段长度。计算可得

$$Y_B = 2\ 900\ \text{N}(\uparrow)$$

计算得出的右端支座反力为正，表明假设的方向与实际的支座反力方向一致。

为了计算固定铰支座 A 处的支座反力 Y_A，列出竖直方向(y 轴方向)的合力平衡方程

$$Y_A - P - q \times 3 + Y_B = 0$$

代入数值计算得

$$Y_A = 1\ 500\ \text{N}(\uparrow)$$

(2)计算截面①—①上的内力，即剪力 Q_{1-1} 和弯矩 M_{1-1}。采用截面法，从截面①—①处将杆件截开，为了计算简便，选取左段杆件作为隔离体，由于截面上的内力——剪力和弯矩未知，根据本书约定，未知力都标注为正方向，如图 5.3.6(b)所示。列出竖直方向的合力平衡方程

$$Y_A - P - Q_{1-1} = 0$$
$$Q_{1-1} = 700\ \text{N}$$

计算得到的剪力数值为正，表明截面上实际的剪力方向与假设的方向一致。为了计算截面①—①的弯矩 M_{1-1}，选取截面①—①的形心作为矩心，列力矩平衡方程

$$-M_{1-1}-P\times0.5+Y_A\times2=0$$
$$M_{1-1}=2\,600\text{ N}\cdot\text{m}（下侧受拉）$$

（3）计算截面②—②上的剪力 Q_{2-2} 和弯矩 M_{2-2}。选取如图 5.3.6(c)所示的隔离体，列出竖直方向的力平衡方程和以截面②—②形心为矩心的力矩平衡方程，得

$$Y_B-q\times1.5+Q_{2-2}=0$$
$$M_{2-2}+q\times1.5\times\frac{1.5}{2}-Y_B\times1.5=0$$

计算得

$$Q_{2-2}=-1\,100\text{ N}$$
$$M_{2-2}=3\,000\text{ N}\cdot\text{m}（下侧受拉）$$

根据计算结果可知，截面②—②上的剪力 Q_{2-2} 与图示方向相反，实际的截面弯矩与图示一致。

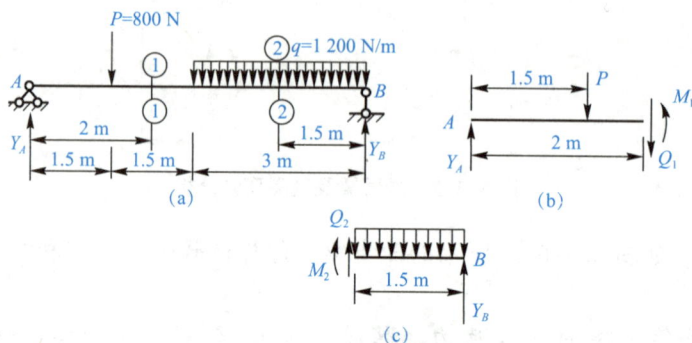

图 5.3.6 简支梁及其隔离体
(a)静定简支梁；(b)从横截面①—①截开的左段杆隔离体；(c)从横截面②—②截开的右段杆隔离体

5.4 梁的内力图

当梁承受荷载作用时，其强度取决于内力分布情况。为了了解梁的内力分布情况以评估梁的工作状态，通常将梁截面上的内力沿轴线的分布情况以图形表示。这种表示内力沿轴线变化的曲线称为内力图。如果用 x 表示梁截面的位置，那么随截面位置变化的内力——剪力 Q 和弯矩 M 可以表示为位置坐标 x 的函数 $Q(x)$ 和 $M(x)$，分别称为剪力方程和弯矩方程。

在绘制弯矩图和剪力图时，通常将杆件轴线作为 x 轴，表示梁截面的位置，原点 O 位于梁的最左端。截面上的正剪力值标注在 x 轴上方，负剪力值标注在 x 轴下方；若弯矩导致梁截面的某侧受拉，弯矩值便标注在该侧。

【例 5.4.1】 图 5.4.1 所示为简支梁受集中荷载 P 作用。试计算梁的剪力方程和弯矩方程，并作梁的剪力图和弯矩图。

解：（1）求支座反力 V_A、V_B。取支座 B 为矩心，列出力矩平衡方程：$V_A\times l-P\times b=0$，得 $V_A=\dfrac{b}{l}P$；同理可求得 $V_B=\dfrac{a}{l}P$。

（2）列出弯矩方程和剪力方程。为了表示出杆件截面上的弯矩和剪力方程，首先选取坐标 x，向右为其正方向，原点在左端固定铰支座 A 处。由于在杆件的截面 C 作用了一个集中力 P，因此，在截面 C 两侧的剪力和弯矩方程的形式不同，计算剪力和弯矩方程时必须分 AC 和 CB 两段进行计算。

AC 段：在 AC 之间任取一个截面，如图 5.4.2 所示选取隔离体。

列竖直方向的力平衡方程，得 $Q(x)=\dfrac{Pb}{l}(0<x<a)$；以截面形心为矩心，列力矩平衡方程，得 $M(x)=\dfrac{Pb}{l}x(0\leqslant x\leqslant a)$。

CB 段：在 CB 之间任取一个截面，如图 5.4.3 所示选取隔离体。

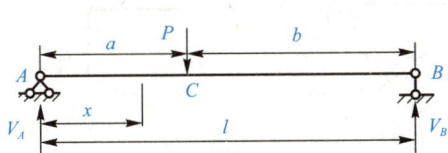

图 5.4.1 简支梁

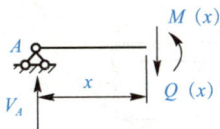

图 5.4.2 左隔离体

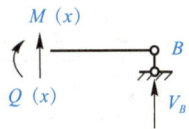

图 5.4.3 右隔离体

列竖直方向的力平衡方程，得 $Q(x)=-V_B=-\dfrac{Pa}{l}(a<x<l)$；以截面形心为矩心，列力矩平衡方程，得 $M(x)=V_B(l-x)=\dfrac{Pa}{l}(l-x)(a\leqslant x\leqslant l)$。

（3）作弯矩图和剪力图。从以下内力图可以看出，在集中力作用截面处，剪力不连续，即集中力作用点的左侧截面上的剪力不等于其右侧截面上的剪力，剪力图在该截面处出现跃变；而弯矩是连续的，但弯矩方程在该截面两侧的函数形式不同（图 5.4.4）。这个特点并不是偶然的，可以通过在集中力作用点两侧选取一个微段，如图 5.4.5 所示。

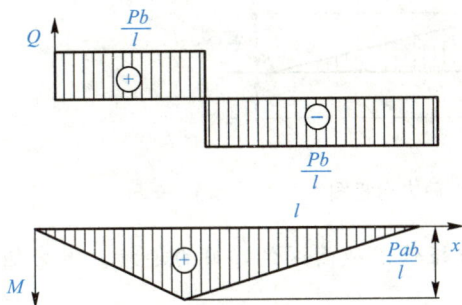

图 5.4.4 剪力弯矩图

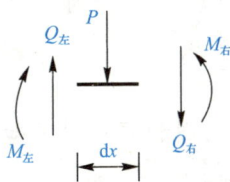

图 5.4.5 选取微段

分别列出微元体的竖直方向的合力平衡方程和以其中心点为矩心的合力矩平衡方程，不难得到

$$Q_{左}-Q_{右}=P$$
$$M_{左}=M_{右}$$

上式表面在集中力作用截面的两侧截面上的剪力不连续，两侧截面的剪力相差 P；弯矩在集中力作用截面是连续的。

【例 5.4.2】 图 5.4.6 所示的简支梁在 C 点受矩为 M 的集中力偶作用。试求梁的剪力方程和弯矩方程，并作梁的剪力图和弯矩图。

解：(1)计算出支座反力。

$$V_A = \frac{M}{l}(\uparrow) \qquad V_B = \frac{M}{l}(\downarrow)$$

(2)列剪力方程和弯矩方程。计算剪力方程时，不需要分段，因而有

$$Q(x) = V_A = \frac{M}{l}(0 < x < l)$$

分析之后可知，由于在集中力偶 M 作用点两侧截面上的弯矩不相等，计算弯矩方程时，必须分为左右两段杆件——AC 段和 CB 段，如图 5.4.7 所示。

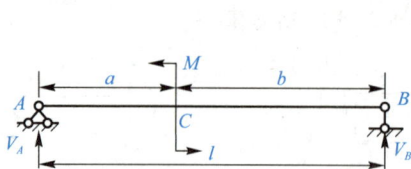

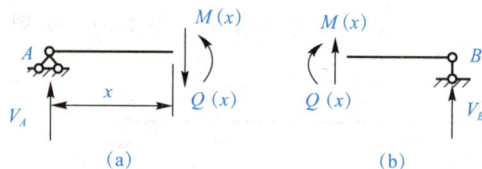

图 5.4.6　简支梁　　　　　　　　　图 5.4.7　隔离体

AC 段：$M(x) = V_A x = \dfrac{M}{l}x \qquad (0 \leqslant x < a)$

CB 段：$M(x) = V_A x - M = -\dfrac{M}{l}(l-x) \qquad (a < x \leqslant l)$

(3)作剪力图和弯矩图，如图 5.4.8 所示。

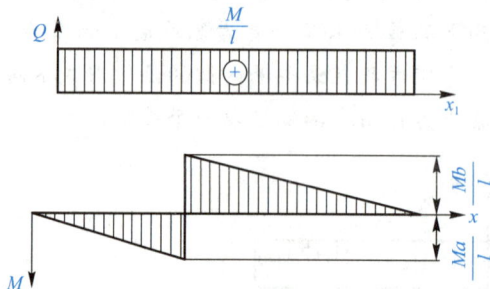

图 5.4.8　剪力弯矩图

从以上剪力图和弯矩图可知，在集中力矩作用截面两侧，剪力连续，但弯矩不连续。分析方法同上题。

【例 5.4.3】　如图 5.4.9 所示，简支梁受集度为 q 的均布荷载作用。试计算梁的剪力方程和弯矩方程，并作梁的剪力图和弯矩图。

解：(1)计算支座反力。不难得到左右两个支座的反力分别为 $V_A = V_B = \dfrac{ql}{2}(\uparrow)$。

(2)剪力方程和弯矩方程。从 x 截面处将杆件截开，选取截面左段杆作为隔离体（图 5.4.10），列出力平衡方程和力矩平衡方程，计算得

$$Q(x) = V_A - qx = \frac{ql}{2} - qx$$

$$M(x) = V_A x - qx \times \frac{x}{2} = \frac{qlx}{2} - \frac{qx^2}{2}$$

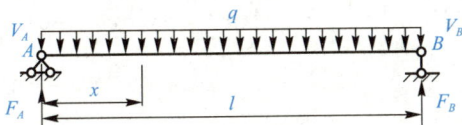

图 5.4.9　满布荷载的简支梁

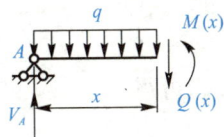

图 5.4.10　左段隔离体

（3）作剪力图和弯矩图，如图 5.4.11 所示。

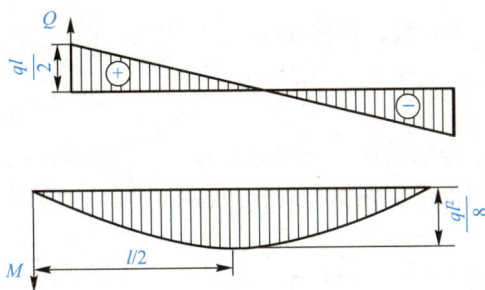

图 5.4.11　剪力弯矩图

在本例中，讨论了简支梁的弯矩分布，其形态呈现为一条光滑的二次抛物线。为了描绘这条二次抛物线，通常会通过连接三个关键点——梁的两端点及梁跨中点——绘制一条光滑的曲线。必须注意的是，在简支梁的两端铰结点，弯矩始终为零，而梁的最大弯矩则出现在梁跨的中点，其计算公式 $M_{\max}=\dfrac{1}{8}ql^2$。这一最大弯矩值在后续使用叠加法绘制均布荷载作用下杆段的弯矩图时常用到。

深入分析上述例题，可以发现一些重要的现象：当梁受到集中力作用时，在力作用的截面两侧，可以观察到剪力图的不连续跳跃，尽管弯矩图仍然连续，但会在此处出现明显的转折点。而在受到集中力偶作用的截面处，剪力图则保持连续，但弯矩图表现出不连续的特征。这些观察到的现象并不是随机发生的，而是遵循着明确的力学原则，这些原则揭示了内力的变化与梁上荷载作用的密切联系。在接下来的部分，将深入探讨并阐述不同类型的荷载作用是如何影响内力分布图的。

5.5　荷载密度与剪力和弯矩间的关系

由 5.4 节例题已知，作用在杆件上的荷载类型不同，它们对内力图的形式有不同作用。以下推导荷载分布与杆件截面剪力和弯矩的关系。

如图 5.5.1 所示，选取坐标系，外力沿坐标轴正向为正。在杆件任意位置 x 选取一个微段 $\mathrm{d}x$，微段上的荷载分布力密度为 $q(x)$，如图 5.5.2 所示。

令微段左截面上的剪力和弯矩分别为 $Q(x)$ 和 $M(x)$，右截面的剪力和弯矩则为 $Q(x)+\mathrm{d}Q(x)$ 和 $M(x)+\mathrm{d}M(x)$，两个截面上的内力标注正方向，如图 5.5.2 所示。对微段列出竖直方向的力平衡方程和关于微段中间位置的力矩平衡方程

$$Q(x)+q(x)\cdot\mathrm{d}x-Q(x)-\mathrm{d}Q(x)=0 \tag{5.5.1}$$

$$Q(x) \cdot \frac{\mathrm{d}x}{2} + M(x) + [Q(x) + \mathrm{d}Q(x)] \cdot \frac{\mathrm{d}x}{2} - [M(x) + \mathrm{d}M(x)] = 0 \qquad (5.5.2)$$

由式(5.5.1)可得

$$\frac{\mathrm{d}Q(x)}{\mathrm{d}x} = q(x) \qquad (5.5.3)$$

由式(5.5.2)并省略二阶小量 $\mathrm{d}Q(x) \cdot \mathrm{d}x$ 项，可得

$$\frac{\mathrm{d}M(x)}{\mathrm{d}x} = Q(x) \qquad (5.5.4)$$

将式(5.5.4)对 x 求一次导数，再将式(5.5.3)代入，得

$$\frac{\mathrm{d}^2 M(x)}{\mathrm{d}x^2} = q(x) \qquad (5.5.5)$$

式(5.5.3)、式(5.5.5)分别描述了截面剪力 $Q(x)$、弯矩 $M(x)$ 与杆件荷载 $q(x)$ 之间的关系。它们在本质上为人们提供了根据荷载分布特征判断内力图形形式的基本起点。

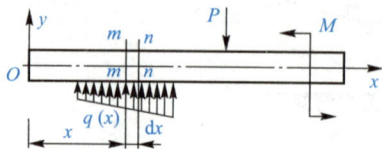

图 5.5.1 选取坐标系

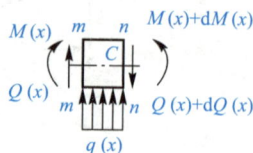

图 5.5.2 选取微段

根据杆件截面上荷载作用的位置和形式，可以将杆件通过关键截面划分为若干段。所谓关键截面，通常包括支座位置、集中力作用点、分布力的起点与终点及集中力偶作用点。通过从关键截面两侧切割杆件，可以将一根杆件分为两种类型的杆段，即无荷载作用的杆段和受分布力作用的杆段，然而分布力常见为均布力，如图5.5.3所示。

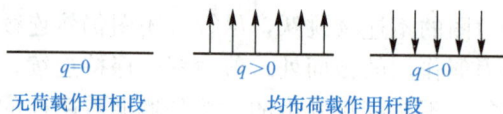

图 5.5.3 不同荷载作用的杆段

针对上述两种典型的杆段，可以分别对式(5.5.3)、式(5.5.5)进行分析。对于无荷载作用的杆段，$q(x) = 0$，因此有

$$Q(x) = C \qquad (5.5.6)$$
$$M(x) = Cx + A \qquad (5.5.7)$$

其中，C 和 A 是积分常数，可通过杆段截面上的剪力和弯矩来确定。根据式(5.5.6)、式(5.5.7)可知，在无荷载作用的杆段中，剪力 Q 为常数，剪力图呈现为一条水平直线。同时，在这段杆上的弯矩也表现为直线，但通常是一条倾斜的直线。

第二种常见的典型杆段是受均布荷载作用的杆段，其上的分布力密度为常数值，即 $q(x) = C$(常数)。对式(5.5.3)、式(5.5.5)积分，得到

$$Q(x) = Cx + A$$
$$M(x) = Cx^2 + Ax + B$$

其中，A 和 B 是积分常数。根据积分结果，可以得出在均布荷载作用的杆段中，剪力图呈

斜直线，而弯矩图为一条二次抛物线。

若杆件某截面处受到一个集中力 F（图 5.5.4），可以围绕集中力截取一个微杆段 dx，并列出静力学平衡方程，得

$$dQ(x) \approx \Delta Q(x) = F$$
$$dM(x) \approx \Delta M(x) = 0$$

图 5.5.4 围绕集中力作用点的微段

第一式表明在集中力点作用左右截面的剪力不连续，两侧截面剪力存在一个差值。若集中力向上，则右侧截面的剪力比左侧截面的剪力值大 F；反之，右侧截面的剪力比左侧截面的剪力值小 F。然而，两侧截面的弯矩没有变化。

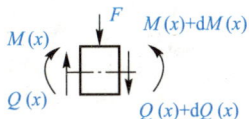

另一种需要考虑的情况是杆件某截面处受到一个集中力偶 M_A。同样，可以围绕集中力偶截取一个微杆段 dx，并列出微段的静力学平衡方程，得

$$dQ(x) \approx \Delta Q(x) = 0$$
$$dM(x) \approx \Delta M(x) = M_A$$

根据上述两式，可以推断在集中力偶作用的左右截面上，剪力保持连续，而弯矩不连续。弯矩的增加值与外力偶矩的方向有关。如果外力偶矩为顺时针方向，则右侧截面弯矩比左侧截面弯矩大 M_A；反之，右侧截面弯矩比左侧截面弯矩小 M_A。

杆件截面内力（剪力和弯矩）与杆段荷载的关系总结见表 5.5.1。

表 5.5.1 杆件截面内力（剪力和弯矩）与杆段荷载的关系

在绘制杆件的内力图时，首先从杆件的关键截面两侧将杆件截开，杆件被划分为若干杆段，这些杆段可分为无荷载作用的杆段和分布荷载作用的杆段。然后，计算出关键截面的剪力和弯矩，并根据表 5.5.1 中给出的规律绘制剪力图和弯矩图。通常，并不需要计算所有关键截面的剪力和弯矩，而是可以根据各杆段关键截面的内力连续性，判断哪些截面的内力需要计算。

【例 5.5.1】 利用以上介绍的杆段内力与荷载之间的关系画出图 5.5.5(a)所示简支梁

的剪力图和弯矩图。

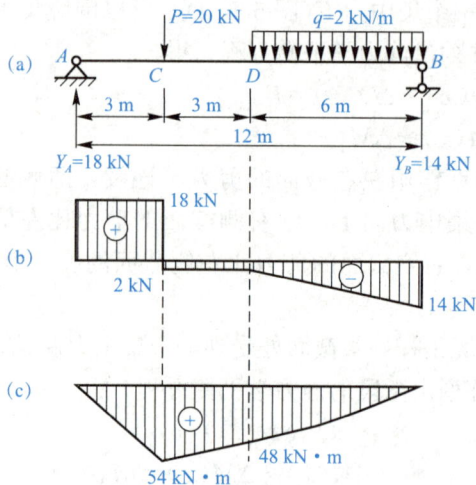

图 5.5.5　剪支梁及其剪力、弯矩图
(a)简支梁；(b)剪力图；(c)弯矩图

解：(1)求出支座反力。

$$Y_A = 18 \text{ kN}(\uparrow) \qquad Y_B = 14 \text{ kN}(\uparrow)$$

(2)剪力图。从支座、集中力作用点、均布力起点和终点的左右截面将简支梁截成杆段：AC、CD、DB。由于 AC 杆段的左端截面截在固定铰支座的右侧，其右端截面截在集中力作用点 C 的左侧，因而 AC 杆段为无外力作用的杆段，杆段的剪力图为平直线，要确定一条平直线剪力图，只要一个截面的剪力值，通常采用无外力杆段的任意一端截面的剪力值即可。如果从 AC 杆段中的任意截面处截开杆段，并取左侧杆段作为隔离体，计算剪力 $Q_{AC} = 18 \text{ kN}(+)$。

对于无荷载作用杆段 CD 上的剪力计算方法类似，可得 $Q_{CD} = Q_{AC} - P = -2 \text{ kN}(-)$，此时，必须注意杆段 CD 的左端截面 C 位于集中力 P 的右侧，故取左侧杆段作为隔离体计算杆段 CD 的剪力时，必须将集中力 P 考虑进去。

均布荷载作用的杆段 DB 剪力图是一条直线，由它的两端 D、B 截面的剪力确定这条剪力直线。D 截面为均布力起点截面，剪力在此连续，即 $Q_{D右} = Q_{CD} = -2 \text{ kN}(-)$；从铰支座 B 的左侧截开杆件，并取右侧为隔离体，求得 $Q_B = -14 \text{ kN}(-)$。简支梁的剪力图如图 5.5.5(b)所示。

(3)弯矩图。与(2)相同，弯矩图按照杆段 AC、CD、DB 进行计算。

无荷载作用的杆段 AC、CD 的弯矩图为直线，计算两段杆两端截面上的弯矩：固定铰支座 A 在没有集中外力偶矩作用的情况下，其弯矩始终等于零，即 $M_A = 0$；集中力作用点的两侧截面的弯矩是连续的，计算其两侧截面的弯矩，得 $M_{C左} = M_{C右} = 54 \text{ kN} \cdot \text{m}$(下侧受拉)。均布力起始点 D 的弯矩为 $M_D = 48 \text{ kN} \cdot \text{m}$(下侧受拉)。

在杆段 DB 上作用有均布荷载，弯矩图为一条二次抛物线，一般通过三个点的弯矩值描绘二次抛物线：杆段的起点、终点和杆段中点的弯矩值。起点 D 的弯矩已经计算出，$M_D = 48 \text{ kN} \cdot \text{m}$(下侧受拉)；终点 B 为滑动铰支座，此处弯矩始终为零，$M_B = 0$；通过在均布力作用杆段的中点截开杆段，取右侧杆段作为隔离体，计算中点截面弯矩 $M_{中点} =$

$33\ \mathrm{kN \cdot m}$(下侧受拉)。简支梁的弯矩图如图 5.5.5(c)所示。

在例 5.5.1 计算均布力作用杆段的弯矩图时，可以利用叠加原理，先求出杆段起点 A 和终点 B 的弯矩值 M_A、M_B，将杆件视为图 5.5.6 所示的简支梁在两端受到集中力矩 M_A、M_B 和杆件上作用均布力 q 两组荷载的叠加作用，其叠加后的杆件弯矩图如图 5.5.7 所示。

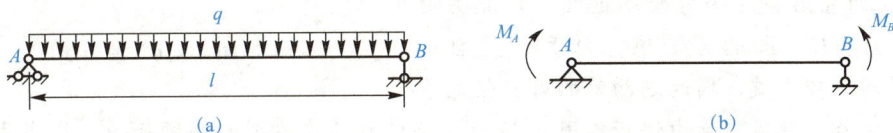

图 5.5.6 两端受集中力矩杆件上作用均布荷载的简支梁

简而言之，绘制均布力作用杆段的弯矩图可以采用先计算均布力起点和终点的弯矩值，然后，在均布力作用杆段的中点沿着均布力作用方向叠加上弯矩 $\dfrac{ql^2}{8}$，通过连接均布力作用杆段的起点、中点和终点这三点，获得均布力作用杆段的弯矩图，如图 5.5.7 所示。

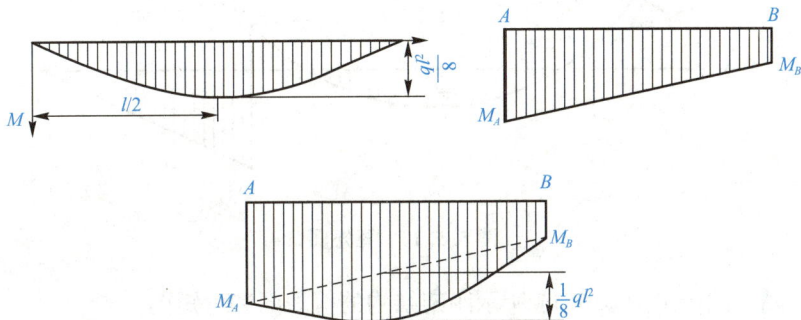

图 5.5.7 杆段弯矩图

【例 5.5.2】 作图 5.5.8 所示的外伸梁的剪力图和弯矩图。

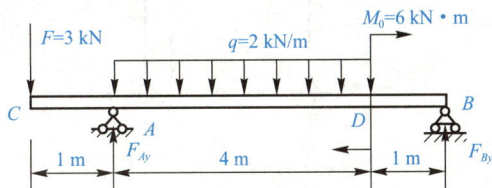

图 5.5.8 外伸梁

解：(1)求支座反力。分别以支座 A 和 B 为矩心，列出力矩平衡方程：

$$\sum M(A)=0,\quad -F\times 1+q\times 4\times 2+M_D-F_{By}\times 5=0,\quad F_{By}=3.8\ \mathrm{kN}(\uparrow)$$

$$\sum M(B)=0,\quad -F\times 6+F_{Ay}\times 5-q\times 4\times 3+M_D=0,\quad F_{Ay}=7.2\ \mathrm{kN}(\uparrow)$$

(2)计算关键截面的剪力和弯矩。将外伸梁在关键截面 C、A、D、B 处截开，外伸梁被截成 CA、AD、DB 三杆段，其中 CA、DB 为无荷载作用杆段，AD 杆段作用有均布荷载。根据上述剪力、弯矩与杆件上荷载之间的关系可知，CA、DB 杆段的剪力图为平直线，AD 杆段为斜直线；并且，在支座 A(集中力作用点)的左右截面的剪力不连续。因此，

通过计算 CA 和 DB 杆段任意截面的剪力、支座 A 右截面的剪力，即可作出其剪力图，如图 5.5.9 所示。

分析外伸梁 CA、AD、DB 三杆段的弯矩特点可知，CA、DB 杆段的弯矩图为直线，AD 杆段弯矩图为二次抛物线；并且，在集中外力偶矩作用点 D 的左右截面的弯矩不连续。计算关键截面 C、A、D、B 的弯矩值。由于 C 是自由端，B 是滑动铰支端，因此这两处的弯矩值等于

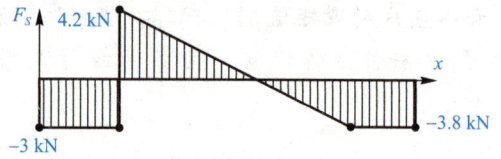

图 5.5.9　剪力图

零。必须注意，在集中外力偶矩作用点 D 处需要计算其左右截面的弯矩值。均布力作用杆段 AD 的弯矩图由均布力的起点和终点截面的弯矩值，以及均布力作用杆段中点的弯矩值确定二次抛物曲线。杆段中点的弯矩值应用上面介绍的叠加原理确定，即将均布力作用杆段两端的弯矩连接成一条直线，然后将中点的弯矩值沿着均布力作用方向，叠加上弯矩值 $\dfrac{ql^2}{8}$。最终弯矩图如图 5.5.10 所示。

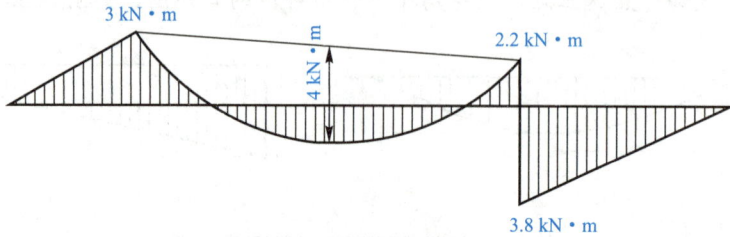

图 5.5.10　弯矩图

【例 5.5.3】　试作出图 5.5.11 所示刚架结构的剪力图和弯矩图。

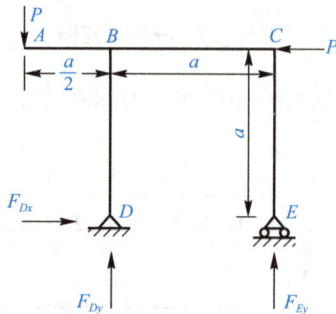

图 5.5.11　刚架结构

解： 图 5.5.11 所示刚架结构的内部结点都是刚结点，刚结点的传力特点是可以传递所有内力——轴力、剪力和弯矩。为了作出结构的剪力图和弯矩图，从刚结点和支座处将杆件截成 AB、BC、BD 和 CE 四段无荷载作用杆段。因此，四段杆的剪力图都是平直线，作剪力图时，只需计算出杆段上任意截面的剪力，即可以作出杆段的剪力图；弯矩图为斜直线，需要求得杆段上两个不同截面的弯矩值才能作出弯矩图。

(1)计算支座反力。用 (F_{Dx}, F_{Dy}) 表示固定铰支座 D 的水平和竖直支座反力，支杆支座 E 的竖向支座反力用 F_{Ey} 表示。列平衡方程：

$$\sum X = 0 \qquad F_{Dx} - P = 0 \qquad F_{Dx} = P(\rightarrow)$$

$$\sum M(D) = 0 \qquad -F_{Ey} \cdot a - P \cdot a - P \cdot \frac{a}{2} = 0 \qquad F_{Ey} = -\frac{3}{2}P(\downarrow)$$

$$\sum M(E) = 0 \qquad -P \cdot a - P \cdot \frac{3a}{2} + F_{Dy} \cdot a = 0 \qquad F_{Dy} = \frac{5}{2}P(\uparrow)$$

（2）计算杆端截面上的剪力、弯矩。

杆段 AB：A 端的剪力 $Q_{AB} = -P$，弯矩 $M_{AB} = 0$；B 端的弯矩 $M_{BA} = -\dfrac{Pa}{2}$，上侧受拉。

杆段 BD：在杆段 BD 任意截面处截断杆件，取这个截面到 D 端的这段杆作为隔离体，求得 D 端的剪力 $Q_{DB} = -P$；由于 D 端是一个铰，因此此处弯矩始终为零，即 $M_{DB} = 0$。从杆段 BD 的 B 处截断杆段，取下半部分作为隔离体，以 B 截面的形心为矩心列力矩平衡方程，求得 $M_{BD} = Pa$，左侧受拉。

杆段 CE：由于杆段 CE 的 E 端支座反力沿着杆的轴向，因此杆段 CE 的剪力和弯矩都为零。

杆段 BC：如果从杆段 BC 的 C 端截开杆段，选取右边部分作为隔离体，不难求得杆段 BC 的杆端 C 的剪力 $Q_{CE} = \dfrac{3P}{2}$，弯矩 $M_{CE} = 0$。为了计算出杆段 BC 的杆端 B 的弯矩，在杆段 BC 的 B 截面处截开杆段，并取右半部分作为隔离体，以 B 截面形心为矩心，列力矩平衡方程求得弯矩 $M_{BC} = \dfrac{3Pa}{2}$，杆段上侧受拉。

（3）作出剪力图和弯矩图。根据（2）计算得出的剪力和弯矩值，画出图 5.5.12 所示的剪力图和弯矩图。

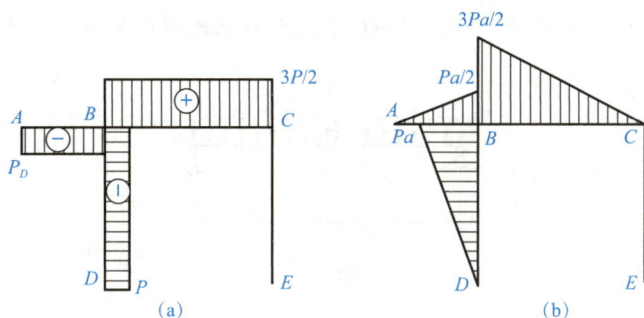

图 5.5.12 剪力图和弯矩图
(a)剪力图；(b)弯矩图

在材料力学领域，对梁的弯曲内力进行分析是一项核心任务。这种分析揭示了梁在受到外力作用后的内部力学响应，对于理解和预测结构的行为至关重要。梁是建筑和工程结构中常见的一种构件，它们承受着结构自重、人员活动、设备及自然因素（如风或地震）等的各种力。因此，细致地分析梁在外力影响下的弯曲内力，可以明确梁内力的分布特征，即梁截面上的弯矩和剪力是如何随着截面位置而变化。

弯矩和剪力是梁分析中的两个核心概念。弯矩是导致梁弯曲的力的效果，剪力是导致梁截面沿其切向滑动的力的效果。这两种力的分布不仅取决于外力的大小和方向，还取决于梁的支撑条件、长度、截面形状和材料属性。

精确计算梁的弯曲内力不仅是进行梁内应力分析的前提，而且是预测结构使用寿命、实现设计优化以降低材料消耗和成本的关键。通过这些分析，工程师可以设计出既安全又经济的结构，确保其在预期的使用寿命内保持良好的性能。此外，了解梁的内力分布还有助于识别可能的薄弱点或过度应力的区域，从而采取适当的加固措施，避免未来的结构破坏事故。

为了进行这些复杂的计算，工程师通常会采用各种数学方法和计算工具。从简单的手工计算到使用先进的计算机辅助计算（CAE）和有限元分析（FEA）软件，这些工具使对梁的弯曲内力进行精确分析成为可能。特别是有限元分析，它通过将梁分割成许多小的单元并应用相应的力和约束条件，允许工程师详细了解在各种负载条件下梁的内力分布情况。

总之，梁的弯曲内力分析是材料力学和结构工程中的一个基础而关键的领域。它不仅有助于确保结构的安全性和可靠性，还促进了材料和设计方法的创新，使人们能够构建更加高效、经济和环保的建筑与工程结构。

思考题 \\\\

5.1 根据图 5.1 所示中各梁的支撑情况分别判断其属于静定梁，还是超静定梁。

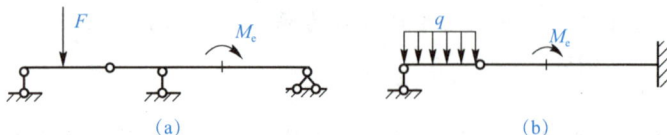

图 5.1

5.2 在图 5.2 所示的梁中，AC 段和 CB 段剪力图图线的斜率是否相同？为什么？

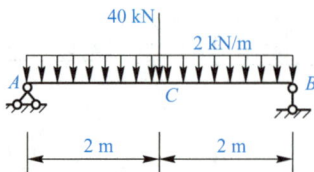

图 5.2

5.3 在图 5.3 所示梁的集中力偶作用处，左、右两段弯矩图图线的切线斜率是否相同？

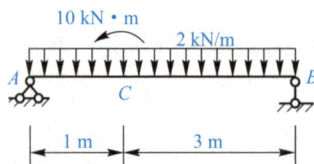

图 5.3

5.4 试根据弯矩、剪力与荷载集度之间的微分关系指出图 5.4 所示剪力图和弯矩图的错误。

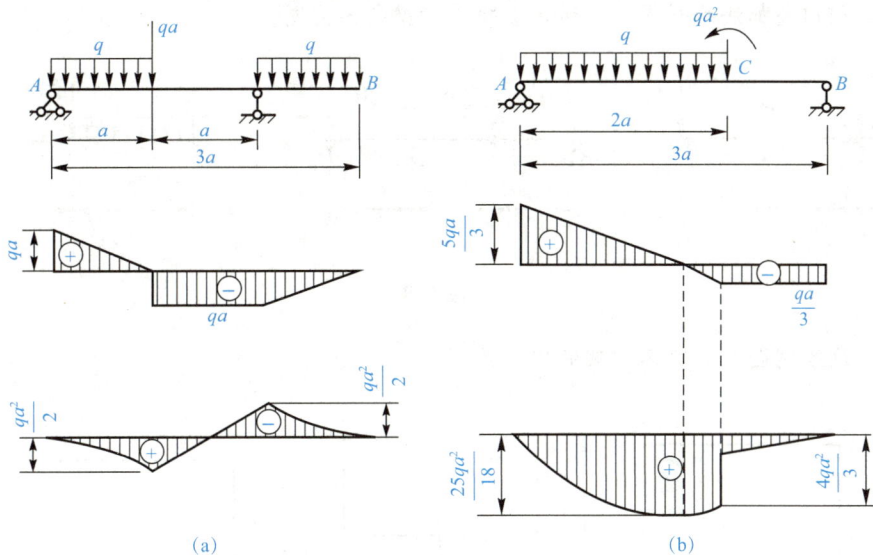

图 5.4

5.5　试利用叠加法画出图 5.5 所示静定结构的剪力图与弯矩图。

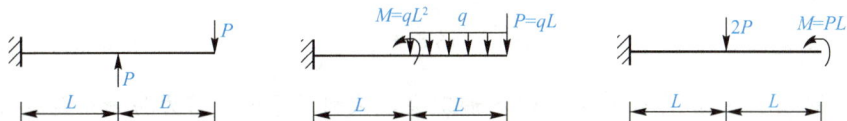

图 5.5

5.6　利用所学知识绘制图 5.6 所示简支梁的剪力图与弯矩图。

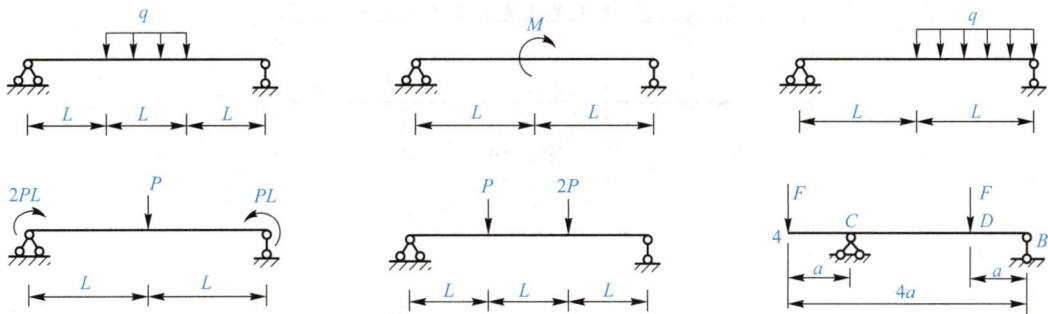

图 5.6

5.7　利用叠加法绘制图 5.7 所示外伸梁的内力图。

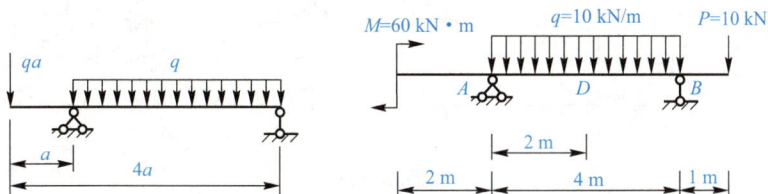

图 5.7

5.8 利用叠加法绘制图 5.8 所示多跨连续梁的内力图。

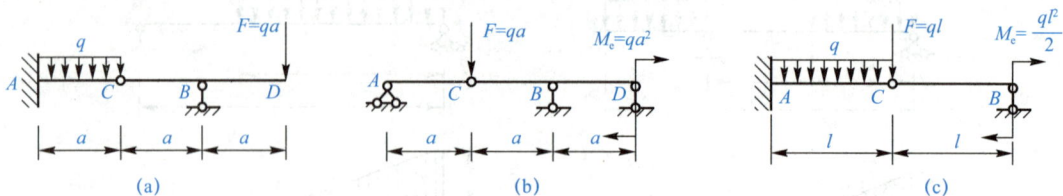

图 5.8

5.9 试绘制图 5.9 所示刚架的内力图。

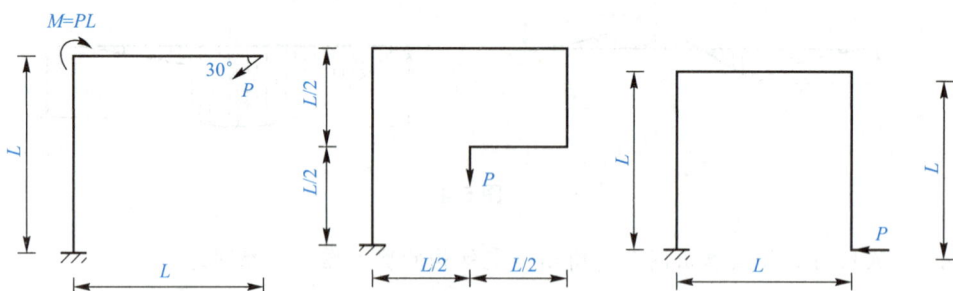

图 5.9

5.10 图 5.10 所示具有中间铰 C 的静定梁，试利用弯矩、剪力与分布荷载集度间的微分关系作梁的剪力图和弯矩图。

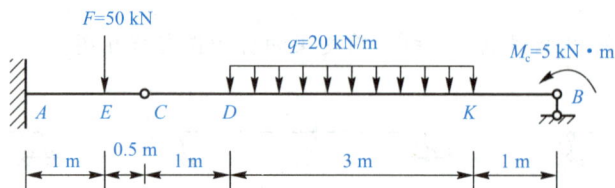

图 5.10

习题

5.1 试求图 5.11 所示各梁中指定截面上的剪力和弯矩。

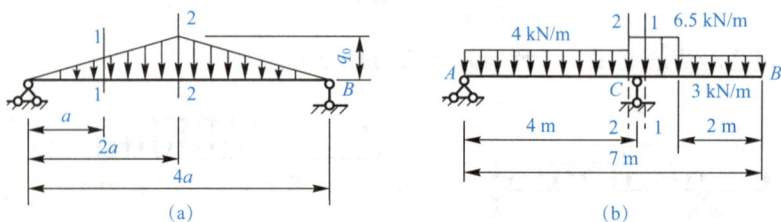

图 5.11

5.2　试写出图 5.12 各梁的剪力方程和弯矩方程，并作剪力图和弯矩图。

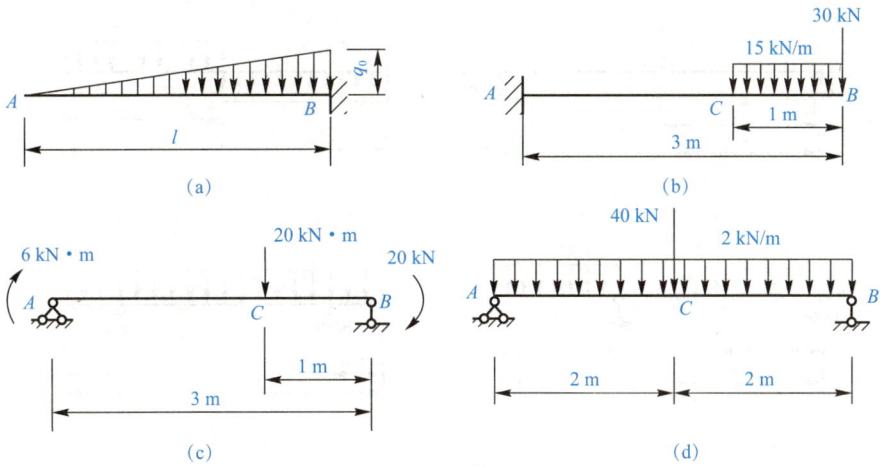

(a)

(b)

(c)

(d)

图 5.12

5.3　试作图 5.13 外伸梁的剪力图和弯矩图。

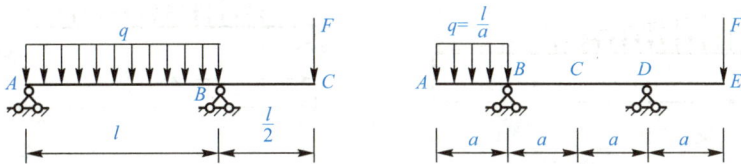

图 5.13

5.4　已知简支梁的剪力图如图 5.14 所示。试作梁的弯矩图和荷载图。（不考虑梁上力偶的作用）

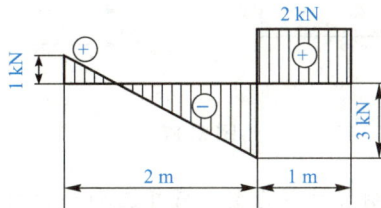

图 5.14

5.5　已知简支梁的弯矩图如图 5.15 所示。试作梁的剪力图和荷载图。

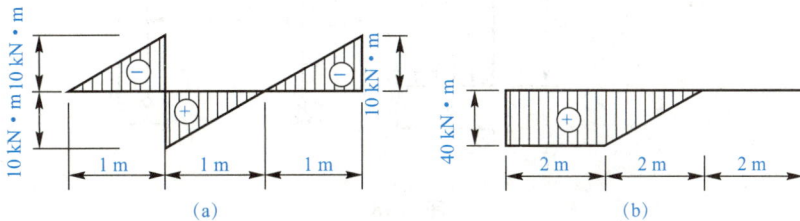

(a)

(b)

图 5.15

5.6 试用叠加法作图 5.16 所示各梁的弯矩图。

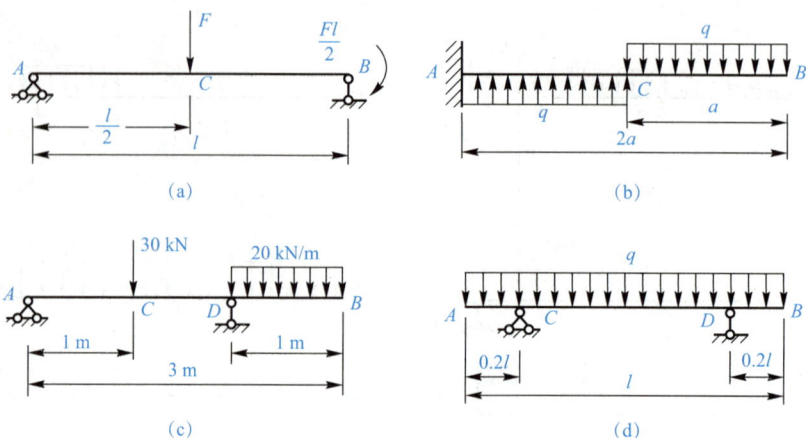

(a)

(b)

(c)

(d)

图 5.16

5.7 试选择适当的方法，作图 5.17 所示各梁的剪力图和弯矩图。

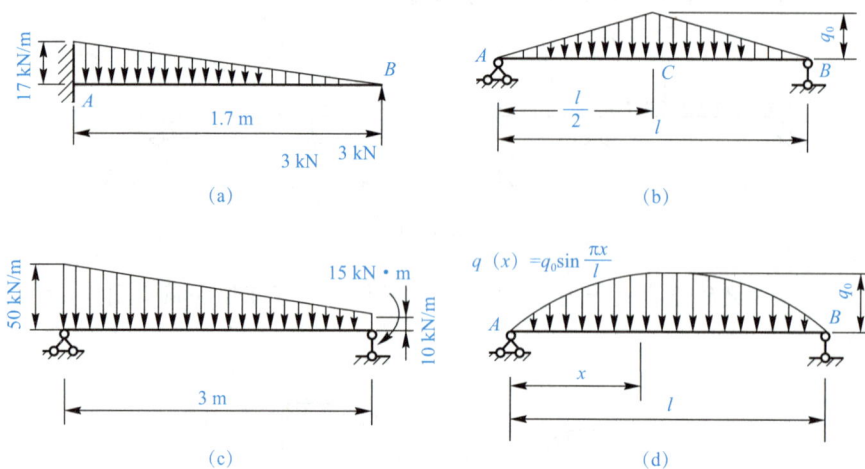

(a)

(b)

(c)

(d)

图 5.17

5.8 试作图 5.18 所示各刚架的剪力图、弯矩图和轴力图。

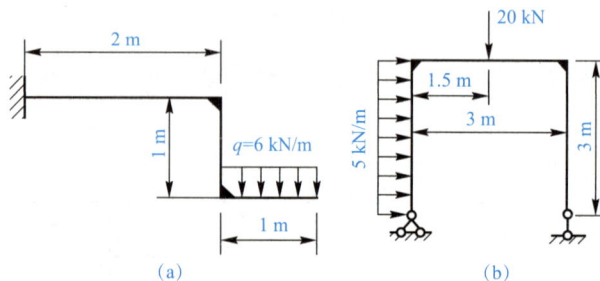

(a)

(b)

图 5.18

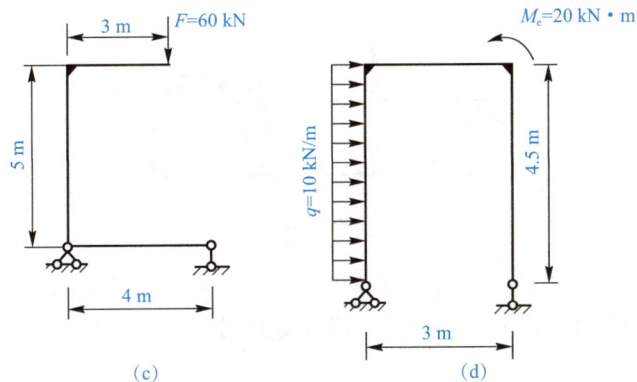

图 5.18(续)

5.9　试作图 5.19 所示的剪力图、弯矩图和轴力图。

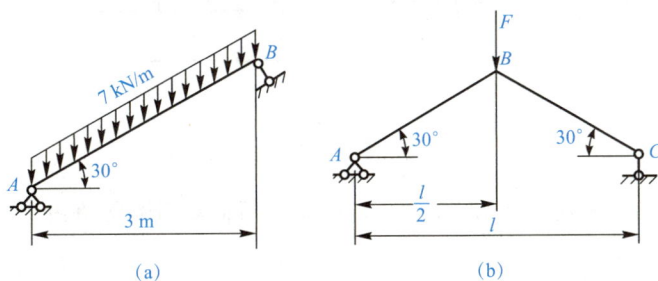

图 5.19

5.10　图 5.20 所示的简支梁 AB，在中点处加一弹簧支撑，若使梁的 C 截面处弯矩为零，试求弹簧常量 k，并绘制出梁的剪力图和弯矩图。

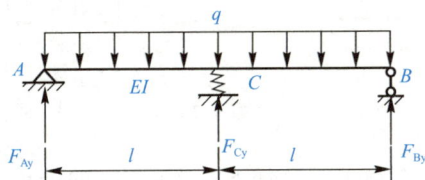

图 5.20

5.11　一端固定的半圆环在其轴线平面内承受集中荷载 F 作用，如图 5.21 所示。试作曲杆的弯矩图。

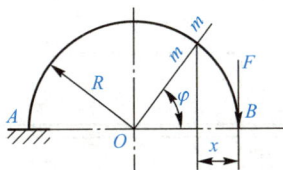

图 5.21

5.12　一槽形截面铸铁梁如图 5.22 所示，梁上作用集中荷载 F 和均布荷载 q，试列出

119

该梁的弯矩方程并画出弯矩图。

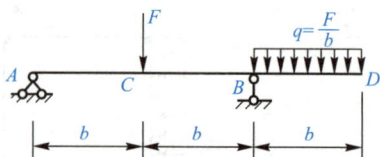

图 5.22

5.13　一根搁在地基上的梁承受荷载如图 5.23 所示。假设地基的反力是均匀分布的。试分别求地基反力的集度 q，并作梁的剪力图和弯矩图。

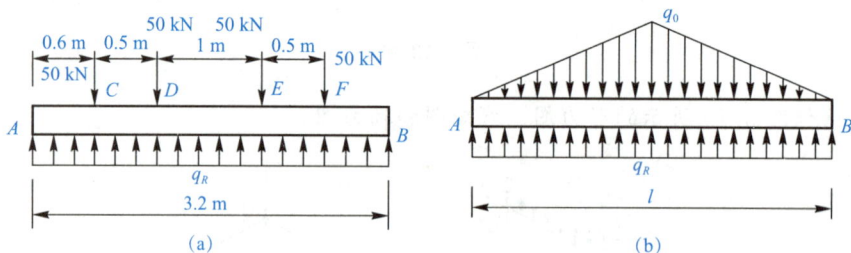

图 5.23

5.14　已知梁的弯矩图如图 5.24 所示，绘制梁的荷载图和剪力图。

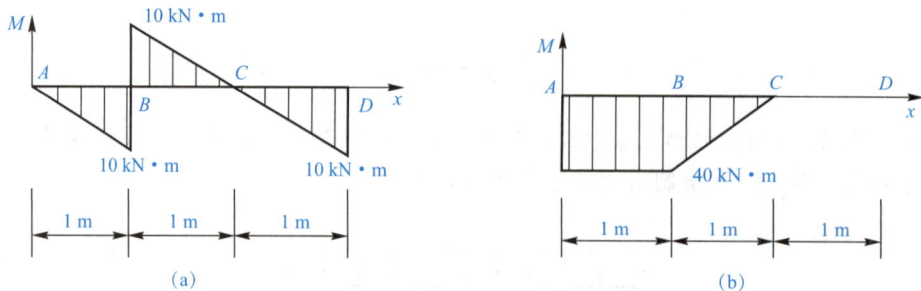

图 5.24

5.15　长度 $l=2$ m 的均匀圆木，欲锯下 $a=0.6$ m 的一段。为使锯口处两端面的开裂最小，应使锯口处的弯矩为零。现将圆木放置在两只锯木架上，一只锯木架放置在圆木的一端，试求另一只锯木架应放置的位置。

5.16　如图 5.25 所示，梁 AC 重 $W=6$ kN，在其上作用有力 $F_p=6$ kN，力偶矩 $M=4$ kN·m，均布荷载的集度 $q=2$ kN/m，$a=30°$。求支座 A、B 的约束反力。

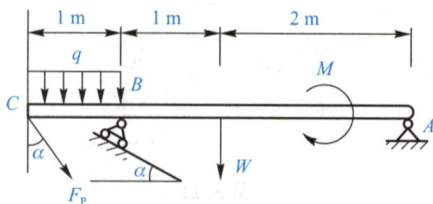

图 5.25

5.17 如图 5.26 所示，组合梁由 AC 和 CD 在 C 处铰接而成。梁的 A 端插入墙内，B 处为滚动支座。已知 $q = 10 \text{ kN/m}$，$M = 20 \text{ kN} \cdot \text{m}$，$l = 1 \text{ m}$，$F = 20 \text{ kN}$。求 A、B 处约束反力。

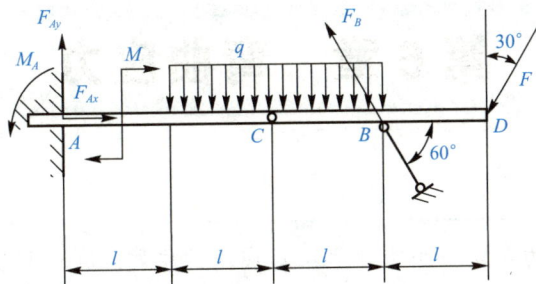

图 5.26

第6章 弯曲应力

本章导读

弯曲应力是材料力学中一个重要且广泛应用的主题。在工程实践中，弯曲现象普遍存在于各种结构和构件中，因此，理解和分析弯曲应力对于工程设计和结构安全至关重要。

本章将介绍弯曲应力的基本概念、计算方法和影响因素，将探讨弯曲应力的产生机理和分布规律及弯矩和弯曲应力之间的关系，学习弯曲应力的计算方法，能够了解不同截面梁的弯曲应力分布情况。

本章的一个重要的内容是不同截面形状的弯曲应力计算。本章将研究矩形截面、圆形截面和其他复杂截面等不同形状下的弯曲应力计算方法；了解如何根据不同截面形状选择适当的计算方法，对于工程实践具有重要的意义；学习如何计算弯曲应力的最大值和平均值，以评估结构的强度和稳定性；了解引起最大弯曲应力的位置和原因，并学习如何通过调整梁的截面尺寸、外形和加载方式等因素来控制与优化弯曲应力。

学习本章内容，将建立对弯曲应力的深入理解，并具备分析和解决实际工程问题的能力。弯曲应力是材料力学中的一个重要课题，掌握其中的核心概念和方法将对工程实践活动产生重大的影响。

案例导入

假定你是一位负责任的土木工程师，目前承担着设计一个钢筋混凝土框架结构的重要任务。在这个设计过程中，对框架结构的弯曲应力进行细致的分析和精心的设计工作是至关重要的，这直接关系到结构在承受外力荷载作用时的安全性与可靠性。

考虑到一个典型的场景：框架结构中的主梁和次梁组成的支撑体系。这些梁构件需要承载来自上部结构自重及其他恒定荷载的弯曲力。这些弯曲力的作用可能导致结构发生弯曲应力，从而可能引发结构的不稳定或损坏。

在此案例中，你的任务是分析框架梁结构在弯曲力作用下的稳定性和承载力。深入了解材料的弯曲应力分布、弯曲破坏机制，以及结构的几何形状对其稳定性的影响，对于准确评估和设计框架梁支撑结构是极其关键的。

本章将探讨弯曲应力相关的核心概念和分析方法，还会涉及弯曲应力的定义、结构的弯曲应力特性，以及材料的弯曲强度等基础知识。掌握这些基本概念，将帮助你判断支撑结构的弯曲稳定性，并进行有效的结构设计。

此外，还会深入研究弯曲应力及弯曲破坏的计算方法和评估技巧。通过学习如何计算结构上的弯曲应力，并理解弯曲破坏的机制及其影响因素，将能够更好地评估结构的安全性，并采取恰当措施以提高其弯曲承载能力。

》》本章重点

1. 弯曲正应力与弯矩的关系：将详细探讨梁截面上弯矩与弯曲正应力之间的相互影响机制，包括弯曲正应力产生的机理及其在截面上的分布特征。

2. 弯曲正应力的推导过程：本部分将阐述弯曲正应力的推导步骤，明确其基本假设和适用条件，以确保正确理解和应用。

3. 不同截面形状梁的弯曲应力计算：将探讨如何针对不同截面形状(包括矩形、圆形和其他复杂形状)进行弯曲应力的计算，以及各自的计算方法。

4. 剪应力的计算公式：将介绍剪应力的推导过程及其前提假设，并探讨不同截面形状梁的剪应力计算方法和分布特征。

5. 弯曲应力的最大值和平均值：将学习如何确定弯曲应力的最大值，以评估结构的强度，了解最大弯曲应力产生的位置和原因，以及如何通过设计调整减少最大弯曲应力。

6. 强度条件的选择：将讨论弯曲梁正应力在梁强度校核中的重要性，以及如何针对塑性和脆性材料选择合适的强度条件和原则。

7. 弯曲应力的影响因素：将研究影响弯曲应力的各种因素，如截面尺寸、构件形式和加载方式等，以及如何调整这些因素以优化弯曲应力。

》》本章难点

1. 复杂截面梁的弯曲应力分析：将重点讨论如何分析具有复杂截面的梁的弯曲应力分布，包括处理复杂截面、变截面和多重加载条件下的应力分析方法。

2. 弯曲剪应力的推导及适用条件：将深入理解弯曲剪应力公式的推导条件，并掌握在复杂截面条件下剪应力公式的推导过程及其适用性，学习如何应用这些公式进行各种梁的弯曲剪应力分析。

3. 弯曲应力的破坏准则：将探讨弯曲应力导致梁破坏的机制，分析不同性能材料的弯曲应力特征，以及在材料破坏分析中弯曲应力的作用程度和选择合适的破坏准则。

4. 弯曲应力的调节：为了提高梁在弯曲变形时的强度，通过增加梁截面的抗弯截面系数和减小梁上最大弯矩，使梁截面的最大弯曲应力下降，以提高梁的抗弯性能。

6.1 纯弯曲

第5章讨论了外力作用下梁横截面上的内力，通过作出梁的内力图可以清楚地了解梁的危险截面。但梁的破坏仅凭内力数值难以给出其强度的准确判断。梁的破坏取决于其内力分布情况，也就是由梁的应力大小来校核其强度。因此，下面讨论梁在外力作用下，梁横截面上的应力问题。

工程结构中常见的梁杆件通常为其横截面具有至少一个纵向对称面的等直杆，如图 6.1.1 所示。在图 6.1.1 所示的等截面直梁中，所有外力都作用在梁的纵向对称面内，梁弯曲变形后其轴线所在平面与外力所在平面相重合，因而一定是平面弯曲，即梁的轴线变形曲线始终落在梁的纵向对称面内。

为了便于分析梁弯曲变形时梁横截面上的应力，从梁段的一种特殊的内力状态开始讨论，如图 6.1.2(a) 所示的外伸简支梁。在外力荷载作用下梁的剪力图和弯矩图如图 6.1.2(b)、(c)所示。

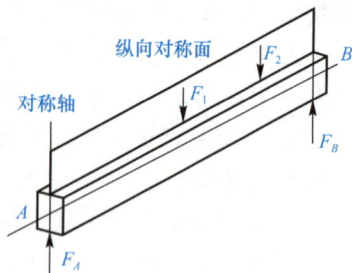

图 6.1.1 等截面对称梁

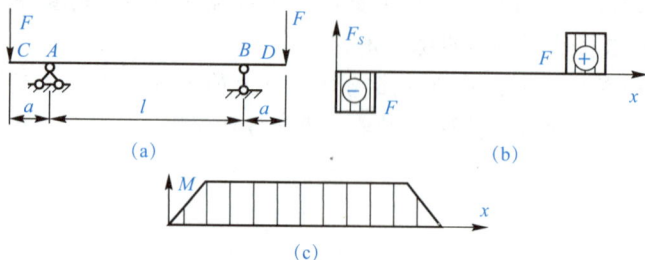

图 6.1.2 外伸简支梁受力图和剪力、弯矩图
(a)外伸简支梁；(b)剪力图；(c)弯矩图

从图 6.1.2(b)、(c)中可以观察到，两个支座之间的这段梁杆 AB 的横截面上内力只有弯矩，剪力为零，这段梁的弯曲变形叫作纯弯曲。而向外延伸的梁段 CA 和 BD，其上弯矩和剪力都不为零，这些梁段的弯曲叫作横力弯曲。

6.2 纯弯曲时梁横截面上的正应力

6.2.1 梁纯弯曲时截面上的应力

在第5章中，提到梁横截面上的内力是任意分布的，如图 6.2.1 所示。由于外力的作用方向都是竖直的，并且与梁的纵向对称面重合。根据静力学平衡条件，作为任意分布内力的合力不存在沿轴线方向的分力，只有沿竖直方向的分力，即剪力。这意味着横截面上的分布内力只能合成与梁横截面相切的分力。弯矩是梁横截面上内力关于横向轴线的合力矩。

在横截面上取一个小面元 dA，其上的正应力和剪应力分别用 σ 和 τ 表示（图 6.2.2）。根据应力与横截面分布内力之间的关系及力的简化方法，σdA 表示小面元上内力在轴向的分力（注意小面元上的轴向分力和整个截面上的轴向分力的区别），τdA 表示小面元上内力在切向的分力。$\sigma dA \cdot y$ 表示小面元上法向分力对横截面横轴 z 的力矩，y 是沿着截面的高度方向的坐标。切向分力对横截面弯矩没有贡献。由于弯矩是一个力偶矩（图 6.2.2），而力偶矩由一对大小相等、方向相反的平行力构成。因此，可以推断出横截面上的正应力 σ 部分是拉应力，另一部分是压应力（图 6.2.2）。

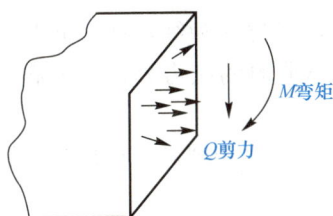

图 6.2.1　一般情况下
梁截面分布内力

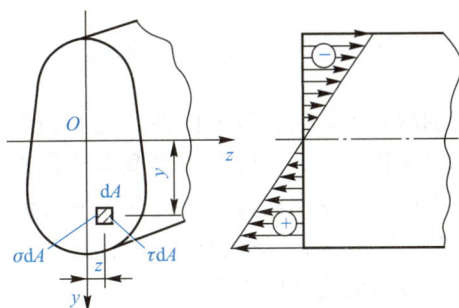

图 6.2.2　梁横截面

根据正应力与正应变之间的关系，对应于梁截面上正应力为正的部位纵向线受拉；反之受压。在梁弯曲过程中，横截面被分为受拉和受压两个区域。根据变形的连续性可知，梁弯曲时从其压缩一侧的纵向线缩短区到其拉伸一侧的纵向线伸长区，中间必有一层纵向无长度改变的过渡层，称为中性层；中性层与横截面的交线称为中性轴，如图 6.2.3 所示。中性轴一侧横截面的梁纵向线被拉伸，另一侧的梁纵向线被压缩，在中性轴上，正应力为零，也即纵向线没有拉压。在横截面上距离中性轴越远，正应力越大。受拉区域的正应力为正值；受压区域的正应力为负值。

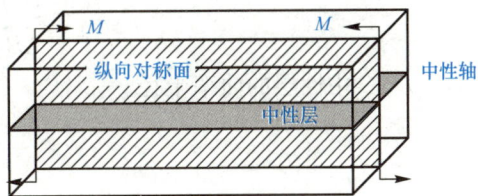

图 6.2.3　梁纯弯曲时横截面上的中性轴

以上分析结果可以通过纯弯曲试验获得证实。如图 6.2.4 所示，均直杆在变形前梁上画出横向和纵向直线，取其中一个网格 $abcd$ 观察梁的变形；在梁两端作用一对外力偶矩 M，此时，该梁为纯弯曲梁。可以观察到纵向线弯曲成弧线，靠近梁顶部的纵向线因受压而缩短，而靠近底部的纵向线因受拉而伸长；而横向直线 ab、cd 变形后依然为直线，并与变形后的纵向线保持正交关系，只是横向线之间发生了相对转动。

根据以上观察，可以推断出，在纯弯曲状态下，梁的横截面仍保持平面，并且与梁变形后的轴线保持正交。横截面只是绕垂直于纵向对称轴的中性轴发生转动。这个结论被称为平截面假定。

在纯弯曲梁段中，由于横截面上的剪力等于零，相应地，梁横截面上的剪应力也应为零，即 $\tau = 0$。因此，在纯弯曲梁横截面上只存在正应力 σ。然后将推导纯弯曲时梁横截面正应力的表达式。

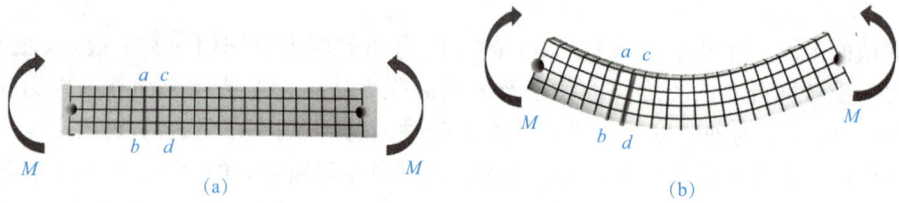

图 6.2.4　均直杆纯弯曲试验

(a)弯曲前；(b)弯曲后

6.2.2　推导梁纯弯曲时横截面正应力公式

当梁的材料为均匀、各向同性，且其截面形状规则，梁弯曲为纯弯曲，同时，在弯曲过程中不发生扭转时，可以采用平截面假设来简化梁在弯曲时的应力分析。平截面假设是材料力学中的一个基本假设，它包含以下两个要点：

（1）梁在弯曲前后，梁的任意截面都保持平面。这意味着在受到弯矩作用后，梁的任意截面不会出现扭曲或翘曲现象。

（2）截面上任意一点的线性变形与该点到中性轴的距离成正比。换而言之，弯曲后截面上各点的轴向变形沿截面高度呈线性分布。

基于这两个要点，可以推导出梁在弯曲时的应力分布。首先，假设截面上任意一点与中性轴的距离为 y，该点的线性变形为 ε。如图 6.2.5 所示，沿梁轴线方向选取微元 $\mathrm{d}x$，其中

$$O_1O_2 = \mathrm{d}x = \rho\,\mathrm{d}\theta$$
$$AB = (\rho + y)\,\mathrm{d}\theta$$
$$\varepsilon = \frac{B_1B}{AB_1} = \frac{B_1B}{O_1O_2} = \frac{y}{\rho} \tag{6.2.1}$$

式中　ρ——中性层的曲率半径。

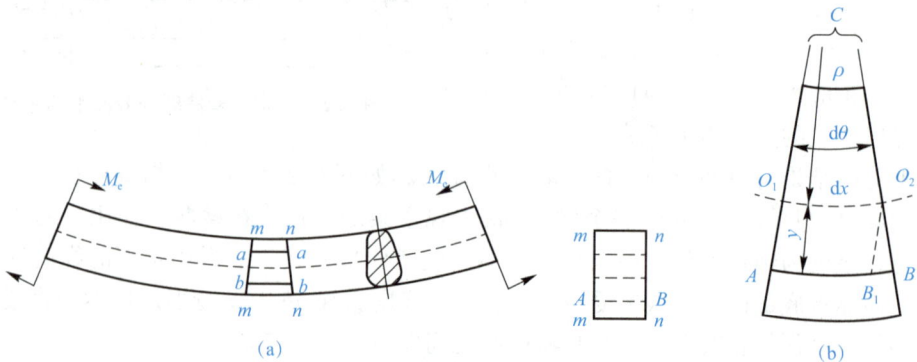

图 6.2.5　从梁中选取的微元体

根据平截面假定的第二个要点，线性变形 ε 与距离 y 成正比，即

$$\varepsilon = Ky \tag{6.2.2}$$

其中，K 为比例系数。线性变形和应力之间的关系可以通过材料的弹性模量 E 表示，即

$$\sigma = E\varepsilon \tag{6.2.3}$$

将式(6.2.3)中的 ε 用 Ky 代替，得到

$$\sigma = EKy \tag{6.2.4}$$

由于梁的截面上任意一点的应力与该点到中性轴的距离成正比，因此可以得出

$$\sigma/y = EK \tag{6.2.5}$$

在梁的弯曲过程中，截面受到弯矩 M 的作用。弯矩 M 与截面上任意一点的应力 σ 乘以该点到中性轴的距离 y 的乘积的积分，以及该截面的面积分布之和相关联，即表示为

$$M = \int (\sigma y) \mathrm{d}A \tag{6.2.6}$$

将 $\sigma/y = EK$ 代入式(6.2.6)，得到

$$M = EK \int (y^2) \mathrm{d}A \tag{6.2.7}$$

在这里，$\int (y^2) \mathrm{d}A$ 表示截面的惯性矩，记为 I_z。因此，可以得出

$$M = EKI_z \tag{6.2.8}$$

这就是梁在弯曲时应力分布的基本方程，其中 M 为弯矩，E 为弹性模量，I_z 为截面的惯性矩。通过这个方程，可以计算梁在受到弯矩作用时截面上各点的应力分布。

6.2.3　弯曲正应力计算公式

由式(6.2.1)、式(6.2.4)和式(6.2.8)可以推出以下计算梁纯弯曲时中性层曲率计算(梁弯曲的变形)公式

$$\frac{1}{\rho} = \frac{M}{EI_z} \tag{6.2.9}$$

式(6.2.9)中 EI_z 称为梁杆的抗弯刚度。将胡克定律 $\sigma = E\varepsilon = E\dfrac{y}{\rho}$ 代入式(6.2.9)，得到纯弯曲变形的梁横截面上正应力计算公式

$$\sigma = \frac{My}{I_z} \tag{6.2.10}$$

纯弯曲时梁截面上正应力沿纵向对称面的分布如图 6.2.6 所示。

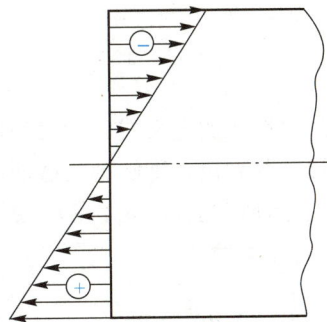

图 6.2.6　横截面上正应力分布

6.2.4　梁横截面上的最大正应力

在纯弯曲梁截面正应力计算公式(6.2.10)中，对于指定的梁截面，横截面上某点的正应力 σ 与该点到中性轴的距离 y 成正比。因而，指定截面上的最大正应力(绝对值)在截面的上下边缘($y_{\max}$)处。如果梁的横截面关于中性轴对称，上、下边缘的正应力的数值相等：一侧边缘是最大压应力；另一侧边缘则为最大拉应力。

中性轴 z 为横截面的对称轴时，横截面上最大正应力计算公式为

$$\sigma_{max}=\frac{My_{max}}{I_z}=\frac{M}{\dfrac{I_z}{y_{max}}}=\frac{M}{W_z} \qquad (6.2.11)$$

其中，$W_z=\dfrac{I_z}{y_{max}}$，叫作弯曲截面模量。

当中性轴 z 不是横截面的对称轴时，如图 6.2.7 所示的横截面，弯曲梁横截面上的最大拉应力 $\sigma_{t,max}$ 和压应力 $\sigma_{c,max}$ 为

$$\sigma_{t,max}=\frac{My_{t,max}}{I_z} \qquad\qquad \sigma_{c,max}=\frac{My_{c,max}}{I_z} \qquad (6.2.12)$$

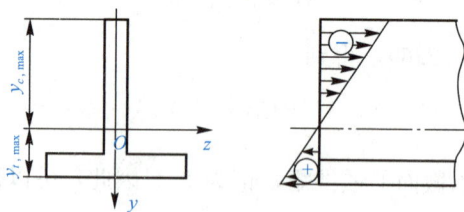

图 6.2.7　横截面

6.2.5　几种典型梁截面的惯性矩

梁纯弯曲变形的正应力计算公式(6.2.10)中引入一个梁横截面的几何参数(通常称为截面惯性矩)I_z，它的定义是

$$I_z=\int y^2\,\mathrm{d}A \qquad (6.2.13)$$

式(6.2.13)中 y 是横截面上点到中性轴 z 的距离，惯性矩 I_z 的下标表示梁弯曲时的中性轴，如果梁横截面有两根相互垂直的对称轴，则可以求关于两根中性轴的惯性矩，即也有

$$I_y=\int z^2\,\mathrm{d}A \qquad (6.2.14)$$

从惯性矩的定义式(6.2.13)可知，其量纲为[长度]^4；在 SI 制中，惯性矩的单位为 m^4。以下计算并列出几种常见梁截面的惯性矩计算公式。

(1)矩形截面(图 6.2.8)。矩形截面惯性矩

$$I_z=\int_A y^2\,\mathrm{d}A=\int_{-\frac{h}{2}}^{\frac{h}{2}} y^2 b\,\mathrm{d}y=\frac{bh^3}{12} \qquad (6.2.15)$$

同理可推得

$$I_y=\int_A z^2\,\mathrm{d}A=\int_{-\frac{b}{2}}^{\frac{b}{2}} z^2 h\,\mathrm{d}z=\frac{hb^3}{12} \qquad (6.2.16)$$

根据弯曲截面模量的定义

$$W_z=\left(\frac{I_z}{y_{max}}\right) \qquad (6.2.17)$$

将矩形截面距离中性轴 z 最远的点 $y_{max}=\dfrac{h}{2}$ 代入式(6.2.17)，可得

$$W_z = \frac{I_z}{h/2} = \frac{bh^2}{6} \tag{6.2.18}$$

同理

$$W_y = \frac{I_y}{b/2} = \frac{b^2 h}{6} \tag{6.2.19}$$

(2)圆形截面(图 6.2.9)。由于圆截面梁的对称性,关于两根相互垂直中性轴的惯性矩和截面抗弯模量相等,即

$$I_z = \int_0^{d/2} r^3 \, \mathrm{d}r \int_0^{2\pi} \sin^2\theta \, \mathrm{d}\theta = \frac{\pi d^4}{64} = I_y \tag{6.2.20}$$

$$W_z = W_y = \frac{I_z}{d/2} = \frac{I_y}{d/2} = \frac{\pi d^3}{32} \tag{6.2.21}$$

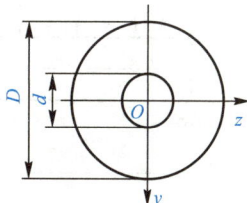

(3)空心圆截面(图 6.2.10)。空心圆截面惯性矩

$$I_z = I_y = \frac{\pi}{64}(D^4 - d^4) = \frac{\pi D^4}{64}(1 - \alpha^4) \tag{6.2.22}$$

$$W_z = \frac{I_z}{D/2} = \frac{\pi D^3}{32}(1 - \alpha^4) = W_y \tag{6.2.23}$$

式中 $\alpha = d/D$。

(4)型钢截面。常见型钢的截面惯性矩和截面抗弯模量见附录。

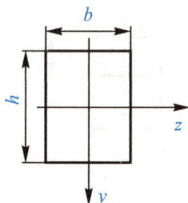

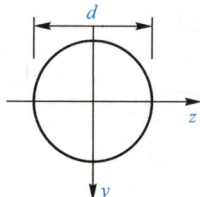

图 6.2.8　矩形截面　　　图 6.2.9　圆形截面　　　图 6.2.10　空心圆截面

【例 6.2.1】　承受均布荷载的简支梁如图 6.2.11 所示。已知矩形梁的长 $l = 450$ mm,高 $h = 30$ mm,宽 $b = 20$ mm,均布荷载密度 $q = 10$ kN/m,试求梁最大弯矩截面上 1、2 两点处的正应力。

解:(1)简支梁的最大弯矩。均布荷载作用下的简支梁的最大弯矩所在截面位于简支梁的中点,其值为

$$M_{max} = \frac{ql^2}{8} = \frac{10 \times (450 \times 10^{-3})^2}{8} = 0.253 (\mathrm{kN \cdot m})$$

(2)横截面对中性轴的惯性矩。

$$I_z = \frac{bh^3}{12} = \frac{20 \times 10^{-3} \times (30 \times 10^{-3})^3}{12} = 4.5 \times 10^{-8} (\mathrm{m}^4)$$

(3)弯矩最大截面上 1、2 两点的正应力

$$y_1 = \frac{h}{2} - \frac{h}{4} = \frac{h}{4} = \frac{30 \times 10^{-3}}{4} = 7.5 \times 10^{-3} (\mathrm{m})$$

$$y_2 = \frac{h}{2} = \frac{30 \times 10^{-3}}{2} = 15 \times 10^{-3} (\mathrm{m})$$

$$\sigma_1 = \frac{M_{max} y_1}{I_z} = \frac{0.253 \times 10^3 \times 7.5 \times 10^{-3}}{4.5 \times 10^{-8}} = 42.2 (\text{MPa}) \qquad (拉应力)$$

$$\sigma_2 = \frac{M_{max} y_2}{I_z} = \frac{0.253 \times 10^3 \times 15 \times 10^{-3}}{4.5 \times 10^{-8}} = 84.3 (\text{MPa}) \qquad (压应力)$$

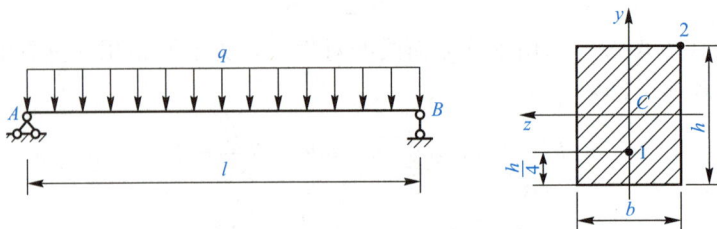

图 6.2.11　承受均布荷载的简支梁

【例 6.2.2】　如图 6.2.12(a)所示，跨度 $l = 2$ m，横截面为矩形、宽度 $b = 50$ mm、高度 $h = 100$ mm 的木梁。梁承受竖向均布荷载 $q = 2$ kN/m。

(1)若截面竖直放置时，如图 6.2.12(b)所示，求梁上最大正应力。

(2)若截面横向放置时，如图 6.2.12(c)所示，求梁上最大正应力。

(3)比较上述两种放置方式哪种更合理。

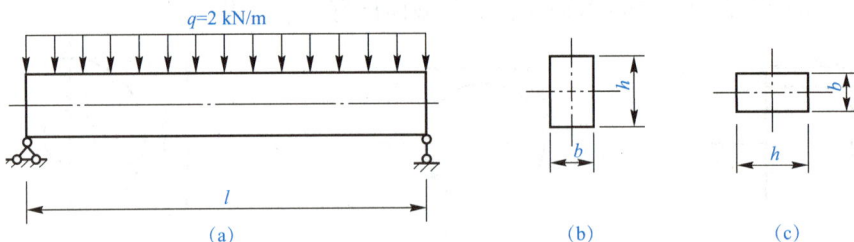

图 6.2.12　木梁

解：(1)均布力作用下简支梁的最大弯矩在梁的中点截面，即

$$M_{max} = \frac{ql^2}{8} = \frac{1}{8} \times 2 \times 2^2 = 1 (\text{kN} \cdot \text{m})$$

(2)当截面竖放时[图 6.2.12(b)]，其形心主惯性矩为

$$I_{z1} = \frac{bh^3}{12} = \frac{1}{12} \times 50 \times 10^{-3} \times (100 \times 10^{-3})^3 = 4.17 \times 10^{-6} (\text{m}^4)$$

最大应力为

$$\sigma_{max1} = \frac{M_{max} y_{max}}{I_{z1}} = \frac{1 \times 10^3 \times 50 \times 10^{-3}}{4.17 \times 10^{-6}} = 12 \times 10^6 (\text{Pa}) = 12 \text{ MPa}$$

(3)当截面横放时[图 6.2.12(c)]，其形心主惯性矩为

$$I_{z2} = \frac{hb^3}{12} = \frac{1}{12} \times 100 \times 50^3 \times 10^{-12} = 1.04 \times 10^{-6} (\text{m}^4)$$

最大应力为

$$\sigma_{max2} = \frac{M_{max} y_{max}}{I_{z2}} = \frac{1 \times 10^3 \times 25 \times 10^{-3}}{1.04 \times 10^{-6}} = 24 \times 10^6 (\text{Pa}) = 24 \text{ MPa}$$

(4)截面横放和竖放时的最大正应力之比为

$$\frac{\sigma_{\max 2}}{\sigma_{\max 1}} = \frac{24}{12} = 2$$

因此，在相同条件下，矩形截面梁竖放更安全，更合理。

【例 6.2.3】 如图 6.2.13(a)所示，简支梁的梁截面形状为 T 形，在跨中承受集中力 $F_p = 32$ kN，梁的长度 $l = 2$ m。T 形截面几何尺寸如图 6.2.13(b)所示。试求梁截面上的最大拉应力和最大压应力。

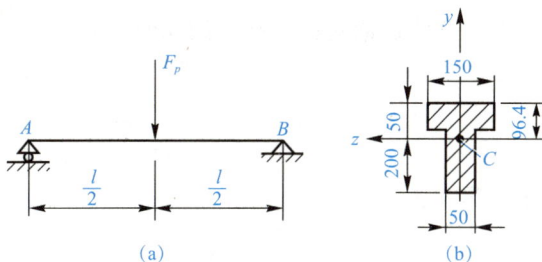

图 6.2.13 梁截面

解：(1)确定弯矩最大截面及最大弯矩值。由于梁的对称性，两端支座的反力是相等的，即

$$F_{Ay} = F_{By} = \frac{F_p}{2} = 16 \text{ kN}(\uparrow)$$

最大弯矩出现在集中荷载作用的梁中点，即简支梁的跨中。考虑集中力作用点左侧的截面，取左半部分为研究对象，可计算出最大弯矩

$$M_{\max} = \frac{1}{4} F_p l = 16 \text{ kN} \cdot \text{m}$$

(2)确定中性轴的位置。T 形截面仅有一个纵向对称面，且荷载作用于此对称面内。中性轴通过截面的形心，并垂直于纵向对称轴。为了简化计算，将坐标原点设置在上顶面中点，中性轴的坐标记为 y_C。T 形截面上、下部分的面积分别为 $A_u = 7.5 \times 10^3$ mm^2 和 $A_d = 10 \times 10^3$ mm^2，形心位置分别记为 y_u 和 y_d，则中性轴位置由公式 $A_u y_u + A_d y_d = (A_u + A_d) y_C$，计算得出

$$y_C = \frac{A_u y_u + A_d y_d}{A_u + A_d} = 96.4$$

为了后续计算便利，坐标原点再次被移动到中性轴上。

(3)最大拉应力和最大压应力点到中性轴的距离。当 T 形简支梁发生弯曲变形时，中性轴下方的部分受到拉伸，而上方受到压缩。因此，最大拉应力出现在距离中性轴最远的下边缘，最大压应力出现在距离中性轴最远的上边缘。这两点的坐标分别为

$$y_{\max}^+ = 200 + 50 - 96.4 = 153.6 \text{(mm)} \qquad y_{\max}^- = 96.4 \text{ mm}$$

(4)简支梁截面上的最大拉应力和最大压应力。应用最大拉应力和最大压应力公式进行计算得

$$\sigma_{\max} = \frac{M_{\max}}{W_z} = \frac{16 \times 10^3}{0.144 \times 10^{-3}} = 111 \text{(MPa)} \leqslant [\sigma] = 160 \text{ MPa}$$

$$\sigma_{\max}^+ = \frac{M_{\max} y_{\max}^+}{I_z} = \frac{16 \times 10^3 \times 153.6 \times 10^{-3}}{1.02 \times 10^{-4}} = 24.09 \times 10^6 \text{(Pa)} = 24.09 \text{ MPa}$$

6.3 常用截面的几何性质

在梁的应力分析中，经常涉及截面的几何量问题，这些量包括截面对轴的静力矩（S_z 或 S_y），静力矩又称静矩；截面形心的坐标和中性轴位置；截面对轴的惯性矩（I_z 或 I_y）等。还有截面面积和极惯性矩等。这些量通常称为截面的几何性质。

6.3.1 静力矩

截面对 z 轴的静力矩的定义为

$$S_z = \int_A y\,\mathrm{d}A \tag{6.3.1}$$

由以上静力矩的定义可知，它的单位为 m^3 或 mm^3。以图 6.3.1 所示的矩形截面为例，说明对 z、y 轴及过形心 C 的 z_C 轴的静力矩的计算方法。

沿平行于 z 轴取宽度为 $\mathrm{d}y$ 条形面积 $\mathrm{d}A = b\,\mathrm{d}y$，代入式（6.3.1）得

$$S_z = \int_A y\,\mathrm{d}A = \int_a^{a+h} yb\,\mathrm{d}y = bh\left(a + \frac{h}{2}\right) \tag{6.3.2}$$

由于 $a + \dfrac{h}{2}$ 是形心 C 到 z 轴的坐标，即

$$y_C = a + \frac{h}{2}$$

图 6.3.1 矩形截面

故有

$$S_z = A \cdot y_C$$

若 z 轴通过截面形心，则 $y_C = 0$，则有 $S_z = 0$。

同理，可推导得到

$$S_y = \int_A z\,\mathrm{d}A = \int_0^b zh\,\mathrm{d}z = \frac{hb^2}{2} \tag{6.3.3}$$

由于 $z_C = \dfrac{b}{2}$，因此

$$S_y = A \cdot z_C \tag{6.3.4}$$

从以上推导可以总结出以下几点结论：

（1）任意截面的静力矩等于截面面积乘以轴到形心的对应坐标；

（2）静力矩的值可以为正、为负或等于零。截面对于通过其形心轴的静力矩恒等于零；

（3）由几个组合截面构成的截面对轴的静力矩，等于各个分截面对该轴的静力矩的代数和，即

$$S_z = \sum_{i=1}^n A_i y_i \tag{6.3.5}$$

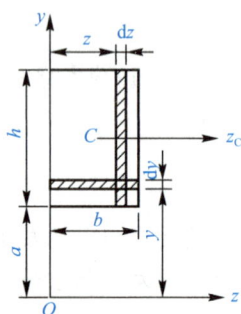

$$S_y = \sum_{i=1}^{n} A_i z_i \qquad (6.3.6)$$

式中，A_i 为第 i 个分截面的面积；y_i、z_i 为第 i 个分截面的形心在 (y, z) 坐标系中的坐标。

6.3.2　形心和中性轴

1. 形心

对于任意形状截面的形心，根据以下公式进行计算：

$$z_C = \frac{\int_A z \, dA}{A} \quad , \quad y_C = \frac{\int_A y \, dA}{A} \qquad (6.3.7)$$

形心坐标计算公式右端分子是截面对坐标轴 y 与 z 的静力矩 S_y 及 S_z。对于组合截面可分截面计算，然后取其代数和，即

$$z_C = \frac{\sum A_i z_i}{\sum A_i} \quad , \quad y_C = \frac{\sum A_i y_i}{\sum A_i} \qquad (6.3.8)$$

【例 6.3.1】　求图 6.3.2 所示 T 形截面的形心。

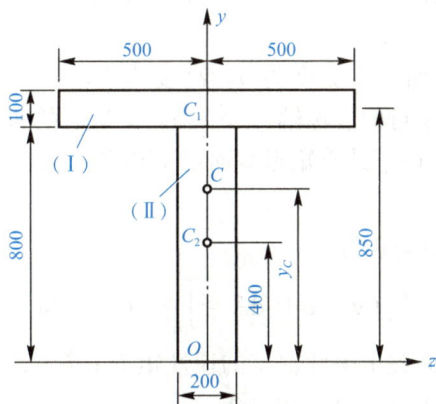

图 6.3.2　T 形截面

解：(1)取坐标轴如图 6.3.2 所示。

(2)计算 T 形板的两个矩形截面面积与形心坐标。

$$A_1 = 1\,000 \text{ cm}^2, \ y_{C_1} = 850 \text{ mm}, \ A_2 = 1\,600 \text{ cm}^2, \ y_{C_2} = 400 \text{ mm}$$

$$A = A_1 + A_2 = 2\,600 \text{ cm}^2$$

(3)计算形心坐标。

$$y_C = \frac{\sum A_i y_i}{\sum A_i} = \frac{A_1 y_{C_1} + A_2 y_{C_2}}{A} = \frac{1\,000 \times 10^2 \times 850 + 1\,600 \times 10^2 \times 400}{2\,600 \times 10^2} = 573 \text{(mm)}$$

$$z_C = 0$$

2. 中性轴

中性轴必定通过形心是确定中性轴位置的基础，截面的中性轴有下列两种情况。

（1）截面是双向对称的，两根对称轴相互垂直，对称轴的交点即形心。当荷载与其中一根对称轴在同一平面内时，则另一根对称轴就是中性轴。

（2）截面只有一根对称轴，形心在这根对称轴上。当荷载与对称轴在同一平面内时，则通过形心并垂直于这根对称轴的那根轴为中性轴。

6.3.3　惯性矩与平行移轴公式

在讨论本节内容之前，先介绍一个与之相关的概念——惯性积。这里用到的是面积惯性积，面积惯性积是截面面积 A 对平面内互相垂直的 y 和 z 轴的惯性积为

$$I_{yz} = \int_A yz \cdot dA$$

式中，y，z 为面元 dA 的位置坐标。如果一个平面域对 y（或 z）轴对称，则 $I_{yz}=0$。由于在本书中很少涉及惯性积，所以以下不对它做进一步阐述。

关于几种典型截面对中性轴的惯性矩计算在上一节已做介绍。对于任意形状的截面，都存在一对正交坐标轴，关于这对坐标轴的惯性积等于零，这对坐标轴称为惯性主轴，简称主轴，如果主轴通过平面图形的形心，则称主轴为形心主轴。

为了计算组合截面的惯性矩，以下给出一个重要公式——平行移轴公式。

图 6.3.3 所示的矩形截面，其宽度为 b，高度为 h，y、z 为其形心主轴。另一对与之平行的坐标轴（y'，z'），y 与 y' 的间距为 c，z 与 z' 的间距为 d。以下计算矩形截面对 y' 轴和 z' 轴的惯性矩。

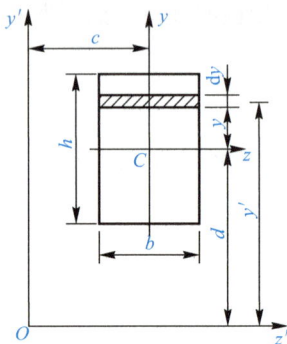

图 6.3.3　矩形截面

将 $y'=y+d$ 代入惯性矩公式得

$$I_{z'} = \int_A (y')^2 dA = \int_A (y+d)^2 dA = \int_A y^2 dA + 2d \int_A y \, dA + d^2 \int_A dA$$

上式第一个积分就是截面关于中性轴 z 的惯性矩 I_z；第二项是截面对经过形心的 z 轴的静力矩，等于零；第三项为 $d^2 \cdot A$。于是得

$$I_{z'} = I_z + d^2 \cdot A \tag{6.3.9}$$

式（6.3.9）即平行移轴公式，也就是截面对不通过形心的 z' 轴的惯性矩，等于截面对与该轴平行且过形心的 z 轴的惯性矩加上截面面积乘两轴间距平方。

同理

$$I_{y'} = I_y + c^2 \cdot A \tag{6.3.10}$$

组合截面惯性矩计算可以采用简单的求和方式进行计算。首先将组合截面划分成若干个简单截面，然后计算各个分截面对组合截面的形心主轴的惯性矩，并求其代数和，即组合截面关于中性轴的惯性矩。

【例 6.3.2】　计算图 6.3.4 中 T 形截面对于通过它形心 z 轴的惯性矩 I_z。

解：（1）形心主轴如图 6.3.4 所示（在例 6.3.1 中已求出）。

（2）将 T 形截面分成两个长方形 Ⅰ 和 Ⅱ，如图 6.3.4 所示。两个长方形的对称轴 z_1 和 z_2 与 z 轴的距离分别为 277 mm 和 173 mm（图 6.3.4）。应用平行移轴公式分别计算两个

长方形对 z 轴的惯性矩然后相加：

矩形（Ⅰ）：$\dfrac{1}{12}\times 1\,000\times 100^3+1\,000\times 100\times 277^2=7.76\times$

$10^9(\text{mm}^4)$

矩形（Ⅱ）：$\dfrac{1}{12}\times 200\times 800^3+800\times 200\times 173^2=13.32\times$

$10^9(\text{mm}^4)$

全部截面：$I_z=7.75\times 10^9+13.32\times 10^9=21.1\times$

$10^9(\text{mm}^4)$

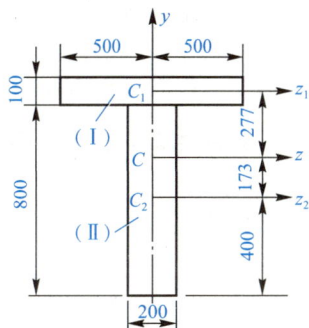

图 6.3.4　T 形截面

6.4 横力弯曲梁横截面上的正应力

在梁的力学分析中，式(6.2.10)用于计算梁横截面上的正应力，其推导基于梁的纯弯曲变形。这种分析假设，在梁的弯曲过程中，梁的横截面保持平直且垂直于中性轴，这是平截面假设的核心。在实际应用中，梁的横截面不仅受到弯矩的作用，还会受到剪力的影响，导致梁发生横力弯曲。严格来说，在横力弯曲时平截面假设不再完全适用，因此，按照式(6.2.10)计算得到的梁横截面正应力可能与实际情况有所偏差。

尽管如此，通过弹性力学的深入分析可以发现，即使在横力弯曲的条件下，使用式(6.2.10)估算梁横截面上的正应力，其引入的误差通常是可接受的。这意味着，在许多实际工程应用中，可以近似地采用式(6.2.10)计算横力弯曲梁的截面正应力，而不会对结果的准确性造成显著影响。这种方法不仅简化了计算过程，也为工程设计和分析提供了便利。

由式(6.2.10)可知，对于等截面梁，其最大弯曲正应力出现在最大弯矩所在截面的上、下边缘处，因而有

$$\sigma_{\max}=\frac{M_{\max}y_{\max}}{I_z}=\frac{M_{\max}}{\left(\dfrac{I_z}{y_{\max}}\right)}=\frac{M_{\max}}{W_z} \tag{6.4.1}$$

由于梁横截面的上、下边缘处剪应力为零(将在下节介绍)，因此在这些位置，只受单向拉伸或压缩，即处于单向应力状态。所以，采用单向应力状态的强度条件进行强度校核

$$\sigma_{\max}=\frac{M_{\max}}{W_z}\leqslant[\sigma] \tag{6.4.2}$$

式(6.4.2)中$[\sigma]$为梁材料的许用应力。

【例 6.4.1】　图 6.4.1 所示为一矩形截面外伸梁。A 端受集中力 $P=30$ kN 作用，梁的外伸段长度 $a=0.5$ m，截面尺寸高 $h=120$ mm，宽 $b=60$ mm，材料的许用应力$[\sigma]=160$ MPa。试校核梁的强度。

解：首先确定外伸梁的最大弯矩值 $M_{\max}$，作出外伸梁的弯矩图(图 6.4.2)：

$$M_{\max}=Pa=30\times 0.5=15(\text{kN}\cdot\text{m})$$

抗弯截面模量

$$W_z=\frac{bh^2}{6}=\frac{0.06\times 0.12^2}{6}=0.144\times 10^{-3}(\text{m}^3)$$

最大正应力

$$\sigma_{\max}=\frac{M_{\max}}{W_z}=\frac{15\times10^3}{0.144\times10^{-3}}=104\ \text{MPa}\leqslant[\sigma]=160\ \text{MPa}$$

故该梁满足强度要求。

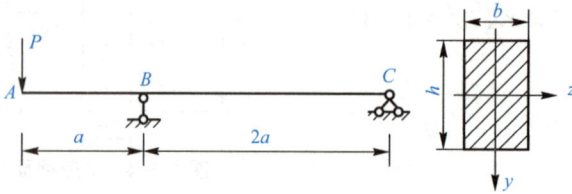

图 6.4.1　矩形截面外伸梁

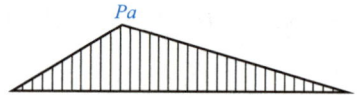

图 6.4.2　弯矩图

【例 6.4.2】　T 形等截面铸铁托架受力及 AB 梁的横截面尺寸如图 6.4.3(a)所示。已知 $F=10$ kN，铸铁的许用应力 $[\sigma]_拉=40$ MPa，$[\sigma]_压=120$ MPa，AB 梁的长度 $l=300$ mm。试校核 AB 梁的强度。

(a)

(b)　　　(c)

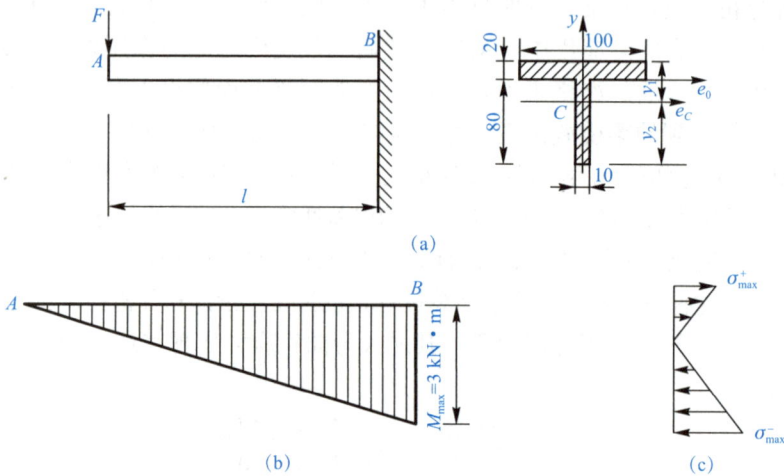

图 6.4.3　T 形等截面铸铁托架与 AB 梁弯矩及应力分布

解：（1）AB 梁的弯矩图和 B 端截面的应力分布情况分别如图 6.4.3(b)、(c)所示。

（2）确定 T 形截面的形心位置。

$$y_C=\frac{\sum A_i y_i}{\sum A_i}=\frac{A_{\text{I}}y_{\text{I}}+A_{\text{II}}y_{\text{II}}}{A_{\text{I}}+A_{\text{II}}}$$

$$=\frac{800\times(-40)+2\ 000\times10}{800+2\ 000}=-4.3(\text{mm})$$

所以，$y_1=24.3$ mm，$y_2=75.7$ mm。

（3）确定 T 形截面对水平形心轴 z_c 的惯性矩（平行移轴定理）。

腹板对形心轴 z_c 的惯性矩为

$$I_{zC}^{\text{I}}=\frac{10\times80^3}{12}+10\times80\times35.7^2=1.45\times10^6(\text{mm}^4)$$

翼缘对形心轴 z_C 的惯性矩为

$$I_{zC}^{\text{II}}=\frac{100\times20^3}{12}+100\times20\times14.3^2=0.475\times10^6(\text{mm}^4)$$

$$I_{zC}=I_{zC}^{\text{I}}+I_{zC}^{\text{II}}=1.45\times10^6+0.475\times10^6=1.93\times10^6(\text{mm}^4)$$

(4)强度校核。

$$|M|_{\text{max}}=10\times10^3\times300\times10^{-3}=3(\text{kN}\cdot\text{m})$$

由于对于铸铁这类脆性材料，它们的受拉强度一般远低于受压强度，因此要进行受拉和受压两种强度的校核。

$$\sigma_{\text{max拉}}=\frac{M_{\text{max}}y_1}{I_{z_C}}=\frac{3\times10^3\times24.3\times10^{-3}}{1.93\times10^6\times(10^{-3})^4}=37.8\times10^6(\text{Pa})=37.8\text{ MPa}<[\sigma]_{\text{拉}}$$

$$\sigma_{\text{max压}}=\frac{M_{\text{max}}y_2}{I_{z_C}}=\frac{3\times10^3\times75.7\times10^{-3}}{1.93\times10^6\times(10^{-3})^4}=118\times10^6(\text{Pa})=118\text{ MPa}<[\sigma]_{\text{压}}$$

因此该托架的 AB 梁满足强度条件。

【例 6.4.3】一简支梁如图 6.4.4 所示。已知跨度 $L=10$ m，跨中受集中力 $P=70$ kN 作用，材料的许用应力 $[\sigma]=140$ MPa。试为该梁选一 I 形型钢截面(考虑自重影响，单位梁长的自重为 800 N/m)。

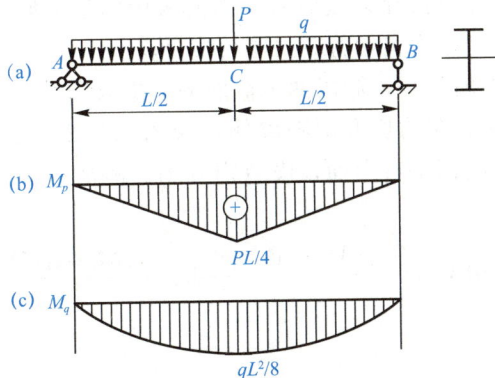

图 6.4.4 简支梁弯矩图

解： 根据梁的强度条件选择 I 形型钢规格，满足强度条件的梁截面抗弯截面模量

$$W_z\geqslant\frac{M_{\text{max}}}{[\sigma]}$$

(1)画出简支梁在图示荷载作用下的弯矩图，求出整根梁中的最大弯矩值 M_{max}。利用叠加原理，集中力 P 和均布力 q 单独作用下的弯矩图如图 6.4.4(b)、(c)所示。从图中可知，两组力作用下的最大弯矩都在梁的中点，因而

$$M_{\text{max}}=M_{\text{pmax}}+M_{\text{qmax}}=\frac{PL}{4}+\frac{qL^2}{8}=\frac{70\times10}{4}+\frac{0.8\times10^2}{8}=185(\text{kN}\cdot\text{m})$$

(2)求 W_z。

$$W_z=\frac{M_{\text{max}}}{[\sigma]}=\frac{185\times10^3}{140\times10^6}=1.321\times10^{-3}\text{ m}^3$$

(3)根据工字钢的截面尺寸选择其规格。查型钢表，选择 45a 工字钢，其 $W_z=$ 1 430 cm³$=1.43\times10^{-3}$ m³，与 1.321×10^{-3} m³ 最接近，自重也接近 800 N/m。

6.5　梁的弯曲剪应力

梁横弯曲时，梁横截面不仅有弯矩 M，还有剪力 Q。与之相对应，因而，梁横截面上既有正应力 σ 也有剪应力 τ。几种常见梁截面的弯曲剪应力的计算公式推导如下。

6.5.1　矩形截面梁

图 6.5.1 所示的矩形截面梁，任意选择一个截面，其上的剪力 Q 与外力作用面及竖向对称轴重合。为了推导梁截面的剪应力，假设：

(1)横截面上各点处的剪应力 τ 的方向与剪力 Q 的方向一致；

图 6.5.1　矩形截面梁

(2)横截面上至中性轴等距离各点的剪应力相等，即沿截面宽度均匀分布。

以上两个假设是为了能够推导梁截面剪应力而采用的近似假设，在截面高度 h 大于宽度 b 的情况下，上面假设与截面实际剪应力比较吻合。

沿梁的轴线方向选取微段 $\mathrm{d}x$，微段两侧截面的弯矩分别为 M 和 $M+\mathrm{d}M$，再从平行且距离中性轴 y 处截出微段下部的长方形隔离体，如图 6.5.2 所示。分析隔离体轴向受力：长方体横向前、后面和底面都是自由面，没有内外力。隔离体右侧面弯矩 $M+\mathrm{d}M$ 作用产生的轴向力

$$N_2 = \int_{A_1} \sigma \mathrm{d}A = \int_{A_1} \frac{(M+\mathrm{d}M)y_1}{I_z} \mathrm{d}A = \frac{(M+\mathrm{d}M)}{I_z} \int_{A_1} y_1 \mathrm{d}A \tag{6.5.1}$$

令

$$S_z^* = \int_{A_1} y_1 \mathrm{d}A \tag{6.5.2}$$

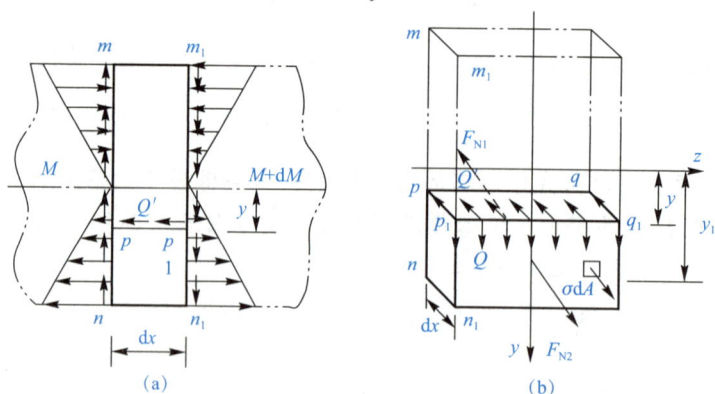

图 6.5.2　沿梁的轴线方向选取的微段隔离体

式(6.5.2)叫作横截面的部分面积 A_1 对中性轴的静矩。将式(6.5.2)代入式(6.5.1)得到右侧面内力产生的轴向力

$$N_2 = \frac{M+\mathrm{d}M}{I_z} S_z^* \tag{6.5.3}$$

同理，求得左侧面由于内力产生的轴向力为

$$N_1 = \frac{M}{I_z} S_z^*$$ (6.5.4)

图 6.5.2(b) 中隔离体 pq 上的剪应力 τ 和与之共线的上表面的剪应力 τ'，根据剪应力互等定理，有 $\tau' = \tau$，顶面剪力 τ' 在梁轴向产生的内力

$$Q' = \tau' b \, dx$$ (6.5.5)

将所有轴向力——左、右侧面和顶面的轴向力代入平衡方程 $\sum X = 0$，即

$$N_2 - N_1 - Q' = 0$$ (6.5.6)

将式 (6.5.3)～式 (6.5.5) 代入式 (6.5.6)，得

$$\frac{M + dM}{I_z} S_z^* - \frac{M}{I_z} S_z^* - \tau' b \, dx = 0$$ (6.5.7)

简化得

$$\tau' = \frac{dM}{dx} \cdot \frac{S_z^*}{I_z b}$$ (6.5.8)

利用公式 $\dfrac{dM}{dx} = Q$ 和剪应力互等定理 $\tau' = \tau$，得到矩形截面梁横截面上剪应力计算公式：

$$\tau = \frac{Q S_z^*}{I_z b}$$ (6.5.9)

式中，τ 是梁矩形截面上一点的剪应力，方向与该截面上的剪力方向一致，一个给定截面上的剪力只有一个方向，因此，对应截面上的剪应力也只有同样的方向。Q 为待求点所在截面上的剪力，b 为截面宽度，I_z 为整个截面对中性轴的惯性矩，S_z^* 为截面上距中性轴为 y 的横线以外部分面积对中性轴的静矩。

根据静矩的定义式 (6.5.2) 计算矩形截面的静矩 S_z^*

$$S_z^* = \int_{A_1} y_1 \, dA = \int_y^{\frac{h}{2}} y_1 b \, dy_1 = \frac{b}{2} \left(\frac{h^2}{4} - y^2 \right)$$ (6.5.10)

于是得到矩形截面一点 y 处的剪应力公式

$$\tau = \frac{Q}{2 I_z} \left(\frac{h^2}{4} - y^2 \right)$$ (6.5.11)

从式 (6.5.11) 可知，矩形截面剪应力 τ 关于中性轴是对称的 (图 6.5.3)，在截面的上下边缘 $\left(y = \dfrac{h}{2} \right)$ 剪应力 $\tau = 0$，中性轴上的剪应力最大

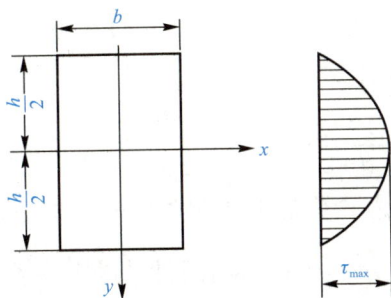

图 6.5.3　矩形截面剪应力沿高度变化

$$\tau_{\max} = \frac{Qh^2}{8I_z} \qquad\qquad (6.5.12)$$

将 $I_z = \dfrac{bh^3}{12}$ 代入式(6.5.12)得到

$$\tau_{\max} = \frac{3}{2}\frac{Q}{bh} \qquad\qquad (6.5.13)$$

也就是矩形截面梁的最大剪应力 $\tau_{\max}$ 等于截面平均剪应力的 1.5 倍。

6.5.2 工字形截面梁

根据弹性力学的分析，I 形截面梁的剪力主要由腹板承担，占比为 $95\%\sim97\%$，而翼板的贡献相对较小，仅为 $3\%\sim5\%$。此外，翼缘处的剪应力分布相对复杂。因此，在实际工程应用中，通常只需要对腹板的剪应力进行分析。如图 6.5.4 所示，选取适当的坐标系和隔离体后，I 形截面与中性轴某一距离 y 处的剪应力计算方法可沿用上一节的推导过程。

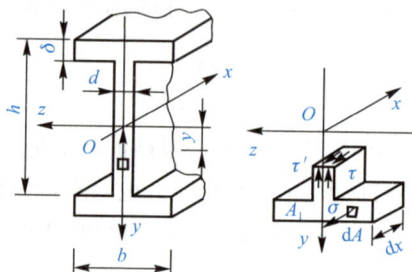

图 6.5.4　I 形截面及隔离体

I 形截面的剪应力公式与矩形截面的剪应力公式相似，表示为

$$\tau = \frac{QS_z^*}{I_z d} \qquad\qquad (6.5.14)$$

式中，Q、I_z 的含义与矩形截面时相同，d 代表腹板的宽度，静矩 S_z^* 是从距中性轴 y 点到下缘的面积 A_1 的面积积分，计算公式为

$$S_z^* = \int_{A_1} y_1 \mathrm{d}A = b\delta\left(\frac{h}{2} - \frac{\delta}{2}\right) + \left(\frac{h}{2} - \delta - y\right)d \times \left(\frac{h/2 - \delta - y}{2} + y\right)$$

$$= \frac{b\delta}{2}(h-\delta) + \frac{d}{2}\left[\left(\frac{h}{2} - \delta\right)^2 - y^2\right] \qquad\qquad (6.5.15)$$

因此，剪应力的表达式变为

$$\tau = \frac{Q}{I_z d}\left\{\frac{b\delta}{2}(h-\delta) + \frac{d}{2}\left[\left(\frac{h}{2} - \delta\right)^2 - y^2\right]\right\} \qquad\qquad (6.5.16)$$

在 I 形腹板截面上的剪应力 τ 是点到中性轴距离 y 的二次函数，因此，剪应力按照抛物线规律分布(图 6.5.5)。当 $y = \dfrac{h}{2} - \delta$，即在腹板与翼缘的交界处时，剪应力达到最小值：

$$\tau_{\min} = \frac{F_s}{I_z d}\frac{b\delta}{2}(h-\delta) \qquad\qquad (6.5.17)$$

当 $y=0$，即在中性轴上，剪应力达到最大值：

$$\tau_{max}=\frac{QS_{z,d}^*}{I_zd}=\frac{Q}{I_zd}\left[\frac{b\delta}{2}(h-\delta)+\frac{d}{2}\left(\frac{h}{2}-\delta\right)^2\right]\quad(6.5.18)$$

由于腹板的宽度 d 远小于翼缘的宽度 b，τ_{max} 与 τ_{min} 相差不大，因此可以近似认为腹板上的剪应力是均匀分布的。同时，由于翼缘承担的剪力相对较小，可以近似认为剪力主要由腹板分担，这导致腹板内的剪应力分布接近均匀，近似表示为

$$\tau=\frac{Q}{d(h-\delta)}\quad(6.5.19)$$

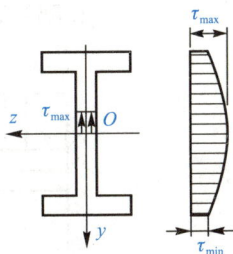

图 6.5.5　剪应力按照抛物线规律分布

需要注意的是，尽管 I 形截面翼缘承担的剪力较小，但由于翼缘距离中性轴最远，其上每一点的正应力相对较大，因此，翼缘承担了截面上大部分的弯矩。这一特性是 I 形梁被广泛用作受弯构件的主要原因。

6.5.3　横力弯曲梁的强度条件

横向力作用下的弯曲截面梁的最大剪应力 τ_{max} 通常出现在中性轴处，即正应力 σ 为零的位置。在此，假设不考虑梁的纵向纤维挤压，τ_{max} 所在点可以视为处于纯剪切应力状态。

对于梁的剪切应力强度条件，有

$$\tau_{max}\leqslant[\tau]\quad(6.5.20)$$

对于均质且直的梁，最大剪应力可以表示为

$$\tau_{max}=\frac{Q_{S,max}S_{z,max}^*}{I_zd}\leqslant[\tau]\quad(6.5.21)$$

式中，$[\tau]$ 表示材料在横力弯曲时的许用剪应力。

在横力弯曲受弯矩形梁的上、下边缘，正应力达到最大值 σ_{max}，而剪应力 $\tau=0$，表明这些位置处于单向应力状态。因此，正应力强度条件为

$$\sigma_{max}\leqslant[\sigma]\quad(6.5.22)$$

对于梁上的任意点，通常同时存在正应力和剪应力，构成一种平面应力状态，在校核这种情况下的材料强度时，不能仅依据正应力或剪应力单一因素进行判断，而应采用本书第 8 章介绍的强度理论，综合考虑两种应力分量的共同作用。

【例 6.5.1】　图 6.5.6(a) 所示的悬臂梁 AB，受均布力 $q=2$ kN/m 和集中力 $F=1.6$ kN 作用，材料的许用拉应力 $[\sigma]_t=25$ MPa，许用压应力 $[\sigma]_c=60$ MPa，求：

(1)绘制固定端截面上的正应力和剪应力沿截面高度的分布图；

(2)校核梁 AB 的正应力强度。

解：(1)作出悬臂梁的剪力图 Q 和弯矩图 M，如图 6.5.6(b)、(c)所示。

(2)确定中性轴位置。

$$\bar{y}=\frac{60\times20\times70+60\times25\times30}{60\times20+60\times25}=47.8(mm)$$

(3)计算截面的形心主惯性矩。

$$I_z=\left(\frac{1}{12}\times60\times20^3+60\times20\times22.2^2\right)+\left(\frac{1}{12}\times25\times60^3+25\times60\times17.8^2\right)$$

$$=1.56\times10^{6}(\mathrm{mm}^{4})$$

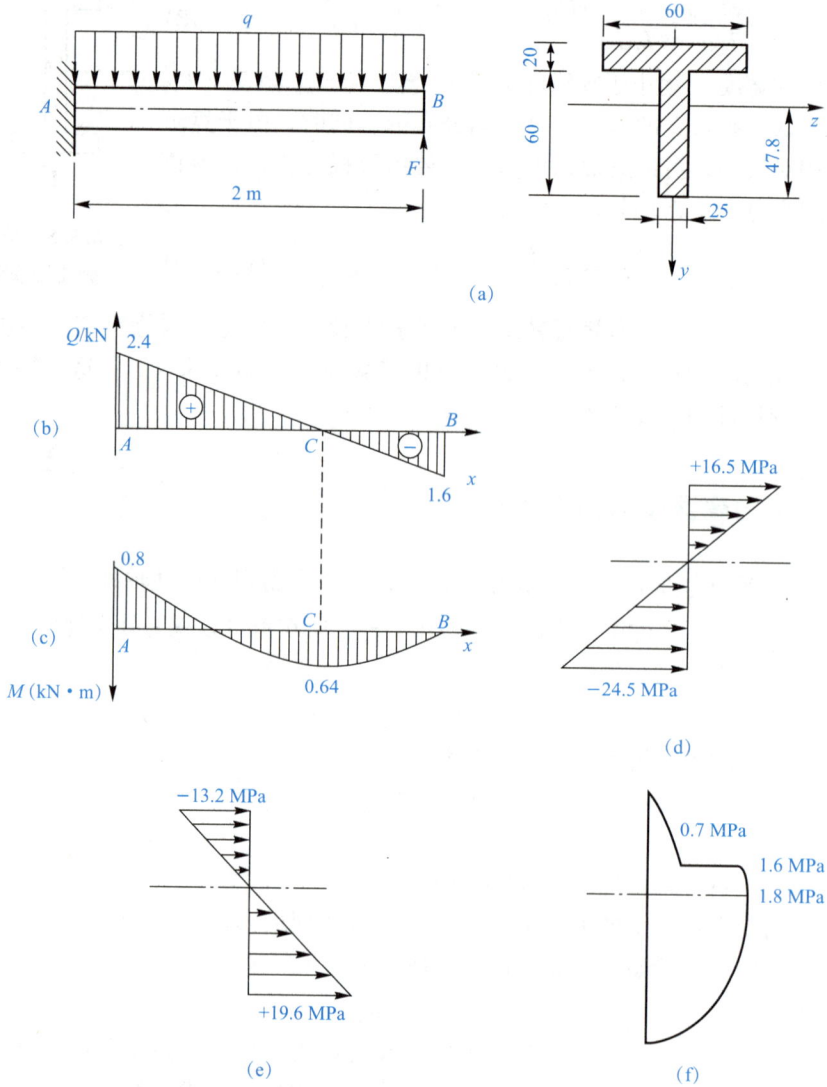

(a)

(b)

(c)

(d)

(e)

(f)

图 6.5.6 悬臂梁及其剪力、弯矩图

（4）正应力强度校核。

A 截面

$$\sigma_{t,max}=\frac{My}{I_z}=\frac{0.8\times10^{3}\times32.2\times10^{-3}}{1.56\times10^{6}\times10^{-12}}=16.5(\mathrm{MPa})$$

$$\sigma_{c,max}=\frac{My}{I_z}=\frac{0.8\times10^{3}\times47.8\times10^{-3}}{1.56\times10^{6}\times10^{-12}}=24.5(\mathrm{MPa})$$

C 截面

$$\sigma_{t,max}=\frac{My}{I_z}=\frac{0.64\times10^{3}\times47.8\times10^{-3}}{1.56\times10^{6}\times10^{-12}\ \mathrm{m}^{4}}=19.6(\mathrm{MPa})$$

$$\sigma_{c,max}=\frac{My}{I_z}=\frac{0.64\times10^{3}\times32.2\times10^{-3}}{1.56\times10^{6}\times10^{-12}}=13.2(\mathrm{MPa})$$

将以上计算结果与材料的许用拉应力、压应力比较可知，该梁满足正应力强度要求。截面 A、C 上正应力沿高度的分布如图 6.5.6(d)、(e)所示。

(5)计算固定端 A 截面上的剪应力。

中性轴处切应力为

$$\tau = \frac{F_S S_z^*}{b I_z} = \frac{2.4 \times 10^3 \times 25 \times 47.8 \times 23.9 \times 10^{-9}}{25 \times 10^{-3} \times 1.56 \times 10^6 \times 10^{-12}} = 1.8 (\text{MPa})$$

$$b_{\text{上}} = 60 \text{ mm}$$

$$\tau_{\text{上}} = \frac{F_S S_z^*}{b I_z} = \frac{2.4 \times 10^3 \times 60 \times 20 \times 22.2 \times 10^{-9}}{60 \times 10^{-3} \times 1.56 \times 10^6 \times 10^{-12}} = 0.7 (\text{MPa})$$

$$b_{\text{下}} = 25 \text{ mm}$$

$$\tau_{\text{下}} = \frac{F_S S_z^*}{b I_z} = \frac{2.4 \times 10^3 \times 60 \times 20 \times 22.2 \times 10^{-9}}{25 \times 10^{-3} \times 1.56 \times 10^6 \times 10^{-12}} = 1.6 (\text{MPa})$$

横截面 A 上切应力分布情况如图 6.5.6(f)所示。

【例 6.5.2】　图 6.5.7 所示跨度为 6 m 的简支钢梁，是由 32a 号工字钢在其中间区段焊上两块 100 mm×10 mm×3 000 mm 的钢板制成。材料均为 Q235 钢，其[σ]＝170 MPa，[τ]＝100 MPa。试校核该梁的强度。

解：计算支座反力得

$$F_A = 80 \text{ kN} \qquad F_B = 70 \text{ kN}$$

作出梁的剪力图和弯矩图，如图 6.5.8 所示。

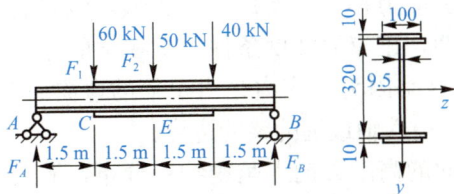

图 6.5.7　简支工字钢梁

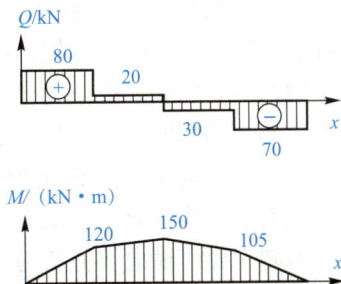

图 6.5.8　剪力图和弯矩图

整根梁上最大剪力和弯矩为

$$Q_{\max} = 80 \text{ kN}$$

$$M_{\max} = 150 \text{ kN} \cdot \text{m}$$

$$I_z = 11\,075.5 \times 10^4 + 2 \times \left[\frac{100 \times 10^3}{12} + 100 \times 10 \times \left(\frac{320}{2} + \frac{10}{2} \right)^2 \right] = 16\,522 \times 10^4 (\text{mm}^4)$$

$$W_z = \frac{I_z}{y_{\max}} = \frac{16\,522 \times 10^4}{(320/2) + 10} = 972 \times 10^3 (\text{mm}^3)$$

$$\sigma_{E,\max} = \frac{M_{\max}}{W_z} = \frac{150 \times 10^6}{972 \times 10^3} = 154.3 (\text{MPa}) < [\sigma]$$

C 截面弯矩为

$$M_c = 120 \text{ kN} \cdot \text{m}$$

$$\sigma_{C,\max} = \frac{M_c}{W_z} = \frac{120 \times 10^6}{692.2 \times 10^3} = 173.4 (\text{MPa}) > [\sigma]$$

虽然 C 截面的最大正应力 $\sigma_{C,\max}$ 比许用正应力 $[\sigma]$ 超过 2%，但依然认为是许可的。最大剪应力为

$$\tau_{\max}=\frac{Q_{\max}S_{z,\max}}{I_z d}=\frac{80\times10^3}{9.5\times274.6}=30.7(\text{MPa})<[\tau]$$

由以上计算可知，该加筋简支工字钢梁满足强度条件。

6.6　提高梁弯曲强度的措施

梁是结构工程中的关键组成部分，其弯曲强度对整体结构的稳定性和安全性至关重要。简单来说，弯曲强度是指梁在受到外力作用时，抵抗弯曲变形和破坏的能力。在材料力学中，梁的设计既复杂又重要，它关乎梁的受力性能、稳定性及经济性。为确保梁在使用过程中的安全性与可靠性，需要综合考虑以下几个方面：合理安排梁的受力情况、合理配置梁的支座、选择合适的梁截面及设计合理的梁外形。为保证结构的可靠性，设计和施工过程中采取有效措施提高梁的弯曲强度是关键。以下是提高梁弯曲强度的几种常见措施：

(1)确保梁的受力情况得到合理安排。

(2)合理配置梁的支座，以分散内力。

(3)选择适当的梁截面，以增强其承载能力。

(4)设计合理的梁外形，以提高其弯曲强度。

通过上述措施，可以有效提升梁的弯曲强度，进而确保结构工程的稳定性和安全性。

在梁的弯曲分析中，正应力(弯曲应力)和剪应力都是重要的应力类型，但它们在梁的受力行为中起着不同的作用。从量的角度来说明，正应力强度条件通常在梁的弯曲分析中起着关键作用，特别是在长细比较大的梁中。这是因为正应力是由于梁的弯曲而产生的，它在梁的截面上呈线性分布，最大值出现在距离中性轴最远的梁的边缘。

剪应力则主要由横向或剪切力引起，在截面的高度方向上呈抛物线分布，最大值出现在中性轴处，并且在自由表面上降为零。对于大多数结构梁，特别是那些长细比较大的梁，弯曲引起的正应力远大于剪切引起的剪应力。尽管在某些情况下剪应力也很重要(如在支座附近或在高剪力区域)，但对于大多数梁的设计和分析，正应力(弯曲应力)强度条件起着更为关键的作用。

梁弯曲时的截面最大正应力用以下公式计算：

$$\sigma_{\max}=\frac{M_{\max}}{W_z}\leqslant[\sigma] \tag{6.6.1}$$

由于上述原因，式(6.6.1)通常是设计梁的出发点。其中，$M_{\max}$ 是整个梁中截面最大弯矩，W_z 是截面的抗弯截面系数。这表明要提高梁弯曲强度，必须使梁中截面最大弯矩 $M_{\max}$ 降低，而截面的抗弯截面系数 W_z 增大，这就是采取措施提高梁弯曲强度的依据。

6.6.1　合理配置梁的荷载和支座

梁的荷载配置和支座设置对于分散和传递荷载至关重要。支座的类型(如固定支座、滑动支座或铰支座)和位置选择直接影响梁的内力分布。合理的荷载配置和支座布置能有效减

小最大弯矩，提高梁的承载能力。应用静力学平衡原理可以确定在各种荷载组合作用下，梁的内力和支座反力，为合理配置荷载和支座提供理论依据。如图 6.6.1 所示，一跨度为 l 的简支梁受到均布力 q 的作用，此时梁的最大弯矩在简支梁跨中，其值

$$M_{\max}=\frac{ql^2}{8} \tag{6.6.2}$$

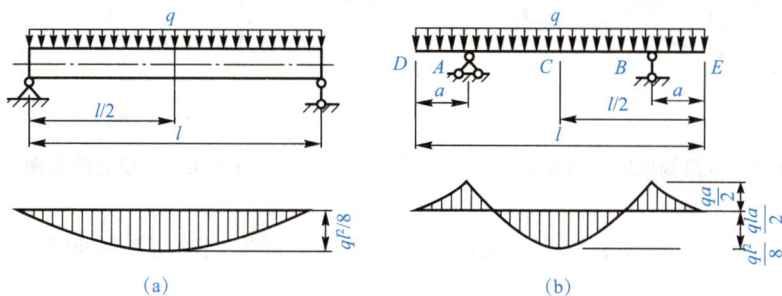

图 6.6.1　受均布力作用的简支梁及其弯矩图

如图 6.6.1(a) 所示，如果将梁两端支座对称向内移动 a，则取支座 A 以左梁段作为隔离体，求得支座 A 处梁截面弯矩为

$$M_A=-\frac{qa^2}{2}（上侧受拉） \tag{6.6.3}$$

再利用叠加原理，求得梁跨中截面弯矩为

$$M_{跨中}=\frac{ql^2}{8}-\frac{qa^2}{2}（下侧受拉） \tag{6.6.4}$$

比较式(6.6.2)、式(6.6.4)的数值大小可知，无论支座向内移动的距离大小，恒有 $M_{\max} \leqslant M_{跨中}$，也就是，重新布置支座位置可以使梁截面的最大弯矩降低，从而提高梁的强度。下面再举一个通过重新配置荷载使梁的最大截面弯矩降低的例子。

图 6.6.2 所示为龙门式起重机。在分析其受力时，通常，可将龙门式起重机简化为一根简支梁，其中，一端的支架可简化为固定铰支座 A，而另一端为定向滑动支座 B，跨中吊钩挂载的重物被视为集中力 F。设龙门式起重机的跨长为 l，吊钩与固定铰支座的距离为任意值 a，其计算简图如图 6.6.3 所示。

图 6.6.2　龙门式起重机

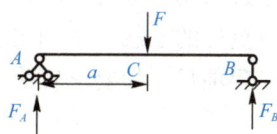

图 6.6.3　计算简图

由计算，得到支座 A 处的反力 $F_A=\dfrac{l-a}{l}F$，而支座 B 处的反力 $F_B=\dfrac{a}{l}F$。在此情况下，弯矩图如图 6.6.4 所示。

图 6.6.4 展示了单吊钩情况下的弯矩图。如果龙门式起重机采用横吊梁式小车来起吊

重物，这样可以使起吊的重量分散，使横吊梁的吊钩各自承担 $\dfrac{F}{2}$ 的起吊重量。设横吊梁的长度为 b，此时龙门式起重机的受力简化图如图 6.6.5 所示。

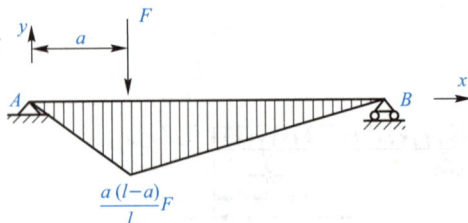

图 6.6.4　单吊钩情况下弯矩图

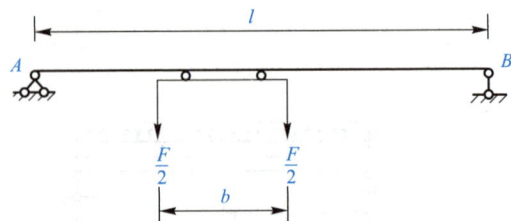

图 6.6.5　受力简化图

当横吊梁中点移动至距离固定铰支座 a 的位置时，绘制出的弯矩图如图 6.6.6 所示。

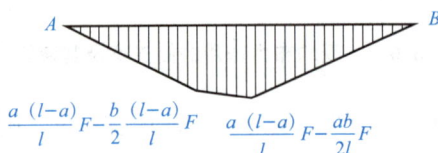

图 6.6.6　简支梁弯矩图

图 6.6.6 中的最大弯矩 $M_{\max} = \max\left\{\dfrac{a(l-a)}{l}F - \dfrac{b(l-a)}{2l}F,\ \dfrac{a(l-a)}{l}F - \dfrac{ab}{2l}F\right\} \leqslant$

$\dfrac{a(l-a)}{l}F$。这表明，当龙门式起重机吊挂重物时，通过分散起吊重量可以降低龙门式起重机横梁截面的最大弯矩，从而提高龙门式起重机吊梁的强度。

对梁的荷载进行重新配置及合理设置支座的主要目的是减少梁截面的最大弯矩。这种做法能够显著增强梁在承受弯曲力时满足强度条件的能力，从而提高结构的安全性和稳定性。此外，还有两种有效的处理方法可以进一步优化梁的性能：一是提升梁截面的抗弯能力；二是增加梁材料的许用应力。

提高梁截面的抗弯能力通常可以通过增加梁的截面尺寸或改变截面形状来实现。这样，不仅能提升梁的承载能力，还能有效减少因弯曲而产生的变形，从而保障结构的整体性和使用功能。

另外，通过采用预应力方法，可以提高梁材料的许用应力，可以使梁在相同的外部荷载作用下具有更好的承载性能和更长的使用寿命。这种方法特别适用于那些对材料性能有特殊要求的工程项目，如要求轻质高强的结构等。

6.6.2　梁的合理截面

梁的截面设计对其承载力和刚度有着决定性的影响。在选择截面形状时，常见的有矩形、I 形、T 形、H 形等，关键在于平衡使用条件与制造成本。通过对截面性能参数（如截面面积、截面抗弯模量、截面惯性矩）的精确计算，并结合材料力学中的弯曲应力公式，能够评估不同截面对梁弯曲性能的影响，进而实现截面设计的优化。具体措施包括以下几项：

1. 增大截面惯性矩以提升弯曲强度

截面惯性矩是影响梁弯曲强度的关键因素。通过选择 I 形、T 形或箱形等优化后的截面形状，这些类型梁的截面面积距离中性轴较远，可以有效提高截面惯性矩，从而显著增强梁的弯曲强度。

2. 选择合理的截面形状以增强性能

通过改变梁截面的尺寸，尤其是高度，能够有效提升其弯曲强度。在不增加材料使用量和结构重量的前提下，使截面的 W_z/A（A 为截面面积）尽可能大是原则之一。如果有图 6.6.7 所示的长方形和圆形截面，从中不难选择出最佳的梁截面形状，竖放的长方形截面优于横放的，空心的圆截面强于实心的圆截面。

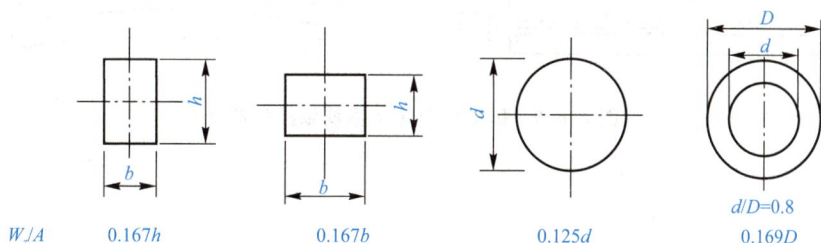

| W_z/A | $0.167h$ | $0.167b$ | $0.125d$ | $0.169D$ |

图 6.6.7　不同截面形状的 W_z/A

3. 综合考虑梁的外形设计

梁的外形设计不仅关系到其美观性，更直接影响其受力性能和稳定性。例如，虽然增加梁的高度可以提升抗弯能力，但也可能带来侧向稳定性的风险。因此，梁的外形设计需要综合考虑受力特性、使用环境和材料特性，旨在优化梁的几何尺寸，实现提高承载力、减少材料消耗和满足使用要求的目标。

梁的设计是一项综合性工程挑战，需要基于材料力学理论，结合实际应用需求进行全面考量和精确计算。通过合理规划梁的受力条件、荷载与支座、截面及外形设计，可以有效提升梁的整体性能，确保其在结构中的安全性和可靠性。

例如，在梁的设计中，可以考虑使用等强度梁的概念，即各截面的最大正应力都相等，这种梁称为等强度梁。根据梁正应力强度条件 $\sigma_{max} = \dfrac{M(x)}{W(x)} \leqslant [\sigma]$，如果令梁的材料正好满足强度条件，这时可以得到梁截面抗弯强度系数随截面位置 x 变化的函数

$$W(x) = \frac{M(x)}{[\sigma]} \tag{6.6.5}$$

也就是截面的外形应该与此处截面的弯矩成正比，如在悬臂梁的情况下，截面形状应该是图 6.6.8 所示的变截面。

在梁设计过程中，还必须考虑材料的力学性能、成本和施工技术等多方面因素，以确保设计方案经济、高效且安全。

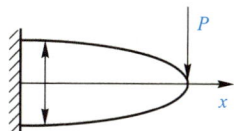

图 6.6.8　变截面悬臂梁

6.6.3　预应力技术的应用

预应力混凝土梁的设计通过对混凝土梁内部的钢筋施加预应力，能够有效地在梁中引

入一个预先设定的应力场。这种方法能够提前抵抗和平衡外力引起的弯曲应力，从而显著提升梁的抗弯性能和整体稳定性。

以公路桥梁为例，为了增强梁的抗弯能力，梁中的纵向钢筋会通过张拉达到接近材料屈服极限的状态。当这些被张拉的钢筋释放张力后，它们会因为弹性收缩而在梁内产生预应力，这种力的作用使梁产生一个向上的拱形(图 6.6.9)。安装至桥墩上的预应力钢筋混凝土梁，在承受路面竖向荷载的作用下会发生弯曲变形。此时，预应力钢筋内的压应力能够有效地抵消一部分截面的正应力，同时，使原本拱起的梁恢复到平直状态，并有效防止了混凝土梁的裂开。

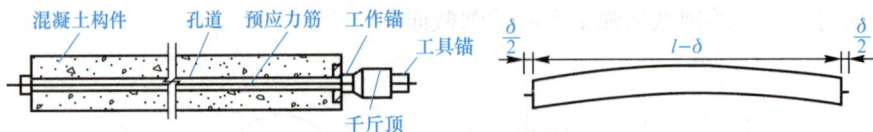

图 6.6.9 钢筋混凝土梁钢筋张拉和放张

思考题

6.1 结合所学知识思考，在直梁弯曲时为什么中性轴必定通过截面的形心？

6.2 如图 6.1 所示，有体重为 800 N 和 900 N 的两人，需要借助跳板从沟的左端到右端。已知该跳板的许可弯矩 $[M]=680\ \text{N·m}$。若跳板重量略去不计，试问两人采用什么办法可安全过沟。

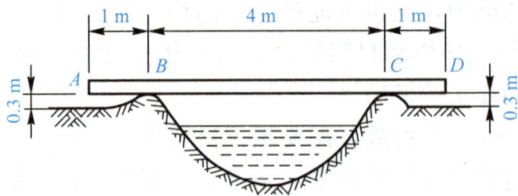

图 6.1

6.3 如图 6.2 所示，一等直梁截面为正方形，若按图 6.2 所示两种方式放置，试问两梁的最大弯曲正应力是否相同，其比值多大。

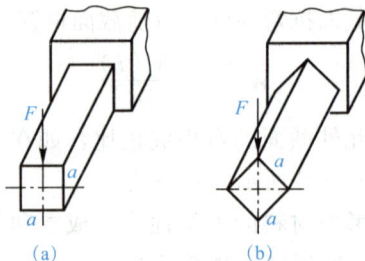

图 6.2

6.4 由 4 根 100 mm×70 mm×10 mm 不等边角钢焊成一体的梁，在纯弯曲条件下按图 6.3 所示的四种形式组合，试问哪一种强度最高，哪一种强度最低。

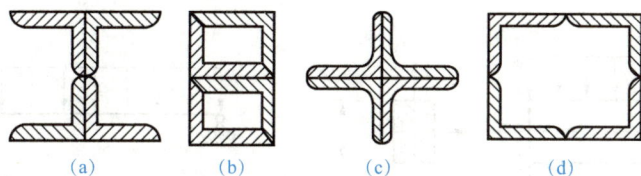

图 6.3

6.5 一矩形截面 $b \times h$ 的等直梁，两端承受外力偶矩 M_e [图 6.4(a)]。已知梁的中性层上无应力，若将梁沿中性层锯开而成两根截面为 $b \times \dfrac{h}{2}$ 的梁，而将两梁仍叠合在一起，并承受相同的外力偶矩 M_e [图 6.4(b)]。试问：

(1) 锯开前、后，两者的最大弯曲正应力之比和弯曲刚度之比；

(2) 为什么锯开前后，两者的工作情况不同？锯开后，可采取什么措施以保证其工作状态不变？

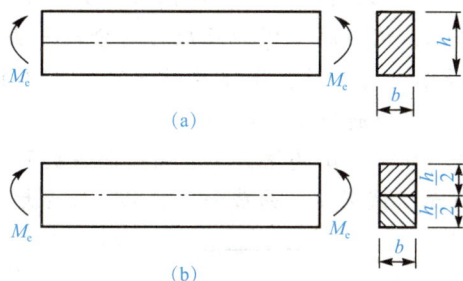

图 6.4

6.6 跨度为 l 的悬臂梁在自由端受集中力 F 作用。该梁的横截面由 4 块木板胶合而成。若按图 6.5 所示的两种方式胶合，考虑胶合缝的切应力强度，试问两者的强度是否相同。

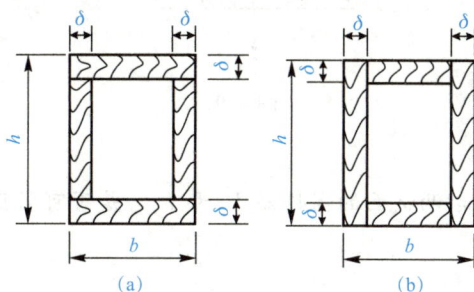

图 6.5

6.7 矩形截面 $b \times h$ 的悬臂梁 AB，承受集度为 q 的均布荷载，如图 6.6 所示。假设沿中性层及任一横截面截取脱离体 AC，试画出脱离体上的应力分布图，并证明其满足静力平衡条件。

6.8 如图 6.7 所示，长度 $l=2$ m 的均匀圆木，欲锯下 $a=0.6$ m 的一段。为使锯口处两端面的开裂最小，应使锯口处的弯矩为零。现将圆木放置在两只锯木架上，一只锯木架放置在圆木的一端，试计算另一只锯木架应放置的位置。

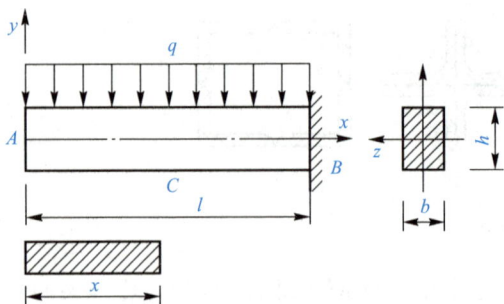

图 6.6

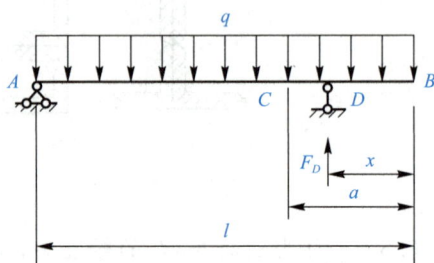

图 6.7

6.9 我国宋朝李诚所著《营造法式》中，规定木梁截面的高宽比 $h/b=3/2$（图 6.8），试从弯曲强度的观点，证明该规定近似于由直径为 d 的圆木中锯出矩形截面梁的合理比值。

6.10 一宽度 $b=100$ mm、高度 $h=200$ mm 的矩形截面梁，在纵向对称面内承受弯矩 $M=10$ kN·m，如图 6.9 所示。梁材料的拉伸弹性模量 $E_t=9$ GPa，压缩弹性模量 $E_c=25$ GPa，若平面假设依然成立，试仿照纯弯曲正应力的分析方法，求中性轴位置及梁内的最大拉应力和最大压应力（提示：由于拉、压弹性模量不同，中性轴 z 将不通过截面形心，设中性轴距截面上下边缘的距离分别为 h_c 和 h_t）。

6.11 有一圆形截面梁，直径为 d 为增大其弯曲截面系数 W_z，可将圆形截面切高度为 δ 的一小部分，如图 6.10 所示。试求使弯曲截面系数 W_z 为最大的 δ 值。

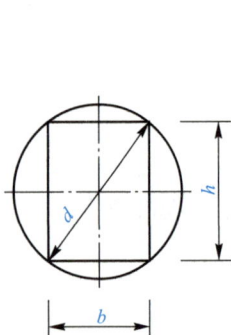

图 6.8

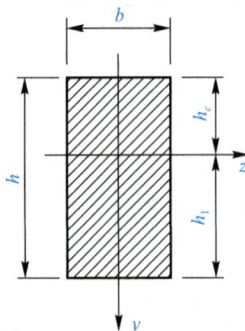

图 6.9

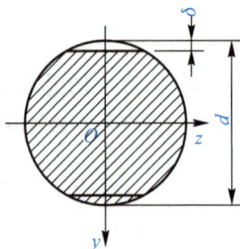

图 6.10

6.12 试问图 6.11 所示两截面的惯性矩 I_x 和 I_y，是否可按照 $I_x=\dfrac{bh^3}{12}-\dfrac{b_0h_0^3}{12}$ 和 $I_y=\dfrac{hb^3}{12}-\dfrac{h_0b_0^3}{12}$ 来计算。

6.13 由两根同一型号的槽钢组成的截面如图 6.12 所示。已知每根槽钢的截面面积为 A，对形心轴 y_0 的惯性矩为 I_{y0}，并知 y_0、y_1 和 y 为相互平行的 3 根轴。试问在计算组合截面对 y 轴的惯性矩 I_y 时，应选用下列哪一个计算公式。

(1) $I_y=I_{y0}+z_0^2A$

(2) $I_y=I_{y0}+\left(\dfrac{a}{2}\right)^2A$

(3) $I_y=I_{y0}+\left(z_0+\dfrac{a}{2}\right)^2A$

$(4)I_y=I_{y0}+z_0{}^2A+z_0aA$

$(5)I_y=I_{y0}+\left[z_0{}^2+\left(\dfrac{a}{2}\right)^2\right]A$

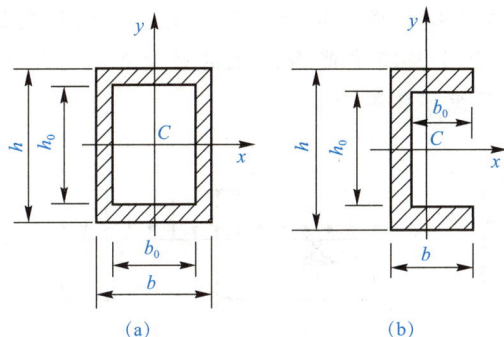

图 6.11

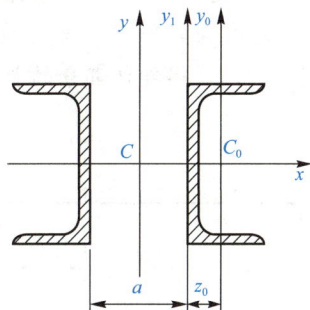

图 6.12

习题

6.1 由 50a 号工字钢制成的简支梁如图 6.13 所示，$q=30\ kN/m$，$a=3\ m$，50a 号工字钢的抗弯截面系数 $W=1\ 860\times10^{-6}\ m^3$，大梁材料的许用应力 $[\sigma]=160\ MPa$，试校核梁的强度。

6.2 如图 6.14 所示，一由 16 号工字钢制成的简支梁承受集中荷载 F。在梁的截面 C—C 处下边缘上，用标距 $s=20\ mm$ 的应变仪量得纵向伸长 $\Delta s=0.008\ mm$。已知梁的跨长 $l=1.5\ m$，$a=1\ m$，弹性模量 $E=210\ GPa$。试求力 F 的大小。

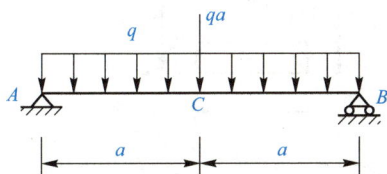

图 6.13

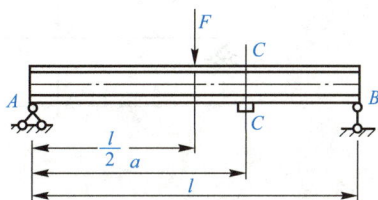

图 6.14

6.3 如图 6.15 所示，矩形截面悬臂梁外荷载 $F=3\ kN$，梁长 $l=300\ mm$，其高宽比 $h/b=3$，材料的许用应力 $[\sigma]=160\ MPa$，试按梁的弯曲强度条件设计该矩形截面梁的尺寸。

6.4 由两根 36a 号槽钢组成的梁如图 6.16 所示。已知 $F=40\ kN$，$q=2\ kN/m$，钢的许用弯曲正应力 $[\sigma]=170\ MPa$。试校核梁的正应力强度。

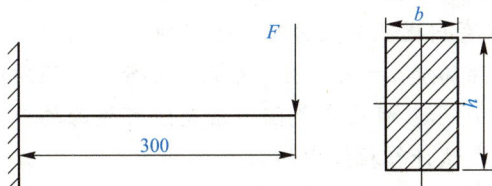

图 6.15

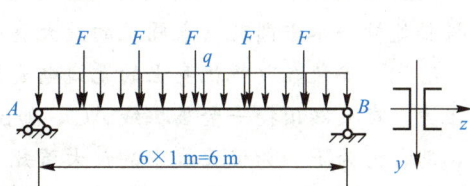

图 6.16

6.5 一简支木梁受力如图 6.17 所示，荷载 $F=5$ kN，距离 $a=0.7$ m，材料的许用弯曲正应力 $[\sigma]=10$ MPa，横截面 $\frac{h}{b}=3$ 的矩形。试按正应力强度条件确定梁横截面的尺寸。

6.6 如图 6.18 所示，外伸梁由 25a 号工字钢制成，其跨长 $l=6$ m，且在全梁上受集度为 q 的均布荷载作用。当支座处截面 A、B 上及跨中截面 C 上的最大正应力均为 $\sigma=140$ MPa 时，试问外伸部分的长度 a 及荷载集度 q 各等于多少。

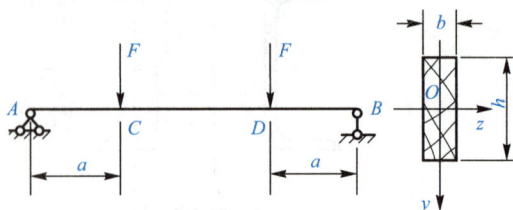

图 6.17

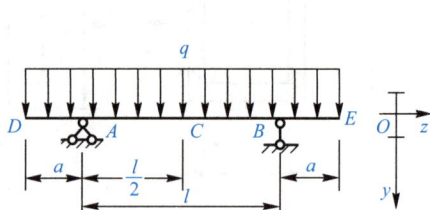

图 6.18

6.7 已知图 6.19 所示铸铁简支梁的 $I_z=645.8\times10^4$ mm^4，$E=120$ GPa，许用拉应力 $[\sigma_T]=30$ MPa，许用压应力 $[\sigma_C]=90$ MPa。试求：

(1)许可荷载 $[F]$；

(2)在许可荷载作用下，梁下边缘的总伸长量。

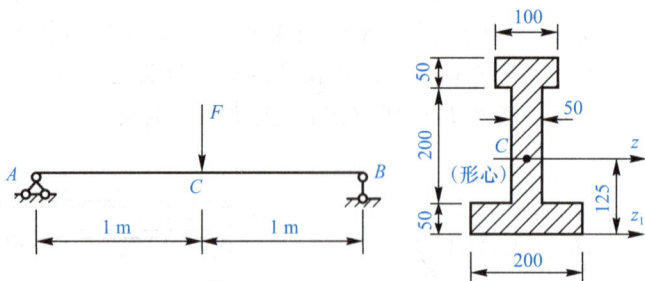

图 6.19

6.8 长度为 250 mm、截面尺寸 $h\times b=0.8$ mm$\times25$ mm 的薄钢尺，由于两端外力偶的作用而弯成中心角为 $60°$ 的圆弧。已知弹性模量 $E=210$ GPa。试求钢尺横截面上的最大正应力。

6.9 一边长为 160 mm 的正方形截面悬臂木梁，悬臂梁的跨度 $l=1\ 000$ mm。整根梁上受到方向向下密度为 $q=2$ kN/m 的均布力，在悬臂梁的自由端受到竖直向下的集中力 $F=5$ kN 的作用。已知木材的许用应力 $[\sigma]=10$ MPa，现需要在距离固定端 $a=250$ mm 的中性轴处钻一水平圆孔，求圆孔的最大直径 d（不考虑圆孔处应力集中的影响）。

6.10 安装在飞机机身上的无线电天线 AB 的高度 $h=0.5$ m，为抵抗飞行时天线所受的阻力，在天线顶拴一金属拉线 AC，如图 6.20 所示。假设空气阻力沿天线可视为均匀分布，其合力为 F。为使天线中的最大弯矩为最小，试计算拉线中的拉力。

6.11 一厚度为 δ、宽度为 b 的薄直钢条 AB，钢条的长度为 l，A 端夹在半径为 R 的刚性座上，如图 6.21 所示。设钢条的弹性模量为 E，密度为 ρ，且壁厚 $\delta\ll R$，设钢条的变形处于线弹性、小变形范围，试计算钢条与刚性座贴合的长度。

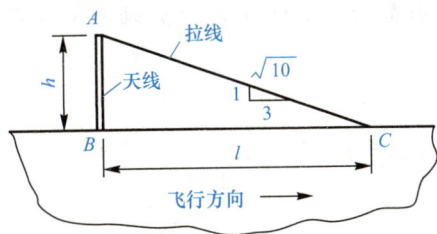

图 6.20

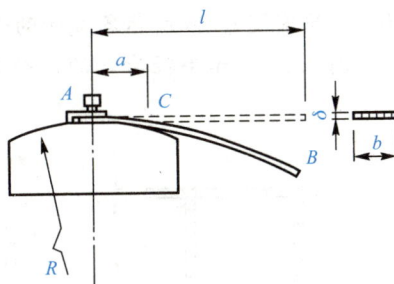

图 6.21

6.12 一外径为 250 mm、壁厚为 10 mm、长度 $l=12$ m 的铸铁水管,两端搁在支座上,管中充满着水,如图 6.22 所示。铸铁的密度 $\rho_1=6.70\times10^3$ kg/m³,水的密度 $\rho_2=1\times10^3$ kg/m³。试计算管内最大拉、压正应力的数值。

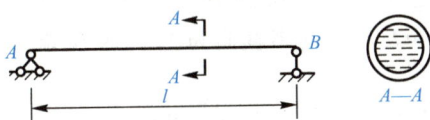

图 6.22

6.13 一矩形截面木梁,其截面尺寸及荷载如图 6.23 所示,$q=1.3$ kN/m。已知许用弯曲正应力 $[\sigma]=10$ MPa,许用切应力 $[\tau]=2$ MPa。试校核梁的正应力和切应力强度。

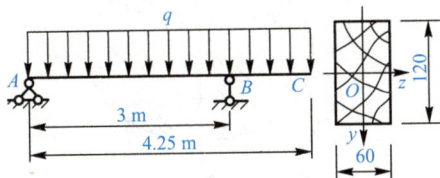

图 6.23

6.14 一悬臂梁长为 900 mm,在自由端受一集中力 F 的作用。梁由三块 50 mm $\times$ 100 mm 的木板胶合而成,如图 6.24 所示,图中 z 轴为中性轴。胶合缝的许用切应力 $[\tau]=$ 0.35 MPa。试按胶合缝的切应力强度求许可荷载 $[F]$,并计算在此荷载作用下,梁的最大弯曲正应力。

6.15 试计算图 6.25 所示各截面的阴影线面积对 x 轴的静矩。

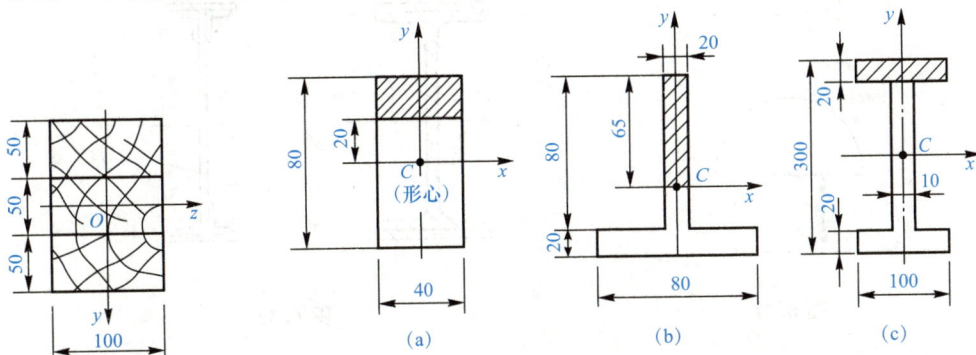

图 6.24

(a)

(b)

(c)

图 6.25

6.16 试确定图 6.26 所示各截面的形心位置。

6.17 图 6.27 所示半径为 r 的四分之一圆形截面，试计算其对 x 轴和 y 轴的惯性矩 I_x、I_y。

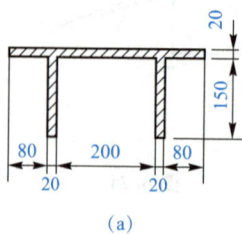
(a)

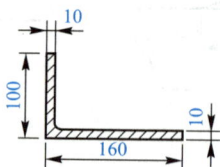
(b)

图 6.26

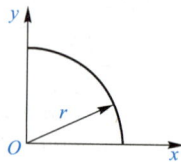

图 6.27

6.18 边长为 a 的正方形截面如图 6.28 所示。试计算截面对其对角线的惯性矩。

6.19 两半轴分别为 a 和 b 的椭圆形截面如图 6.29 所示。试计算截面对其形心轴的惯性矩。

6.20 底边为 b、高度为 h 的三角形截面如图 6.30 所示。试计算其对通过顶点 A 并平行于底边 BC 的 x 轴的惯性矩。

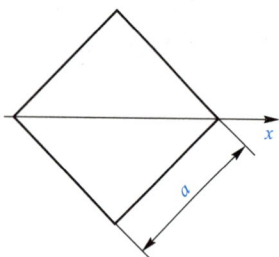

图 6.28

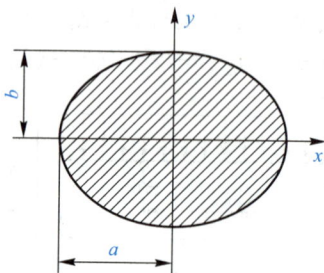

图 6.29

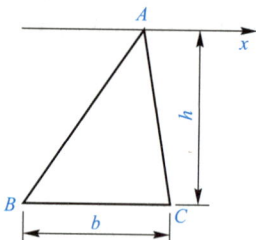

图 6.30

6.21 半径 $r=1$ m 的半圆形截面如图 6.31 所示。试计算其对平行于底边并相距为 1 m 的 x 轴的惯性矩。

6.22 两组合截面如图 6.32 所示。试计算截面对其对称轴 x 的惯性矩。

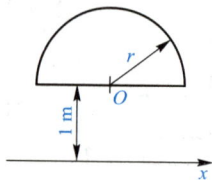

图 6.31

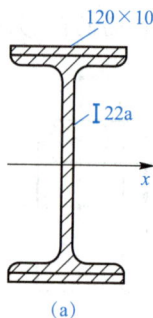
(a)

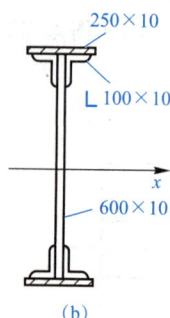
(b)

图 6.32

6.23 各截面图形如图 6.33 所示。试计算截面对其形心轴 x 的惯性矩。

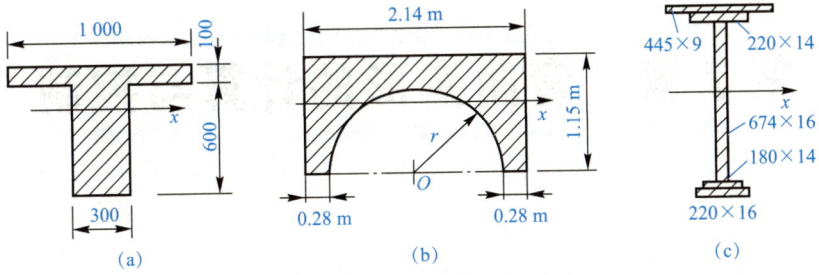

图 6.33

6.24 如图 6.34 所示，截面由两个 125 mm×125 mm×10 mm 的等边角钢及缀板（图中虚线）组合而成。试计算该截面的最大惯性矩 I_{max} 和最小惯性矩 I_{min}。

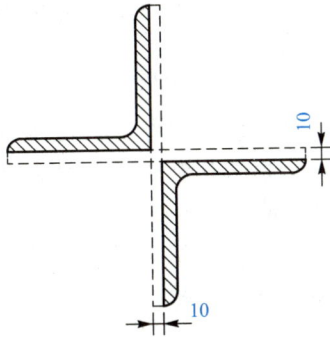

图 6.34

第7章　弯曲变形的计算与控制

本章导读

　　弯曲变形在材料力学中占据着不可忽视的地位，尤其在工程设计与结构安全性分析中尤为关键。理解并能准确分析梁的弯曲变形，是确保工程项目成功的基石之一。

　　本章内容旨在通过实际工程案例引入弯曲变形的基础知识和关键概念，深入探讨影响梁弯曲变形的多种因素。将从弯曲梁的基本属性入手，详细介绍曲率、挠曲线及截面转角等核心概念，并通过分析梁在受力作用下的变形行为和力学特性，掌握挠度和截面转角的计算方法。

　　进一步，本章将阐述在进行弯曲变形计算时所需建立的坐标系，明确物理量的正负规定，导出挠曲线近似微分方程，以及阐释梁截面转角位移与挠度之间的关系。本章还将介绍如何通过积分法和叠加法来计算不同荷载条件下梁结构的挠度与转角，这些计算技巧对于工程实践具有极高的实用价值。

　　特别地，本章将通过案例分析，引入如何利用边界条件与连续性、对称性条件确定积分常数，以及在采用叠加法进行计算时，如何处理复杂荷载的分解和非典型梁结构的拆解。

　　本章还将探讨影响弯曲刚度的多种因素，包括支座位置、截面形状、尺寸及加载方式等，帮助读者了解如何通过调整这些因素控制和优化弯曲变形。

　　最后，将通过梁弯曲变形的刚度校核案例，加深理论知识的应用实践，增强理解。

案例导入

　　想象你是一名航空工程师，负责设计一架飞机的机翼结构。在这项任务中，准确分析和评估机翼在受到飞行荷载时的弯曲变形是至关重要的。

　　考虑一种常见情景：飞机在高速飞行中，机翼受到气动荷载和自身重量产生的弯曲力作用，引发弯曲应力和变形，这可能影响飞机的飞行性能和结构完整性。

　　在这个案例中，你的任务是分析机翼在弯曲力作用下的变形特点和稳定性，了解材料的弯曲应变、应力分布及结构的几何形状对变形行为的影响。

　　本章内容将深入讨论弯曲变形的基础概念和分析方法，帮助你准确评估机翼的弯曲变形特点，并进行合理的结构设计。同时，将学习如何进行弯曲变形的计算分析，评估其对飞机性能和结构完整性的影响，为设计决策提供科学依据。

　　通过本章的学习，你将获得弯曲变形的深入理解，掌握解决实际工程问题的能力，为航空工程实践奠定坚实的基础。

本章重点

1. 弯曲梁的基本特征：本章旨在使读者理解弯曲梁的核心特征，包括曲率、挠曲线和截面转角等。学习者将掌握弯曲梁在受力下的变形表现和力学属性，重点是挠度和转角位移。

2. 弯曲变形的计算技巧：介绍如何使用挠曲线近似微分方程的积分法，通过积分求解弯曲梁的转角和挠度。强调如何利用梁的边界条件及连续性和对称性条件来确定积分常数。

3. 坐标系的选择与物理量符号规则：强调熟悉在分析梁弯曲变形时物理量符号的确定和坐标系的选择方法，这些是避免计算错误的关键步骤。

4. 弯曲变形的叠加原理：探讨在荷载组合作用下，梁弯曲变形的线性性质和叠加法的适用性。指导如何通过叠加原理简化变形计算，包括荷载组合的简化和结构的分解，以及将得到的结果进行代数相加以分析原始梁。

5. 梁弯曲的刚度分析：聚焦于梁弯曲变形中的刚度问题，这是工程设计中的一个关注点。讨论如何确定梁的极限变形状态和刚度条件，以及通过工程措施解决梁的刚度问题，并分析不同因素对弯曲变形的影响。

本章难点

1. 物理量符号的准确应用：强调在梁弯曲变形分析中使用一致、标准的物理量符号规则的重要性，以确保相关量的数值符号正确使用。介绍与符号规则相配合的坐标系选择方法，并解释在推导挠曲线近似微分方程时，弯矩与挠度微分值间的符号关系。

2. 利用对称性条件：在使用积分法确定积分常数时，若结构具有对称性，则应充分利用这一特征。

3. 叠加法的实际应用：讲解线性结构在荷载组合作用下的变形行为，深入理解线性梁弯曲变形的叠加原理计算方法，简化模型的构建，以及如何处理简化模型的连接部位和力学机制。特别注意在叠加时使用代数求和方法，确保物理量符号正确。

4. 梁弯曲的刚度讨论：讨论梁弯曲时刚度条件的分析重点，通常与梁的强度条件结合使用，进行梁的强度和刚度校核、截面尺寸设计及最大外荷载计算。指出刚度和强度计算通常是相互依赖的，刚度增大，通常意味着强度的增强；反之亦然。

5. 提升梁刚度的工程策略：介绍如何提高梁弯曲变形分析的精度，理解梁结构弯曲变形的状态，并据此提出改进措施。讨论采取何种工程措施可以有效提升构件或结构的变形能力。

7.1 弯曲变形实例

当外部横向荷载作用于梁上时，梁会受到力的作用而发生弯曲变形。如图 7.1.1 所示，在简支梁中间位置施加垂直于梁轴线的向下的力，梁就在竖向力的作用下发生弯曲变形。下面举几个在土木工程中比较常见的结构弯曲的实例。

（1）桥面梁。桥面梁是悬索桥、梁桥等桥梁类型中常见的构件。当车辆通过桥面梁时，梁会受到车辆荷载的作用而发生弯曲变形。这种弯曲变形会导致桥面梁产生竖向挠度和截面转角，为了保证桥梁的正常使用，在桥梁建造时需要通过设计合理的梁截面形状和增加支撑控制变形。桥面梁的实景照片如图 7.1.2 所示。

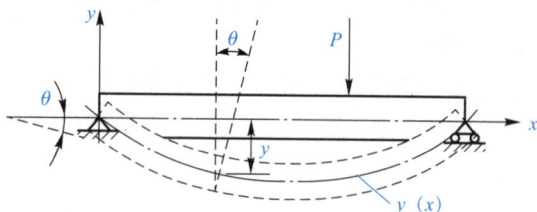

图 7.1.1　简支梁受竖向力弯曲变形

图 7.1.2　桥面梁

（2）建筑梁构件。在建筑结构中，梁常用于支撑楼屋盖等传递的竖向荷载。当楼板上承载重量或其他荷载时，梁会受到弯矩的作用而发生弯曲变形。这种弯曲变形会导致梁产生中部下沉或抬高的变形形态，需要通过合理的截面设计、增加受力钢筋等手段来限制变形。建筑构件梁的实景照片如图 7.1.3 所示。

（3）吊车梁。吊车梁是用于起重和搬运重物的重要建筑构件。当吊车梁承受起吊或搬运重物时，梁会承受重力和惯性力的作用而发生弯曲变形。这种弯曲变形会导致吊车梁产生中部下沉或抬高的变形，需要通过合理的梁截面形状和增加梁的刚度来控制变形，确保起重机的稳定性和安全性。吊车梁的实景照片如图 7.1.4 所示。

图 7.1.3　建筑构件梁

图 7.1.4　吊车梁

这些实例只是梁弯曲变形的一部分，实际上，梁的弯曲变形在各种工程和结构中都会存在。为了控制梁的弯曲变形，工程师通常会根据具体应用需求进行结构设计和计算，采取合适的材料、截面形状、支撑方式等措施，以确保梁在工作过程中具备足够的刚度和稳定性。

7.2　梁变形的基本方程推导与应用

7.2.1　平面内弯曲

实际工程中的梁通常都具有纵向对称面，梁承受的荷载一般作用在梁的纵向对称面内，并垂直于梁的轴线，如图 7.2.1 所示。

在这种情况下，梁轴线由直线变形为曲线，并且这条曲线位于梁的纵向对称面内，把梁变形后的弯曲曲线叫作挠曲线，如图 7.2.2 所示。

梁产生弯曲变形时，为了表征梁的变形程度，通常采用两个物理量来描述——挠度(w)和梁截面转角(θ)。

(1)挠度 w：是指横截面形心在垂直于轴线方向的位移。在所选择的坐标系下，挠度的符号规定：向下为正，向上为负。

(2)转角 θ：横截面绕中性轴转过的角度，符号规定：顺时针为正，逆时针为负。轴向位移 Δx：横截面形心在轴线方向的位移，在小变形情况下，略去不计。

挠度和转角如图 7.2.3 所示。

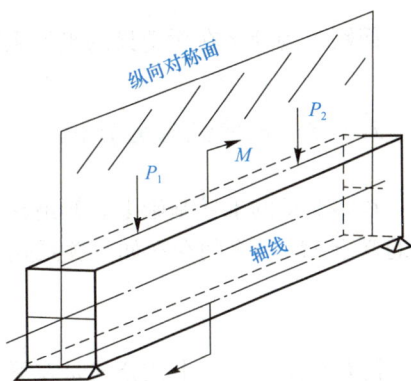

图 7.2.1　梁承受纵向对称面
内并垂直梁轴线的荷载

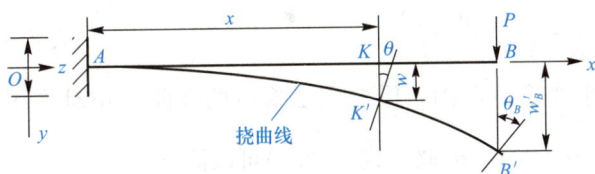

图 7.2.2　挠曲线

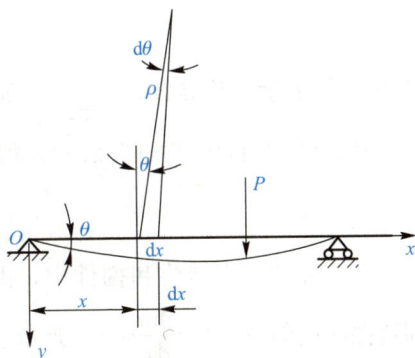

图 7.2.3　挠度和转角

7.2.2　挠曲线、挠度、挠曲线方程

在横向荷载作用下，梁的截面形心连成的轴线弯曲成光滑连续的曲线——挠曲线。由于挠度 w 是梁截面形心位置坐标 x 的函数，因此挠曲线函数用 $w(x)$ 表示，它的具体函数形式叫作挠曲线方程。对于一条连续光滑的挠曲线 $w(x)$，对应挠曲线上一点 x 的切线方向即梁横截面法线方向，因而，梁截面的相对转角为切线与水平轴之间夹角 θ。根据挠曲线的几何关系，挠曲线的切线就是截面转角的正切，即

$$\tan\theta = \frac{\mathrm{d}w}{\mathrm{d}x} = w'(x) \tag{7.2.1}$$

其中，"$'$"表示对坐标 x 求一阶导数，即 $\frac{\mathrm{d}}{\mathrm{d}x}$。目前考察梁的小变形状况，通常，梁截面的转角位移 θ 很小（$<1°$），此时，$\tan\theta \approx \theta$，即有

$$\theta \approx \tan\theta = \frac{\mathrm{d}w}{\mathrm{d}x} = w'(x) \tag{7.2.2}$$

问题：为什么在所选择的坐标系下，顺时针转向的截面转角是正的?

7.2.3 挠曲线微分方程

在第 6 章的推导基础上，知道在梁纯弯曲的情况下，其轴线的曲率半径 $\rho(x)$ 与横截面上的弯矩 $M(x)$ 之间存在如下关系式：

$$\frac{1}{\rho(x)} = \frac{M(x)}{EI} \tag{7.2.3}$$

需要注意的是，上述公式是在梁纯弯曲的前提下推导得出的。因此，对于横力弯曲的挠曲线曲率半径来说，这个公式并不是完全适用的。但是，当梁的跨度远大于其截面高度时，剪力对弯曲变形的影响可以忽略不计。因此，式(7.2.3)也可以用来计算横力弯曲时挠曲线的曲率半径。

在高等数学中，给出了平面曲线在某一点 x 的曲率半径 $\rho(x)$ 与曲线方程 $w(x)$ 之间的关系式：

$$\frac{1}{\rho(x)} = \pm\frac{w''}{(1+w'^2)^{3/2}} \tag{7.2.4}$$

其中，"$''$"表示二阶导数，即 $\frac{\mathrm{d}^2}{\mathrm{d}x^2}$。等式右侧的正负号取决于挠曲线的弯曲方向与坐标方向。

将式(7.2.4)代入式(7.2.3)，得到

$$\pm\frac{w''}{(1+w'^2)^{3/2}} = \frac{M(x)}{EI} \tag{7.2.5}$$

在实际的工程结构和构件中，由于小变形的原因，梁弯曲变形后的挠曲线相对平缓，即挠曲线的斜率 $w' = \frac{\mathrm{d}w}{\mathrm{d}x} \ll 1$，近似有 $1 + w'^2 \approx 1$。因此，式(7.2.5)可以简化为

$$\pm w'' = \pm\frac{\mathrm{d}^2w}{\mathrm{d}x^2} = \frac{M(x)}{EI} \tag{7.2.6}$$

上述公式中的正负号选择取决于弯矩的符号规定及所选用的坐标系。在采用图 7.2.3 所示坐标系和前述弯矩符号规定的情况下，当梁的上侧受拉，导致梁向上弯曲时，挠曲线的斜率增量 $w'' > 0$；相反，当梁的下侧受拉，导致梁向下弯曲时，挠曲线的斜率增量 $w'' < 0$，如图 7.2.4 所示。因此，弯矩 M 与挠曲线斜率增量 w'' 的符号相反，于是得到

$$w'' = \frac{\mathrm{d}^2w}{\mathrm{d}x^2} = -\frac{M(x)}{EI} \tag{7.2.7}$$

式(7.2.7)即梁弯曲时挠曲线的近似微分方程。通过根据梁的受力条件确定梁截面上的弯矩方程 $M(x)$，并对微分方程式(7.2.7)进行积分，可以得到梁的转角方程 $\theta(x)$ 和挠度方

程 $w(x)$，从而确定弯曲梁的截面转角和挠度。

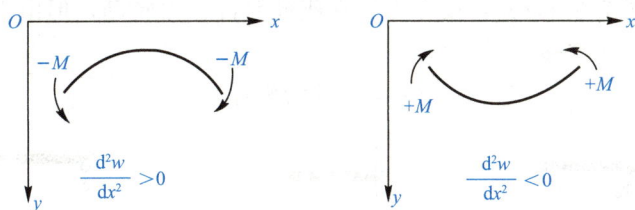

图 7.2.4　弯矩 M 与二阶微分 $\dfrac{\mathrm{d}^2 w}{\mathrm{d}x^2}$ 的关系

问题：在图 7.2.4 中，为什么弯矩 M 与二阶微分 $\dfrac{\mathrm{d}^2 w}{\mathrm{d}x^2}$ 符号相反？

7.3　计算梁变形的积分法的应用

根据挠曲线的近似微分方程式(7.2.7)，对微分方程求一次积分并应用式(7.2.2)得到弯曲梁截面的转角方程：

$$\frac{\mathrm{d}w}{\mathrm{d}x} = \theta(x) = -\int \frac{M(x)}{EI}\mathrm{d}x + C \tag{7.3.1}$$

式(7.3.1)即计算梁各截面转角位移的公式，C 为积分常数。再积分一次，可得到弯曲梁截面形心轴的挠曲线方程

$$w(x) = -\int \left(\int \frac{M(x)}{EI}\mathrm{d}x \right) \mathrm{d}x + Cx + D \tag{7.3.2}$$

其中，D 也是一个积分常数。当梁为等截面均质梁时，式(7.3.1)、式(7.3.2)中 EI 可以提到积分号外面。式(7.3.1)、式(7.3.2)中的积分常数 C、D 由梁上任意截面的已知位移值确定，由于这两个公式给出整根梁的转角和挠度方程，适用于梁的任意截面，代入随意截面的位移都能满足，因此可以将已知截面位移代入两个公式，以确定积分常数 C 和 D。通常梁弯曲变形时，梁的某些支座的挠度或转角位移是已知的，将支座处的已知位移代入挠度方程和转角方程，由此确定出积分常数 C 和 D。

7.3.1　积分常数与边界条件、几种常见支座的边界条件

梁与支座的连接方式主要有固定铰支座、固定支座和支杆支座三种类型，如图 7.3.1 所示。

(1)固定铰支座[图 7.3.1(a)]：在此种类型的支座下，梁可以绕着铰自由转动，因此该处的梁截面转角是未知的。但是，由于梁受到支座的约束，其挠度始终为零，即

$$w(x = \text{支座处的坐标}) = 0 \tag{7.3.3}$$

(2)固定支座[图 7.3.1(b)]：在固定支座处，梁与支座牢固连接，变形时梁截面处的转角和挠度都被约束为零，即

$$w(x = \text{支座处的坐标}) = 0 \tag{7.3.4}$$

$$\theta(x=支座处的坐标)=0 \tag{7.3.5}$$

（3）支杆支座[图 7.3.1(c)]：梁在支杆支座处允许自由转动，但由于受到支杆的约束，该处梁截面不能有竖向位移，即

$$w(x=支座处的坐标)=0 \tag{7.3.6}$$

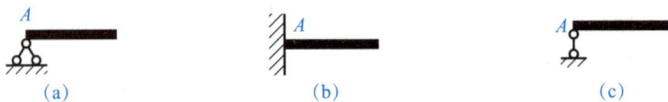

图 7.3.1　常见的三种支座

(a)固定铰支座；(b)固定支座；(c)支杆支座

从上述描述可以看出，固定铰支座和支杆支座在确定积分常数时提供的位移条件相同，它们都只能提供一个用于计算积分常数的表达式；固定支座则可以提供两个积分常数的计算表达式。这些条件通常被称为梁的边界条件。为了在挠曲线方程中确定积分常数 C 和 D，至少需要两个边界条件。静定梁为了保持几何稳定性，通常具有至少两个位移约束条件，这允许完全确定积分常数 C 和 D。

【例 7.3.1】 计算图 7.3.2 所示的悬臂梁的转角方程和挠度方程，并计算其最大转角和最大挠度。假设梁的 EI 为已知常数。

解：（1）求弯矩方程 $M(x)$：从距离固定端 A（坐标系原点）x 处截开梁，并考虑右侧的梁段作为隔离体，得到弯矩方程：

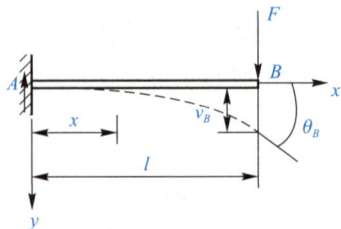

图 7.3.2　悬臂梁

$$M(x)=-F(l-x) \quad （上侧受拉） \tag{a}$$

（2）将式（a）代入挠曲线近似微分方程，并积分得到

$$EI\frac{\mathrm{d}w}{\mathrm{d}x}=EI\theta(x)=F\int(l-x)\mathrm{d}x+C=-\frac{F}{2}(x-l)^2+C \tag{b}$$

$$EIw(x)=\int\left[-\frac{F}{2}(x-l)^2+C\right]\mathrm{d}x+D=-\frac{F}{6}(x-l)^3+Cx+D \tag{c}$$

（3）通过边界条件确定积分常数：

固定端 A 的位移条件为

$$\theta(x=0)=0 \qquad w(x=0)=0 \tag{d}$$

将边界条件式（d）代入式（b）、式（c），计算得

$$C=\frac{1}{2}Fl^2, \ D=-\frac{1}{6}Fl^3 \tag{e}$$

（4）将计算出的积分常数式（e）代回到式（b）、式（c）中，得到转角方程和挠度方程：

$$EI\theta(x)=-\frac{1}{2}F(x-l)^2+\frac{1}{2}Fl^2 \tag{f}$$

$$EIw(x)=-\frac{1}{6}F(x-l)^3+\frac{1}{2}Fl^2x-\frac{1}{6}Fl^3 \tag{g}$$

（5）计算最大转角和弯矩：悬臂梁的最大转角和最大挠度出现在 $x=l$ 处，即自由端 B 处。将 $x=l$ 代入式（f）、式（g）即得悬臂梁在集中荷载 F 作用下的梁最大转角和最大挠度

$$\theta_{\max}=\frac{Fl^2}{2EI} \qquad w_{\max}=\frac{Fl^3}{3EI}$$

其中，最大转角和最大挠度计算值为正，表示计算量的方向与约定方向相同，即转角转向是顺时针的，挠度方向向下。

【例 7.3.2】　计算图 7.3.3 所示悬臂梁的挠度 y_c。

解：因 BC 梁段是自由梁段，该梁段上各截面的弯矩均为零，故不产生弯曲变形，即该段梁的挠曲线为一条直线。然而，由于 AB 梁段弯曲变形，BC 梁段随之产生刚体位移，如图 7.3.3 所示。

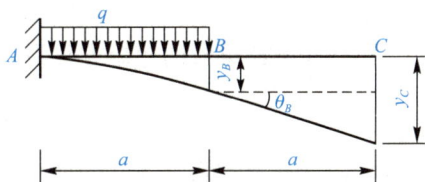

图 7.3.3　悬臂梁的挠度

C 截面的挠度 y_C 等于 B 截面的挠度加上由于 B 截面的转角位移所引起的直梁 BC 的竖向刚体位移，即

$$y_C = y_B + \theta_B \cdot a$$

采用积分法计算 B 截面的挠度 y_B 和转角位移 θ_B（推导过程建议读者自行完成）：

$$y_B = \frac{qa^4}{8EI} \qquad \theta_B = \frac{qa^3}{6EI}$$

代入得

$$y_C = \frac{qa^4}{8EI} + \frac{qa^3}{6EI} \cdot a = \frac{7qa^4}{24EI}$$

式中的正号表明，自由端 C 截面的挠度 y_C 方向向下。

7.3.2　位移连续性和对称性条件

当通过积分得到的梁弯曲挠曲线方程是分段连续函数时，每个梁段的挠曲线积分方程均含有两个积分常数。此时，仅依靠前述的位移边界条件无法确定所有积分常数，因此必须引入位移连续性条件。所谓位移连续性条件，是指为了保证梁构件的连续性，在构件的连接处，其挠度和转角必须满足一定的条件。当梁的挠曲线方程在不同梁段上有不同的表达式时，这些连续性条件可用于确定各梁段之间积分常数的关系。

以一个简单的梁问题为例（图 7.3.4），将说明如何应用这些理论和方法。

图 7.3.4 描述的是一个受集中力偶作用的简支梁。首先，求解支座反力。以 B 点为矩心，列出合力矩平衡方程：

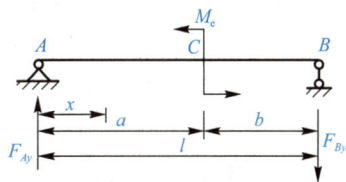

图 7.3.4　受集中力偶作用的简支梁

$$F_{Ay} \cdot l - M_e = 0, \quad F_{Ay} = \frac{M_e}{l}(\uparrow)$$

接着，以 A 点为矩心，得到

$$F_{By} = -\frac{M_e}{l}(\downarrow)$$

由于 AC 和 CB 两梁段的弯矩方程不同，需要分别求解这两个梁段的弯矩方程。在 AC 梁段的任意截面 x 处截取隔离体，以 x 截面的形心作为矩心，隔离体的合力矩平衡方程为

$$-M(x) + \frac{M_e}{l} \cdot x = 0$$

因此，AC 梁段的弯矩方程为

$$M(x) = \frac{M_e}{l} \cdot x \qquad (0 \leqslant x \leqslant a)$$

类似地，CB 梁段的弯矩方程为

$$M(x) = M_e \left(\frac{x}{l} - 1 \right) \qquad (a < x \leqslant l)$$

将 AC 和 CB 梁段的弯矩方程分别代入挠曲线近似微分方程，通过积分，得到 AC 和 CB 梁段的转角方程和挠度方程：

$$\theta_{AC}(x) = \frac{1}{EI} \left(-\frac{M_e}{2l} x^2 + C_1 \right)$$

$$w_{AC}(x) = \frac{1}{EI} \left(-\frac{M_e}{6l} x^3 + C_1 x + D_1 \right)$$

$$\theta_{CB}(x) = \frac{M_e}{EI} \left(x - \frac{x^2}{2l} + C_2 \right)$$

$$w_{CB}(x) = \frac{M_e}{EI} \left(\frac{x^2}{2} - \frac{x^3}{6l} + C_2 x + D_2 \right)$$

在这个例子中，需要确定四个未知的积分常数。

首先，考虑梁在 $x = 0$ 处的边界条件，由于该处为固定铰支座，挠度为零：

$$w(0) = 0$$

其次，考虑梁在 $x = l$ 处的支杆约束，表示梁在该处也没有挠度：

$$w(l) = 0$$

这两个边界条件限制了积分常数的取值。

最后，需要考虑连续性条件。在本例中，由于梁的挠曲线方程在整个梁的不同区段上是不同的，因此必须考虑不同区段之间的连续性条件。通过将连接部位的位移连续性条件代入挠曲线方程，并应用边界条件，可以获得确定积分常数的方程组，进而确定各区段梁的转角方程 $\theta(x)$ 和挠度方程 $w(x)$ 的具体形式。

以上只是一个简单的例子，实际的梁问题可能更复杂，也可能需要考虑更多的连续性条件和边界条件。然而，以上所述的理论和方法提供了一个基本框架，用于解决确定梁弯曲时挠曲线方程的积分常数所需的连续性条件问题。如果梁的几何形状和作用的荷载具有对称性，则可以利用对称性来确定对称截面上的位移，进一步计算挠曲线方程的积分常数。

通过对挠曲线近似微分方程进行积分的方法，可以计算梁弯曲变形时任意截面的转角和挠度，这种方法通常称为梁变形计算的积分法。利用积分法可以得到梁的转角方程和挠度方程，即梁任意截面的转角值和挠度值。但在许多情况下，可能只需要了解某些特定截面的转角和挠度，尤其是梁的最大转角和最大挠度。在这种情况下，采用下一节介绍的叠加法进行计算可能更为简便。

问题：弯矩 M 在集中力偶矩作用截面不连续，为什么可以对梁进行分段积分？

【例 7.3.3】 计算图 7.3.5 所示的转角方程和挠度方程，并计算最大转角和最大挠度，梁的 EI 已知，$l = a + b$，$a > b$。

解：(1)求支座反力：

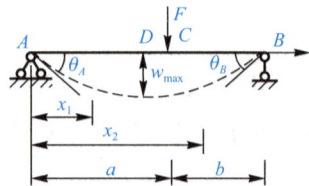

图 7.3.5 受集中力的简支架

$$F_{Ax}=0,\ F_{Ay}=\frac{Fb}{l},\ F_{By}=\frac{Fa}{l}$$

式中，F_{Ax} 是 A 支座的水平方向支座反力，F_{Ay} 是 A 支座的竖向方向支座反力，F_{By} 是 B 支座的竖向支座反力。

（2）弯矩方程：

AC 段：

$$M(x_1)=F_{Ay}x_1=\frac{Fb}{l}x_1,\ 0\leqslant x_1\leqslant a$$

CB 段：

$$M(x_2)=F_{Ay}x_2-F(x_2-a)=\frac{Fb}{l}x_2-F(x_2-a),\ a\leqslant x_2\leqslant l$$

（3）对挠曲线近似微分方程积分：

AC 段 $0\leqslant x_1\leqslant a$：

$$EIw_1''=-M(x_1)=-\frac{Fb}{l}x_1$$

$$EIw_1'=EI\theta(x_1)=-\frac{Fb}{2l}x_1^2+C_1$$

$$EIw_1=-\frac{Fb}{6l}x_1^3+C_1x_1+D_1$$

CB 段 $a\leqslant x_2\leqslant l$：

$$EIw_2''=-M(x_2)=-\frac{Fb}{l}x_2+F(x_2-a)$$

$$EIw_2=EI\theta(x_2)=-\frac{Fb}{2l}x_2^2+\frac{F}{2}(x_2-a)^2+C_2$$

$$EIw_2=-\frac{Fb}{6l}x_2^3+\frac{F}{6}(x_2-a)^3+C_2x_2+D_2$$

（4）由边界条件和连续性条件确定积分常数：

位移边界条件：

$$w_1(0)=0 \qquad w_2(l)=0$$

位移连续性条件：

$$\theta_1(a)=\theta_2(a) \qquad w_1(a)=w_2(a)$$

代入求得：

$$C_1=C_2=\frac{1}{6}Fbl-\frac{Fb^3}{6l} \qquad D_1=D_2=0$$

（5）确定转角方程和挠度方程：

AC 段 $0\leqslant x_1\leqslant a$：

$$w_1'=\theta_1=\frac{Fb}{6EIl}(l^2-b^2)-\frac{Fbx_1^2}{2EIl}$$

$$w_1=\frac{Fb}{6EIl}(l^2-b^2)x_1-\frac{Fbx_1^3}{6EIl}$$

CB 段 $a\leqslant x_2\leqslant l$：

$$w_2'=\theta_2=\frac{Fb}{6EIl}(l^2-b^2)-\frac{Fb}{2EIl}x_2^2+\frac{F}{2EI}(x_2-a)^2$$

$$w_2 = \frac{Fb}{6EIl}(l^2 - b^2)x_2 - \frac{Fb}{6EIl}x_2^3 + \frac{F}{6EI}(x_2 - a)^3$$

(6)确定最大转角和最大挠度：根据已计算出的转角方程和挠度方程，应用高等数学求极限方法。首先，分别计算出两个梁段的最大转角和最大挠度的驻值点，过程如下：

令 $w'' = 0$，得到最大转角的驻值 $x = 0$ 和 $x = l$，进一步求得

$$\theta_A = \frac{Fab}{6EIl}(l + b) \quad (\text{顺时针})$$

$$\theta_B = -\frac{Fab}{6EIl}(l + a) \quad (\text{逆时针})$$

$$\theta_{max} = \max(|\theta_A|, |\theta_B|) = \max\left[\frac{Fab}{6EIl}(l+b), \frac{Fab}{6EIl}(l+a)\right] = \frac{Fab}{6EIl}(l+a) \text{（由于}$$

$a > b$），θ_{max} 逆时针转动。

再令 $w' = 0$，求得最大挠度的驻值 $x = \sqrt{\dfrac{l^2 - b^2}{3}}$，经分析得知，驻值点位于 AC 梁段。按照惯例，对于简支梁，通常以跨中截面的挠度近似作为最大挠度

$$w_{max} = \frac{Fb}{48EI}(3l^2 - 4b^2)$$

【例 7.3.4】 如图 7.3.6 所示的简支梁，试计算其挠度方程，并计算 $|w|_{max}$ 和 $|\theta|_{max}$。

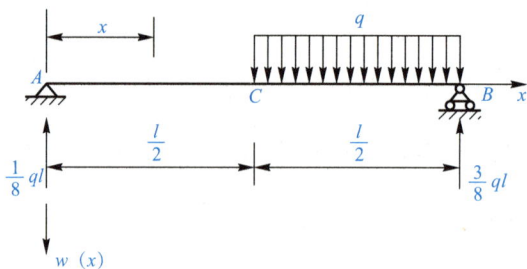

图 7.3.6 简支梁

解：(1)求支座反力，列出分段弯矩方程。如图 7.3.6 所示，选择坐标系和已求出的支座反力。根据荷载与弯矩图之间关系，简支梁的弯矩方程应该分为两段写出，即 AC 段和 CB 段的弯矩方程。

AC 段
$$M_{AC}(x) = \frac{1}{8}qlx \qquad \left(0 \leqslant x \leqslant \frac{l}{2}\right)$$

CB 段
$$M_{CB}(x) = \frac{1}{8}qlx - \frac{1}{2}q\left(x - \frac{l}{2}\right)^2 \qquad \left(\frac{l}{2} \leqslant x \leqslant l\right)$$

(2)列出挠曲线近似微分方程，并进行积分。

$$\frac{\mathrm{d}^2 w_{AC}}{\mathrm{d}x^2} = -\frac{1}{EI}\frac{1}{8}qlx \left(0 \leqslant x \leqslant \frac{l}{2}\right)$$

$$\frac{\mathrm{d}^2 w_{CB}}{\mathrm{d}x^2} = -\frac{1}{EI}\left[\frac{1}{8}qlx - \frac{1}{2}q\left(x - \frac{l}{2}\right)^2\right]\left(\frac{l}{2} \leqslant x \leqslant l\right)$$

$$\theta_{AC}(x) = \frac{\mathrm{d}w_{AC}}{\mathrm{d}x} = -\frac{1}{EI}\frac{1}{16}qlx^2 + C_{AC} \tag{a}$$

$$\theta_{CB}(x) = \frac{\mathrm{d}w_{CB}}{\mathrm{d}x} = -\frac{1}{EI}\left[\frac{1}{16}qlx^2 - \frac{1}{6}q\left(x - \frac{l}{2}\right)^3\right] + C_{CB} \tag{b}$$

$$w_{AC}(x) = -\frac{1}{EI}\frac{1}{48}qlx^3 + C_{AC}x + D_{AC} \tag{c}$$

$$w_{CB}(x) = -\frac{1}{EI}\left[\frac{1}{48}qlx^3 - \frac{1}{24}q\left(x - \frac{l}{2}\right)^4\right] + C_{CB}x + D_{CB} \tag{d}$$

（3）应用边界条件和连续性条件确定积分常数。

根据边界条件 $x=0$，$w_{AC}=0$，求得 $D_{AC}=0$；根据 $x=l$，$w_{CB}=0$，求得 $C_{CB}l + D_{CB} = \dfrac{7ql^4}{384EI}$。

再根据连续性条件 $x=\dfrac{l}{2}$，$\theta_{AC}=\theta_{CB}$，$w_{AC}=w_{CB}$，求得 $C_{AC}=C_{CB}$，$D_{AC}=D_{CB}=0$。

再将 $D_{CB}=0$ 代入边界条件第二项，得到 $C_{CB}=\dfrac{7ql^3}{384EI}$。将以上积分常数代入式（a）～（d），得到转角方程和挠度方程

$$\theta_{AC}(x) = \frac{\mathrm{d}w_{AC}}{\mathrm{d}x} = -\frac{1}{EI}\left(\frac{1}{16}qlx^2 - \frac{7ql^3}{384}\right) \tag{e}$$

$$\theta_{CB}(x) = \frac{\mathrm{d}w_{CB}}{\mathrm{d}x} = -\frac{1}{EI}\left[\frac{1}{16}qlx^2 - \frac{1}{6}q\left(x - \frac{l}{2}\right)^3 - \frac{7ql^3}{384}\right] \tag{f}$$

$$w_{AC}(x) = -\frac{1}{EI}\left(\frac{1}{48}qlx^3 - \frac{7ql^3}{384}x\right) \tag{g}$$

$$w_{CB}(x) = -\frac{1}{EI}\left[\frac{1}{48}qlx^3 - \frac{1}{24}q\left(x - \frac{l}{2}\right)^4 - \frac{7ql^3}{384}x\right] \tag{h}$$

（4）求最大转角和最大挠度。最大转角所在截面位置必须满足 $\dfrac{\mathrm{d}^2 w_{AC}}{\mathrm{d}x^2}=0$ 或 $\dfrac{\mathrm{d}^2 w_{CB}}{\mathrm{d}x^2}=0$，由此确定最大转角的驻值点 $x=0$ 和 $x=l$。通过比较 $x=0$ 和 $x=l$ 处的转角值，取其大者即最大转角。

将 $x=0$ 代入式（e），求得 $\theta_A = \dfrac{7ql^3}{384EI}$（顺时针）；将 $x=l$ 代入式（f），求得 $\theta_B = -\dfrac{9ql^3}{384EI}$（逆时针）。

因此，$|\theta|_{\max} = |\theta_B| = \dfrac{9ql^3}{384EI}$，在支座 B 处。

梁的最大挠度所在截面必须满足 $\dfrac{\mathrm{d}w_{AC}}{\mathrm{d}x}=0$ 或 $\dfrac{\mathrm{d}w_{CB}}{\mathrm{d}x}=0$，求得此时挠度最大值截面位置位于 CB 段。但对于简支梁，通常以跨中截面的挠度近似作为最大挠度

$$|w|_{\max} \approx \left|w\left(\frac{l}{2}\right)\right| = \frac{5ql^4}{768EI}$$

【例 7.3.5】　使用积分法求图 7.3.7 所示结构的转角 θ_A、θ_B、θ_C 和挠度 y_B、y_C。

解：（1）计算梁的约束反力。

$$R_A = \frac{m_0}{l}(\downarrow)，\quad R_B = \frac{m_0}{l}(\uparrow)$$

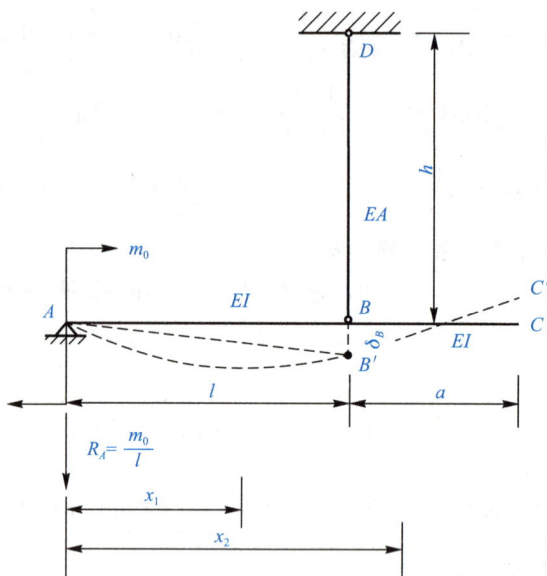

图 7.3.7 梁和链杆组合结构

其中，R_B 等于链杆 DB 中的轴力 N_{DB}，对链杆产生拉伸作用。

（2）列各梁段的弯矩方程。

AB 段（$0 < x_1 \leqslant l$）

$$M(x_1) = -R_A x_1 + m_0$$

BC 段 $[l \leqslant x_2 \leqslant (l+a)]$

$$M(x_2) = -R_A x_2 + m_0 + R_B(x_2 - l)$$

（3）将 AB 段和 BC 段的弯矩方程代入挠曲线近似微分方程，并进行两次积分：

AB 段：

$$\theta(x_1) = -\frac{1}{EI}\left(-\frac{R_A}{2}x_1^2 + m_0 x_1 + C_1\right)$$

$$y(x_1) = -\frac{1}{EI}\left(-\frac{R_A}{6}x_1^3 + \frac{m_0 x_1^2}{2} + C_1 x_1 + D_1\right)$$

BC 段：

$$\theta(x_2) = -\frac{1}{EI}\left(-\frac{R_A}{2}x_2^2 + m_0 x_2 + \frac{R_B}{2}(x_2 - l)^2 + C_2\right)$$

$$y(x_2) = -\frac{1}{EI}\left(-\frac{R_A}{6}x_2^3 + \frac{m_0}{2}x_2^2 + \frac{R_B}{6}(x_2 - l)^3 + C_2 x_2 + D_2\right)$$

（4）确定积分常数。

1）边界条件：当 $x_1 = 0$，$y(x_1 = 0) = 0$，因此 $D_1 = 0$；当 $x_1 = l$ 时，梁在 B 截面的挠度就是链杆 BD 的轴向伸长量 Δl_{BD}，因而有

$$\Delta l_{BD} = -\frac{1}{EI}\left[-\frac{1}{6}\left(\frac{m_0}{l}\right)l^3 + \frac{m_0}{2}l^2 + C_1 l\right]$$

解得 $C_1 = -EI\left(\dfrac{m_0 l}{3EI} + \dfrac{\Delta l_{BD}}{l}\right)$。

2)连续性条件：当 $x_1 = x_2 = l$，$\theta_1 = \theta_2$ 和 $y_1 = y_2$ 时，由此得出 $C_1 = C_2$ 和 $D_1 = D_2$。

（5）转角方程和挠度方程。代入积分常数数值和关系，得到 AB 段和 BC 段的转角方程和挠度方程。

AB 段$(0 < x_1 \leqslant l)$

$$\theta(x_1) = -\frac{1}{EI}\left[-\frac{m_0}{2l}x_1^2 + m_0 x_1 + EI\left(-\frac{m_0 l}{3EI} - \frac{\Delta l_{BD}}{l}\right)\right]$$

$$y(x_1) = -\frac{1}{EI}\left[-\frac{m_0}{6l}x_1^3 + \frac{m_0 x_1^2}{2} + EI\left(-\frac{m_0 l}{3EI} - \frac{\Delta l_{BD}}{l}\right)x_1\right]$$

BC 段$[l \leqslant x_2 \leqslant (l+a)]$

$$\theta(x_2) = -\frac{1}{EI}\left[-\frac{m_0}{2l}x_2^2 + m_0 x_2 + \frac{m_0}{2l}(x_2-l)^2 + EI\left(-\frac{m_0 l}{3EI} - \frac{\Delta l_{BD}}{l}\right)\right]$$

$$y(x_2) = -\frac{1}{EI}\left[-\frac{m_0}{6l}x_2^3 + \frac{m_0 x_2^2}{2} + \frac{m_0}{6l}(x_2-l)^3 + EI\left(-\frac{m_0 l}{3EI} - \frac{\Delta l_{BD}}{l}\right)x_2\right]$$

（6）求解 θ_A、θ_B、y_B、θ_C、y_C。

1)将 $x_1 = 0$ 代入 AB 段转角方程，得到 $\theta_A = \dfrac{m_0 l}{3EI} + \dfrac{\Delta l_{BD}}{l}$。

2)将 $x_1 = l$ 代入 BC 段转角方程，得到 $\theta_B = -\dfrac{m_0 l}{6EI} + \dfrac{\Delta l_{BD}}{l}$。

3)将 $x_1 = l$ 代入 BC 段挠度方程，得到 $y_B = \Delta l_{BD}$。

4)将 $x_2 = a + l$ 代入 BC 段转角方程，得到 $\theta_C = -\dfrac{m_0 l}{6EI} + \dfrac{\Delta l_{BD}}{l}$。

5)将 $x_2 = a + l$ 代入 BC 段挠度方程，得到 $y_C = \Delta l_{BD} - \left(\dfrac{m_0 l}{6EI} - \dfrac{\Delta l_{BD}}{l}\right)a$。

其中，$\Delta l_{BD} = \dfrac{R_B h}{EA} = \dfrac{m_0 h}{EAl}$，即链杆 DB 在轴向力 $R_B = N_{DB} = \dfrac{m_0}{l}$ 作用下产生的轴向伸长量，位移方向向下。

问题：本题是否可以采用例 7.3.2 的解法？

从上述两个例子中可以看到，当需要计算包含多个梁段的转角和挠度方程时，确定积分解中的积分常数变得非常烦琐，且容易出错。为了解决这一问题，将介绍一种有效的替代方法——叠加法。该方法可以简化计算过程，提高计算效率和准确性。

7.4　计算梁变形的叠加法

挠曲线近似微分方程式描述了关于弯矩 M 和挠度 $w(x)$ 的线性微分方程。如果问题的边界条件也是线性的，那么可以使用叠加法来解挠曲线近似微分方程式。这意味着可以将作用在梁上的外力分解为多个简单的分力，每个分力单独作用在梁上产生的变形之和等于原始荷载作用下的变形。

假设梁上有 n 个荷载同时作用，任意截面上的弯矩为 $M(x)$，转角为 θ，挠度为 w，则有

$$EIw'' = -M(x)$$

若梁上只有第 i 个荷载单独作用，截面上弯矩为 $M_i(x)$，转角为 $\theta_i(x)$，挠度为 $w_i(x)$，则有

$$EIw_i'' = -M_i(x)$$

由弯矩的叠加原理知：

$$\sum_{i=1}^{n} M_i(x) = M(x)$$

因此

$$EI\sum_{i=1}^{n} w_i'' = EI\left(\sum_{i=1}^{n} w_i\right)'' = -\sum_{i=1}^{n} M_i(x) = -M(x)$$

所以有

$$w'' = \left(\sum_{i=1}^{n} w_i\right)''$$

如果梁的边界条件也是线性的，即有

$$w = \sum_{i=1}^{n} w_i \qquad \theta = \sum_{i=1}^{n} \theta_i$$

根据上述推导，可以概括出梁弯曲变形分析的叠加原理：梁在若干个荷载共同作用时的挠度或转角，等于在各个荷载单独作用时的挠度或转角的代数和。

应用叠加法可以在某些情况下简化计算，并使原本难以解决的问题变得可行。通过将问题分解为多个简单的部分，并独立地考虑每个部分的影响，可以更容易地处理复杂的情况。叠加法的优势在于它允许将问题分解为更易处理的部分，并将它们的效果叠加在一起以获得整体的解决方案。这种方法通常用于求解线性系统，其中每个部分的响应可以通过简单相加来得到最终的结果。通过利用叠加法，可以通过解决每个部分的问题逐步逼近整体问题的解，从而原本复杂的计算问题变得更加可行和易处理。

以下通过一个简单力学问题来说明叠加法的应用。

如图 7.4.1 所示，考虑一个悬臂梁，长度为 l，受到两个集中力的作用，即 F_1 和 F_2。假设 F_1 作用于距离悬臂梁的左端 a 处，F_2 作用于距离悬臂梁的右端 b 处。想要确定梁的挠度分布 $w(x)$。

可以将每个力独立地应用于梁上，并求解每个力作用下的挠度分布。

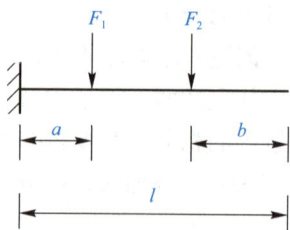

图 7.4.1 悬臂梁

第一步，考虑只有 F_1 作用的情况。可以解决这个问题并得到挠度分布 $w_1(x)$。

第二步，考虑只有 F_2 作用的情况。同样地，可以解决这个问题并得到挠度分布 $w_2(x)$。

现在，根据叠加法的原理，可以得出结论：在同时施加 F_1 和 F_2 的情况下，梁的总挠度分布 $w(x)$ 等于单独施加 F_1 和 F_2 时的挠度分布之和。换而言之，$w(x) = w_1(x) + w_2(x)$。

通过将两个简单问题的解叠加在一起，就能得到梁在受到 F_1 和 F_2 共同作用时的挠度分布。

这个例子显示了叠加法的应用过程。将复杂的问题分解为两个简单的部分，并分别求解每个部分的解。然后，通过将这些解叠加在一起，得到了原始问题的解。这种叠加法的思想可以在更复杂的问题中得到推广和应用。

为了简化叠加法的计算，把几种常见的静定梁在典型荷载作用下的挠度和转角列于附录Ⅱ的表中，利用此表可以直接采用叠加法对复杂荷载作用下梁的变形进行计算。

【例 7.4.1】 利用叠加原理求图 7.4.2 所示弯曲刚度为 EI 的悬臂梁自由端 B 截面的挠度和转角。

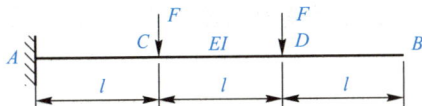

图 7.4.2 悬臂梁

解： 根据叠加原理可以把原荷载分解为图 7.4.3 所示两种荷载的叠加，对应的变形和相关量如图 7.4.3 所示。

在图 7.4.3(a)中，可以得到 C 截面的挠度和转角为

$$w_{C1}=\frac{Fl^3}{3EI} \qquad \theta_{C1}=\frac{Fl^2}{2EI}$$

由位移关系可得此时 B 截面的挠度和转角为

$$w_{B1}=w_{C1}+\theta_{C1}\cdot\overline{BC}=\frac{Fl^3}{3EI}+\frac{Fl^2}{2EI}\times2l=\frac{4Fl^3}{3EI}(\downarrow)$$

$$\theta_{B1}=\theta_{C1}=\frac{Fl^2}{2EI} \qquad （顺时针）$$

在图 7.4.3(b)中，可以得到 D 截面的挠度和转角为

$$w_{D1}=\frac{F(2l)^3}{3EI} \qquad \theta_{D1}=\frac{F(2l)^2}{2EI}$$

同理可得，此时 B 截面的挠度和转角为

$$w_{B2}=w_{D1}+\theta_{D1}\cdot\overline{BD}=\frac{8Fl^3}{3EI}+\frac{4Fl^2}{2EI}\cdot l=\frac{14Fl^3}{3EI}(\downarrow)$$

$$\theta_{B2}=\theta_{D1}=\frac{2Fl^2}{EI} \qquad （顺时针）$$

将相应的位移进行叠加，即得

$$w_B=w_{B1}+w_{B2}=\frac{4Fl^3}{3EI}+\frac{14Fl^3}{3EI}=\frac{6Fl^3}{EI}(\downarrow)$$

$$\theta_B=\theta_{B1}+\theta_{B2}=\frac{Fl^2}{2EI}+\frac{2Fl^2}{EI}=\frac{5Fl^2}{2EI} \qquad （顺时针）$$

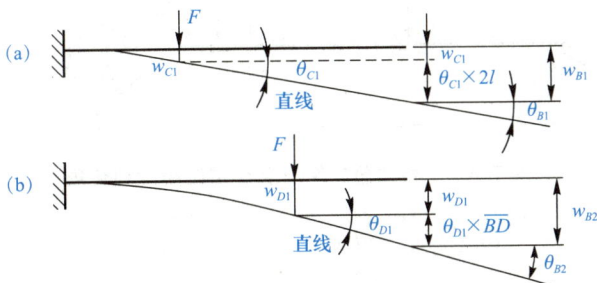

图 7.4.3 挠度和转角

【例 7.4.2】 应用叠加原理求图 7.4.4 所示弯曲刚度为 EI 的外伸梁 C 截面的挠度和转

角及 D 截面的挠度。

解： 可将外伸梁转变成图 7.4.5(a)、(b) 所示的简支梁和悬臂梁的叠加。

(1)又可把图 7.4.5(a)分解为图 7.4.5(c)、(d)所示荷载的组合。由于 B 支座上的竖向集中力 qa 被支杆支座支撑，对简支梁不会产生转角位移和挠度，因而不需要进行叠加。

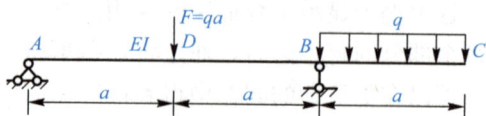

图 7.4.4 外伸梁

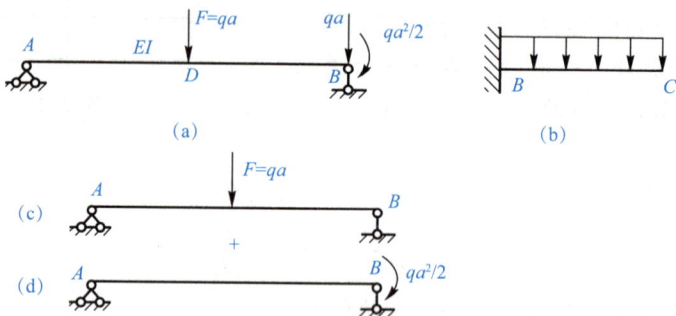

图 7.4.5 外伸梁分解

查附录Ⅱ的列表，图 7.4.5(c)中 D 截面的挠度和 B 截面的转角为

$$w_{D1} = \frac{qa(2a)^3}{48EI} \qquad \theta_{B1} = -\frac{qa(2a)^2}{16EI}$$

同理，图 7.4.5(d)中 D 截面的挠度和 B 截面的转角为

$$w_{D2} = -\frac{2qa^4}{16EI} \qquad \theta_{B2} = \frac{qa^3}{3EI}$$

将相应的位移进行叠加，即得

$$w_D = w_{D1} + w_{D2} = \frac{qa^4}{6EI} - \frac{qa^4}{8EI} = \frac{qa^4}{24EI}(\downarrow)$$

$$\theta_B = \theta_{B1} + \theta_{B2} = -\frac{qa(2a)^2}{16EI} + \frac{qa^3}{3EI} = \frac{qa^3}{12EI} \quad (\text{顺时针})$$

(2)在图 7.4.5(b)情况下，C 截面的挠度和转角分别为

$$w_{Cq} = \frac{qa^4}{8EI} \qquad \theta_{Cq} = \frac{qa^3}{6EI}$$

原外伸梁 C 端的挠度和转角也可按叠加原理求得(图 7.4.6)，即

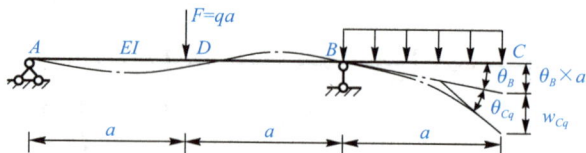

图 7.4.6 根据叠加原理求 C 端的挠度和转角

$$w_C = w_{Cq} + \theta_B a \qquad \theta_C = \theta_B + \theta_{Cq}$$

所以

$$w_C = \frac{qa^4}{8EI} + \frac{1}{12}\frac{qa^3}{EI} \cdot a = \frac{5qa^4}{24EI}(\downarrow)$$

$$\theta_C = \frac{qa^3}{6EI} + \frac{qa^3}{12EI} = \frac{qa^3}{4EI} \qquad （顺时针）$$

【例 7.4.3】　如图 7.4.7 所示梁，其中 $F = 2qa$。利用叠加法求：

(1)铰 B 的挠度 w_B。

(2)铰 B 右截面的转角 $\theta_{B右}$。

(3)D 截面的挠度 w_D。

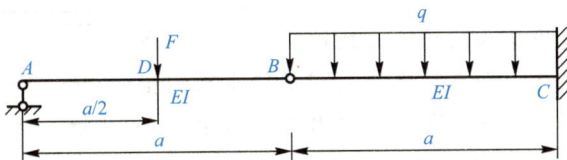

图 7.4.7　组合梁

解：为了利用叠加法计算本题，首先必须将图 7.4.7 所示的梁拆分成附录Ⅱ中的典型杆件。所以，将梁拆分成图 7.4.8(a)、(b)所示的两部分，并可求得铰结点处的内力为

$$F_B = F'_B = \frac{F}{2} = qa$$

对于图 7.4.8(b)可以分解成图 7.4.8(c)两个简单荷载的叠加。查附录Ⅱ可得

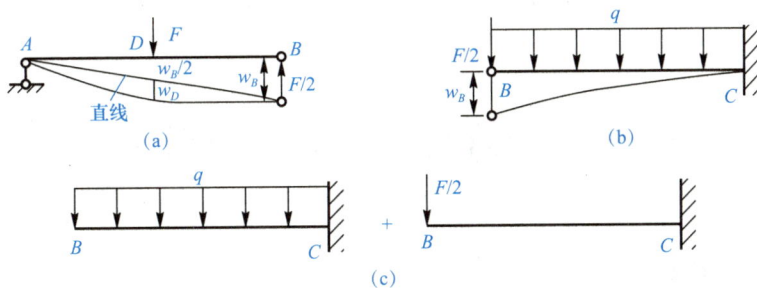

图 7.4.8　组合梁分解

$$w_{Bq} = \frac{qa^4}{8EI}(\downarrow) \qquad w_{BF} = \frac{\frac{F}{2}a^3}{3EI} = \frac{qa^4}{3EI}(\downarrow)$$

$$\theta_{Bq} = -\frac{qa^3}{6EI}（逆时针） \qquad \theta_{BF} = -\frac{\frac{F}{2}a^2}{2EI} = -\frac{qa^3}{2EI}（逆时针）$$

则根据叠加原理有

$$w_B = w_{Bq} + w_{BF} = \frac{qa^4}{8EI} + \frac{qa^4}{3EI} = \frac{11qa^4}{24EI}(\downarrow)$$

$$\theta_{B右} = \theta_{Bq} + \theta_{BF} = -\left(\frac{qa^3}{6EI} + \frac{qa^3}{2EI}\right) = -\frac{2qa^3}{3EI}（逆时针）$$

D 截面的挠度 w_D 由两部分构成：一是 B 点挠度引起 D 截面的向下位移；二是简支杆段 AB 受到杆中荷载 F 作用产生的挠度。所以有

$$w_D = \frac{1}{2}w_B + w_{DF} = \frac{11qa^4}{48EI} + \frac{2qa^4}{48EI} = \frac{13qa^4}{48EI}(\downarrow)$$

在计算过程中，需要注意单位的一致性及代数符号的正确性。特别是在叠加位移时，确保正确理解每一项的物理意义及其方向。

以上例题中计算挠度和转角都采用查表，然后直接进行叠加进行计算。下面提出一个用到积分进行叠加的例子。

【例 7.4.4】 在简支梁的局部梁段上作用均布荷载，如图 7.4.9 所示。求梁跨中点 C 的挠度$\left(\text{设 } b < \dfrac{l}{2}\right)$。

解：本例题可以采用叠加法计算，把均布力 q 分解成无穷个集中力作用的叠加。即在均布力作用梁段上距离坐标原点 x 处取微段 $\mathrm{d}x$，这个微段上的作用力相当于一个集中力 $\mathrm{d}F = q \cdot \mathrm{d}x$。查附录 Ⅱ 的列表，集中力 $\mathrm{d}F$ 引起的梁跨中点 C 的挠度为

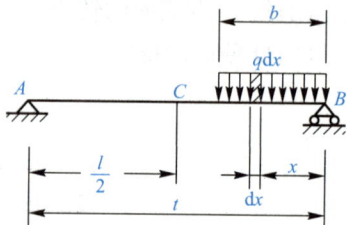

图 7.4.9 简支梁的局部梁段作用均布荷载

$$\mathrm{d}w_C = -\frac{\mathrm{d}F \cdot x}{48EI}(3l^2 - 4x^2) = -\frac{qx}{48EI}(3l^2 - 4x^2)\mathrm{d}x$$

根据叠加原理，均布力 q 引起的梁跨中点 C 的挠度等于从均布力起点到终点的无数个集中力引起的挠度之和，即如下积分

$$w_C = -\int_0^b \frac{qx}{48EI}(3l^2 - 4x^2)\mathrm{d}x = -\frac{qb^2}{48EI}\left(\frac{3}{2}l^2 - b^2\right)$$

7.5　提高弯曲刚度的方法和刚度条件

7.5.1　梁的刚度校核

为了确保梁在正常工作条件下不仅满足强度条件而且变形量也在可接受范围内，需要满足特定的刚度条件，即

$$\frac{|w|_{\max}}{l} \leqslant \left[\frac{w}{l}\right] \qquad |\theta|_{\max} \leqslant [\theta]$$

其中，$\left[\dfrac{w}{l}\right]$ 与 $[\theta]$ 分别是挠度和转角的许可值，这些值可以从设计手册中查到。

【例 7.5.1】 对于图 7.5.1 所示的空心圆截面外伸梁，已知直径 $D = 80$ mm，内径 $d = 40$ mm，材料弹性模量 $E = 200$ GPa，要求 C 点挠度不大于 AB 跨长的 10^{-4}，B 截面转角不得大于 10^{-3} rad，进行刚度校核。

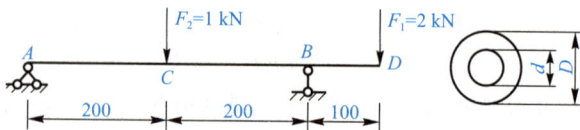

图 7.5.1 空心圆截面外伸梁

解： 首先，通过叠加原理计算 C 点的挠度 w_C 和 B 点的转角 θ_B。

将图 7.5.2(a)视为图 7.5.2(b)、(c)的叠加结果，其中图 7.5.2(b)、(c)分别对应

$$w_{C1}=\frac{F_2 l^3}{48EI} \qquad \theta_{B1}=-\frac{F_2 l^2}{16EI}$$

$$w_{C2}=-\frac{F_1 \cdot \overline{BD} \cdot l^2}{16EI} \qquad \theta_{B2}=\frac{F_1 \cdot \overline{BD} \cdot l}{3EI}$$

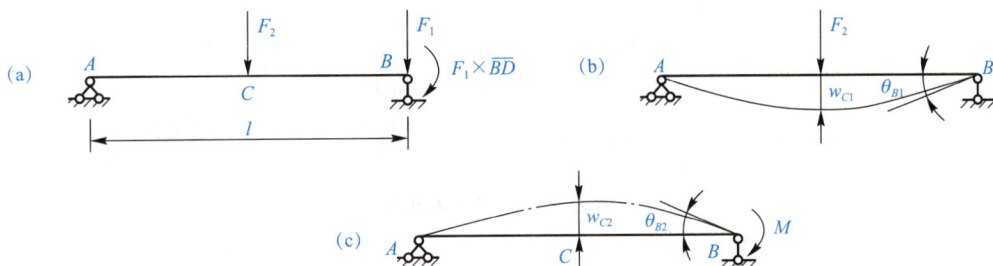

图 7.5.2 空心圆截面外伸梁分解

叠加结果为

$$w_C=\frac{F_2 l^3}{48EI}-\frac{F_1 \cdot \overline{BD} \cdot l^2}{16EI} \qquad \theta_B=-\frac{F_2 l^2}{16EI}+\frac{F_1 \cdot \overline{BD} \cdot l}{3EI}$$

给定

$$I=\frac{\pi}{64}(D^4-d^4)=1.885\times10^{-6}\ \text{m}^4$$

$$l=400\ \text{mm}=0.4\ \text{m} \qquad \overline{BD}=100\ \text{mm}=0.1\ \text{m} \qquad F_1=2\times10^3\ \text{N} \qquad F_2=1\times10^3\ \text{N}$$

计算得：

$$w_c=\frac{10^3\times0.4^3}{48\times2\times10^{11}\times1.885\times10^{-6}}-\frac{2\times10^3\times0.1\times0.4^2}{16\times2\times10^{11}\times1.885\times10^{-6}}=-1.768\times10^{-6}(\text{mm})$$

$$\theta_B=-\frac{10^3\times0.4^3}{16\times2\times10^{11}\times1.885\times10^{-6}}+\frac{2\times10^3\times0.1\times0.4}{3\times2\times10^{11}\times1.885\times10^{-6}}=4.42\times10^{-5}(\text{rad})$$

因此：

$$\left|\frac{w_C}{l}\right|=4.42\times10^{-6}<10^{-4}$$

$$|\theta_B|<10^{-3}\ \text{rad}$$

刚度满足设计要求。

7.5.2 提高刚度的措施

提高梁在弯曲变形时的刚度与提高梁的强度的方法相似。除减少外部加载外，梁的挠度 w、转角 θ 还与梁的弯曲刚度 EI 成反比，与跨长 l 的 n 次方成正比(n 为梁的挠度方程中的幂次。通常在简支梁的情况下，$n=4$)。因此，提高刚度的措施包括以下几项：

(1)增加 EI。由于不同钢材的弹性模量 E 相差不大，主要是通过增加惯性矩 I 来提高刚度，在截面面积 A 不变的情况下，应尽可能使面积分布远离中性轴，如采用 I 形、箱形等截面。

（2）减少梁的跨度或增加支承。如通过调整支座的位置或增加中间支撑，可以有效降低梁的最大弯矩，从而提高梁的刚度。

通过这些措施，可以有效提高梁的弯曲刚度，确保其在受力时的变形满足设计要求，从而提高结构的安全性和可靠性。

对于提高梁的弯曲刚度，可以通过具体的设计举措来实现，下面以图 7.5.3 所示的不同梁截面为例进行详细说明：

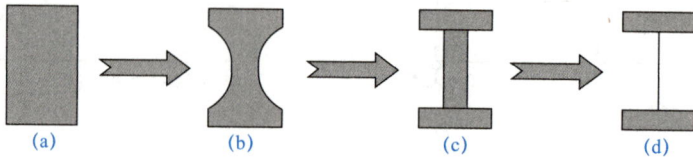

图 7.5.3 不同梁截面
(a)长方形截面；(b)腰形截面；(c)I 形截面；(d)工字形截面

（1）在图 7.5.3 示例中，所有梁截面的面积保持不变，但是通过将材料分布调整至距离中性轴更远的位置，可以有效地增加梁截面的惯性矩 I。这种调整导致梁截面的抗弯刚度提高。从左至右观察图 7.5.3，可以看到梁截面的抗弯刚度逐渐增加。

（2）在图 7.5.4 中，尽管左侧的实心圆截面和实心长方形截面使用了较多的材料，但是从抗弯刚度的角度来看，它们并不如右侧的相同 $\dfrac{W_z}{A}$（W_z 弯曲截面系数、A 截面面积）的空心圆截面及槽钢、工字钢截面。这是因为后者将材料分布在离中性轴更远的位置，从而获得更高的惯性矩。

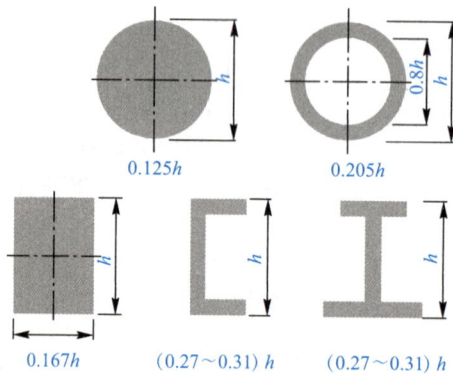

图 7.5.4 实心截面与空心、槽钢、工字钢截面

（3）在图 7.5.5 展示的四个梁截面中，虽然它们的截面面积相同，但是它们的抗弯截面系数有明显差异，分别为（从左至右）343 cm³、215 cm³、86 cm³、343 cm³。这表明，从抗弯性能的角度来选择时，I 形和口字形截面是最佳选择。

图 7.5.5 I 形、日字形、十字形、口字形截面

(4)在图 7.5.6 所示的例子中，通过调整两个支座的位置，可以显著降低梁的最大弯矩。具体来说，左侧的简支梁最大弯矩为 $\frac{1}{8}ql^2$，而通过调整后，右侧的外伸梁的最大弯矩降低到了 $\frac{1}{40}ql^2$，弯矩减为原来的 $\frac{1}{5}$。这种调整显著降低了梁的弯曲程度，从而更有效地分担和承受荷载。

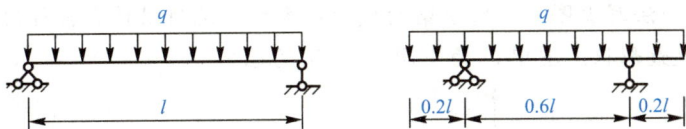

图 7.5.6　支座位置调整以降低最大弯矩

通过上述不同截面形状和结构调整的例子，可以看到，优化梁的设计不仅能提高其弯曲刚度，还能提高结构的整体性能和效率。这些措施对于确保建筑和结构工程的安全性和可靠性至关重要。

思考题

7.1　由弯矩—曲率间物理关系可知，曲率与弯矩成正比。试问横截面的挠度和转角是否也与弯矩成正比。并举例说明。

7.2　各等截面梁及其承载情况分别如图 7.1 所示，试绘制出各梁挠曲线的大致形状，并注明挠曲线曲率的拐点、不光滑连续或突变处的位置。

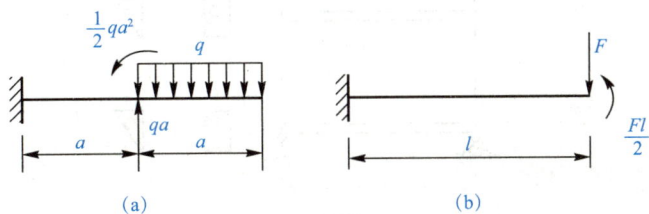

图 7.1

7.3　试按叠加原理并利用附录Ⅱ求图 7.2 所示梁跨中截面的挠度。

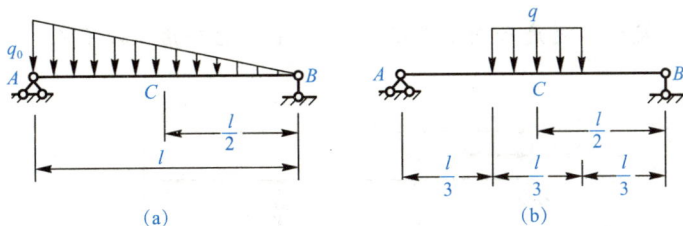

图 7.2

7.4　如图 7.3 所示，为使荷载 F 作用点的挠度 w_C 等于零，试求荷载 F 与 q 间的关系。

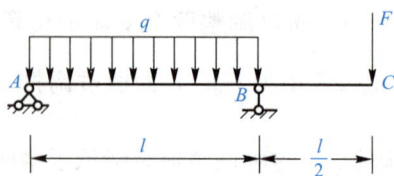

图 7.3

7.5　试用积分法写出图 7.4 所示梁的挠曲线方程，说明用什么条件决定方程中积分常数，画出挠曲线大致形状。图中 C 为中间铰，EI 为已知。

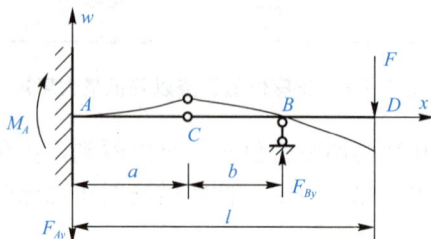

图 7.4

7.6　如图 7.5 所示，两梁的尺寸、材料均分别相同。材料的线膨胀系数为 α，弹性模量为 E。当温度由 0 至 t ℃沿横截面高度按直线规律变化时，试比较两梁中的最大正应力及最大挠度(提示：先由中性层和距中性层为 y 的纵向线段，因温度不同而引起的应变差，计算其中性层的曲率。然后，分别由弯矩—曲率间的物理关系和梁挠曲线的几何关系计算其正应力和挠度)。

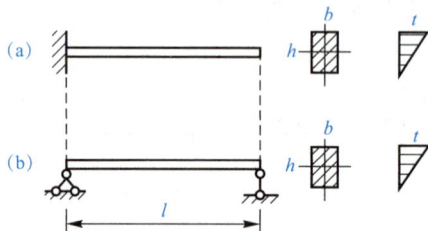

图 7.5

习题

7.1　梁受力、尺寸、刚度如图 7.6 所示，求 A 处的转角，以及 C、D 截面的挠度(EI 已知)。

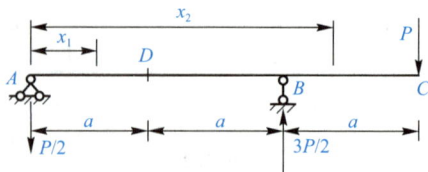

图 7.6

7.2　用叠加法求图 7.7 所示外伸梁 C 截面的挠度和转角(EI 已知)。

7.3　如图 7.8 所示，AB 梁的 EI 为已知。试用叠加法，求梁中间截面挠度。

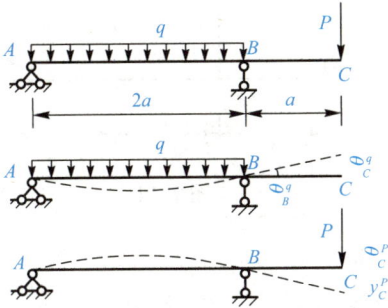

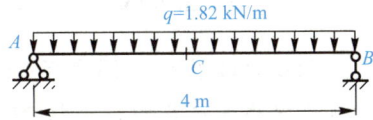

图 7.7　　　　　　　　　　　图 7.8

7.4　试用叠加法求图 7.9 所示梁 C 截面的挠度，EI 为已知。

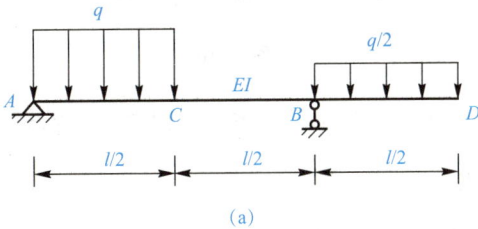

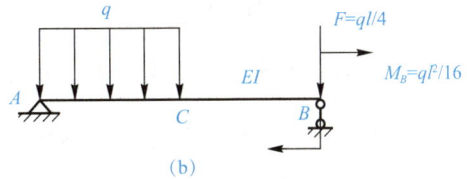

(a)　　　　　　　　　　　　(b)

图 7.9

7.5　变截面悬臂梁如图 7.10 所示，试用叠加法求自由端的挠度 w_C。

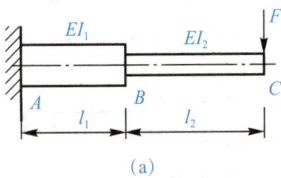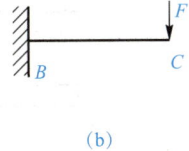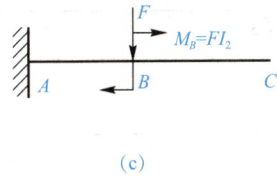

(a)　　　　　　　　(b)　　　　　　　　(c)

图 7.10

7.6　简支梁承受荷载如图 7.11 所示，试用积分法求 θ_A、θ_B，并求 $w_{\max}$ 所在截面的位置及该挠度的计算公式。

7.7　试用积分法求图 7.12 所示外伸梁的 θ_A、θ_B 及 w_A 和 w_D。

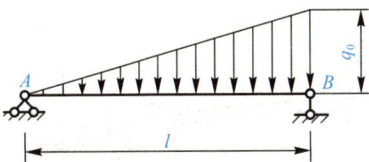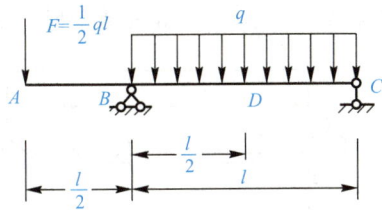

图 7.11　　　　　　　　　　　图 7.12

7.8　外伸梁如图 7.13 所示，试用积分法求 w_A、w_C 和 w_E。

7.9　试用积分法求图 7.14 所示悬臂梁 B 端的挠度 w_B。

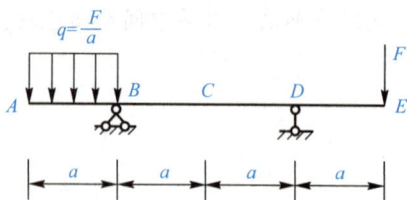

图 7.13

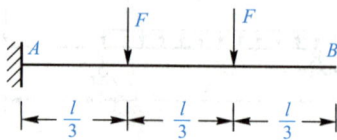

图 7.14

7.10 试用积分法求图 7.15 所示外伸梁的 θ_A 和 w_C。

7.11 简支梁承受荷载如图 7.16 所示，试用积分法求 θ_A、θ_B 和 $w_{\max}$。

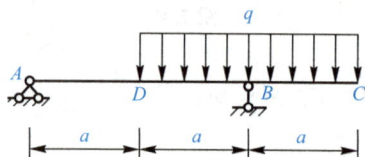

图 7.15

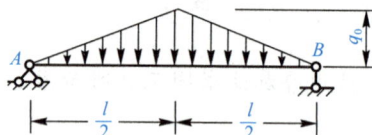

图 7.16

7.12 在简支梁的左、右支座上，分别有力偶 M_A 和 M_B 作用，如图 7.17 所示。为使该梁挠曲线的拐点位于距左端 $\dfrac{l}{3}$ 处，试求 M_A 与 M_B 间的关系。

7.13 变截面简支梁及其荷载如图 7.18 所示，试用积分法求跨中挠度 w_C。

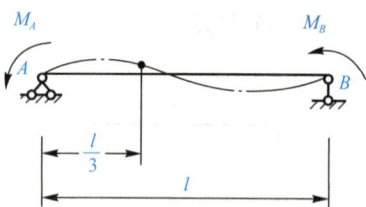

图 7.17

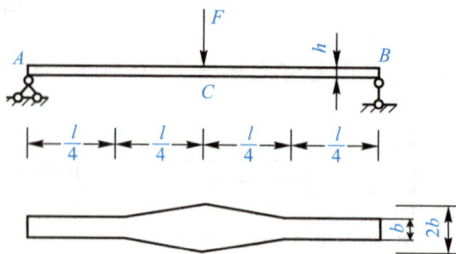

图 7.18

7.14 松木桁条，横截面为圆形，跨度长 1 m，两端视为铰支，均布荷载 $q = 1.82$ kN/m，松木的许用应力 $[\sigma] = 10$ MPa，$E = 10^4$ MPa，相对允许挠度 $[f/l] = 1/200$。试求梁的横截面所需的直径。计算挠度时可视作直径为中径的等截面圆杆。

7.15 弹簧扳手的主要尺寸及其受力如图 7.19 所示。材料的弹性模量 $E = 210$ GPa，当扳手产生 $M_0 = 200$ N·m 的力矩时，试按叠加原理求指针 C 的读数。

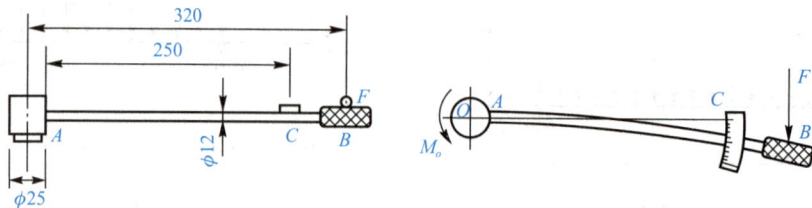

图 7.19

7.16 图 7.20 所示结构中，在截面 A、D 处承受一对等值、反向的力 F，已知各段杆的 EI 均相等。试按叠加原理求 A、D 两截面间的相对位移。

7.17　弯曲刚度为 EI 的刚架 ABC，在自由端 C 承受在平面内与水平方向成 α 角的集中力 F，如图 7.21 所示。若不考虑轴力和剪力对变形的影响，试按叠加原理求当自由端截面 C 的总位移与集中力作用线方向一致时，集中力 F 作用线的倾角 α。

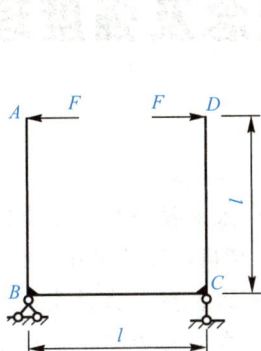
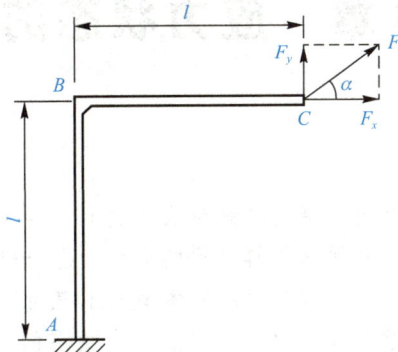

图 7.20　　　　　　　　　　　图 7.21

7.18　结构受力如图 7.22 所示。求 BC 杆的轴力 N。设 a、EI、EA 均为已知。

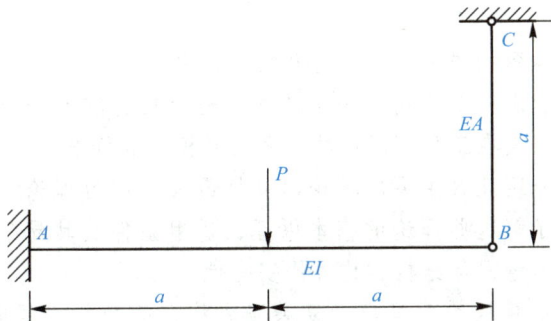

图 7.22

7.19　悬臂梁 AB 承受半梁的均布荷载作用，如图 7.23 所示。已知均布荷载 $q=15$ kN/m，长度 $a=1$ m，钢材的弹性模量 $E=200$ GPa，许用弯曲正应力 $[\sigma]=160$ MPa，许用切应力 $[\tau]=100$ MPa，许可挠度 $[w]=\dfrac{l}{500}(l=2a)$，试选取工字钢的型号。

7.20　如图 7.24 所示，木梁的右端由钢拉杆支承。已知梁的横截面为边长等于 0.20 m 的正方形，$q=40$ kN/m，$E=10$ GPa；钢拉杆的横截面面积 $A_2=250$ mm^2，$E_2=210$ GPa。试求拉杆的伸长 Δl 及梁中点沿铅垂方向的位移 Δ。

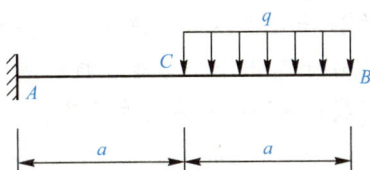
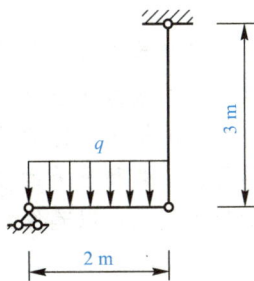

图 7.23　　　　　　　　　　图 7.24

第8章　应力状态的基本概念及强度理论

本章导读

　　应力状态及强度理论构成了材料力学的核心，对于确保工程结构的安全性至关重要。本章旨在深入讲解材料的应力状态与强度分析，提供精确的理论基础和计算方法。

　　首先，将探索应力的基本概念和表示方法，涉及正应力、剪应力及全应力。本章将详细讲解截面应力与特定点应力状态的差异、应力坐标系的转换方法，以及应力的方向和大小如何影响材料的行为。

　　其次，对应力状态的分类进行详细阐述，包括单向应力状态、平面应力状态和三向应力状态。了解这些不同应力状态下的特点和应力分布规律，对于后续的应力分析和强度计算至关重要。

　　应力坐标变换是本章的另一重点。将介绍应力主轴、主应力及其方向的计算方法，并通过应力圆的概念、求解及应用，采用图解法进行应力状态分析，这对于理解材料的强度和破坏行为，以及在工程实践中的应用具有极大的价值。

　　强度理论部分将介绍几种主要的理论，包括最大剪应力理论、最大正应力理论和变形能理论等。深入了解这些理论的基本原理、适用条件及其局限性，有助于在实际情况中选择最合适的理论评估结构和构件的安全性。

　　本章还将探讨一些挑战性内容，如复杂应力状态的分析、强度理论的实际应用，以及材料失效准则等。这些内容将考验对材料力学的理解和应用能力，同时，也为解决实际工程问题提供深入的分析视角。

　　通过本章的学习，你将获得对应力状态和强度理论深刻的理解，为实际工程中的应力和强度问题分析提供坚实的理论支撑，进而为结构设计和材料选择提供科学的指导。掌握这些关键概念和方法，对工程实践和结构分析将具有重要的意义。

案例导入

　　假设你是一名结构设计工程师，目前负责设计一座高层建筑的主体结构。在结构设计中，了解材料的应力状态及强度理论是确保建筑结构安全可靠的关键。

　　考虑一种常见的情况：你的设计团队正在设计一座高层建筑的主体结构，该结构将承受来自地震、风载和自重的多种荷载。在这个案例中，需要分析和确定结构中各个部位所受的应力状态，以确保结构在各种荷载作用下的稳定性和强度。

在本章中，将深入研究应力状态的基本概念及强度理论。将学习应力的定义和分类，包括拉应力、压应力和剪应力，以及截面应力的矢量表示和一点处应力的矩阵（张量）表示。了解这些基本概念将帮助你准确描述和分析结构中的应力分布情况。

此外，还将研究强度理论，即如何评估材料的强度及结构的承载能力。将介绍常用的强度理论，如极限强度理论和变形理论，以及如何应用这些理论来评估结构的安全性和可靠性。了解强度理论将为你提供设计结构的基本原则和指导。

通过学习本章的内容，将建立对应力状态的基本概念和强度理论的深入理解。这将使你能够准确评估和设计建筑结构的应力状态，并为结构的安全设计提供可靠的依据。了解应力状态和强度理论是结构设计中不可或缺的一部分，掌握其中的关键概念和方法对你的工程实践和结构设计具有重要的意义。

▶▶ 本章重点

1. 应力状态基本概念：深入掌握应力状态的定义及其表示技巧，涵盖正应力、剪应力及总应力的概念。清晰区分截面应力与特定点的应力状态之间的不同。精通应力表示法、应力坐标系的转换技巧，并充分理解应力的方向及其大小是如何影响材料性质的。

2. 应力状态分类：探讨应力状态的不同类别，如平面应力状态和三向应力状态。学习在不同应力状态下应力分量和分布规律，能够正确选择微元体，并确定微元体各面上的正应力和剪应力。

3. 应力圆理论：研究应力圆理论，深入了解应力主轴、主应力及其方向的计算方法。熟练掌握应力圆的图解法及其在应力计算中的应用。

4. 强度理论：学习不同的强度理论，如最大剪应力理论、最大正应力理论和变形能理论。理解这些理论的基本原理、适用条件和局限性，并能根据不同的材料及加载情况选择合适的强度理论。

▶▶ 本章难点

1. 复杂应力状态分析：掌握如何分析和理解复杂应力状态下的应力分布及其变化规律。学习使用应力圆和其他应力分析方法来解决多轴加载和不均匀加载等复杂情况下的问题。

2. 微元体在应力分析中的应用：学习如何正确选择微元体并表示其应力状态，利用应力圆图解法计算特定点的应力状态。

3. 强度理论在实践中的应用：了解强度理论在工程实践中的应用及其局限性。学习如何根据材料的强度特性和加载条件选择合适的强度理论，以评估结构件的安全性。

4. 材料失效准则：探讨不同的材料失效准则，如屈服准则、破裂准则和疲劳准则等。了解这些准则的基本原理和适用范围，以预测材料在各种应力状态下的失效模式。

8.1 概　　述

8.1.1　一点处的应力状态

根据应力的定义，在受力构件内经过构件内部一点截面上的应力不仅与点的位置有关，而且随截面的方向变化。因而，不同方位的截面上的应力状态都可能不同。当讨论一点处的应力状态时，考虑的是在受力构件内不同方位的截面上应力的集合。根据定义每个截面上的应力分量一般有正应力 σ_n（与截面面积垂直方向的应力）和剪应力 τ（与截面切向平行的应力）。

由于构件中经过任意一点的截面有无数多个，因而一点的应力数值随着截面的方向不同而变化。一点处的应力状态可由围绕该点的一个三对互相垂直面的微元体面上的应力表示（图 8.1.1），当微元体的边长趋于零时，即认为微元体是经过该点三个垂直面上的应力。可以从构件的任意方向截取微元体，但为了方便计算其他方向截面的应力，通常，将微元体的某些平面取在应力已知的方向上，如横截面、径向、周向等。

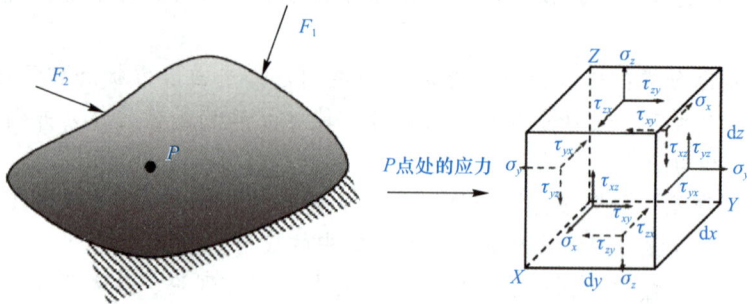

图 8.1.1　微元体

当微元体三对面上的应力已知时，可以应用截面法和平衡方程，求得经过该点任意方向截面上的应力。因此，通过微元体及其三对互相垂直面上的应力情况，可以描述一点的应力状况，如图 8.1.2 所示。

应力是描述物体内部受力分布情况的物理量，它代表了单位面积上的内力的分布，如果已知构件截面 A 上的应力分布，则可以根据应力计算出该截面的内力。

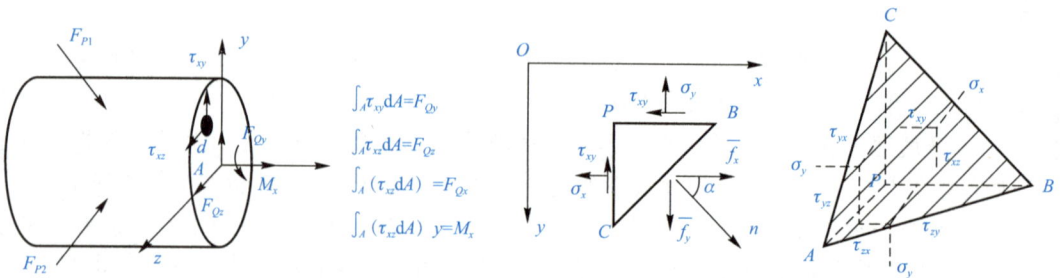

图 8.1.2　截面内力与应力之间关系

【例 8.1.1】　图 8.1.3 所示的等直杆，其截面面积为 A，受到轴向拉力 P 作用，确定与杆件轴线夹角为 α 截面上的正应力和剪应力。

解：尽管第 2 章已经介绍了本题的计算公式，本节将重新推导之，以便更深入地解析应力与内力之间的联系。

选取图 8.1.4 所示的隔离体，在斜截面 $k—k$ 上，内力为均布轴向力 p_e，其在斜截面的法向和切向的分力（p_n，p_τ）分别为

$$p_n = p_e \cdot \cos\alpha$$
$$p_\tau = p_e \cdot \sin\alpha$$

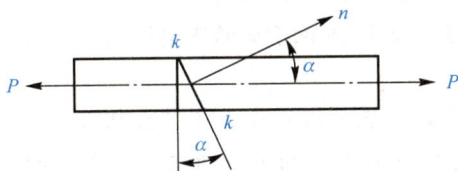

图 8.1.3　等直杆

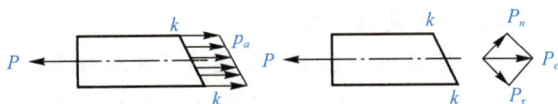

图 8.1.4　隔离体

根据截面应力的定义，α 截面上的正应力 σ_α 和剪应力 τ_α 分别为

$$\sigma_\alpha = \frac{p_n}{A_\alpha} = \frac{p_e \cos\alpha}{A_\alpha} \tag{8.1.1}$$

$$\tau_\alpha = \frac{p_\tau}{A_\alpha} = \frac{p_e \sin\alpha}{A_\alpha} \tag{8.1.2}$$

其中，A_α 是斜截面的面积，它等于

$$A_\alpha = \frac{A}{\cos\alpha}$$

将上式代入式（8.1.1）、式（8.1.2），得到

$$\sigma_\alpha = \frac{p_e}{A}\cos^2\alpha = \sigma\cos^2\alpha$$

$$\tau_\alpha = \frac{p_e}{A}\sin\alpha\cos\alpha = \frac{\sigma}{2}\sin2\alpha = \frac{P}{2A}\sin2\alpha$$

其中，σ 是横截面上的正应力，$\sigma = \dfrac{P}{A}$。

【例 8.1.2】　图 8.1.5 所示横截面上的应力分布，图中最大正应力 $\sigma_{max} = 100$ MPa，试计算横截面上的内力。

解：选取直角坐标系如图 8.1.5 所示，C 点既是横截面的形心，又是坐标轴的原点。横截面上正应力随 y 坐标变化的函数为

$$\sigma = 5\times10^7\times(1+20y)$$

因此，横截面上的轴力 N 等于正应力关于截面求面积分，即

$$N = \int \sigma \cdot dA = \int_{-50\times10^{-3}}^{50\times10^{-3}} 5\times10^7\times(1+20y)\times40\times10^{-3} \cdot dy = 200\ (kN)$$

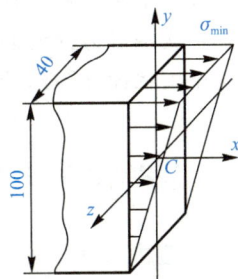

图 8.1.5　横截面上的
应力分布

轴力为拉力。而横截面上的弯矩 M 等于距离中性轴 y、高度为 dy 的长方条上的轴力对于中性轴的合力矩，即

$$M = \int_{-50 \times 10^{-3}}^{50 \times 10^{-3}} 5 \times 10^7 \times (1 + 20y) \times 40 \times 10^{-3} \times y \cdot dy = 3.33 \ (kN \cdot m)$$

横截面上弯矩使上侧轴向纤维受拉。

【例 8.1.3】 简支梁受力如图 8.1.6 所示。试定性绘制梁内 C、D、E、F、G、H 点处的应力微元体。

解： 分析图 8.1.7 中受均布力作用梁内 C、D、E、F、G、H 点的应力状况。

如果围绕 C 点沿水平和竖直方向截取一个微元体，由于 C 点位于梁的上边缘，微元体的上表面是自由面，下表面沿着轴向，左右截面为横截面。因此，微元体上、下面没有应力，左、右微元面只有正应力，且为压应力，微元体如图 8.1.7(a) 所示。

梁中 D 点的微元体与 C 点的微元体相似，唯一区别是 D 点位于梁的下边缘，其左右两微元面的应力是拉应力。

梁中 E 点位于梁左侧支座截面的轴线上，此时围绕 E 点的微元面上正应力都为零，但轴线上的剪应力最大，再根据剪应力互等定理，微元体左右面上的剪应力与相互垂直的上下面的剪应力相等，如图 8.1.7(c) 所示。

梁右截面上的 F 点的微元体梁中 E 点相似，区别在于其左右微元面上的剪应力方向相反。

G、H 两点分别位于梁的中性轴的上下位置，且在梁的内部。因此，左右微元面上既有正应力又有剪应力，而上下微元面上只有剪应力没有正应力。G 点的正应力与 H 点的正应力方向相反，如图 8.1.7(e)、(f) 所示。

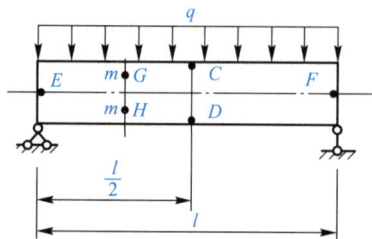

图 8.1.6　简支梁

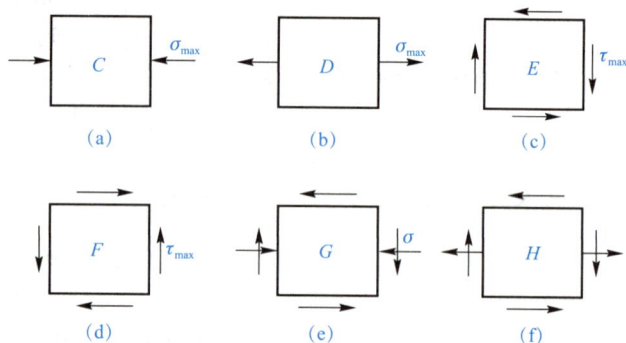

图 8.1.7　微元体受力

在一个构件内的任意一点，由于受到来自各个方向的力的作用，该点上存在多个应力分量。这些应力分量的大小和方向可以不同，导致应力状态的复杂性。理解和分析应力状态对于工程设计和结构分析至关重要，因为它可以影响材料的强度、变形和破坏行为。

8.1.2　应力状态的基本概念

1. 应力分量

应力状态由多个应力分量组成，其中每个分量表示在特定截面上的应力大小和方向。常见的应力分量包括正应力（产生拉伸或压缩的应力）和剪应力（产生剪切作用的应力）。由上可知，应力分量反映的是截面上对应方向的内力分布情况，构件中某点的应力分量数值不仅与所考虑点的位置有关，还与经过这点的截面方向有关。

在图 8.1.1 所示选取的微元体中，它的三对微元面分别与直角坐标轴垂直，微元面的法线方向为坐标轴(x，y，z)的正方向或负方向。以微元体的任意一个表面(法向方向为 x 轴正向)为例，该微元面上的正应力为沿着 x 轴方向的应力分量，用 σ_x 表示。而微元面上的切向应力被分解成沿着(y，z)轴方向的剪应力分量(τ_{xy}，τ_{xz})，即微元面上的应力有三个分量(σ_x，τ_{xy}，τ_{xz})，正应力 σ_x 的下标 x 既表示微元面正应力分量，又表示正应力所在微元面的法向方向；剪应力(τ_{xy}，τ_{xz})有两个下标，第一个下标表示微元面的法向；第二个下标指的是剪应力的方向。例如，剪应力 τ_{xy} 的第一个下标 x 表示微元面的法向方向是沿着 x 坐标轴，第二个下标 y 表示微元面上的剪应力 τ_{xy} 的方向是沿着 y 坐标轴。三个应力分量的正负规定是当微元面的法向与坐标轴的正向相同时，正应力方向与坐标轴的正向相同时，规定正应力为正，反之为负；当微元面的法向与坐标轴的正向相反时，正应力方向与坐标轴的负向相同时，规定正应力为正，反之为负；当微元面的法向与坐标轴的正向相同时，剪应力方向与坐标轴正向一致的为正，反之为负；当微元面法向与坐标轴的负向相同时，剪应力方向与坐标轴负向一致的为正，反之为负。

如图 8.1.8 所示，隔离体的斜截面上的应力正负和斜截面夹角的正负规定如下：

(1)正应力 σ_α 拉为正，压为负。

(2)剪应力 τ_α 使隔离体产生顺时针旋转趋势为正；反之为负。

(3)斜截面的倾角 α，x 轴逆时针旋转到斜截面外法线方向时，其值为正；反之为负。

例如，在图 8.1.8 所示的斜截面上的应力和截面倾角标注的都是它们的正方向。

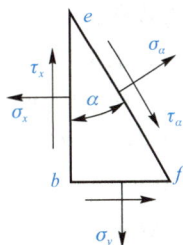

图 8.1.8　隔离体斜截面上应力和夹角正负规定

2. 主应力

由于一点处的应力数值与经过这点的截面方向有关，因此可以在经过这点的所有截面中找到一个截面，在这个截面上的应力分量只有正应力，剪应力等于零。通常，将这个截面上的正应力叫作经过这点的主应力，对应的截面叫作主平面。在弹性力学中可以证明，构件中任意一点存在三个相互垂直的主应力(σ_1，σ_2，σ_3)(图 8.1.9)，按照代数值比较三个主应力的数值大小 $\sigma_1 > \sigma_2 > \sigma_3$。因而，在一点处的应力状态中的三个主应力中，$\sigma_1$ 叫作最大主应力，σ_3 叫作最小主应力。

图 8.1.9　主应力 (σ_1，σ_2，σ_3)

必须注意，构件中的主应力的大小和方向是随点的位置而变化的，也就是不同点的正应力是不同的。在一点处有且只有唯一的三个主应力 σ_1、σ_2、σ_3。

3. 主平面和主方向

主平面是指剪应力为零的平面，即在该平面上只存在正应力；主方向是指主平面的法线方向，即与主应力的方向相对应。

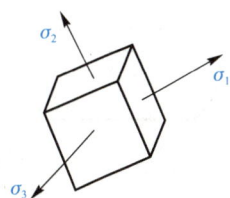

8.1.3　应力状态分类

根据一点处的主应力数值关系，可以将应力状态分类为单向应力状态、平面应力状态和三向应力状态。单向应力状态只有一个主应力不等于零，而其余两个主应力都等于零；

平面应力状态有两个主应力不等于零,另一个主应力等于零;三向应力状态则是三个主应力都不等于零的情况。三向应力状态又称为一般应力状态或复杂应力状态,是应力状态分类中最常见的情况,也是最复杂的应力状态。在三向应力状态下,应力沿着不同方向产生,并且大小都不为零。这意味着在该点上的构件或材料受到了来自不同方向的拉伸或压缩力,导致应力状态的复杂性。

问题: 当谈论单向应力状态或平面应力状态时,是指的整个结构或构件的应力状态,还是仅指结构或构件中特定点的应力状态?

以下试举单向应力状态、平面应力状态和三向应力状态的例子。

如图 8.1.10 所示为受均布力作用的简支梁,考察梁的 C、D 两点的应力状态,在沿着梁的轴向和横向选取微元体时,这个微元体的六个微元面就是主平面,而且只有一对微元面上有一个非零的正应力,即主应力(参见例 8.1.3)。因而,C、D 两点的应力状态就是单向应力状态。

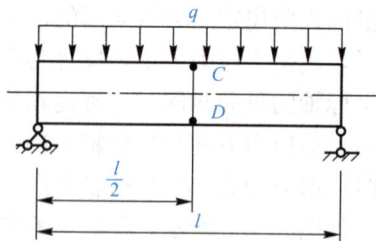

图 8.1.10 受均布力作用的简支梁

图 8.1.11 所示为薄壁压力容器。在容器壁上沿轴向、径向和周向选取微元体 $ABCD$,可以推出,在四个微元面 AB、BC、CD 和 DA 上有一对正应力 σ'、σ''。此时,薄壁圆筒的应力状态为平面应力状态。

一般应力状态(三向应力状态)在构件受力变形情况下普遍存在,图 8.1.12 所示为一根受到拉力和外偶矩作用的矩形截面梁,这种情况下,这个梁的应力状态就是三向应力状态,即一般应力状态。

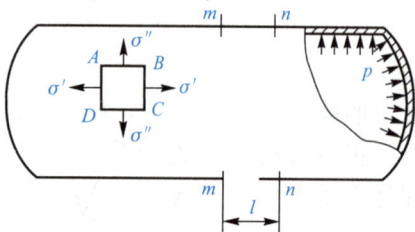

图 8.1.11 承压正应力的薄壁圆筒

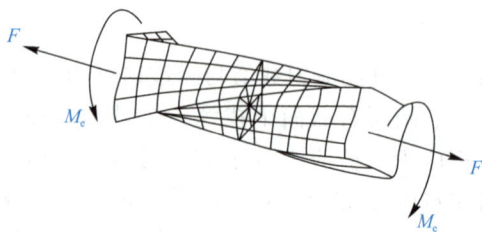

图 8.1.12 承受拉力和外偶矩的矩形截面梁

出于计算可行性和简便性的考虑,本书中讨论最多的是单向应力状态和平面应力状态。以下重点介绍平面应力状态的计算问题。

8.2 平面应力状态下的应力分析

8.2.1 斜截面上的应力

根据平面应力状态的假设,可以推导出在斜截面上的应力表达式。平面应力状态如图 8.2.1(a)所示。

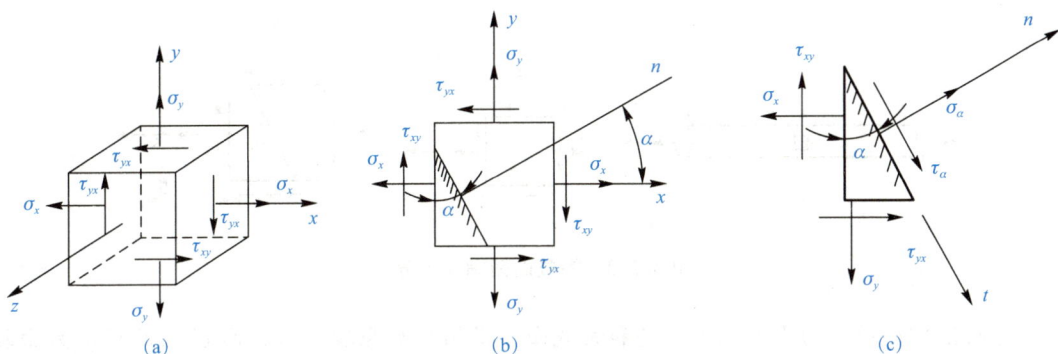

图 8.2.1　平面应力状态的应力分析

(a)平面应力状态；(b)应力平面；(c)隔离体

从平面应力状态的应力平面[图 8.2.1(b)]中选择图 8.2.1(c)所示的隔离体，然后，列出斜截面上的法向和切向合力平衡方程，由 $\begin{cases} \sum n = 0 \\ \sum t = 0 \end{cases}$，可得

$$\sigma_a \mathrm{d}A + (\tau_{xy}\mathrm{d}A\cos\alpha)\sin\alpha - (\sigma_x\mathrm{d}A\cos\alpha)\cos\alpha + (\tau_{yx}\mathrm{d}A\sin\alpha)\cos\alpha - (\sigma_y\mathrm{d}A\sin\alpha)\sin\alpha = 0$$

$$\tau_a \mathrm{d}A - (\tau_{xy}\mathrm{d}A\cos\alpha)\cos\alpha - (\sigma_x\mathrm{d}A\cos\alpha)\sin\alpha + (\tau_{yx}\mathrm{d}A\sin\alpha)\sin\alpha + (\sigma_y\mathrm{d}A\sin\alpha)\cos\alpha = 0$$

对以上两式整理可得

$$\begin{cases} \sigma_a = \dfrac{\sigma_x + \sigma_y}{2} + \dfrac{\sigma_x - \sigma_y}{2}\cos 2\alpha - \tau_{xy}\sin 2\alpha \\[2mm] \tau_a = \dfrac{\sigma_x - \sigma_y}{2}\sin 2\alpha + \tau_{xy}\cos 2\alpha \end{cases} \tag{8.2.1}$$

令 $\alpha_1 = \alpha + 90°$，则 $\sigma_{a_1} = \dfrac{\sigma_x + \sigma_y}{2} - \dfrac{\sigma_x - \sigma_y}{2}\cos 2\alpha + \tau_{xy}\sin 2\alpha$

$$\tau_{a_1} = -\frac{\sigma_x - \sigma_y}{2}\sin 2\alpha - \tau_{xy}\cos 2\alpha = -\tau_a \text{（剪应力互等定理）} \tag{8.2.2}$$

所以

$$\sigma_a + \sigma_{a_1} = \sigma_x + \sigma_y = \text{常数}$$

上式表明，任意一点的不同微元体上的正应力之和是个常数。令 α 为斜截面与主平面之间的夹角，则根据平面应力状态的假设，可得到以下关系式：

$$\sigma_x = \frac{\sigma_1 + \sigma_3}{2} + \frac{\sigma_1 - \sigma_3}{2}\cos(2\alpha) \tag{8.2.3}$$

$$\tau_{xy} = -\frac{\sigma_1 - \sigma_3}{2}\sin(2\alpha) \tag{8.2.4}$$

式(8.2.3)、式(8.2.4)应用主应力表示斜截面上应力分量的计算公式。

【例 8.2.1】　图 8.2.2 所示的等截面圆轴，其直径 $d = 100\ \mathrm{mm}$，轴向拉力 $F = 500\ \mathrm{kN}$，外力矩 $T = 7\ \mathrm{kN \cdot m}$。求与圆轴轴向夹角 $\alpha = 30°$ 的斜截面上 C 点的应力。

解：围绕 C 点截取图 8.2.2(b)所示的微元体，微元体的微元面与坐标面平行。因而，左、右微元面上有正应力和剪应力，上、下微元面只有剪应力，前、后微元面没有应力。所以，C 点的应力状态属于平面应力状态。

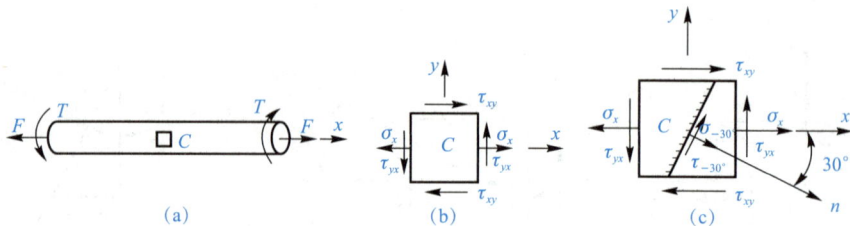

图 8.2.2　等截面圆轴受力分析

图 8.2.2(c)所示为平面应力状态和斜截面。根据叠加原理，斜截面 C 点的正应力由轴向力 F 产生，剪应力外力矩 T 导致。因此，C 点的正应力和剪应力分别为

$$\sigma_x = \frac{F}{A} = \frac{500 \times 10^3}{\frac{\pi}{4} \times 100^2} = 63.7 \, (\text{MPa})$$

$$\tau_{xy} = \frac{M_e}{W_p} = -\frac{7 \times 10^6}{\frac{\pi}{16} \times 100^3} = -35.7 \, (\text{MPa})$$

将以上两式和斜截面的倾斜角 $\alpha = -30°$ 代入式(8.2.1)，即可求得斜截面上的正应力和剪应力

$$\sigma_{-30} = \frac{\sigma_x + 0}{2} + \frac{\sigma_x + 0}{2} \cos(-60°) - \tau_{xy} \sin(-60°) = 16.9 \, (\text{MPa})$$

$$\tau_{-30°} = \frac{\sigma_x - 0}{2} \sin(-60°) + \tau_{xy} \cos(-60°) = -45.4 \, (\text{MPa})$$

正应力计算值为正表示斜截面上的正应力是拉应力；剪应力计算值为负则表明斜截面上的剪应力沿着使左侧隔离体产生逆时针转动的方向。

8.2.2　应力圆

根据斜截面上的应力表达式，可以推导出应力圆的方程。根据下式：

$$\begin{cases} \sigma_\alpha = \dfrac{\sigma_x + \sigma_y}{2} + \dfrac{\sigma_x - \sigma_y}{2} \cos 2\alpha - \tau_x \sin 2\alpha \\ \tau_\alpha = \dfrac{\sigma_x - \sigma_y}{2} \sin 2\alpha + \tau_{xy} \cos 2\alpha \end{cases}$$

整理得

$$\begin{cases} \sigma_\alpha - \dfrac{\sigma_x + \sigma_y}{2} = \dfrac{\sigma_x - \sigma_y}{2} \cos 2\alpha - \tau_x \sin 2\alpha \\ \tau_\alpha = \dfrac{\sigma_x - \sigma_y}{2} \sin 2\alpha + \tau_{xy} \cos 2\alpha \end{cases}$$

上面两式平方后相加，可得

$$\left(\sigma_\alpha - \frac{\sigma_x + \sigma_y}{2} \right)^2 + \tau_\alpha^2 = \left(\frac{\sigma_x - \sigma_y}{2} \right)^2 + \tau_{xy}^2 \tag{8.2.5}$$

在以应力(σ, τ)为坐标轴的应力坐标系上，式(8.2.5)代表的曲线是一个圆，圆心为

$\left(\dfrac{\sigma_x+\sigma_y}{2}, \ 0\right)$，圆的半径为 $\sqrt{\left(\dfrac{\sigma_x-\sigma_y}{2}\right)^2+\tau_{xy}^2}$，此圆称为应力圆（图 8.2.3）。

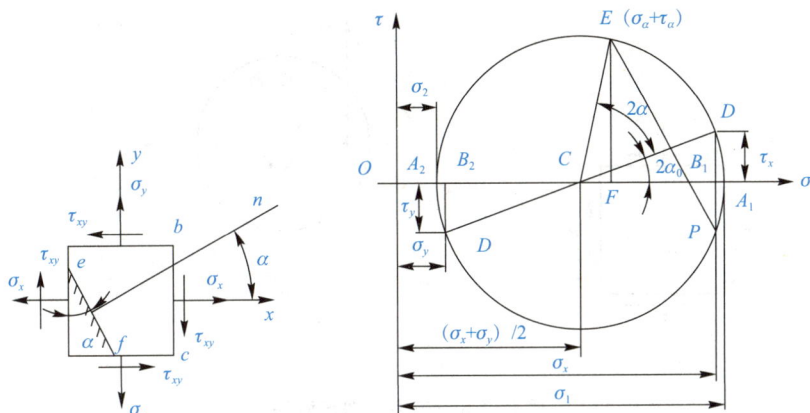

图 8.2.3　应力圆

应力圆的作图步骤如下：

(1)选定坐标轴，以横坐标代表正应力 σ，向右为正；以纵坐标代表剪应力 τ，向上为正。

(2)选定适当的比例尺，作 $D(\sigma_x, \ \tau_{xy})$、$D'(\sigma_y, \ \tau_{yx})$ 两点，其中 $\tau_{yx}=-\tau_{xy}$。

(3)连接 D、D'，交 σ 轴于 C 点，以 C 为圆心，$\overline{CD}$ 为半径画圆，即得所研究点的应力圆。

(4)找极点。由圆上已知作用面的应力点，如 D 点引直线，与该作用面 bc 平行，该线与圆周的另一交点即极点 P。

(5)由极点 P 引射线与欲求应力的斜截面 ef 平行，该线与圆周的交点 E 即代表 ef 面上应力情况，其横坐标和纵坐标分别代表该面上的正应力和剪应力。也可由应力圆上 D 点沿圆周旋转 2α 角（旋转方向与图中 ef 面法线 α 角转向相同）直接得到 E 点。

由于应力圆上点的坐标与微元面上的应力分量值一一对应，因此，按比例作图，可通过直接用尺子量出坐标值来求任意斜截面上的应力分量，这种求应力的方法称为图解法。

根据应力圆的几何关系，可以得出以下结论：

(1)应力圆上的任意一点的坐标代表着所研究微元体上某一截面的应力。

(2)应力圆上的两点所对应的圆心角是微元体上该两点所对应的两截面外法线所夹角度的两倍。这两个角度转向一致，因而微元体上任意两垂直面在应力圆上所对应的两点，其连线必为应力圆的直径。

(3)应力圆的圆心必在 σ 轴上。

【例 8.2.2】　图 8.2.4(a)所示的微元体，利用应力圆图示解法，求斜截面 $\alpha=-30°$ 上的应力值。

解：根据已知应力状态值 $\sigma_x=63.7\ \text{MPa}>0$，$\sigma_y=0$，$\tau_x=-\tau_y=-35.7\ \text{MPa}$，作出摩尔应力圆，如图 8.2.4(b)所示。

则相互正交的两个微元面在应力坐标中为 $D_x(63.7, \ -35.7)$，$D_y(0, \ 35.7)$，然后，将 OD_x 绕应力坐标原点 O 顺时针转过角度 $\alpha=60°$，至 E 点，量取其坐标即得斜截面上的

应 力 值

$$\sigma_{-30°} = 17 \text{ MPa}, \quad \tau_{-30°} = -46 \text{ MPa}$$

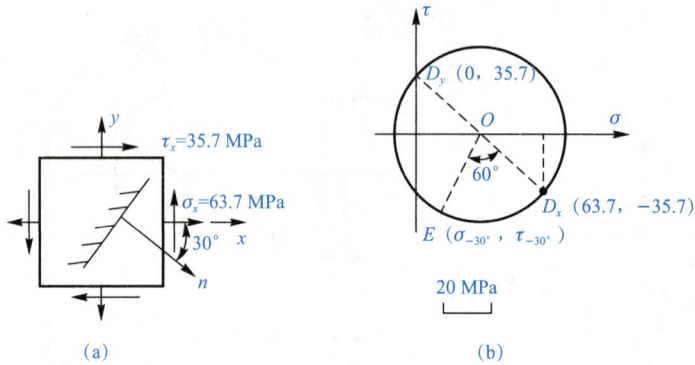

图 8.2.4　应力圆图示解法

8.2.3　最大剪应力和最大主应力

在平面应力状态下，可以通过应力圆来确定最大剪应力和最大主应力。图 8.2.5 所示为应力圆和微元体，以下给出平面应力状态下主应力、主向角（主应力与坐标轴之间的夹角）和最大剪应力的计算公式。

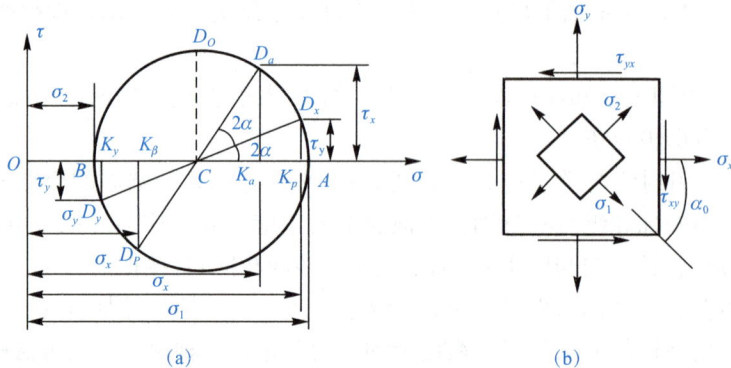

图 8.2.5　应力圆和微元体

从图 8.2.5(a) 中可知，平面应力状态下最大主应力和最小主应力分别对应于应力圆中的 A 点和 B 点，因而有

$$\begin{matrix}\sigma_1 \\ \sigma_2\end{matrix} = \begin{matrix}OA \\ OB\end{matrix} = OC \pm CA = OC \pm \sqrt{CK_x^2 + D_x K_x^2} = \frac{\sigma_x + \sigma_y}{2} \pm \sqrt{\left(\frac{\sigma_x - \sigma_y}{2}\right)^2 + \tau_{xy}^2} \quad (8.2.6)$$

在应力圆中，$\angle D_x CA$ 是斜截面倾角的两倍，且是负向，所以

$$\tan 2\alpha_0 = -\frac{D_x K_x}{CK_x} = -\frac{2\tau_{xy}}{\sigma_x - \sigma_y}$$

最大剪应力对应于应力圆的最大半径，即

$$\tau_{\max} = CD_0 = CD_x = \sqrt{\left(\frac{\sigma_x - \sigma_y}{2}\right)^2 + \tau_{xy}^2} \quad (8.2.7)$$

式(8.2.6)、式(8.2.7)可以作为平面应力状态下最大主应力、最小主应力和最大剪应力的解析计算公式。

【例 8.2.3】 已知平面应力状态的微元体如图 8.2.6 所示。试求：

(1)ab 面上的应力；

(2)主应力及其所在的平面；

(3)最大切应力及其所在平面。

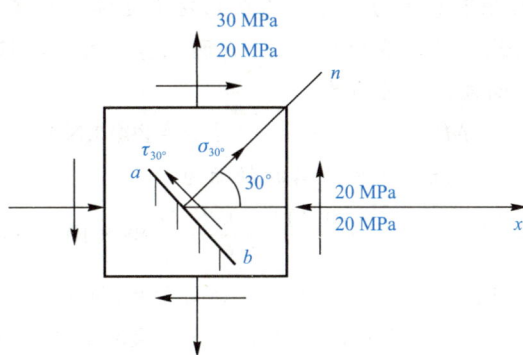

图 8.2.6　平面应力状态的微元体

解：(1)选取坐标系和微元体如图 8.2.6 所示。计算微元面上的应力分量：

$$\sigma_x = -20 \text{ MPa} \qquad \sigma_y = 30 \text{ MPa} \qquad \tau_{xy} = -20 \text{ MPa} \qquad \alpha = 30°$$

(2)根据式(8.2.1)计算任意斜截面上应力可得

$$\sigma_{30°} = \frac{\sigma_x + \sigma_y}{2} + \frac{\sigma_x - \sigma_y}{2}\cos2\alpha - \tau_{xy}\sin2\alpha$$

$$= \frac{-20+30}{2} + \frac{-20-30}{2}\cos60° - (-20)\sin60° = 8.82(\text{MPa})$$

$$\tau_{30°} = \frac{\sigma_x - \sigma_y}{2}\sin2\alpha + \tau_{xy}\cos2\alpha = \left(\frac{-20-30}{2}\sin60°\right) + (-20\cos60°) = -31.65(\text{MPa})$$

(3)主应力及主应力微元体。

主应力的大小为

$$\begin{matrix}\sigma_{\max}\\\sigma_{\min}\end{matrix} = \frac{\sigma_x + \sigma_y}{2} \pm \sqrt{\left(\frac{\sigma_x - \sigma_y}{2}\right)^2 + \tau_{xy}^2} = \frac{-20+30}{2} \pm \sqrt{\left(\frac{-20-30}{2}\right)^2 + (-20)^2} = \begin{matrix}37\\-27\end{matrix}(\text{MPa})$$

三个主应力分别为

$$\sigma_1 = 37 \text{ MPa} \qquad \sigma_2 = 0 \qquad \sigma_3 = -27 \text{ MPa}$$

主应力方向：

$$\tan2\alpha_0 = -\frac{2\tau_{xy}}{\sigma_x - \sigma_y} = -\frac{2\times(-20)}{(-20)-30} = -0.8$$

$$\alpha_0 = -18.33° \text{ 和 } \alpha_0 = -18.33° + 90° = 71.67°$$

(4)极值切应力及其作用面。

大小：

$$\begin{matrix}\tau_{\max}\\\tau_{\min}\end{matrix} = \pm\sqrt{\left(\frac{\sigma_x - \sigma_y}{2}\right)^2 + \tau_{xy}^2} = \pm\left(\sqrt{\left(\frac{-20-30}{2}\right)^2 + (-20)^2}\right) = \pm32.02(\text{MPa})$$

方向:

$$\tan 2\alpha_1 = \frac{\sigma_x - \sigma_y}{2\tau_{xy}} = \frac{(-20)-30}{2\times(-20)} = 1.25$$

$$\alpha_1 = 25.67° \text{ 或 } 115.67°$$

【例 8.2.4】 两端简支的工字钢梁的尺寸及其荷载如图 8.2.7 所示。试通过应力圆求截面 C 上 a、b 两点处的主应力。

解： 由于截面 C 上作用有集中力，剪力图在此处不连续。经过计算可知，截面 C 左侧剪力绝对值大于右侧，因此，计算截面 C 上 a、b 两点剪应力应该取其左侧剪力值。

C 截面处的弯矩和截面左侧的剪力为

$$M_C = 80 \text{ kN·m} \qquad F_{SC} = 200 \text{ kN}$$

横截面的惯性矩和计算 a 点剪应力所需的静矩为

$$I_z = \frac{0.12\times0.3^3}{12} - \frac{0.111\times0.27^3}{12} = 88\times10^{-6} \text{ (m}^4)$$

$$S_{za}^* = 0.12\times0.015\times(0.15-0.0075) = 256\times10^{-6} \text{ (m}^3)$$

a 点到中性轴的距离 $y_a = 0.135$ m，将这些值代入梁横力弯曲时 C 截面上 a 点处正应力和切应力的计算公式中，得到

$$\sigma_a = \frac{M_C}{I_z}y_a = \frac{80\times10^3}{88\times10^{-6}}\times0.135 = 122.7 \text{ (MPa)}$$

$$\tau_a = \frac{F_{SC}S_{za}^*}{I_z d} = \frac{200\times10^3\times256\times10^{-6}}{88\times10^{-6}\times9\times10^{-3}} = 64.6 \text{ (MPa)}$$

该点的应力状态如图 8.2.7(c)所示，选定适当的比例，即可绘制出相应的应力圆，如图 8.2.7(d)所示。

由应力圆可得 a 点处的最大主应力和最小主应力为

$$\sigma_1 = \overline{OA_2} = \overline{OC} + \overline{CA_2} = 150 \text{ MPa}$$

$$\sigma_3 = \overline{OA_1} = \overline{OC} - \overline{CA_1} = -27 \text{ MPa}$$

$$\sigma_2 = 0$$

且

$$2\alpha_0 = \arctan\left(\frac{-2\times64.6}{122.7}\right) = -46.4°$$

则 σ_1 主平面的方位角 α_0 为 $-23.2°$。

显然，σ_3 主平面应垂直于 σ_1 主平面，如图 8.2.7(e)所示。

对 C 截面上的 b 点，因 $y_b = 0.15$ m 可得

$$\sigma_b = \frac{M_C}{I_z}y_b = \frac{80\times10^3}{88\times10^{-6}}\times0.15 = 136.4 \text{ (MPa)}$$

$$\tau_b = 0$$

该点的应力状态如图 8.2.7(f)所示，选定适当的比例，即可绘制出相应的应力圆，如图 8.2.7(g)所示。

b 点处的主应力为

$$\sigma_1 = 136.4 \text{ MPa} \qquad \sigma_2 = \sigma_3 = 0$$

σ_1 主平面就是 x 平面，即梁的横截面 C。

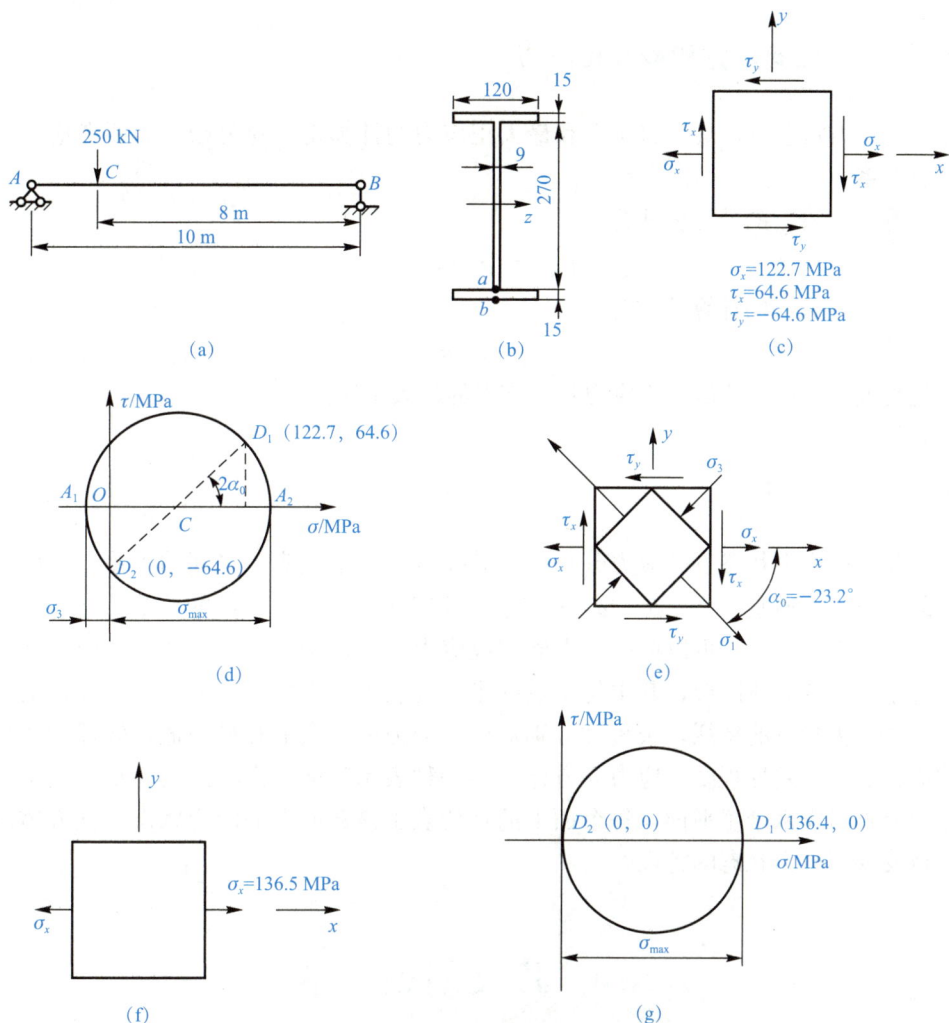

图 8.2.7　工字钢梁的尺寸及其荷载

问题： 例 8.2.4 中，计算截面 C 上 a、b 两点剪应力时，为何选取的是其左侧剪力值？

8.3　三向应力状态下的应力分析

三向应力状态下的应力分析相对复杂，需要考虑三个主应力之间的关系。

8.3.1　应力体表达式

在三向应力状态下，应力体的表达式可以通过应力椭球来推导。应力椭球的表达式为

$$\sigma_1^2/a^2 + \sigma_2^2/b^2 + \sigma_3^2/c^2 - 1 = 0$$

其中，σ_1、σ_2、σ_3 分别为某一点处的应力状态的主应力，a、b、c 分别为应力椭球的长短轴。

8.3.2　最大剪应力和最大正应力

在三向应力状态下，最大剪应力和最大正应力的计算也相对复杂，需要考虑三个主应力之间的关系。

最大剪应力 τ_{max} 的计算公式为

$$\tau_{max} = (\sigma_1 - \sigma_3)/2$$

最大正应力 σ_{max} 的计算公式为

$$\sigma_{max} = \sigma_1$$

也就是说，一点处的最大正应力就是该点的最大主应力。

8.3.3　主应力

当涉及三向应力状态下的应力分析时，需要考虑三个主应力之间的关系。主应力是主平面上的正应力，通常用 σ_1、σ_2、σ_3 来表示，并应满足 $\sigma_1 \geqslant \sigma_2 \geqslant \sigma_3$ 的关系。

在三向应力状态下，可以使用应力椭球或应力立方体来表示应力状态。应力椭球是以主应力为坐标轴的立体图形，其中每个点的坐标代表了该点处的应力状态。椭球的形状和大小反映了应力状态的特征，长短轴分别对应主应力的最大值和最小值，椭球的倾斜程度表示主应力之间的差异程度。应力立方体是另一种表示三向应力状态的图形，其中立方体的六个面分别对应六个主平面，每个面上的点代表了该截面上的应力状态。立方体的体积和形状也反映了应力状态的特征。

8.4　广义胡克定律

在材料力学中，胡克定律（Hooke's Law）是描述弹性体在受力作用下，形变量与作用力成正比的基本定律。这一定律最初是由英国科学家罗伯特·胡克在 20 世纪 60 年代提出的，最初形式主要针对单向拉伸或压缩情况。随着科学技术的发展，人们逐渐认识到材料在实际应用中往往承受着更为复杂的应力状态，这就催生了广义胡克定律的提出和发展。

在实际应用中，材料往往承受多向（三维）应力状态。在这种情况下，单向应力状态下的胡克定律需要进行扩展，以描述材料在多个方向上的应力和应变关系。这种扩展形式称为广义胡克定律。

单向应力状态（如轴向拉压变形）下线弹性小变形材料的胡克定律如下：

$$\sigma_x = E\varepsilon_x$$

式中，E 称为弹性模量，对于一种材料，在一定温度下，E 是常数。上式表明在弹性范围内，材料的应力与应变呈线性关系，即材料的形变与外力成正比。

在杆件被单向拉伸时，杆件的轴线方向被拉长，由于弹性变形情况下，杆件拉伸时其体积大致保持不变，因而在垂直于力作用线的方向将发生收缩。在弹性极限内，横向相对缩短 ε_y 和纵向相对伸长 ε_x 成正比，因缩短与伸长的符号相反，有

$$\varepsilon_y = -\mu\varepsilon_x$$

其中，μ 是弹性常数，称为泊松比。泊松比的定义如图 8.4.1 所示。

考虑在各正应力作用下沿 x 轴的相对伸长，它由三部分组成(图 8.4.2)，即

$$\varepsilon_x = \varepsilon_x' + \varepsilon_x'' + \varepsilon_x'''$$

其中，ε_x' 是由于 σ_x 的作用所产生的相对伸长 $\varepsilon_x' = \dfrac{\sigma_x}{E}$；$\varepsilon_x''$ 是由于 σ_y 的作用所产生的相对缩短

$\varepsilon_x'' = -\mu\dfrac{\sigma_y}{E}$；$\varepsilon_x'''$ 是由于 σ_z 的作用所产生的相对缩短 $\varepsilon_x''' = -\mu\dfrac{\sigma_z}{E}$。

将上述三个应变相加，即得在 σ_x、σ_y、σ_z 同时作用下在 x 轴方向的应变：

$$\varepsilon_x = \frac{\sigma_x}{E} - \mu\frac{\sigma_y}{E} - \mu\frac{\sigma_z}{E} = \frac{1}{E}[\sigma_x - \mu(\sigma_y + \sigma_z)]$$

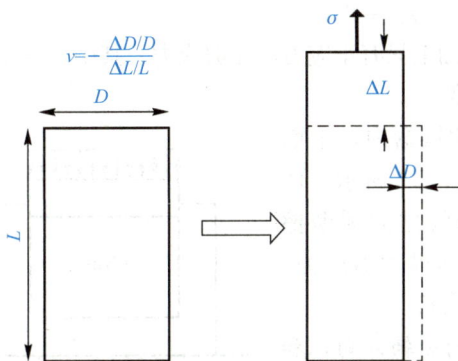

图 8.4.1　泊松比的定义　　　　　　图 8.4.2　正应力

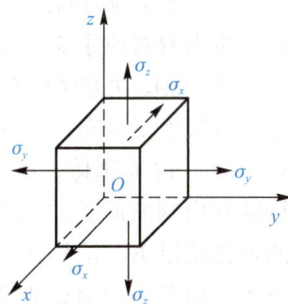

同理，可得到在 y 轴和 z 轴方向的应变：

$$\varepsilon_y = \frac{1}{E}[\sigma_y - \mu(\sigma_x + \sigma_z)]$$

$$\varepsilon_z = \frac{1}{E}[\sigma_z - \mu(\sigma_x + \sigma_y)]$$

根据试验可知，τ_{xy} 只引起 xy 坐标面内的剪应变 γ_{xy}，而不引起 γ_{xz}、γ_{yz}，于是可得

$$\gamma_{xy} = \frac{\tau_{xy}}{G}$$

同理

$$\gamma_{yz} = \frac{\tau_{yz}}{G}, \ \gamma_{zx} = \frac{\tau_{zx}}{G}$$

其中，G 剪切弹性模量。于是可得一般应力状态下各向同性材料的胡克定律，即广义胡克定律：

$$\varepsilon_x = \frac{1}{E}[\sigma_x - \mu(\sigma_y + \sigma_z)] \qquad \gamma_{xy} = \frac{\tau_{xy}}{G}$$

$$\varepsilon_y = \frac{1}{E}[\sigma_y - \mu(\sigma_x + \sigma_z)] \qquad \gamma_{yz} = \frac{\tau_{yz}}{G} \tag{8.4.1}$$

$$\varepsilon_z = \frac{1}{E}[\sigma_z - \mu(\sigma_x + \sigma_y)] \qquad \gamma_{zx} = \frac{\tau_{zx}}{G}$$

从以上广义胡克定律的表述可知，在三向应力状态下，材料的应变不仅与该方向上的应力有关，还与其他方向上的应力有关。其中，μ 是泊松比，表示材料在一个方向上受到压缩(或拉伸)时，垂直方向上的应变与原方向上应变的比值。

由于在一般应力状态下，三个主应力方向相互垂直，因而可以将主应力方向设置为直角坐标方向。结合主应力的定义，广义胡克定律也可以表达为

$$\begin{cases} \varepsilon_1 = \dfrac{1}{E}[\sigma_1 - \mu(\sigma_2 + \sigma_3)] \\[2mm] \varepsilon_2 = \dfrac{1}{E}[\sigma_2 - \mu(\sigma_1 + \sigma_3)] \\[2mm] \varepsilon_3 = \dfrac{1}{E}[\sigma_3 - \mu(\sigma_1 + \sigma_2)] \end{cases} \tag{8.4.2}$$

$$\gamma_{xy} = \gamma_{yz} = \gamma_{zx} = 0 \tag{8.4.3}$$

式(8.4.3)反映了主应力的性质，即在主平面上只有正应力，无剪应力。其中，$(\varepsilon_1，\varepsilon_2，\varepsilon_3)$ 称为主应变，也沿着对应主应力方向的线应变。

【例8.4.1】 橡皮立方块放在同样大小的铁盒内，上面用钢板封盖，钢板上受均布压力作用，如图8.4.3所示。假设铁盒和钢板可以视为刚体，橡皮与钢板边缘之间无摩擦力。试计算铁盒内侧面所受的压力和橡皮中的最大剪应力。已知橡皮的弹性模量 E、泊松比 μ 和剪切模量 G。

解： 压力 q 的作用方向设为直角坐标系的 z 轴方向，和其垂直的两个相互垂直的方向为 x、y 轴方向。根据题意有

$$\sigma_z = -q, \quad \varepsilon_x = \varepsilon_y = 0, \quad \sigma_x = \sigma_y = -p$$

由胡克定律得

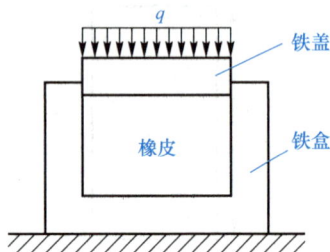

图 8.4.3　受均布压力作用带钢板铁盒

$$\varepsilon_x = \frac{1}{E}[\sigma_x - \mu(\sigma_y + \sigma_z)] = \frac{1}{E}[(\mu - 1)p + \mu q] = 0$$

所以盒内侧面的压力为

$$p = \frac{\mu}{1-\mu}q$$

最大剪应力为

$$\tau_{max} = \left| \frac{\sigma_z - \sigma_x}{2} \right| = \frac{1-2\mu}{2(1-\mu)}q$$

【例8.4.2】 受力构件材料的弹性模量 $E = 210$ GPa，泊松比 $\mu = 0.3$。已知其自由表面上某点处的两主应变值 $\varepsilon_1 = 240 \times 10^{-6}$，$\varepsilon_3 = -160 \times 10^{-6}$。求该点的主应力值，以及主应变 ε_2 的数值和方向。

解： 由于在主应力坐标系中，三个应力方向相互垂直，因此可知自由表面的法向即第二主应力方向及 $\sigma_2 = 0$。根据主应力空间中的广义胡克定律有

$$\varepsilon_1 = \frac{1}{E}(\sigma_1 - \mu\sigma_3)$$

$$\varepsilon_3 = \frac{1}{E}(\sigma_3 - \mu\sigma_1)$$

联立解得

$$\sigma_1 = \frac{E}{1-\mu^2}(\varepsilon_1 + \mu\varepsilon_3)$$

$$\sigma_3 = \frac{E}{1-\mu^2}(\varepsilon_3 + \mu\varepsilon_1)$$

将已知数值代入上列式子，求得

$$\sigma_1 = 44.3 \text{ MPa}, \ \sigma_3 = -20.3 \text{ MPa}$$

根据广义胡克定律第二式，得到

$$\varepsilon_2 = -\frac{\mu}{E}(\sigma_1 + \sigma_3) = -34.3 \times 10^{-6}$$

由于主应力方向与对应的主应变方向一致，所以主应变 ε_2 的方向也垂直于自由面。

广义胡克定律是材料力学中描述材料在多向应力状态下应变与应力关系的基本定律。从单向应力状态的胡克定律发展而来，它将材料的弹性行为描述得更加全面和准确，为理解和预测材料在复杂应力作用下的行为提供了重要工具。通过广义胡克定律的应用，可以有效指导实际工程中的材料选择和结构设计，具有重要的理论和实践意义。

8.5　强度理论概述

材料力学主要研究的内容之一是构件或结构的强度问题，其基本出发点是当构件或结构受到的荷载达到一定水平时，材料最容易在应力最大的点发生破坏。因此，为了确保构件的正常运作，需要明确导致材料进入危险状态的原因，并在设计或检查构件的截面尺寸时考虑一定的强度条件。

不同种类的材料失效模式各不相同。例如，代表性的塑性材料——普通碳钢，其失效标志是屈服现象和塑性变形的出现。而对于铸铁等脆性材料来说，失效通常表现为突然断裂。在单向受力的情况下，屈服点 σ_s 和断裂强度极限 σ_b 这两个失效应力点可以通过试验确定。将这两个点统称为失效应力，并通过将失效应力除以安全系数 n 来计算许用应力 $[\sigma]$，从而建立起强度条件。在单向应力状态下，这种强度条件是基于试验的。

在实际应用中，构件的危险点往往处于非单向应力状态，实现复杂应力状态下的试验相对困难。一种常见的方法是将材料加工成薄壁圆筒，通过内压和轴向拉力的作用，实现二向应力状态，有时还会加入扭矩以模拟更复杂的应力情况。尽管有多种方法来实现复杂应力状态的试验，但完全复现实际情况下的各种复杂应力状态仍然具有挑战性，因为应力组合的方式和比值可能千变万化。如果依赖单向拉伸试验的方法确定失效状态和建立强度条件，考虑到技术上的困难和工作量，这往往是不可行的。因此，通常基于部分试验结果，通过推理和假设来推测材料失效的原因，从而建立强度条件。

经过分析和归纳，发现尽管失效现象复杂，但主要还是分为屈服和断裂两种类型。同时，用来衡量受力和变形程度的参数包括应力、应变和变形能等。基于对材料失效现象和相关资料的综合分析，人们提出了各种关于强度失效的假设。这些假设认为，无论是简单还是复杂的应力状态，导致材料失效的因素是一致的，即失效的原因与应力状态无关。这些假设形成了强度理论的基础，使人们可以利用简单应力状态下的试验结果建立复杂应力状态下的强度条件。这些强度理论的有效性和适用条件还需要经过科学试验和实践的验证。

本节仅介绍以下四种常用的强度理论，适用于在常温、静载条件下的均匀、连续、各向同性材料。这些理论包括解释断裂失效的最大拉应力理论和最大伸长线应变理论，以及解释屈服失效的最大切应力理论和形状改变比能理论。需要指出的是，现有的强度理论并没有完全解决所有强度问题，这是一个不断发展的领域。

8.5.1　最大拉应力理论(第一强度理论)

最大拉应力理论提出，材料的断裂主要由最大拉应力引起。无论应力状态如何变化，一旦最大拉应力达到某一与材料属性相关的特定极限，材料便会断裂。基于这一理念，通过单向应力状态可以确定该极限值。在单向拉伸情况下，材料在达到强度极限 σ_b 时断裂。因此，该理论的断裂准则可以表达为 $\sigma_1 = \sigma_b$(σ_1 为最大主应力)。进一步，通过将极限应力 σ_b 除以安全系数，可以得到许用应力$[\sigma]$，从而建立强度条件 $\sigma_1 \leqslant [\sigma]$。这一理论与铸铁、陶瓷、玻璃等脆性材料的试验结果相吻合，但未考虑其他主应力的影响，对于纯压缩状态(如单向压缩)不适用。

8.5.2　最大伸长线应变理论(第二强度理论)

最大伸长线应变理论(第二强度理论)认为，最大伸长线应变是导致断裂的关键因素。无论应力状态如何，只要最大伸长线应变 ε_1 达到某一极限值，材料就会断裂。这个极限值可以通过单向拉伸试验确定，其中断裂时的伸长线应变极限为 σ_b/E。因此，任何应力状态下，ε_1 达到 σ_b/E 即意味着材料断裂。断裂准则由 $\varepsilon_1 = \dfrac{\sigma_b}{E}$ 给出，经过变换，得到 $\varepsilon_1 = \dfrac{1}{E}[\sigma_1 - \mu(\sigma_2 + \sigma_3)]$。据此，强度条件表达为 $\sigma_1 - \mu(\sigma_2 + \sigma_3) = \sigma_b$。将 σ_b 除以安全系数得许用应力$[\sigma]$，于是按第二强度理论建立的强度条件是

$$\sigma_1 - \mu(\sigma_2 + \sigma_3) \leqslant [\sigma]$$

尽管该理论适用于某些脆性材料，但在试验验证中，对铸铁等材料的二向拉伸安全性评估与实际结果有所偏差。

8.5.3　最大切应力理论(第三强度理论)

最大切应力理论(第三强度理论)提出，最大切应力 τ_{max} 是引起材料屈服的主要因素。无论应力状态如何，最大切应力一旦达到与材料性质相关的特定极限，即会导致材料屈服。在单向拉伸条件下，最大切应力的极限值可以直接确定。据此，屈服准则可表达为 $\tau_{max} = \sigma_s/2$。将此极限值除以安全系数，可以得到许用应力$[\tau]$，从而建立强度条件。

由于对任意应力状态有 $\tau_{max} = (\sigma_1 - \sigma_3)/2$，于是得屈服准则

$$\frac{\sigma_1 - \sigma_3}{2} = \frac{\sigma_s}{2}$$

或

$$\sigma_1 - \sigma_3 = \sigma_s \tag{8.5.1}$$

将 σ_s 除以安全系数得许用应力 $[\sigma]$，并得到按第三强度理论建立的强度条件：$\sigma_1 - \sigma_3 \leqslant [\sigma]$。最大切应力理论较好地解释了屈服现象，广泛应用于机械工业，尽管它忽略了中间主应力 σ_2 的影响，可能导致在某些二向应力状态下的安全评估偏于保守。

8.5.4　形状改变比能理论(第四强度理论)

形状改变比能理论(第四强度理论)是基于屈服现象的一种理论解释，它认为无论应力状态如何，当形状改变比能达到与材料性质相关的特定极限值时，材料即发生屈服。在单向拉伸条件下，该理论通过确定屈服点对应的形状改变比能极限值，为分析任意应力状态下的屈服提供了依据。具体来说，屈服准则可表示为形状改变比能达到其极限值，通过安全系数调整后得到许用应力，从而确立了根据形状改变比能理论得出的强度条件。该理论认为切应力是导致材料屈服的决定性因素，与塑性材料如钢、铜、铝的试验结果相吻合，显示出比最大切应力理论(第三强度理论)更准确的预测能力。

单向拉伸时的形状改变比能屈服准则为

$$u_f = \frac{1+\mu}{6E}(2\sigma_s^2) \tag{8.5.2}$$

其中，σ_s 为单向拉伸时屈服极限。在任意应力状态下，形状改变比能为

$$u_f = \frac{1+\mu}{6E}[(\sigma_1 - \sigma_2)^2 + (\sigma_2 - \sigma_3)^2 + (\sigma_3 - \sigma_1)^2]$$

代入式(8.5.1)，整理后得屈服准则

$$\sqrt{\frac{1}{2}[(\sigma_1 - \sigma_2)^2 + (\sigma_2 - \sigma_3)^2 + (\sigma_3 - \sigma_1)^2]} = \sigma_s \tag{8.5.3}$$

将 σ_s 除以安全系数得许用应力 $[\sigma]$，于是，第四强度理论得到的强度条件为

$$\sqrt{\frac{1}{2}[(\sigma_1 - \sigma_2)^2 + (\sigma_2 - \sigma_3)^2 + (\sigma_3 - \sigma_1)^2]} \leqslant [\sigma]$$

四种强度理论的核心在于提供不同材料和应力状态下的失效预测方法。脆性材料(如铸铁、玻璃等)通常以断裂形式失效，适合采用最大拉应力理论(第一强度理论)和最大伸长线应变理论(第二强度理论)；塑性材料(如低碳钢、铜、铝等)通常以屈服形式失效，适合采用最大切应力理论(第三强度理论)和形状改变比能理论(第四强度理论)。

值得注意的是，即使对于同一种材料，在不同应力状态下也可能表现出不同的失效形式。例如，碳钢在单向拉伸下可能屈服，而在应力集中的三向拉伸状态下可能断裂。这表明材料的失效形式受到其应力状态的影响，塑性材料和脆性材料在三向拉应力或压应力相近的情况下，都可能表现出不同的失效模式。

当应用强度理论解决实际问题时，首先需要分析计算构件危险点上的应力，然后确定该点的主应力 σ_1、σ_2 和 σ_3，最终根据材料的性质和应力状态选择合适的强度理论进行强度条件的判断。这些理论为理解和预测材料在不同应力状态下的行为提供了重要的工具。

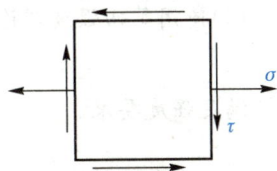

图 8.5.1　构件某危险点的应力状态

【例 8.5.1】　构件内某危险点的应力状态如图 8.5.1 所示，试按四个强度理论建立相应的强度条件。

解： 三个主应力分别为

$$\left.\begin{array}{l} \sigma_1 = \dfrac{\sigma}{2} + \sqrt{\left(\dfrac{\sigma}{2}\right)^2 + \tau^2} \\[4mm] \sigma_3 = \dfrac{\sigma}{2} - \sqrt{\left(\dfrac{\sigma}{2}\right)^2 + \tau^2} \end{array}\right\}$$

四个强度理论的强度条件为

$$\sigma_{r1} = \frac{1}{2}\sqrt{\sigma^2 + 4\tau^2} + \frac{\sigma}{2} \leqslant [\sigma]$$

$$\sigma_{r2} = \frac{1-\mu}{2}\sigma + \frac{1+\mu}{2}\sqrt{\sigma^2 + 4\tau^2} + \frac{\sigma}{2} \leqslant [\sigma]$$

$$\sigma_{r3} = \sqrt{\sigma^2 + 4\tau^2} \leqslant [\sigma]$$

$$\sigma_{r4} = \sqrt{\sigma^2 + 3\tau^2} \leqslant [\sigma]$$

【例 8.5.2】 如图 8.5.2 所示，实心圆杆的 $d = 200$ mm，$F = 200\pi$ kN，$E = 200 \times 10^3$ MPa，$\mu = 0.3$，$[\sigma] = 170$ MPa，在圆杆表面 K 点的 $\varepsilon_{45°} = -3 \times 10^{-4}$。应用第四强度理论校核其强度。

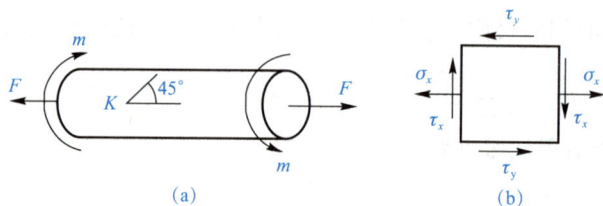

图 8.5.2　实心圆杆及微元体

解：（1）如图 8.5.2(b)所示，在圆柱表面 K 点选取微元体，微元体为平面应力状态。

（2）正应力由拉力 F 所产生，$\sigma_x = \dfrac{F}{\pi d^2/4} = 20$ MPa。

（3）由 $\varepsilon_{45°}$ 求 τ_x。将图 8.5.2(b)所示的应力状态逆时针旋转 45°，可得

$$\sigma_{45°} = \frac{\sigma_x}{2} - \tau_x \qquad \sigma_{135°} = \frac{\sigma_x}{2} + \tau_x$$

则

$$\varepsilon_{45°} = \frac{1}{E}(\sigma_{45°} - \mu\sigma_{135°}) = \frac{1}{E}\left[\frac{\sigma_x}{2}(1-\mu) - \tau_x(1+\mu)\right]$$

解得

$$\tau_x = \frac{1}{(1+\mu)}\left[\frac{\sigma_x}{2}(1-\mu) - E\varepsilon_{45°}\right] = 51.54 \text{ MPa}$$

（4）使用第四强度理论公式进行校核

$$\sigma_{r4} = \sqrt{\sigma_x^2 + 3\tau_x^2} = 91.48 \text{ MPa} < [\sigma]$$

满足强度要求。

思考题

8.1　三个单元体各面上的应力分量如图 8.1 所示。试问是否均处于平面应力状态。

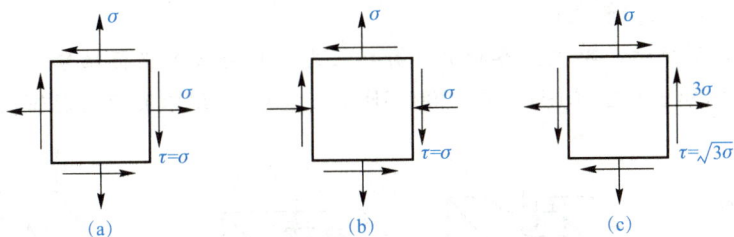

图 8.1

8.2　试问在何种情况下，平面应力状态下的应力圆符合以下特征：

(1)一个点圆；

(2)圆心在原点；

(3)与 τ 轴相切。

8.3　图 8.2 所示为处于平面应力状态下的单元体，若已知 $\alpha = 60°$ 的斜截面上应力 $\sigma_{60°} = 10$ MPa，$\tau_{60°} = 8.66$ MPa，试用应力圆求该单元体的主应力和最大切应力值。

8.4　受均匀的径向压力 p 作用的圆盘如图 8.3 所示。试证明盘内任一点均处于二向等值的压缩应力状态。

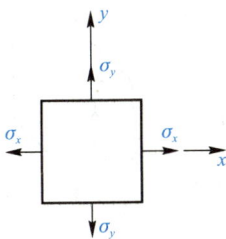

图 8.2

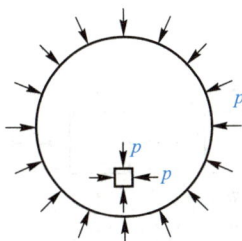

图 8.3

8.5　如图 8.4 所示，应力状态下的单元体，材料为各向同性，弹性常数为 $E = 200$ GPa，$\mu = 0.3$。已知线应变 $\varepsilon_x = 14.4 \times 10^{-5}$，$\varepsilon_y = 40.8 \times 10^{-5}$ 试问是否有 $\varepsilon_z = -\mu(\varepsilon_x + \varepsilon_y) = -16.59 \times 10^{-5}$，为什么？

8.6　从某压力容器表面上一点处取出的单元体如图 8.5 所示。已知 $\sigma_1 = 2\sigma_2$，试问是否存在 $\varepsilon_1 = 2\varepsilon_2$ 的关系。

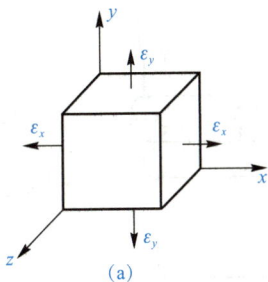

(a)

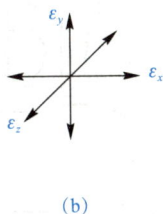

(b)

图 8.4

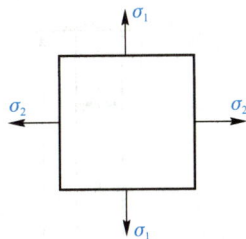

图 8.5

8.7　材料及尺寸均相同的三个立方块，其竖向压应力均为 σ_0，如图 8.6 所示。已知材料的弹性常数分别为 $E = 200$ GPa，$\mu = 0.3$。若三立方块都在线弹性范围内，试问哪一立方

203

块的体应变$(\varepsilon_x + \varepsilon_y + \varepsilon_z)$最大。

8.8 如图 8.7 所示，单元体各面上只有切应力，且与三个坐标轴分别平行的各切应力数值均等于 τ。已知 $\tau = 20$ MPa，$E = 200$ GPa，$\mu = 0.3$，试求其应变能密度。

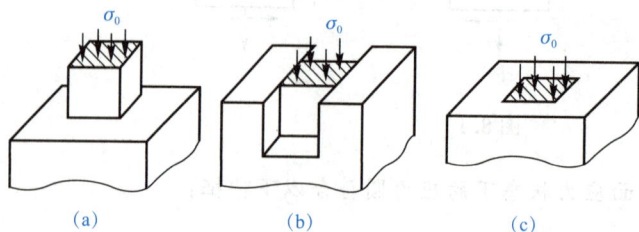

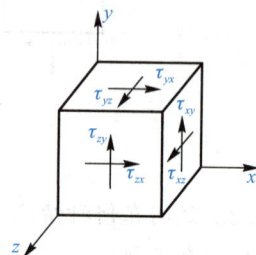

图 8.6　　　　　　　　　　　　　　　　图 8.7

8.9 材料为 Q235 钢，屈服极限 $\sigma_s = 235$ MPa 的构件内有图 8.8 所示 5 种应力状态（应力单位为 MPa）。试根据第三强度理论分别求出它们的安全因数。

8.10 在塑性材料制成的构件中，有图 8.9 所示的两种应力状态。若两者的 σ 和 τ 数值分别相等，试按第四强度理论分析比较两者的危险程度。

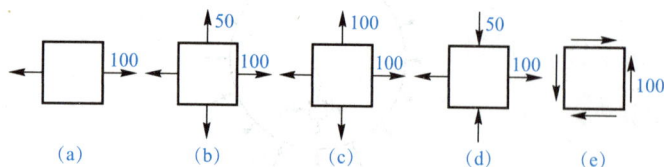

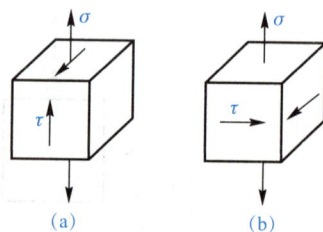

图 8.8　　　　　　　　　　　　　　　　图 8.9

8.11 冬天自来水管结冰时，会因受内压而胀破。水管中的冰也受到同样的反作用力，为何冰不破坏而水管破坏？

习题

8.1 构件受力如图 8.10 所示。

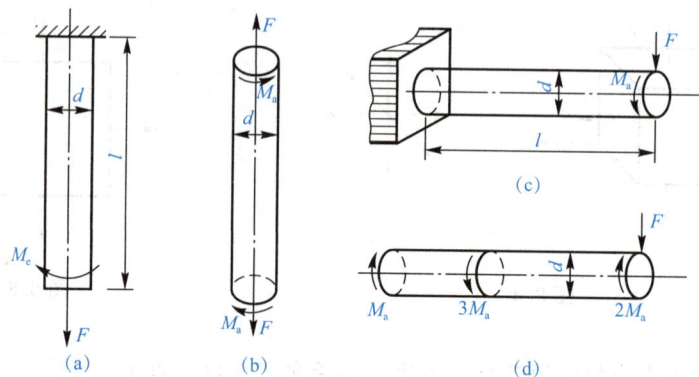

图 8.10

(1)确定危险点的位置；

(2)用单元体表示危险点的应力状态。

8.2　试求图 8.11 所示各应力状态的主应力及最大切应力(应力单位为 MPa)。

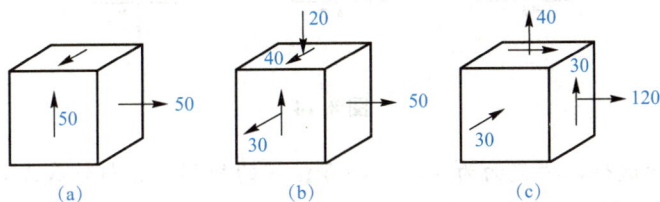

(a)　　　　　　(b)　　　　　　(c)

图 8.11

8.3　试从图 8.12 所示各构件中 A 点和 B 点处取出单元体，并标明单元体各面上的应力。

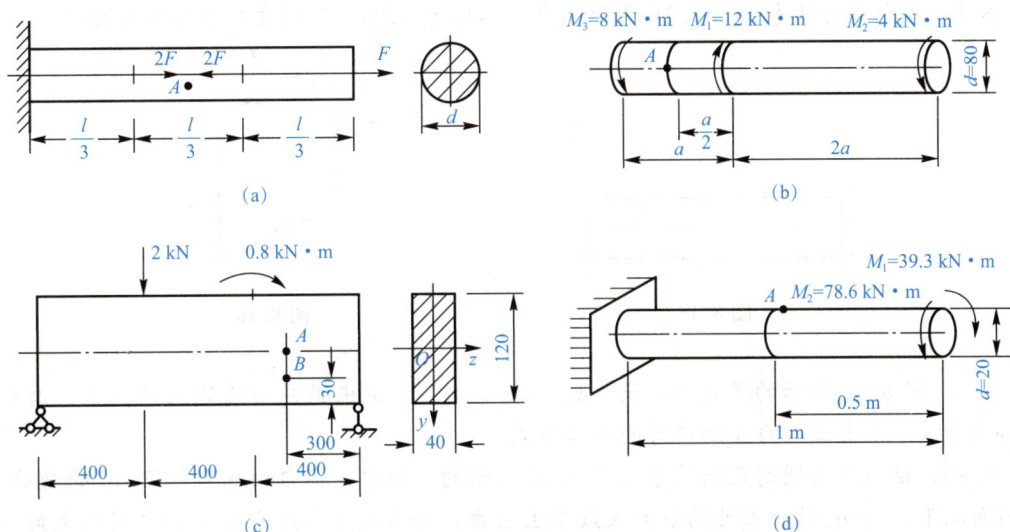

(a)　　　　　　　　　　　　(b)

(c)　　　　　　　　　　　　(d)

图 8.12

8.4　在图 8.13 所示各单元体中，试用解析法和图解法求斜截面 ab 上的应力。应力的单位为 MPa。

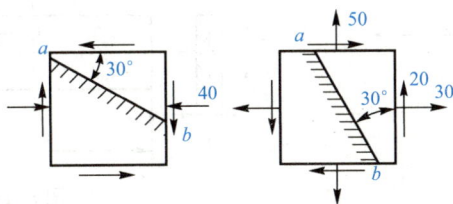

图 8.13

8.5　已知应力状态如图 8.14 所示，图中应力单位皆为 MPa。试用解析法及图解法求：

(1)主应力大小，主平面位置；

(2)在单元体上绘出主平面位置及主应力方向；

(3)最大切应力。

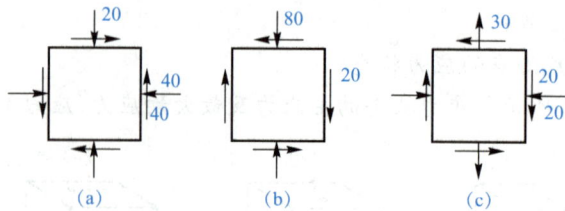

图 8.14

8.6 有一拉伸试样，横截面为 40 mm×5 mm 的矩形。在与轴线成 $\alpha=45°$ 的面上切应力 $\tau=150$ MPa 时，试样上将出现滑移线。试求试样所受的轴向拉力 F 的数值。

8.7 一横截面面积为 A 的铜质圆杆，两端固定，如图 8.15 所示。已知铜的线膨胀系数 $\alpha_1=2×10^{-5}℃^{-1}$，弹性模量 $E=110$ GPa，设铜杆温度升高 50 ℃，试求铜杆上 A 点处所示单元体的应力状态。

8.8 二向应力状态如图 8.16 所示，应力单位为 MPa。试求主应力并作应力圆。

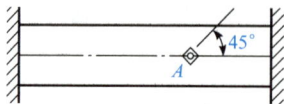

图 8.15

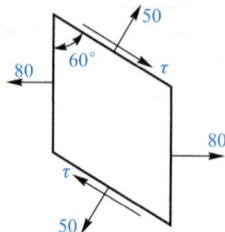

图 8.16

8.9 图 8.17 所示的单元体，设 $|\sigma_y|>|\sigma_x|$。试根据应力圆的几何关系，写出任一斜截面 $m-n$ 上正应力及切应力的计算公式。

8.10 试用应力圆的几何关系求图 8.18 所示的悬臂梁距离自由端为 0.72 m 的截面上，在顶面以下 40 mm 的一点处的最大及最小主应力，并求最大主应力与 x 轴之间的夹角。

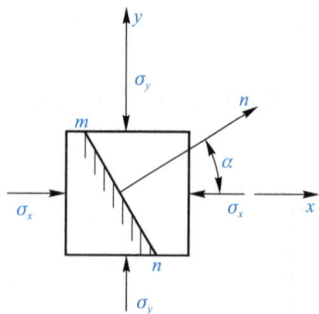

图 8.17

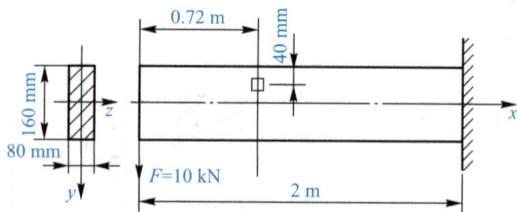

图 8.18

8.11 各单元体如图 8.19 所示。试利用应力圆的几何关系，求：
(1)指定截面上的应力；
(2)主应力的数值；
(3)在单元体上绘出主平面的位置及主应力的方向。

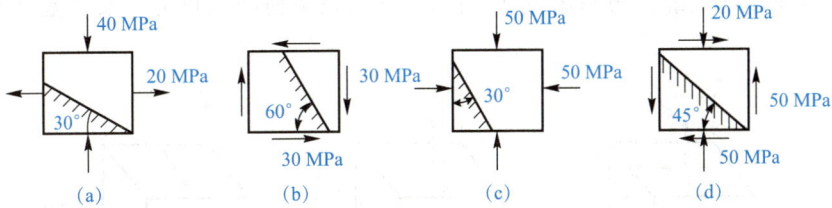

图 8.19

8.12　各单元体如图 8.20 所示。试利用应力圆的几何关系，求：

(1) 主应力的数值；

(2) 在单元体上绘制出主平面的位置及主应力的方向。

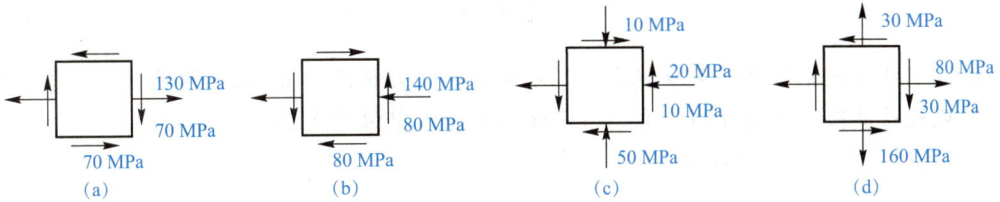

图 8.20

8.13　一焊接钢板梁的尺寸及受力情况如图 8.21 所示，梁的自重略去不计。试求截面 m—m 上 a、b、c 三点处的主应力。

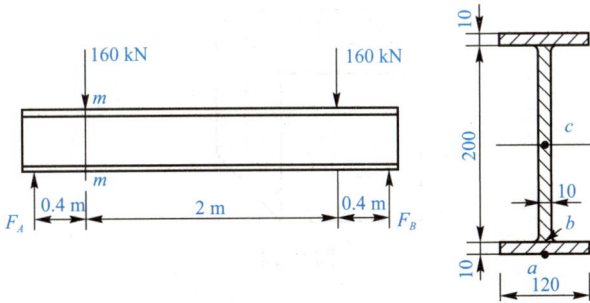

图 8.21

8.14　一钢板上有直径 $d=300$ mm 的圆，若在板上施加应力，如图 8.22 所示。已知钢板的弹性常数 $E=206$ GPa，$\mu=0.28$。试问钢板上的圆将变成何种图形？并计算其尺寸。

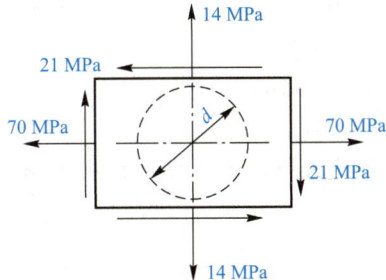

图 8.22

8.15 各单元体及其应力如图 8.23 所示。试用应力圆的几何关系求其主应力及最大切应力。

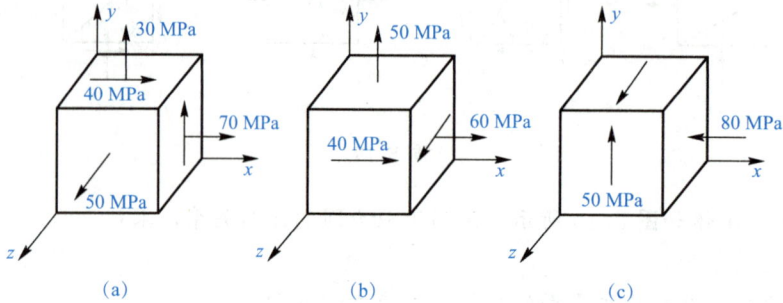

图 8.23

8.16 从低碳钢零件中某点取出一微元体，其应力状态如图 8.24 所示，试按第三和第四强度理论计算微元体的相当应力。微元体上的应力单位为 MPa。

(1)$\sigma_a = 40$, $\sigma_{a+90°} = 40$, $\tau_a = 60$。

(2)$\sigma_a = 60$, $\sigma_{a+90°} = -80$, $\tau_a = -40$。

(3)$\sigma_a = 50$, $\sigma_{a+90°} = 0$, $\tau_a = 80$。

(4)$\sigma_a = -40$, $\sigma_{a+90°} = 50$, $\tau_a = 0$。

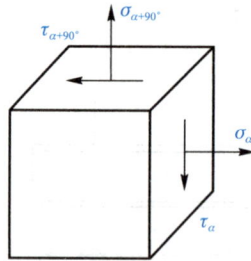

图 8.24

8.17 习题 8.16 中若材料为铸铁，试按第一和第二强度理论计算微元体的相当应力，$\mu = 0.3$。

8.18 试对铝合金(塑性材料)零件进行强度校核，已知[σ]=120 MPa。危险点的主应力(单位：MPa)。

(1)$\sigma_1 = 80$, $\sigma_2 = 70$, $\sigma_3 = -40$。

(2)$\sigma_1 = 0$, $\sigma_2 = -30$, $\sigma_3 = -100$。

(3)$\sigma_1 = -50$, $\sigma_2 = -70$, $\sigma_3 = -160$。

(4)$\sigma_1 = 140$, $\sigma_2 = 140$, $\sigma_3 = 110$。

8.19 试对铸铁零件进行强度校核，已知许用拉应力[σ_t]=30 MPa，$\mu = 0.3$。危险点的主应力(单位：MPa)

(1)$\sigma_1 = 30$, $\sigma_2 = 20$, $\sigma_3 = 15$。

(2)$\sigma_1 = 29$, $\sigma_2 = 20$, $\sigma_3 = -20$。

(3)$\sigma_1 = 29$, $\sigma_2 = 0$, $\sigma_3 = -20$。

8.20 钢制圆柱形薄壁容器，直径为 800 mm，壁厚 $t = 4$ mm。[σ]=120 MPa。试用

强度理论确定能承受的最大内压力 p。

8.21　图 8.25 所示为钢轨与火车车轮接触点处的应力状态。已知 $\sigma_1=-650$ MPa，$\sigma_2=-700$ MPa，$\sigma_3=-900$ MPa。钢轨材料的许用应力 $[\sigma]=250$ MPa。试用强度理论校核接触点处材料的强度。

8.22　如图 8.26 所示，某薄壁球壳的内径为 200 mm，其内部压强 $P=15$ MPa，钢的许用应力 $[\sigma]=160$ MPa。试按第三强度理论设计薄壳的壁厚。

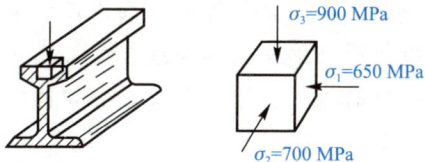

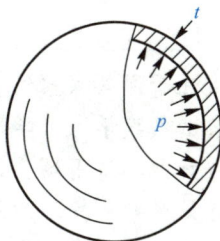

图 8.25 　　　　　　　　　　　　　　　　图 8.26

8.23　图 8.27 所示的简支梁，已知其材料的许用应力 $[\sigma]=160$ MPa，$[\tau]=100$ MPa。试为此梁选择工字钢的型号，并按第四强度理论进行强度校核。

8.24　铸铁薄管如图 8.28 所示。若管的外轻 $D=200$ mm，壁厚 $t=15$ mm，内压 $P=4$ MPa，$F=200$ kN，铸铁的抗拉及抗压许用应力分别 $[\sigma_t]=30$ MPa，$[\sigma_c]=120$ MPa，$\mu=0.25$。试用第二强度理论校核薄管的强度。

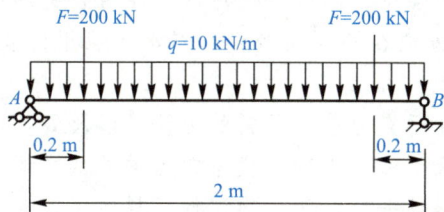

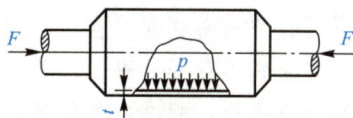

图 8.27 　　　　　　　　　　　　　　　　图 8.28

8.25　用 40 mm×5 mm 的矩形截面试件做拉伸试验，已知当切应力到达 150 MPa 时材料发生屈服，试求试件出现滑移线时所受的轴向拉力 F_S。

第9章　组合变形

本章导读

　　本章将专注于深入探索组合变形的分析技巧，尤其强调叠加原理的重要运用。通过对本章内容的细致学习，学习者将掌握使用叠加法来解决组合变形问题的技能。这包括认识到叠加法的适用场景，掌握其正确的执行步骤，以及学会如何将复杂的组合荷载情况有效地分解为简单的基本荷载情况。

　　组合变形是材料力学领域中一个关键且复杂的主题，涉及多种类型变形的相互影响及其对材料性能的整体影响。在实际的工程实践中，准确地分析和预测材料在组合变形状态下的行为与性能是至关重要的。

　　本章的目的是向学习者展示组合变形的核心理念及其分析方法，以帮助解决工程实践中遇到的相关问题。首先从组合变形的分类入手，详尽地介绍不同基本变形模式的组合及其特点，从而为深入理解组合变形分析打下坚实的基础。

　　本章将深入讨论如拉伸与扭转、压缩与弯曲等不同变形模式的组合，重点分析这些组合如何影响材料的应力分布、变形特性和强度。同时，也将探讨在组合变形中如何进行叠加关系的分解与合成，深化对叠加方法在不同组合变形情况下应用的理解，这对于准确计算组合变形的结果是至关重要的。

　　学习过程将着重探讨在组合变形情况下进行应力叠加分析的方法，以及如何确定最危险点及危险截面，进而进行强度校核，这些都是工程实践中重点关注的内容。通过合成计算手段，将学习如何确定和分析变形数据，以便准确评估材料在特定应力状态下的行为和性能。

　　此外，本章也将讨论在执行应力叠加分析和强度校核过程中可能遇到的挑战，如处理复杂的变形组合分析，考虑具有复杂几何形状和非均匀材料特性的必要性，以及确保近似计算方法的准确性。这些挑战不仅深化了对组合变形和应力分析的理解，而且为在工程应用中解决复杂的结构问题提供了宝贵的经验。

　　通过深入掌握如何在组合变形条件下进行精确的应力叠加分析，确定结构中的最危险点和关键截面，以及执行必要的强度校核，将能够在设计和评估工程结构时做出更加精确和安全的决策。这些关键技能和知识对于材料力学领域的学生和工程师来说，是解决实际工程问题、优化结构设计和材料选择的重要基石。通过本章的学习，学习者将全面而深入地理解组合变形的基本理论和分析方法，这将大大有助于学习者在解决实际工程问题、进行结构设计和材料选择时提供强有力的支持。对于材料力学领域的学生和工程师来说，掌握组合变形的关键知识和技巧具有非常重要的意义。

案例导入

　　假设你是一名机械工程师，负责设计一辆汽车的车身结构。在车身设计中，你需要考虑各种荷载情况下的组合变形，以确保车身在不同工况下的安全性、稳定性和可靠性。

　　例如，一辆汽车正在通过一个不平坦的路面行驶，同时，还承受着侧向风压力。这种情况下，车身结构将同时受到来自路面的振动荷载和侧向风荷载的作用，导致车身产生组合变形。

　　在这个案例中，你需要分析和确定车身结构在组合荷载作用下的力学行为和稳定性。了解材料的应力—变形关系、结构的几何形状及荷载的作用方式对组合变形的影响，对于正确评估和设计车身结构至关重要。

　　在本章中，将深入研究组合变形的相关概念和分析方法，将学习如何将不同类型的基本变形组合起来，包括拉伸、压缩、弯曲和剪切变形。了解这些基本概念将帮助你准确描述和分析车身结构中的组合变形情况。

　　此外，还将研究如何计算和评估车身结构的组合变形。学习如何进行组合变形的计算和分析，以及如何评估变形对车身结构稳定性的影响，将有助于你做出准确的设计决策并采取适当的措施来控制组合变形。

　　通过学习本章的内容，你将建立对组合变形的基本概念和分析方法的深入理解。这将使你能够准确评估和设计汽车车身结构的组合变形行为，并为车辆的安全性和性能提供可靠的依据。组合变形是材料力学中的重要课题，掌握其关键概念和方法对你的工程实践和结构设计具有重要的意义。

本章重点

　　1. 叠加原理的应用：本章详细介绍叠加法的基本概念，包括分解和组合叠加两个核心步骤。将讨论叠加法的应用条件，并通过实例学习如何有效地将组合受力分解，以便于分析和计算。

　　2. 变形的组合：本章探讨不同类型变形(如拉伸与扭转、压缩与弯曲等)的组合，分析这些组合变形的特点、机制及其对材料行为的影响。其重点是理解这些变形组合如何影响应力分布、变形分布和材料的强度。

　　3. 组合强度问题：本章介绍如何进行组合变形的强度校核，包括确定最大应力位置和危险截面。了解不同荷载组合下应力叠加的特性对分析和计算组合变形的强度影响。

　　4. 变形分析：学习变形的分析方法，包括如何通过几何叠加计算手段获取变形信息，并评估材料的刚度性能和变形行为。

>> **本章难点**

　　1. 复杂变形组合的分析：理解和分析复杂变形组合情况（例如，在多轴应力状态下或多重变形组合）是具有挑战性的。本章将介绍如何掌握变形组合的数学描述和分析方法，以解决复杂变形组合问题。

　　2. 组合变形计算的叠加法：本章深入研究叠加原理在构件或结构组合变形分析中的应用，讨论叠加原理的矢量相加特性，并区分何时可以使用代数相加、几何叠加和矢量求和。将详细讨论叠加法应用的条件和前提，以确保对组合变形的叠加原理有充分的理解，并学习如何通过适当的模型和方法来考虑叠加行为。

　　3. 变形计算：本章介绍基于叠加原理的变形分析方法，包括如何建立计算模型的方法。通过本章的学习，读者将掌握如何建立合适的模型、选择适当的受力条件和结构特点，以准确地模拟和分析组合变形情况。

9.1　组合变形的定义与叠加原理应用

9.1.1　组合变形及实例

　　由两种或两种以上基本变形组合而成的变形，称为组合变形。在实际工程中，杆件在荷载作用下所发生的变形，经常是组合变形。

　　图 9.1.1 所示为烟囱、厂房支柱（牛腿）组合变形实例。高耸的烟囱通常受到侧向风荷载的作用，在风荷载和烟囱自重的共同作用时，工厂烟囱受到自身重力作用产生轴向压缩，水平方向的风荷载引起弯曲变形，烟囱将产生轴向压缩和弯曲的组合变形。带牛腿的厂房支柱除承受柱顶上部厂房屋盖的重力荷载及柱子的自重外，柱子上的牛腿还承受其上横梁传递过来的竖向荷载。因此，这种结构形式的柱子的变形为轴向压缩和弯曲的组合变形。

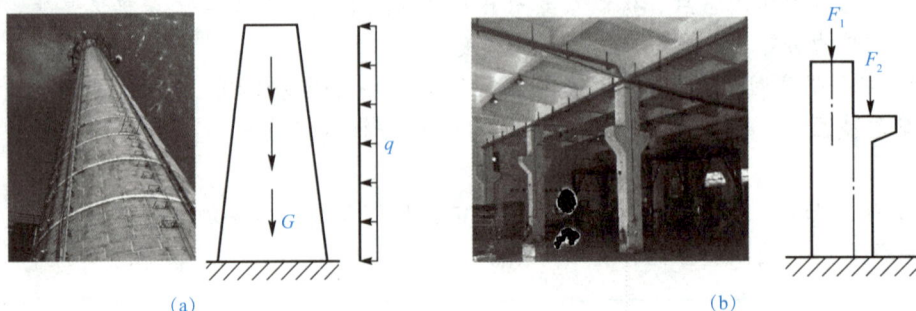

(a)　　　　　　　　　　　　　　　　　(b)

图 9.1.1　烟囱、厂房支柱组合变形
(a)烟囱；(b)带牛腿的支柱

图 9.1.2 所示为屋架檩条发生两个相互垂直平面内的弯曲变形组合而成的斜弯曲变形，是由 $(y，z)$ 两个方向的平面弯曲变形组成的斜弯曲。

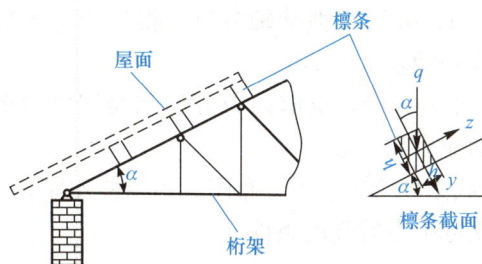

图 9.1.2　斜弯曲变形

9.1.2　叠加原理

在前述章节中，频繁地使用了叠加原理来简化力学问题的分析和计算。叠加原理是材料力学中的一个重要概念，它主要应用于分析多种不同荷载作用下引起的应力、应变或位移的复合效应。该原理的核心在于，当一个结构受到多个独立荷载的作用时，每个荷载单独产生的效应（应力、应变或位移）可以被单独计算，并将这些效应简单叠加起来，以得出整体效应的总和。叠加原理极大地简化了在多种荷载作用下复杂结构的分析过程。

叠加原理指出，在线性弹性范围内，物体在多个独立荷载作用下的响应（包括应力、应变和位移等）等于每个荷载单独作用时响应的矢量或代数和。这个原理基于线性弹性理论，假设材料的响应与荷载成正比。叠加原理的有效性依赖于以下几个条件：

（1）线性弹性材料：材料的应力—应变关系必须是线性的，即遵守胡克定律。

（2）小变形假设：结构的变形足够小，不会影响其几何形状和荷载的分布状态。

（3）独立荷载：作用在结构上的荷载必须是相互独立的，即一个荷载的存在和大小不会影响其他荷载的效果。

在梁的弯曲分析中，通过应用叠加原理有效地分析了梁在受到均布荷载、集中荷载和外力矩等多种不同类型荷载作用下的弯矩、剪力和变形情况。这种方法极大地简化了复合荷载作用下梁的弯矩、剪力和变形的计算过程。在本章中，将继续利用叠加原理进行复杂荷载条件下的组合变形分析。例如，在结构设计中，构件可能同时存在轴力、扭矩和弯矩等多种形式内力的作用，导致构件中出现多种基本变形。在这种情况下，可以借助叠加原理，分别计算每种荷载作用下的构件应力，并将这些应力进行叠加，从而得到在复杂荷载条件下的组合变形的总应力状态。

前述大量应用实例表明，叠加原理的运用极大地简化了对复杂结构在多种荷载作用下的材料、结构和构件力学行为的分析与预测过程，成为材料力学和结构分析领域中一个基础且强大的工具。

9.1.3　组合变形分析的通用方法

当结构或构件满足叠加原理的条件下，其在多种荷载共同作用下的组合变形可通过叠加原理进行精确分析。这一过程涉及将复杂的荷载系统简化为若干单一荷载，分别作用于结构上，并通过代数方法叠加，以求得最终的变形结果。以下是详细的方法和步骤介绍。

1. 组合变形处理的基础步骤

（1）外力分析：简化外力，并沿主惯性轴分解，将组合变形拆解为若干基本变形。这样，每一组力（或力矩）对应一种基本变形。

（2）内力分析：对每个外力分量，求解内力方程和绘制内力图，识别并计算危险截面处，每种基本变形下构件的应力和变形。

（3）应力分析：在危险截面处绘制应力分布图，利用叠加原理将各基本变形引起的应力和变形进行叠加，从而建立危险点的强度条件。

2. 解决组合变形强度问题的流程

（1）外力简化：将外力分解或简化为几组静力等效的荷载，每组荷载对应一种基本变形。

（2）内力图绘制：对每种基本变形，绘制内力图，并确定危险截面。

（3）应力叠加：应用叠加法，将每种基本变形在同一点引起的应力进行叠加，以确定危险点的确切位置。

（4）强度分析：对危险点的应力状态进行分析，并选用合适的强度理论进行计算。

3. 叠加法的关键步骤

（1）分解：按照各基本变形的条件，将组合变形分解为若干基本变形。

（2）应力计算：使用基本变形的应力计算公式，分别求解各点的正应力和剪应力。

（3）应力合成：将同一截面同一点上计算得到的正应力进行代数叠加，得到该点在组合变形下的正应力；将剪应力进行几何（或矢量）叠加，得到组合变形下的剪应力。识别危险截面及危险点，并依据强度理论进行强度计算。

通过上述方法和步骤，可以有效地分析和解决结构在多重荷载作用下的组合变形和强度问题，确保结构设计的安全性和可靠性。

问题：分析组合变形时，荷载组合分解的依据是什么？

9.2 轴向拉伸(压缩)与弯曲的组合变形分析

如图 9.2.1 所示，受力梁构件，其上同时作用有轴向力 F 和横向力 F_1。如果单独考虑轴向力 F 的作用，根据本书前述介绍，将在梁轴向产生轴力和对应的梁横截面上的正应力。梁沿轴向产生均匀的拉伸变形。同理，如果横向力 F_1 单独作用在梁上，将在梁的横截面上引起剪力与弯矩及剪应力和正应力。梁产生弯

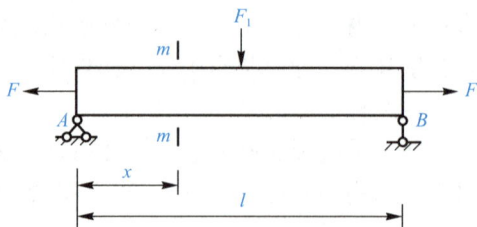

图 9.2.1 拉弯组合变形

曲变形。因而，梁在这两组力作用下的变形应该同时存在拉伸或压缩与弯曲的组合变形，这是工程中比较常见的组合变形情况。以下按照上述叠加原理分析步骤讨论这根杆在组合变形时的强度问题。

（1）外力分析。为了简化，假设横向力作用在跨中，分别以梁端 A、B 为矩心，列力矩

平衡方程解得 A、B 支座处向竖向支座反力 F_{Ay}、F_{By}：

$$\sum M(A) = 0 \qquad -F_{By} \cdot l + F_1 \cdot \frac{l}{2} = 0 \qquad F_{By} = \frac{F_1}{2}(\uparrow)$$

$$\sum M(B) = 0 \qquad F_{Ay} \cdot l - F_1 \cdot \frac{l}{2} = 0 \qquad F_{Ay} = \frac{F_1}{2}(\uparrow)$$

(2)内力分析。从图 9.2.1 所示 m—m 截面处将梁截开，取梁左半段作为隔离体，在梁的横截面上内力有轴力 F_N、剪力 F_S 和弯矩 M，它们一般是截面位置 x 的函数。隔离体的受力图如图 9.2.2 所示。不难解得

$$F_N = F, \ F_S = \frac{F_1}{2}, \ M(x) = \frac{F_1}{2}x \qquad \left(0 < x \leqslant \frac{l}{2}\right)$$

式中，各个内力符号为正表明与隔离体中标识的方向一致。同理解得

$$F_N = F, \ F_S = -\frac{F_1}{2}, \ M(x) = \frac{F_1}{2}(l-x) \qquad \left(\frac{l}{2} < x \leqslant l\right)$$

剪力 F_S 的数值为负，表示与截面上正向内力方向相反。

根据叠加原理及截面应力与对应内力成正比的关系，又由于整根梁受到轴向拉力作用产生的轴力在整个梁上是均匀的，而剪力产生的截面剪应力相对较小，可以忽略。因而，最大弯矩所在截面即是最危险截面。

(3)应力分析。根据叠加原理，梁横截面上的正应力 σ 等于梁受到轴向拉力 F 在截面上产生的正应力 σ_N 叠加上横向力 F_1 引起的弯矩 M 在相同截面上的正应力 σ_M，即

$$\sigma = \sigma_N + \sigma_M = \frac{F_N}{A} \pm \frac{My}{I_z}$$

式中，A 是梁横截面面积。叠加结果之一如图 9.2.3 所示。从上述公式可以看出，拉伸与弯曲组合变形的梁在经历应力叠加后，梁横截面上的正应力 σ 随着横截面上点的位置 y 而变化。当满足条件 $\sigma = \frac{F_N}{A} \pm \frac{M_y}{I_z} \geqslant 0$ 时，即 $y \in \left[\dfrac{-F_N I_z}{AM}, \dfrac{F_N I_z}{AM}\right]$，可以得出结论：在横截面上存在一个区域，该区域内仅存在拉应力而没有压应力。这一区域被称为梁横截面的截面核心。

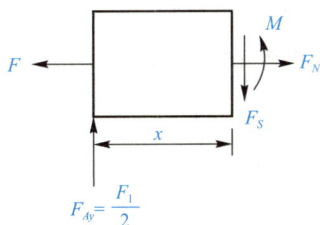

图 9.2.2　隔离体受力图

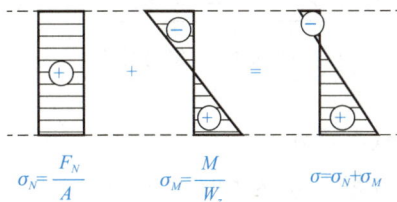

图 9.2.3　叠加结果

由于弯曲变形产生的最大拉应力和最大压应力分别位于横截面上离中性轴最远的下边缘和上边缘，因此有

$$\left.\begin{array}{c}\sigma_{\min} \\ \sigma_{\max}\end{array}\right\} = \frac{F_N}{A} \pm \frac{M_{\max}}{W_z}$$

(4)强度校核。将最大拉应力或最大压应力代入强度条件进行校核，因而有

$$\left.\begin{array}{c}\sigma_{\min}\\\sigma_{\max}\end{array}\right\}=\frac{F_N}{A}\pm\frac{M_{\max}}{W_z}\leqslant[\sigma]$$

因为梁的横截面上的剪应力值通常远小于截面正应力，所以不需要校核截面剪应力强度。

【例 9.2.1】 下端固定的矩形截面构件受力如图 9.2.4 所示。已知 $F=200$ kN，$a=0.4$ m，$b=0.8$ m，$y_F=0.4$ m，$z_F=0.1$ m。试求底面 A、B、C、D 四点的应力。

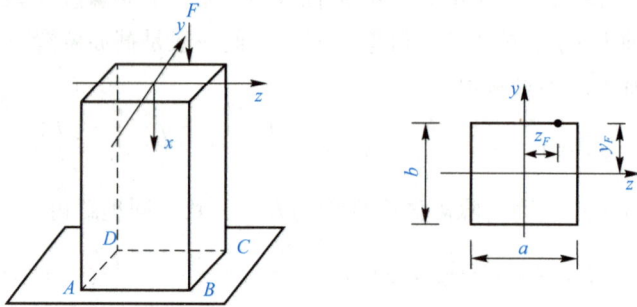

图 9.2.4　下端固定的矩形截面受力

解：本例属于偏心压缩问题。轴向压力 F 并不沿构件杆的轴向，而是与截面主惯性矩 y、z 各有一个偏心距。对轴向压力进行移轴，将其移动到截面形心，这时，截面上的等效外力如图 9.2.5 所示。

在图 9.2.5 中，$F_x=F=200$ kN，$M_y=F \cdot z_F=200\times0.1=20(\text{kN}\cdot\text{m})$，$M_z=F \cdot y_F=200\times0.4=80(\text{kN}\cdot\text{m})$。因而，构件任意截面上的内力为 $F_N=200$ kN，$M_y=20$ kN·m，$M_z=80$ kN·m。底面 $ABCD$ 的截面内力如图 9.2.6 所示。

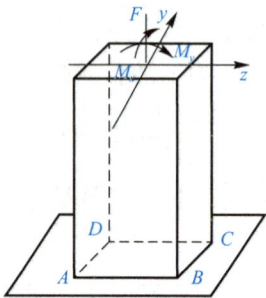

图 9.2.5　等效外力

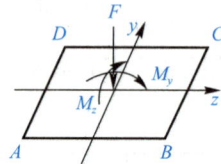

图 9.2.6　底面 $ABCD$ 的截面内力

计算截面应力：

截面面积：$A=a \cdot b=0.4\times0.8=0.32(\text{m}^2)$。

关于主惯性矩 y 的抗弯截面模量：$W_y=\dfrac{ba^2}{6}=\dfrac{0.8\times0.4^2}{6}=0.021\ 33(\text{m}^3)$。

关于主惯性矩 z 的抗弯截面模量：$W_z=\dfrac{ab^2}{6}=\dfrac{0.4\times0.8^2}{6}=0.042\ 67(\text{m}^3)$。

因此，底面 A、B、C、D 四点的应力分别为

$$\sigma_A=-\frac{F_N}{A}+\frac{M_y}{W_y}+\frac{M_z}{W_z}=-\frac{200\times10^3}{0.32}+\frac{20\times10^3}{0.021\ 33}+\frac{80\times10^3}{0.042\ 67}\times10^{-6}$$

$$=-0.63+0.94+1.87=2.18(\text{MPa})$$

$$\sigma_B = -\frac{F_N}{A} - \frac{M_y}{W_y} + \frac{M_z}{W_z} = -\frac{200\times10^3}{0.32} - \frac{20\times10^3}{0.021\,33} + \frac{80\times10^3}{0.042\,67} \times 10^{-6}$$
$$= -0.63 - 0.94 + 1.87 = 0.3(\mathrm{MPa})$$

$$\sigma_C = -\frac{F_N}{A} - \frac{M_y}{W_y} - \frac{M_z}{W_z} = -\frac{200\times10^3}{0.32} - \frac{20\times10^3}{0.021\,33} - \frac{80\times10^3}{0.042\,67} \times 10^{-6}$$
$$= -0.63 - 0.94 - 1.87 = -3.44(\mathrm{MPa})$$

$$\sigma_D = -\frac{F_N}{A} + \frac{M_y}{W_y} - \frac{M_z}{W_z} = -\frac{200\times10^3}{0.32} + \frac{20\times10^3}{0.021\,33} - \frac{80\times10^3}{0.042\,67} \times 10^{-6}$$
$$= -0.63 + 0.94 - 1.87 = -1.56(\mathrm{MPa})$$

图 9.2.7(a)中起重机横梁 AB 受力简图如图 9.2.7(b)所示。轴向力 F_x 和 F_{ax} 引起压缩，横向力 F_{ay}、W、F_y 引起弯曲，所以，AB 杆产生压缩与弯曲的组合变形。若 AB 杆的抗弯刚度较大，弯曲变形很小，轴向力因弯曲变形而产生的弯矩可以忽略，原始尺寸原理可以使用。这样，轴向力就只引起压缩变形，外力与杆件内力和应力的关系仍然是线性的，叠加原理就可应用。

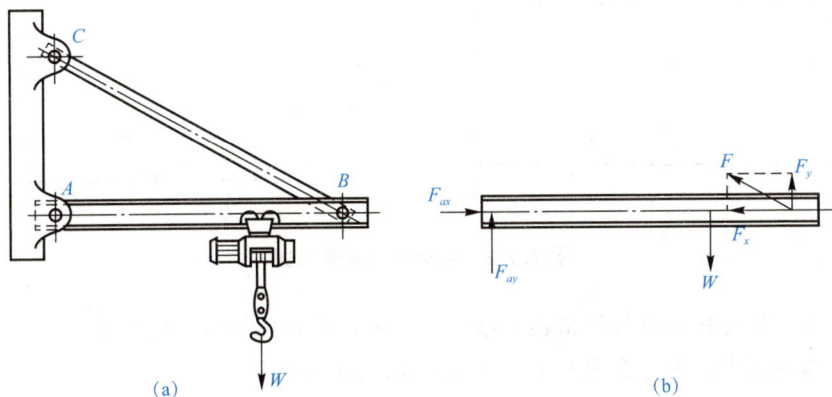

图 9.2.7　起重机横梁及其受力简图

【**例 9.2.2**】 最大吊重 $W=8$ kN 的起重机如图 9.2.8 所示。若 AB 杆为工字钢，材料为 Q235 钢，$[\sigma]=100$ MPa，试选择工字钢型号。

解：根据图 9.2.8(a)显示的尺寸，首先求出 CD 杆的长度为

$$l = \sqrt{2.5^2 + 0.8^2} = 2.63(\mathrm{m})$$

AB 杆的受力简图如图 9.2.8(b)所示。设 CD 杆的拉力为 F，由平衡方程 $\sum M(A)=0$，得

$$-F \cdot \frac{0.8}{\sqrt{2.5^2 + 0.8^2}} \times 2.5 + W \times (2.5 + 1.5) = 0$$

$$F = 42\ \mathrm{kN}$$

把 F 分解为沿 AB 杆轴线的分量 F_x 和垂直于 AB 杆轴线的分量 F_y，可见 AB 杆在 AC 段内产生压缩与弯曲的组合变形。

$$F_x = F \cdot \frac{2.5}{\sqrt{2.5^2 + 0.8^2}} = 42 \times \frac{2.5}{2.63} = 40(\mathrm{kN})$$

$$F_y = F \cdot \frac{0.8}{\sqrt{2.5^2 + 0.8^2}} = 42 \times \frac{0.8}{2.63} = 12.78(\mathrm{kN})$$

作 AB 杆的弯矩图和 AC 段的轴力图如图 9.2.8(c)所示。从图中可以看出，在 C 点截面上弯矩为最大值，而 C 点左侧截面到支座 A 的轴力保持常值，故为危险截面。试算时，可以先不考虑轴力 F_N 的影响，只根据弯曲强度条件选取工字钢。这时

$$W \geqslant \frac{M_{max}}{[\sigma]} = \frac{12 \times 10^3}{100 \times 10^6} \mathrm{m}^{-6} = 120 \ \mathrm{cm}^3$$

查型钢表，选取 16 号工字钢，$W = 141 \ \mathrm{cm}^3$，$A = 26.1 \ \mathrm{cm}^2$。选定工字钢后，同时考虑轴力 F_N 和弯矩 M 的影响，再进行强度校核。在危险截面 C 的下边缘各点上发生最大压应力，且为

$$|\sigma_{max}| = \left| \frac{F_N}{A} + \frac{M_{max}}{W} \right| = \left| -\frac{40 \times 10^3}{26.1 \times 10^2} - \frac{12 \times 10^6}{141 \times 10^3} \right| = 100.43 \ \mathrm{MPa} \approx [\sigma]$$

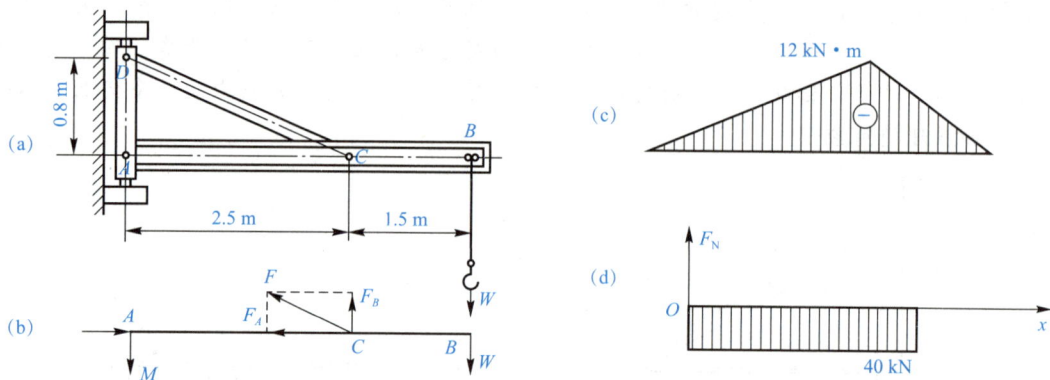

图 9.2.8 起重机及其受力图

结果表明，最大压应力与许用应力接近，故无须重新选择截面的型号。

问题：本例题中，为什么说 C 点左侧截面是危险截面?

9.3 轴向拉伸(压缩)与扭转的组合变形计算

9.3.1 基础理论

轴向拉伸(压缩)与扭转的组合变形是结构工程和材料科学中的一个重要内容，涉及材料在同时受到轴向力和扭矩作用时的力学行为。这种组合作用下的变形分析对于确保结构的稳定性和安全性具有重要的意义。

当一个物体受到沿其长度方向的拉(压)力作用时，会产生轴向拉伸(压缩)变形。这种力会使物体在其轴线方向上伸长或缩短，而截面尺寸将相应减小或增大，具体取决于受到的是拉力还是压力。

扭转变形是由于物体受到作用在其横截面上的扭矩而产生的。这种作用会使物体绕其轴线旋转，截面之间产生相对转角位移。在扭转变形中，物体的各个截面绕轴线旋转的角度可能不同，这取决于扭矩的大小和分布及物体的几何形状和材料特性。

当一个物体同时受到轴向拉(压)力和外力偶矩的作用时,它会经历一种复杂的组合变形。这种组合变形的分析通常需要考虑以下几个方面:

(1)轴向应力:由轴力引起,可以通过将轴力除以横截面面积来计算。

(2)剪切应力:由扭矩引起,在截面上的分布可能是非均匀的,对于圆形截面而言,最大剪切应力出现在截面边缘。

(3)轴向应变:与轴向应力直接相关,遵循胡克定律(对于弹性范围内的材料)。

(4)剪应变:扭转引起的转角变形可以通过扭矩与截面极惯性矩的比值来计算。

在轴向拉伸(压缩)与扭转组合作用下,物体的总变形是轴向变形和转动变形的综合结果。这种组合变形的分析需综合考虑材料的弹性模量、剪切模量、几何形状和加载条件等因素。

在实际应用中,如桥梁、飞机机翼、轴承和传动轴等结构设计时,工程师必须考虑到这种组合变形对结构性能的影响。正确评估和预测结构在组合加载下的行为是确保其稳定性和安全性的关键。

此外,对于材料而言,不同的材料对轴向拉伸(压缩)和扭转的响应不同,这要求在设计和材料选择时进行仔细考虑,以确保结构和材料的匹配性和功能性。

轴向拉伸(压缩)与扭转的组合变形是结构和材料科学中的一个复杂但极其重要的课题。通过对这种组合变形的深入理解和分析,可以在工程设计中做出更合理的决策,从而提高结构的性能和安全性。

9.3.2　拉(压)与扭转组合变形计算

拉伸(压缩)与扭转组合变形计算时的一些基本原则和步骤。

1. 确定受力情况

需要准确确定结构部件在使用过程中所受的力和力偶矩,这包括了解作用力的大小、方向及力偶矩的作用面和旋转方向。这一步是进行后续计算的基础。

2. 应力计算

(1)轴向应力(σ):轴向应力是由轴力(F)引起的,可以通过以下公式计算:

$$\sigma = \frac{F}{A}$$

式中,A 为受力截面面积。

(2)剪应力(τ):扭转引起的剪应力在截面上的分布可能是非均匀的。对于圆形截面,剪应力(τ)可以通过以下公式计算:

$$\tau = \frac{Tr}{J}$$

式中,T 为截面上的扭矩,r 为点到截面中心的径向距离,J 为截面的极惯性矩。

3. 组合变形的综合分析

在实际的结构分析中,轴向拉伸(压缩)与扭转的组合作用下的总变形是轴向变形和角变形的合成。这要求工程师不仅要计算各自的应力和应变,还要考虑这些变形如何共同作用于结构上,可能涉及更复杂的数学模型和有限元分析(FEA)来精确预测结构的响应。

【例 9.3.1】　直径 $d = 0.1$ m 的圆杆如图 9.3.1 所示,$T = 7$ kN · m,$P = 50$ kN,

$[\sigma]$＝100 MPa。试应用第三强度理论校核杆件强度。

解： 分析可知，本例题属于拉扭组合变形的情况。拉伸由轴向力 P 产生，扭转由外力偶矩 T 形成。由轴向力 P 产生的圆杆截面正应力均匀，外力偶矩引起的剪应力在圆杆的外周上最大。因而，计算圆杆横截面上的正应力和最大剪应力，即

$$\sigma = \frac{P}{A} = \frac{4 \times 50}{3.14 \times 0.1^2} \times 10^3 = 6.37 \text{(MPa)}$$

图 9.3.1　圆杆

$$\tau_{max} = \frac{T}{W_p} = \frac{16 \times 7}{3.14 \times 0.1^3} \times 10^3 = 35.7 \text{(MPa)}$$

应用第三强度理论计算得

$$\sigma_{r3} = \sqrt{\sigma^2 + 4\tau^2} = \sqrt{6.37^2 + 4 \times 35.7^2} = 71.7 \text{(MPa)} < [\sigma]$$

所以，圆杆在这组拉扭组合荷载作用下是安全的。

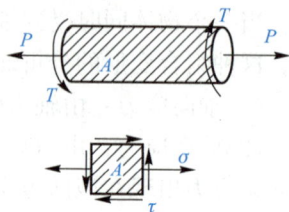

9.4　斜弯曲现象的理解与计算

梁的斜弯曲指的是当梁受到非垂直于其主轴方向的荷载作用时发生的弯曲现象。这种情况下，梁在其两个相互正交的形心主惯性轴所在平面内发生了平面内弯曲的组合变形，导致杆件产生弯曲变形。与此同时，由于受到的外力（横向力）方向和挠曲线不共面，梁不仅会在一个平面内产生弯曲，还会伴随着横向位移和扭转，从而形成更为复杂的应力和变形状态。

传统的弯曲理论通常假设荷载垂直作用于梁的中性轴，而在实际应用中，荷载的作用方向可能与梁的中性轴不垂直（图 9.4.1 所示的房屋纵向方形檩条受力状态），这就是斜弯曲的情况。斜弯曲的分析需要考虑到梁的剪切中心（剪切中心是指梁横截面上一个特定的点，通过该点施加剪切力时，不会引起梁的扭转或旋转且梁的截面保持为平面），以及荷载相对于剪切中心的位置，因为这将影响梁的扭转和侧向位移。

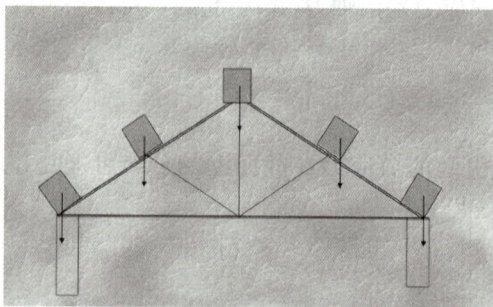

图 9.4.1　坡屋顶上方形檩条受力

斜弯曲分析的基本原理涉及复合应力和变形的计算，需要使用到更为复杂的数学模型和公式。这包括但不限于梁的横截面特性、材料属性、荷载大小和方向等因素。通过对这些因素的综合考虑，可以预测和计算梁在斜弯曲作用下的响应，包括梁的最大弯矩、剪力、位移和扭转角等关键参数。

9.4.1　正应力的计算

为了说明梁斜弯曲组合变形情况下的截面正应力计算方法，不失一般性提出如图 9.4.2 所示梁的斜弯曲实例，梁的自由端受到经过截面中心但不与截面主轴重合的集中力 F 作用。采用与上相同的求解思路，按照以下步骤进行斜弯曲组合变形的截面正应力计算。选取坐标系如图 9.4.2 所示。

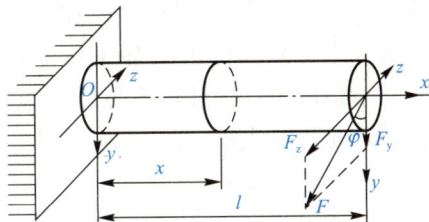

図 9.4.2　选取坐标系

（1）将外载沿横截面的两个形心主轴分解，得

$$F_y = F\cos\varphi, \quad F_z = -F\sin\varphi \tag{9.4.1}$$

其中，φ 为外力 F 与坐标轴 y 正向的夹角。

（2）梁任意截面上的弯矩为

$$M_z = F_y(l-x) = F(l-x)\cos\varphi = M\cos\varphi$$

$$M_y = F_z(l-x) = F(l-x)\sin\varphi = M\sin\varphi$$

（3）将斜弯曲分解为在两个形心主惯性平面内的平面弯曲，然后分别计算其应力，再进行叠加，则梁截面上任一点 $A(y, z)$ 的应力（考虑坐标符号）如下：

M_y 在 A 点产生的正应力：

$$\sigma' = \frac{M_y z}{I_y} = \frac{M\sin\varphi}{I_y} z$$

M_z 在 A 点产生的正应力：

$$\sigma'' = -\frac{M_z y}{I_z} = -\frac{M\cos\varphi}{I_z} y$$

则应用叠加原理得到外力 F 引起的应力为

$$\sigma = \sigma' + \sigma'' = M\left(\frac{\sin\varphi}{I_y} z - \frac{\cos\varphi}{I_z} y\right) \tag{9.4.2}$$

另外，σ' 和 σ'' 的正负号可由 M_y 和 M_z 引起的变形是拉还是压直接判断。

9.4.2　中性轴的位置

在经过主轴形心的斜向力的作用下，斜弯曲时梁截面上正应力是截面上点位置坐标 (y, z) 的线性函数。因此，在梁截面上必有一条直线，这条直线上的点的正应力等于零，也就是中性轴，如图 9.4.3 所示。

令 (y_0, z_0) 是中性轴上任一点，则有 $\sigma = M\left(\dfrac{\sin\varphi}{I_y} z_0 - \dfrac{\cos\varphi}{I_z} y_0\right) = 0$。中性轴是一条通过坐标原点的直线，中性轴方程为

$$\frac{\sin\varphi}{I_y} z_0 - \frac{\cos\varphi}{I_z} y_0 = 0$$

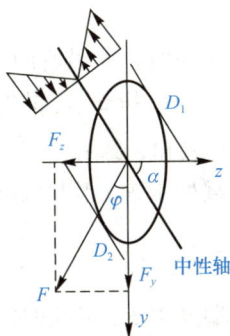

图 9.4.3　斜弯曲截面上的中性轴

斜弯曲时，截面的中性轴一定经过截面的形心，其与 Z 轴的夹角为

$$\tan\alpha = \left|\frac{y_0}{z_0}\right| = \frac{I_z}{I_y}\tan\varphi \tag{9.4.3}$$

其中，$(y_0，z_0)$ 为中性轴上各点的坐标。

式(9.4.3)表明：中性轴的位置只与 φ 角和截面的形状、大小有关，而与外力的大小无关；一般情况下，中性轴不与外力作用平面垂直；对于圆形、正方形和正多边形，通过形心的轴都是形心主轴，此时梁不会发生斜弯曲。

9.4.3 最大正应力和强度条件

如图 9.4.4 所示，在中性轴两侧，距离中性轴最远的点为最大拉、压应力点，即图中 D_1、D_2 两切点的正应力最大：

$$\sigma_{max}^{+} = \sigma_{D_1} \qquad \sigma_{max}^{-} = \sigma_{D_2}$$

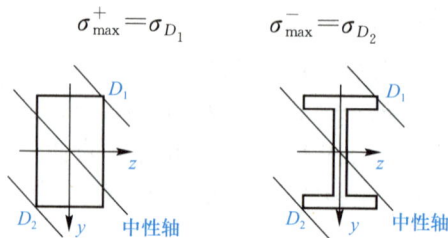

图 9.4.4　最大拉、压应力点

若横截面周边具有棱角，则无须确定中性轴的位置，直接根据梁的变形情况，确定最大拉应力和最大压应力点的位置。

强度条件：

(1)若 $[\sigma]^{+} = [\sigma]^{-} = [\sigma]$，则

$$\sigma_{max} = M_{max}\left(\frac{\sin\varphi}{I_y}z_1 - \frac{\cos\varphi}{I_z}y_1\right) = \frac{M_{z\,max}}{W_z} + \frac{M_{y\,max}}{W_y} \leqslant [\sigma]$$

(2)若 $[\sigma]^{+} \neq [\sigma]^{-}$，则

$$\sigma_{max}^{+} \leqslant [\sigma]^{+}，\quad \sigma_{max}^{-} \leqslant [\sigma]^{-}$$

9.4.4 挠度的计算

梁斜弯曲时，梁沿着两个垂直方向(y，z)产生弯曲变形，相应的挠度分别为 w_y 和 w_z，梁的总挠度 W 是这两个相互垂直挠度(w_y，w_z)的几何求和，即 $w = \sqrt{w_y^2 + w_z^2}$，如图 9.4.5 所示。

自由端处由 F_y 引起的挠度

$$w_y = \frac{F_y l^3}{3EI_z} = \frac{Fl^3}{3EI_z}\cos\varphi$$

自由端处由 F_z 引起的挠度

$$w_z = \frac{F_z l^3}{3EI_y} = \frac{Fl^3}{3EI_y}\sin\varphi$$

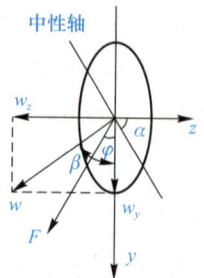

图 9.4.5　梁挠度几何求和

则自由端处由 F 引起的总挠度为 $w=\sqrt{w_y^2+w_z^2}$，且 $\tan\beta=\dfrac{w_z}{w_y}=\dfrac{I_z}{I_y}\tan\varphi=\tan\alpha$。

由上式可见：

(1)对于矩形、I 形一类的截面，$I_y\neq I_z$，则 $\alpha=\beta\neq\varphi$，这表示挠度方向垂直于中性轴但与外力平面不重合，为"斜弯曲"。

(2)对于方形、圆形一类的截面，$I_y=I_z$，则 $\alpha=\beta=\varphi$，此时的挠度不仅垂直于中性轴而且与外力平面重合，为平面弯曲。

【例 9.4.1】 矩形截面木檩条如图 9.4.6 所示，跨长 $L=3$ m，$h=2b$，受集度 $q=700$ N/m 的均布力作用，$[\sigma]=10$ MPa，容许挠度 $[w]=L/200$，$E=10$ GPa，试选择截面尺寸并校核刚度。

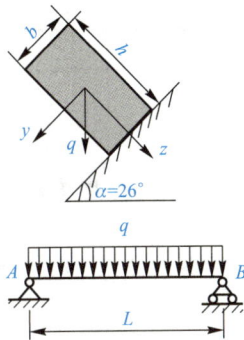

图 9.4.6 矩形截面木檩条

解：(1)外力分解。

$$q_y=q\sin\alpha=700\times0.438=307(\text{N/m})$$
$$q_z=q\cos\alpha=700\times0.899=629(\text{N/m})$$

(2)求檩条截面的 $M_{z\max}$ 和 $M_{y\max}$。

$$M_{z\max}=\frac{q_yl^2}{8}=\frac{307\times3^2}{8}=345.4\ \text{N}\cdot\text{m}$$

$$M_{y\max}=\frac{q_zl^2}{8}=\frac{629\times3^2}{8}=707.6\ \text{N}\cdot\text{m}$$

(3)求 $\sigma_{\max}$。

$$\sigma_{\max}=\frac{M_{z\max}}{W_z}+\frac{M_{y\max}}{W_y}$$

(4)根据强度条件确定截面尺寸。

$$\sigma_{\max}=\frac{M_{z\max}}{W_z}+\frac{M_{y\max}}{W_y}=\frac{6M_{z\max}}{hb^2}+\frac{6M_{y\max}}{bh^2}=\frac{3\times(2M_{z\max}+M_{y\max})}{2b^3}\leqslant[\sigma]$$

$$b\geqslant\sqrt[3]{\frac{3\times(2M_{z\max}+M_{y\max})}{2[\sigma]}}=59.4\ \text{mm}\qquad h=2b=118.8\ \text{mm}$$

(5)校核刚度。

$$w_{\max}=\sqrt{w_{y\max}^2+w_{z\max}^2}=\frac{5L^4}{384E}\sqrt{\left(\frac{q_y}{I_z}\right)^2+\left(\frac{q_z}{I_y}\right)^2}=1.44\times10^{-2}\text{m}\leqslant[w]=\frac{L}{200}$$

$$=1.5\times10^{-2}\ \text{m}$$

所以满足刚度条件。

【例 9.4.2】 如图 9.4.7 所示，简支梁由 28a 号工字钢制成，已知 $F=25$ kN，$l=4$ m，$\varphi=15^0$，许用应力 $[\sigma]=70$ MPa，试按正应力强度条件校核此梁。

解：(1)将集中力 F 沿 y 轴和 z 轴方向分解。

$$F_y=F\cos\varphi=25\times\cos15°=24.1(\text{kN})$$
$$F_z=F\sin\varphi=25\times\sin15°=6.47(\text{kN})$$

(2)求工字钢截面的 $M_{z\max}$ 和 $M_{y\max}$。

$$M_{z\max}=\frac{F_yl}{4}=\frac{24.1\times4}{4}=24.1(\text{kN}\cdot\text{m})$$

223

$$M_{ymax} = \frac{F_z l}{4} = \frac{6.47 \times 4}{4} = 6.47 (kN \cdot m)$$

受力图如图 9.4.8 所示。

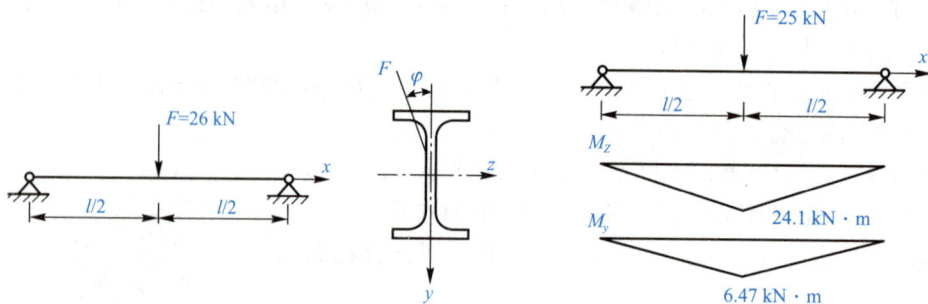

图 9.4.7 工字钢简支梁

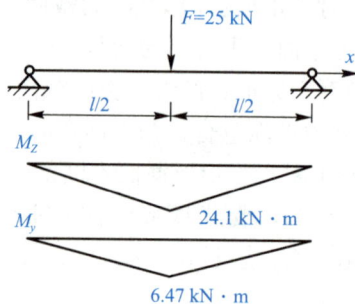

图 9.4.8 简支梁受力图

(3)查表获得 28a 号工字钢的抗弯截面模量。

$$W_z = 508 \ cm^3 \qquad W_y = 56.6 \ cm^3$$

(4)求 σ_{max}，并校核强度。

$$\sigma_{max} = \frac{M_{zmax}}{W_z} + \frac{M_{ymax}}{W_y} = \frac{24.1 \times 10^3}{508 \times (10^{-2})^3} + \frac{6.47 \times 10^3}{56.6 \times (10^{-2})^3} = (47.4 + 114.3) \times 10^6$$

$$= 161.7 (MPa) < [\sigma]$$

因此，该梁满足强度条件。

9.5 扭转与弯曲的组合变形分析

9.5.1 扭转与弯曲组合变形的基本概念

扭转与弯曲组合变形是一种常见的变形形式，尤其在工程结构和机械部件的设计与分析中具有重要的意义。这种组合变形涉及扭转应力和弯曲应力两种基本的应力形式，它们在同一构件上同时作用时，会产生复杂的应力分布和变形情况。

扭转是由于构件受到使其绕其长轴旋转的力偶矩作用而产生的一种变形。在纯扭转的情况下，构件上每一截面上的应力分布是线性的，且截面上各点的扭转角相等。扭转主要引起材料的剪切应力。

弯曲是由于构件受到垂直于其长轴方向的外力作用而产生的变形。在弯曲作用下，构件上的截面将产生正应力和剪应力，这些应力在截面上的分布是不均匀的。弯曲变形导致构件的横截面发生转动和位移。

当扭转与弯曲同时作用于一个构件时，这两种应力状态的结合会导致更加复杂的应力和变形情况。组合变形的分析需要考虑扭转引起的剪切应力和弯曲引起的正应力及剪应力的叠加效应。在实际应用中，工程师需要通过精确计算和设计来确保结构在复合应力状态下的安全性与可靠性。

　　分析扭转与弯曲组合变形时，对于简单的扭转与弯曲组合变形问题，通常采用叠加原理和强度理论进行处理即可，但复杂的这种组合变形需要引入弹性理论的相关公式和方法进行分析。对于简单的组合变形要使用材料力学的基本原理，如截面模量、惯性矩、剪切模量和杨氏模量等参数，来预测和计算构件在叠加应力状态下的响应。而高级分析可能涉及有限元分析（FEA），这是一种通过数值方法模拟实际复杂条件下构件行为的技术。

　　了解和掌握扭转与弯曲组合变形的原理及计算方法对于设计和评估承受复杂荷载的工程结构与机械部件至关重要，这有助于确保这些结构和部件的性能和安全性。在结构工程和材料力学中，扭转与弯曲的组合变形分析是一项重要的技能，涉及对受到扭矩和弯矩作用的构件进行力学性能分析。本章将深入探讨这一主题，包括基础理论、计算方法和实际应用。

9.5.2　基础理论

1. 扭转

　　目前阶段只能分析圆形截面构件的扭转，任意截面形状的扭转问题留待弹性力学解决。对于圆形截面的杆件，其扭转角度的计算公式为

$$\varphi = \frac{Tl}{GJ} \tag{9.5.1}$$

式中，T 为作用在杆件上的扭矩，l 为杆件的长度，G 为材料的剪切模量，J 为极惯性矩。

2. 弯曲

　　对于平面弯曲变形的杆件，其最大弯曲正应力可通过以下公式计算：

$$\sigma_{max} = \frac{M_{max} \cdot c}{I_z}$$

式中，M_{max} 为杆件的最大截面弯矩，c 为距离中性轴最远的垂直距离，I_z 为截面的惯性矩。

9.5.3　组合变形的分析

　　在实际应用中，构件往往同时受到扭矩和弯矩的作用。分析此类组合变形问题时，需要综合考虑扭转和弯曲的影响。图 9.5.1 分别是手柄和转动轴承的扭转与弯曲组合变形的例子。组合变形下的应力分析通常包括计算扭转产生的剪切应力和弯曲产生的正应力、剪应力。对于非圆形截面的构件，扭转应力分析更为复杂，需要采用弹性力学或有限元分析等方法。

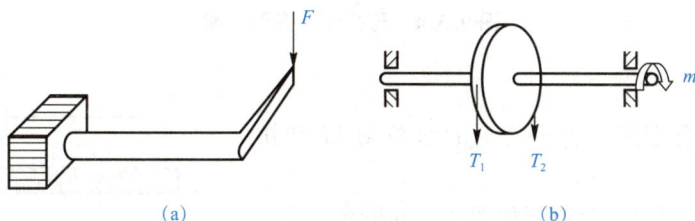

(a)　　　　　　　　　　(b)

图 9.5.1　弯扭组合变形

【例 9.5.1】 如图 9.5.2 所示，已知转动轴承系统中各量分别为 $M_{OA}=1$ kN·m，齿轮直径 $D=80$ mm，切向力 F 和径向力 $F_r=F\tan20°$，轴的直径 $d=60$ mm，轴承材料的许用应力 $[\sigma]=170$ MPa。试用第三或第四强度理论校核该轴的强度。

解： 选取坐标系并作出受力图，如图 9.5.3 所示。根据题意，该系统的动力源于齿轮 A 提供的外力偶矩 M_{OA}，相应地，在从动轮 E 上产生阻尼力切向力 F 和径向力 F_r。在这组力系的作用下，使轴承 AC 产生扭转与弯曲组合变形。

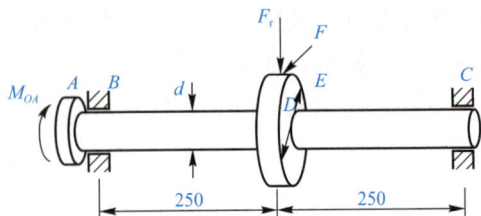

图 9.5.2 转动轴承系统

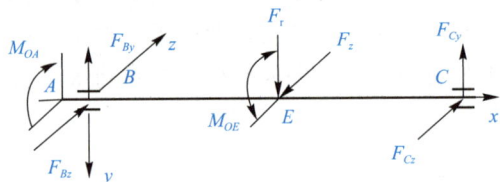

图 9.5.3 受力图

1. 外力与变形分析

由于阻尼力 F 沿齿轮 E 切向，所以 $F_E=F$。从动轮上的外力偶矩 $M_{OE}=F\cdot\dfrac{D}{2}$。应用力偶矩平衡方程 $\sum M_x=0$（以 x 轴为矩心），得到

$$M_{OE}=M_{OA}=1 \text{ kN·m}$$

因此，$F=25$ kN，$F_r=F\tan20°=9.1$ kN。应用 (y, z) 方向力的平衡方程可以求得支座反力：

$$F_{By}=F_{Cy}=4.55 \text{ kN}, \quad F_{Bz}=F_{Cz}=12.5 \text{ kN}$$

根据以上计算得出的外力组合，可以判断出外力偶 (M_{OAm}, M_{OE}) 引起轴承产生扭转变形；xy 坐标平面内的分力 F_r 产生该面内的弯曲变形；xz 坐标平面内的分力 F 也产生对应面内的弯曲变形，如图 9.5.4 所示。

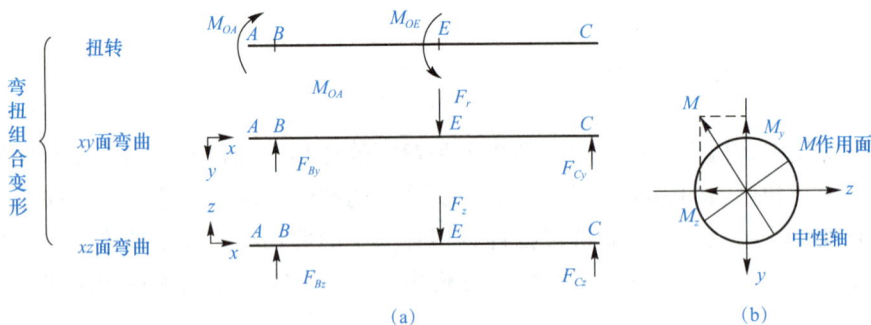

图 9.5.4 弯扭组合变形分解

2. 内力分析

分别作出组合变形中各分变形的弯矩图 M 和扭矩图 M_T，如图 9.5.5 所示。

x、y 坐标平面内的弯矩图如图 9.5.6 所示。

x、z 坐标平面内的弯矩图如图 9.5.7 所示。

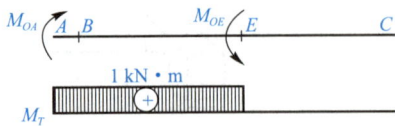

图 9.5.5 弯扭组合变形的扭矩图

根据内力图显示,这个组合变形的危险截面在 E 处。

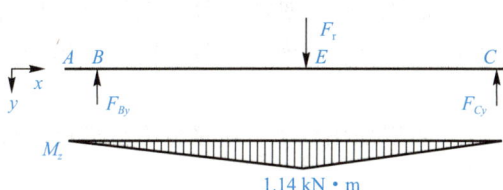

图 9.5.6 x、y 坐标平面内的弯矩图

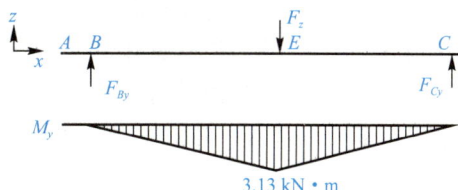

图 9.5.7 x、z 坐标平面内的弯矩图

3. 应力分析

在扭转与弯曲组合变形中,扭矩在截面上产生剪应力,弯矩主要产生截面上的正应力,而截面上因此产生的剪应力比正应力小很多,可以忽略。在应力值最大的圆轴外表面上选取微元体,截面和微元面上的应力分布如图 9.5.8 所示。根据分析可知,本例题中所选取的微元体是主应力微元体,属于二向应力状态。

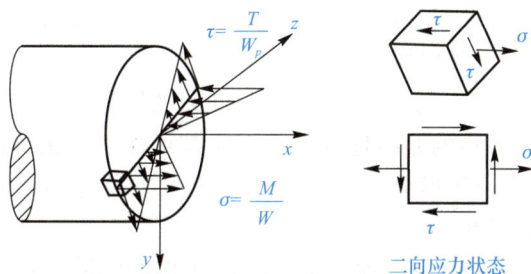

二向应力状态

图 9.5.8 截面和微元体(面)上的应力分布

主应力:

$$\begin{cases} \sigma_1 \\ \sigma_3 \end{cases} = \frac{\sigma}{2} \pm \sqrt{\left(\frac{\sigma}{2}\right)^2 + \tau^2} \qquad \sigma_2 = 0$$

其中,$\sigma = \dfrac{M}{W_z}$,$\tau = \dfrac{T}{W_p}$。以下应用第三强度理论进行校核。

(1)相当应力。

$$\sigma_{xd} = \sqrt{\sigma^2 + 4\tau^2} = \frac{\sqrt{M^2 + T^2}}{W_z}$$

由于抗弯截面系数 $W = \dfrac{\pi d^3}{32}$,抗扭截面系数 $W_p = \dfrac{\pi d^3}{16}$,因此 $W_p = 2W_z$。

(2)强度条件。

$$\sigma_{xd} = \frac{\sqrt{M^2 + T^2}}{W_z} \leqslant [\sigma]$$

式中　M——危险截面的弯矩;

　　　T——危险截面的扭矩;

　　　W_z——危险截面的抗弯截面系数。

4. 变形计算

在组合变形下,构件的总变形可以视为扭转变形和弯曲变形的叠加。对于简单情况,可以直接将扭转角度和弯曲引起的位移相加。对于更复杂的情况，需要采用更精确的数值方法。在材料力学中，对于扭转与弯曲组合变形的变形计算，通常需要分别计算由扭转和弯曲引起的变形，然后根据具体情况将这两部分的效应进行合理的组合。以下给出一个简化的概述，用于说明如何进行基本的变形计算。

(1)弯曲变形计算。弯曲变形(挠度 w)的计算，可以使用以下二阶微分方程进行求解：

$$\frac{\mathrm{d}^2 w}{\mathrm{d}x^2} = -\frac{M(x)}{EI}$$

其中，$M(x)$ 为弯矩方程，x 为梁的截面位置坐标，E 为弹性模量(杨氏模量)，I 为截面的惯性矩。这个公式适用于小变形梁的挠度计算。

(2)扭转变形计算。扭转变形通常涉及计算扭转角度。扭转角(θ)的计算公式为

$$\theta = \frac{Tl}{GJ}$$

其中，T 为扭矩，l 为构件的长度，G 为剪切模量，J 为极惯性矩。

(3)组合变形计算。对于扭转与弯曲组合变形，首先分别计算弯曲和扭转引起的变形，然后根据具体的结构和受力情况，综合考虑这两种变形的叠加效应。在某些情况下，可以直接将它们相加或根据矢量原理进行合成。

需要注意的是，上述计算方法是在理想化条件下的简化处理。在实际应用中，结构的边界条件、荷载的分布、材料的非线性特性等因素都可能影响最终的变形计算结果。对于复杂结构的扭转与弯曲组合变形分析，通常需要使用更高级的计算方法，如有限元分析(FEA)，以获得更准确的结果。

【例 9.5.2】 如图 9.5.9 所示电动机系统，电动机轴上皮带轮直径 $D=250$ mm，轴外伸部分的长度 $l=120$ mm，直径 $d=40$ mm，皮带轮紧边的拉力为 $2F$，松边的拉力为 F。轴材料的许用应力 $[\sigma]=60$ MPa，电动机的功率 $P=9$ kW，转速 $n=715$ r/min。试用第三强度理论校核该轴 AB 的强度。

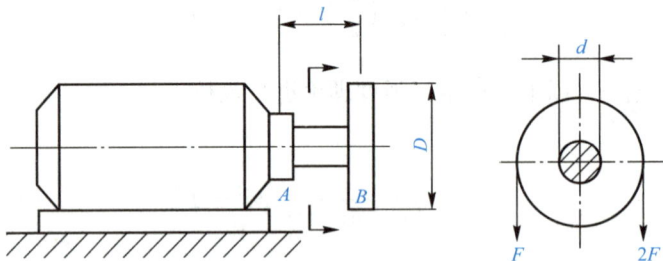

图 9.5.9　电动机系统

解：(1)外力分析。轴传递的扭转外力偶矩 M_e 为

$$M_e = 9549\frac{P}{n} = 9549 \times \frac{9 \text{ kW}}{715 \text{ r/min}} = 120.2(\text{N} \cdot \text{m})$$

根据力矩平衡方程，以轴心为矩心求力矩平衡，有

$$2F \cdot \frac{D}{2} - F \cdot \frac{D}{2} = M_e$$

计算得

$$F = \frac{2M_e}{D} = \frac{2 \times 120.2 \text{ N} \cdot \text{m}}{250 \times 10^{-3} \text{ m}} = 961.6 \text{ N}$$

电动机外伸段可以视为简支梁。将皮带轮拉力 $2F$ 和 F 向皮带轮轴心平移，如图 9.5.10(a)所示，其中经简化后的 B 截面上的力偶矩 $M_B = \frac{F \cdot D}{2}$。因此，轴 AB 为弯扭组合变形杆。

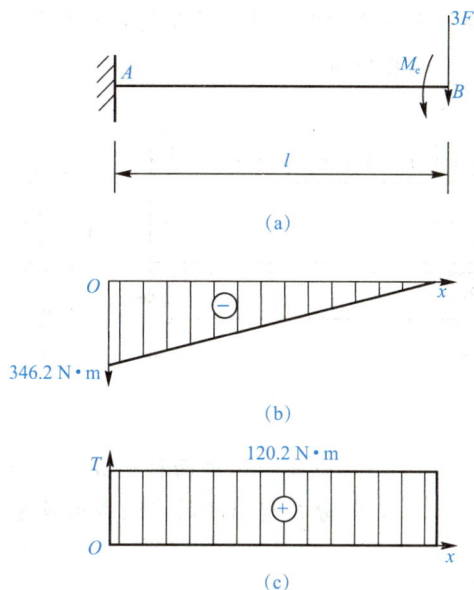

(a)

(b)

(c)

图 9.5.10

（2）内力分析。分别做出电动机轴的弯矩图和扭矩图，如图 9.5.10(b)、(c)所示。固定段 A 截面是危险截面，其上的弯矩 M_A 和扭矩 T_A 的绝对值分别为

$$M_A = 3Fl = 3 \times 961.6 \times 120 \times 10^{-3} = 346.2 (\text{N} \cdot \text{m})$$

$$T_A = M_A = \frac{F \cdot D}{2} = 120.2 (\text{N} \cdot \text{m})$$

（3）强度校核。应用第三强度理论，其等效应力为：

$$\sigma_{r3} = \frac{\sqrt{M_A{}^2 + T_A{}^2}}{W_z} = \frac{\sqrt{346.2^2 + 120.2^2}}{\frac{\pi \times 40^3 \times 10^{-9}}{32}} = 58.3 (\text{MPa}) < [\sigma]$$

故轴 AB 满足强度要求。

思考题

9.1　试问叠加原理的适用条件是什么？叠加是代数和还是几何和？

9.2　梁在两相互垂直的平面内发生对称弯曲时，欲用合成弯矩计算截面上的应力，试问适用于什么样的截面形状。

9.3　何谓组合变形？如何计算组合变形杆件横截面上任一点的应力？

9.4　何谓平面弯曲？何谓斜弯曲？两者有何区别？

9.5 将斜弯曲、拉(压)弯组合及偏心拉伸(压缩)分解为基本变形时,如何确定各基本变形下正应力的正负?

9.6 对斜弯曲和拉(压)弯组合变形杆进行强度计算时,为何只考虑正应力而不考虑剪应力?

9.7 由16号工字钢制成的简支梁的尺寸及荷载情况如图9.1所示。因该梁强度不足,在紧靠支座处焊上钢板,并设置钢拉杆 AB 加强。已知拉杆横截面面积为 A,钢材的弹性模量为 E。试写出在考虑和不考虑梁的轴向压缩变形时,求解钢拉杆轴力的过程(注:分析时拉杆长度可近似等于两支座间的距离)。

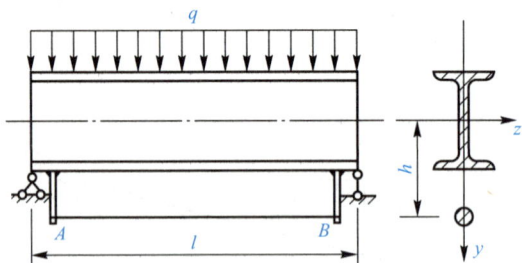

图 9.1

9.8 一折杆由直径为 d 的 Q235 钢实心圆截面杆构成,其受力情况及尺寸如图9.2所示。若已知杆材料的许用应力 $[\sigma]$,试分析杆 AB 的危险截面及危险点处的应力状态,并列出强度条件表达式。

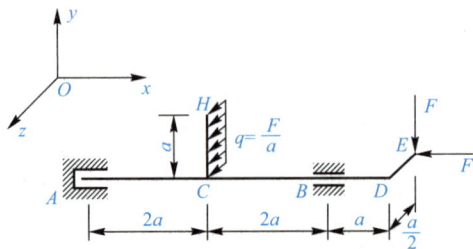

图 9.2

9.9 如图9.3所示,矩形截面悬臂梁受力 $F_1 = F$, $F_2 = 2F$,截面宽为 b,高 $h = 2b$,试计算梁内的最大拉应力,并在图中指明它的位置。

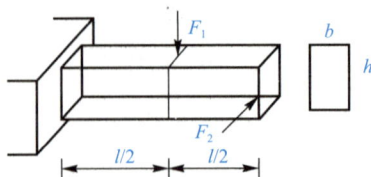

图 9.3

9.10 一圆直杆受偏心压力作用,其偏心距 $e = 20$ mm,杆的直径 $d = 70$ mm,许用应力 $[\sigma] = 120$ MPa,试求此杆容许承受的偏心压力 F 之值。

习题 ▶▶▶

9.1 14 号工字钢悬臂梁受力情况如图 9.4 所示。已知 $l=0.8$ m，$F_1=2.5$ kN，$F_2=1.0$ kN，试求危险截面上的最大正应力。

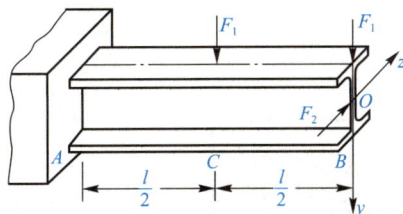

图 9.4

9.2 矩形截面悬臂梁受力如图 9.5 所示，F 通过截面形心且与 y 轴成 φ 角，已知 $F=1.2$ kN，$l=2$ m，$\varphi=12°$，$\dfrac{h}{b}=1.5$，材料的容许正应力 $[\sigma]=10$ MPa，试确定 b 和 h 的尺寸。

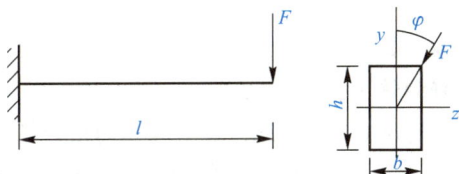

图 9.5

9.3 承受均布荷载作用的矩形截面简支梁如图 9.6 所示，q 与 y 轴成 φ 角且通过形心，已知 $l=4$ m，$b=10$ cm，$h=15$ cm，材料的容许应力 $[\sigma]=10$ MPa，试求梁能承受的最大分布荷载 q_{max}。

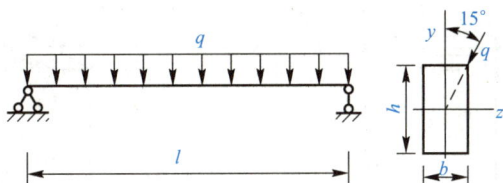

图 9.6

9.4 矩形截面木檩条的跨度 $l=4$ m，荷载及截面尺寸如图 9.7 所示，木材为杉木，弯曲许用正应力 $[\sigma]=12$ MPa，$E=9$ GPa，许可挠度 $[w]=l/200$。试校核檩条的强度和刚度。

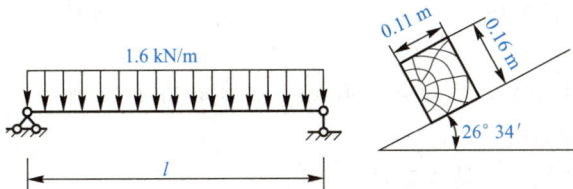

图 9.7

9.5 悬臂梁受集中力 F 作用如图 9.8 所示。已知横截面的直径 $D=120$ mm，小孔直径 $d=30$ mm，材料的许用应力 $[\sigma]=160$ MPa。试求中性轴的位置，并按照强度条件求梁的许可荷载 $[F]$。

9.6 图 9.9 所示一楼梯木斜梁的长度为 $l=4$ m，截面尺寸为 0.2 m$\times0.1$ m 的矩形，受均布荷载作用，$q=2$ kN/m。试作梁的轴力图和弯矩图，并求横截面上的最大拉应力和最大压应力。

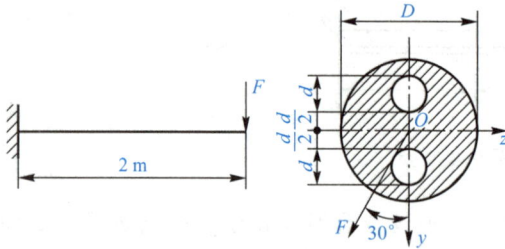

图 9.8

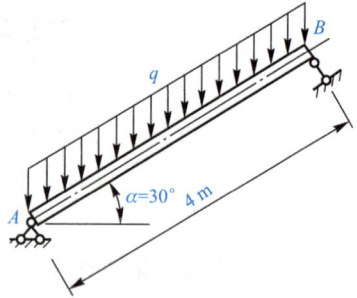

图 9.9

9.7 一圆截面直杆受偏心拉力作用，偏心距 $e=20$ mm，杆的直径为 70 mm，许用拉应力 $[\sigma]$ 为 120 MPa。试求杆的许可偏心拉力值。

9.8 水的深度为 h，欲设计截面为矩形（图 9.10）的混凝土挡水坝。设水的密度为 ρ_w，混凝土的密度为 ρ_c，且 $\rho_c=2.5\rho_w$。要求坝底不出现拉应力，试确定坝的宽度。

9.9 一浆砌块石挡土墙，墙高为 4 m，已知墙背承受的土压力 $F=137$ kN，并且与铅垂线呈夹角 $\alpha=45.7°$，浆砌石的密度为 2.35×10^3 kg/m^3，其他尺寸如图 9.11 所示。取 1 m 长的墙体作为计算对象，试计算作用在截面 AB 上 A 点和 B 点处的正应力。当已知砌体的许用压应力 $[\sigma_c]=3.5$ MPa，许用拉应力 $[\sigma_t]$ 为 0.14 MPa，试做强度校核。

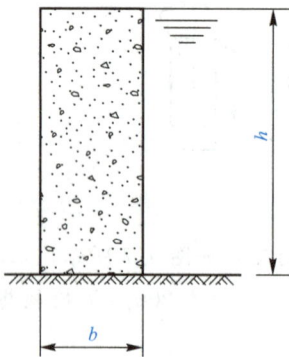

图 9.10

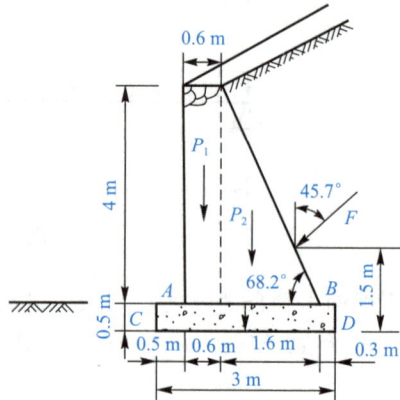

图 9.11

9.10 一矩形截面折杆，已知 $F=50$ kN，尺寸如图 9.12 所示，$\alpha=30°$。

(1)求 B 点横截面上的应力；

(2)求 B 点 $\alpha=30°$ 截面上的正应力；

(3)求 B 点的主应力 σ_1、σ_2、σ_3。

9.11 如图 9.13 所示，简支梁 AB 上受力 $F=20$ kN，跨度 $L=2.5$ m，横截面为矩形，其高 $h=100$ mm，宽 $b=60$ mm，若已知 $\alpha=30°$，材料的许用应力 $[\sigma]=80$ MPa，试校核梁的强度。

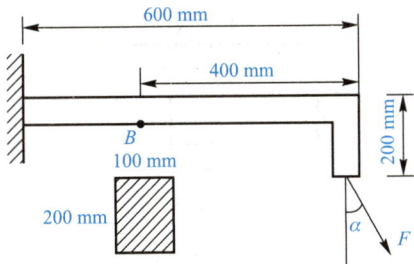

图 9.12

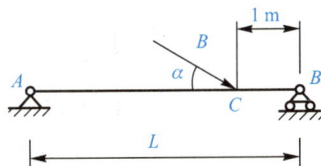

图 9.13

9.12 如图 9.14 所示，一挡土墙，承受土压力 $F=30$ kN，墙高 $H=3$ m，厚为 0.75 m，许用压应力 $[\sigma_c]=1$ MPa，许用拉应力 $[\sigma_t]=0.1$ MPa，墙的单位体积质量 $\gamma=16$ kN/m^3，试校核挡土墙的强度。

9.13 如图 9.15 所示，短柱横截面为 $2a\times 2a$ 的正方形，若在短柱中间开一槽，槽深为 a，问最大应力将比不开槽时增大几倍？

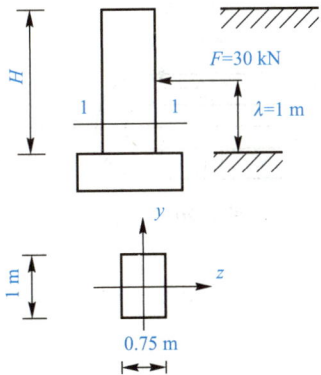

图 9.14

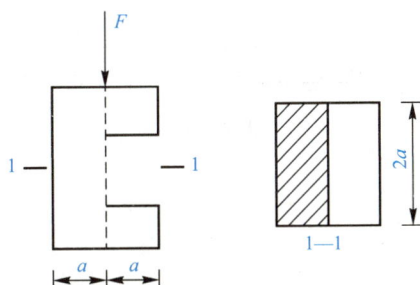

图 9.15

9.14 如图 9.16 所示，矩形截面柱柱顶有屋架的压力 $F_1=120$ kN，牛腿上承受吊车梁的压力 F_2，F_2 与柱轴有一偏心距 $e=200$ mm，已知柱截面 $b=20$ mm，$h=300$ mm，欲使柱内不产生拉应力，问 F_2 的许可值是多少？

9.15 如图 9.17 所示，一混凝土重力坝，坝高 $H=30$ m，底宽为 19 m，受水压力和自重作用。已知坝前水深 $H=30$ m，坝体材料重度 $\gamma=24$ kN/m^3，许用应力 $[\sigma]=10$ MPa，坝体底面不允许出现拉应力，试校核该截面的正应力强度。

9.16 如图 9.18 所示，混凝土重力坝承受重力 G 的作用，$\gamma=24$ kN/m^3，上游水深 $H=30$ m，要求坝底不出现拉压力，试确定其坝底宽度 B。

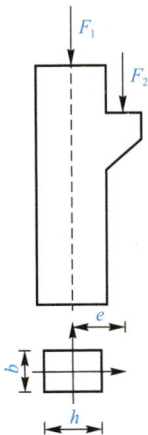

图 9.16

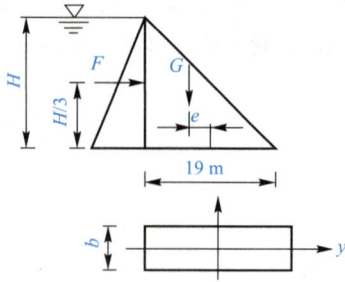

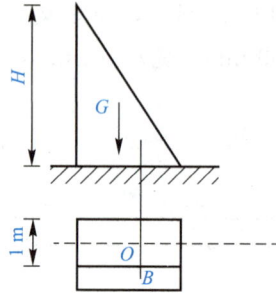

图 9.17　　　　　　　　　　　　　图 9.18

9.17　如图 9.19 所示，水塔连同基础共重 $G=4\,000$ kN，受水平风压力作用。风压力的合力 $P=60$ kN，作用在离地面 15 m 的地方，基础入土 3 m 深，设土的容许压应力 $[\sigma]=3\times10^{5}$ kN/m³，圆形基础直径为 $d=5$ m，试校核土壤的承载能力。

9.18　如图 9.20 所示，已知链环直径 $d=50$ mm，拉力 $F=10$ kN，试求链环的最大正应力。

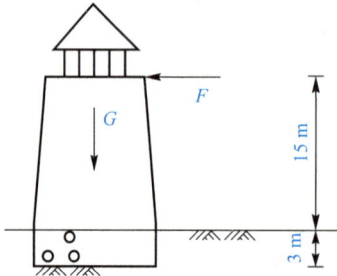

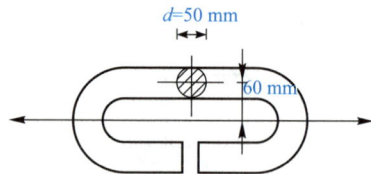

图 9.19　　　　　　　　　　　　图 9.20

第 10 章　压杆稳定性理论与应用

本章导读

　　本章致力于深入解析压杆稳定性的理论基础及其在实际工程中的应用，目标是使学习者全面掌握细长杆失稳的机理、稳定性分析的方法，以及计算压杆临界荷载的技术。作为材料力学领域中一个关键而富有挑战性的课题，压杆稳定性的研究不仅关系到理论的深入理解，更直接影响工程设计的安全性与可靠性。

　　首先，本章将引导学习者学习压杆稳定性分析的核心方法，包括经典的欧拉稳定性理论和极限应力法；深入探讨确定压杆稳定性准则的方法，并分析各种失稳模式，如稳定失稳、不稳定失稳及随遇失稳等。

　　其次，本章内容将转向压杆临界荷载的计算，即压杆发生失稳时所承受的最大荷载；深入了解临界荷载的计算及其影响因素，对于评估压杆稳定性和进行合理的结构设计极为关键。

　　再次，本章还将探讨压杆的几何与材料特性对稳定性的影响，包括压杆的形状、端部约束条件及材料的非线性特性。通过分析这些非线性行为对稳定性的作用，本章旨在为学习者提供精确的分析和设计基础。

　　最后，还将介绍压杆稳定性的安全因数法和实际应用案例，展示如何利用安全因数验证压杆稳定性理论和模型，并将其应用于结构设计和工程分析。

　　通过本章的学习，读者将建立对压杆稳定性基本概念、分析方法的深刻理解，这不仅将赋予读者解决实际工程问题的能力，还将为结构设计和材料选择提供科学、准确的指导。压杆稳定性是材料力学中的一项重要研究，掌握其关键概念和技术对于专业发展与工程实践具有重要的意义。本章内容旨在为学习者提供坚实的理论基础和实用的指导，有助于解决实际工程问题。

案例导入

　　假设你是一名结构工程师，负责设计一座大型桥梁的支撑结构。在结构设计中，你需要考虑压杆的稳定性，以确保支撑结构在承受压力荷载时的安全性和可靠性。

　　例如，你正在设计一座跨越河流的桥梁，其中的支撑结构包括压杆。压杆承受着由桥梁自身质量和行驶车辆荷载产生的压力荷载。这些压力荷载可能导致压杆产生弯曲和稳定性问题。

　　在这个案例中，你需要分析和确定压杆在压力荷载下的稳定性，了解材料的强度特性、结构的几何形状及荷载的作用方式对压杆的稳定性影响。

本章将深入研究压杆稳定性的相关概念和分析方法；将学习压杆的临界压力、材料的屈服特性、杆件的几何形状和材料的选择对压杆稳定性的影响。了解这些基本概念将帮助你准确评估和设计压杆的稳定性。

此外，还将研究如何计算和评估压杆的稳定性。学习如何进行压杆稳定性的计算和分析，以及如何评估压力荷载对压杆稳定性的影响，将有助于你做出准确的设计决策并采取适当的措施来控制压杆的稳定性问题。

通过学习本章的内容，你将建立对压杆稳定性的基本概念和分析方法的深入理解。这将使你能够准确地评估和设计桥梁支撑结构中压杆的稳定性，并为结构的安全性和可靠性提供可靠的依据。压杆稳定性是材料力学中的重要课题，掌握其关键概念和方法对你的工程实践与结构设计具有重要的意义。

》》本章重点

1. 压杆稳定性分析：将介绍细长杆的概念及压杆失稳的基本机理。本章着重于压杆稳定性分析的学习，包括欧拉稳定性理论和极限应力方法的应用。将探讨不同的稳定性准则和失稳模式，使学习者能够初步识别细长杆的失稳形式和方向。

2. 临界荷载的计算：本章将详细讨论稳定、失稳和临界力的定义，以及如何计算导致压杆失稳的最大荷载——临界荷载。将介绍欧拉临界力公式的推导过程，并明确其适用范围和公式中各参数的含义。通过正确选择长度因数 μ 和截面惯性矩 I，本章旨在教会读者如何评估压杆的稳定性并进行合理的结构设计。

3. 复杂条件下的压杆稳定：考虑到压杆的几何和材料复杂性对稳定性的影响，本章将指导读者如何根据临界应力图和柔度系数 λ 选择合适的计算公式计算临界力。还将探讨压杆的几何形状、端部约束和材料的复杂特性如何为稳定性分析和设计提供准确的基础。

4. 压杆的分析与实际应用：本章旨在介绍压杆的分析方法和实际工程案例，强调稳定计算与强度、刚度计算的区别。学习者将学习如何分析判断压杆的稳定性理论和模型，并将其应用于结构设计和分析。

》》本章难点

1. 复杂压杆的稳定性分析：如何理解和分析具有异形截面、非均匀材料性质或受侧向荷载影响的复杂压杆的稳定性。

2. 杆件的强度与稳定性：在材料力学的背景下，压杆的稳定性计算与构件的强度计算在分析策略上的区别；临界应力与材料的许可应力概念，以及局部失稳的机制和影响因素，并学习如何在稳定性分析中考虑这些因素。

　　3. 压杆的优化设计：如何通过优化压杆的几何形状、材料选择和端部约束等因素，提高其稳定性和性能，实现更安全高效的设计。

　　4. 不同状态下压杆的稳定性：掌握压杆的几何尺寸、约束条件、柔度和长度因数与其临界力及稳定性的关系；常见的五种约束条件下的长度因数和欧拉临界力计算公式，理解压杆在不同状态下的稳定性特征和失稳行为，以及如何在设计中考虑这些因素。

10.1　压杆稳定性的定义

　　在工程领域，那些承担轴向压力的直杆被称作压杆，而细长杆特指那些长度远超其横截面尺寸的杆件。当这些细长压杆承受达到特定阈值的压力时，它们会失去原有的直线平衡状态并发生突然弯曲，这一现象涉及的正是压杆的稳定性问题。相对而言，对于较粗短的压杆，只要其横截面上的应力未超过材料的允许应力，杆件便不会遭受稳定性破坏。

　　压杆稳定性描述的是压杆在受到轴向压力的作用时，保持其初始直线状态的能力。这一属性在工程实践中极为关键，特别是在分析细长杆的稳定性时，它成为结构设计和评估的重要环节。一旦细长压杆受到的轴向压力达到或超出一个临界值，杆件便会经历突然的弯曲变形，从而失去其原有的直线平衡状态，这种现象被称作失稳。

　　通过对压杆稳定性的深入理解和分析，能够预见并防止因结构失稳而导致的潜在破坏，确保结构设计的安全性和可靠性。以一根具有矩形截面的压杆为例（图 10.1.1），当杆件长度较短，其上的应力未超过材料的许用应力时，杆件一般不会发生破坏。然而，随着杆件长度的增加，即便所受的压力远未达到材料的抗压强度，杆件也可能因失稳而破坏。这表明，除材料强度外，压杆的稳定性也是确保其安全运行的关键因素。

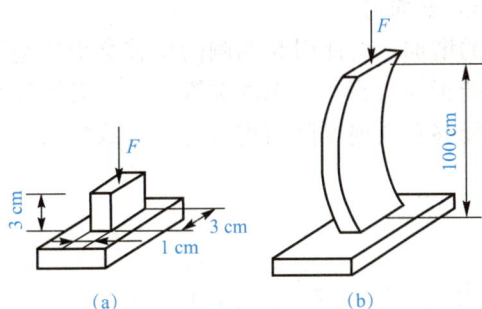

图 10.1.1　矩形截面杆
（a）长度较短；（b）长度较长

　　深入分析理想模型，能够更加透彻地理解压杆稳定性的本质。想象一个理想的、垂直放置的简支直杆。当杆体受到轴向压力并伴随微小的侧向扰动时，其反应取决于所施加的压力大小。如果去除扰动后杆体能够自主恢复至垂直状态，则表明在该压力水平下，杆体的平衡状态是稳定的；反之说明平衡状态是不稳定的。当压力增加到某一特定值，此时杆体在垂直位置和轻微弯曲状态下都能保持平衡，这个特定的压力值定义为临界荷载 F_{cr}，如图 10.1.2 所示。

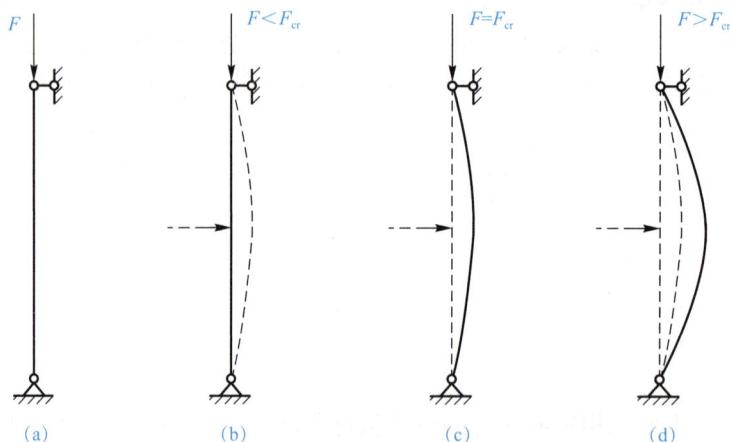

图 10.1.2　压杆的稳定平衡和失稳

对于实际的细长弹性直杆，其行为虽与理想模型类似，但更加复杂。随着轴向压力的增大，压杆可能从一个稳定的受压状态转变为不稳定的状态。在轴向压力低于临界荷载的情况下，即便受到扰动，压杆也能恢复到其原始的直线状态，展现出稳定的行为。然而，一旦压力超出临界值，任何微小的扰动都有可能使压杆弯曲甚至破坏，表现出不稳定的状态。

从另一个视角看，中心受压杆的临界力也可以被理解为杆体在保持微弯状态下的轴向压力。理想的中心压杆是考虑了偶尔偏心等因素的实际压杆的一种理想化简化。实际受压杆件因以下原因在轴向压力作用下会发生弯曲变形：

(1)其轴线并非完美直线，存在初步的弯曲。

(2)作用于杆体的轴向压力可能带有"偶然"的偏心。

(3)材料性质可能并非完全均匀。

因此，随着轴向压力的增加，由此引起的侧向位移会更快地增大。因此，压杆的稳定性是衡量其在受压状态下能否保持直线形态的关键指标。对压杆在不同压力作用下的行为进行深入的理解和分析，能够有效地预防结构失稳所导致的破坏，从而确保结构的安全性和可靠性。

10.2　两端铰支细长压杆的临界荷载计算

如图 10.2.1(a)所示，两端铰支的细长压杆 AB，杆长 l，承受临界力 F_{cr} 的作用。假设杆件在 xy 平面内失稳。由临界状态的物理现象可知，当干扰消失后，AB 杆将在微弯状态下保持平衡，如图 10.2.1(a)所示。临界力的研究就从这个状态开始，选取图 10.2.1(b)所示的隔离体。

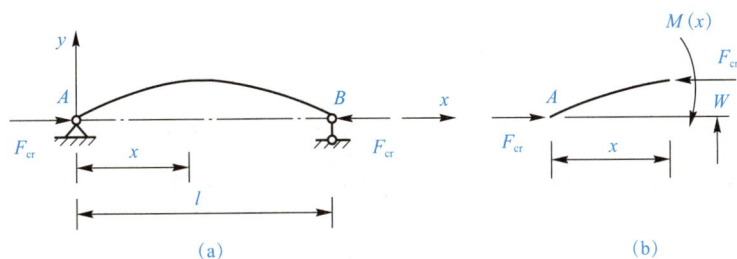

图 10.2.1　两端铰支细长压杆

在临界状态时，弹性恢复力矩与外力矩存在下列关系：

$$|F_{cr}w| = |M(x)| \tag{10.2.1}$$

在式(10.2.1)中，F_{cr} 是一个没有正负号的物理量。由梁的弯曲理论，当杆件横截面上的正应力小于比例极限时，有

$$M(x) = EIw'' \tag{10.2.2}$$

式中，$M(x)$ 为内力矩，即弯矩。由所取坐标系可知，为使式(10.2.1)两边相等，必须有

$$M(x) = -F_{cr}w \tag{10.2.3}$$

将式(10.2.2)代入式(10.2.3)，并令

$$k^2 = \frac{F_{cr}}{EI} \tag{10.2.4}$$

将式(10.2.2)改写为

$$w'' + k^2 w = 0 \tag{10.2.5}$$

二阶微分方程(10.2.5)的通解为

$$w = a\cos kx + b\sin kx \tag{10.2.6}$$

式中，a、b 和 k 为三个待定常数。式(10.2.6)就是压杆失稳时的挠度方程。根据两端支承的性质，只能提供两个边界条件，不能完全确定挠度方程中的全部积分常数，这是因为压杆失稳时，失稳杆件没有确定的变形模态。但应用边界条件可以确定临界力的大小。

在两端铰支的情况下，压杆的边界条件为

$$w(0) = 0, \quad w(l) = 0 \tag{10.2.7}$$

将边界条件式(10.2.7)代入式(10.2.6)得

$$\begin{cases} a \cdot 1 + b \cdot 0 = 0 \\ a \cdot \cos kl + b \cdot \sin kl = 0 \end{cases} \tag{10.2.8}$$

将式(10.2.8)写成矩阵形式，有

$$\begin{bmatrix} 1 & 0 \\ \cos kl & \sin kl \end{bmatrix} \begin{pmatrix} a \\ b \end{pmatrix} = 0 \tag{10.2.9}$$

上述方程组有零解($a=b=0$)。但对于弹性压杆而言，仅有零解(平凡解)是不符合实际的，必须有非零解(非平凡解)。方程组(10.2.9)有非零解的条件为，其系数矩阵所对应的行列式等于零，即

$$\begin{bmatrix} 1 & 0 \\ \cos kl & \sin kl \end{bmatrix} = 0 \tag{10.2.10}$$

由此解得，$\sin kl = 0$，所以有

$$kl = n\pi \qquad (n = 0, 1, 2, \cdots) \tag{10.2.11}$$

将式(10.2.4)代入式(10.2.11)，得

$$F_{cr}=\frac{n^2\pi^2EI}{l^2} \qquad (10.2.12)$$

式(10.2.12)表明，使压杆保持不稳定平衡的临界力有无穷多个，但从工程应用方面来说，不为零的最小临界力才有实际意义，所以取 $n=1$。于是有

$$F_{cr}=\frac{\pi^2EI}{l^2} \qquad (10.2.13)$$

此即两端铰支细长压杆的临界力计算公式，称为欧拉公式，该荷载又称为欧拉临界荷载。由式(10.2.13)可以看出，两端铰支细长压杆的临界荷载与截面弯曲刚度成正比，与杆长的平方成反比。

问题：

(1)欧拉公式(10.2.13)是根据什么条件导出的？

(2)为什么无法给出细长杆失稳的明确的挠度方程？

【**例 10.2.1**】 图 10.2.2 所示的细长圆截面连杆，长度 $l=800$ mm，直径 $d=20$ mm，材料为 Q235 钢，弹性模量 $E=200$ GPa。试计算连杆的临界荷载。

图 10.2.2 细长圆截面连杆

解： 该连杆为两端铰支细长压杆，由式(10.2.13)可知，其临界荷载为

$$F_{cr}=\frac{\pi^2E}{l^2}\cdot\frac{\pi d^4}{64}=\frac{3.14^3\times200\times10^9\times0.02^4}{64\times0.8^2}=2.42\times10^4(N)$$

Q235 钢的屈服应力 $\sigma_s=235$ MPa，因此，使连杆压缩屈服的轴向压力为

$$F_s=\frac{\pi d^2\sigma_S}{4}=\frac{3.14\times0.02^2\times235\times10^6}{4}=7.38\times10^4(N)>F_{cr}$$

上述计算说明，细长压杆的承压能力是由稳定性要求确定的。

10.3 不同杆端约束下细长压杆的临界荷载计算

在实际工程中，除两端铰支压杆外，还存有其他支撑方式的压杆，例如，一端自由、另一端固定的压杆，一端铰支、另一端固定的压杆，两端均固定的压杆等。这些细长压杆的临界荷载，同样可按上节所述方法求得，其中有些压杆，也用前述欧拉公式并采用类比方法确定。

在线弹性和小变形条件下，根据压杆的挠曲线近似微分方程，结合压杆的边界条件，可推导得到使压杆处于微弯状态平衡的最小压力值，即压杆的临界压力。因而，欧拉公式可写成统一的形式：

$$F_{cr}=\frac{\pi^2EI}{(\mu l)^2} \qquad (10.3.1)$$

式中，μ 为长度因数。几种常见细长压杆的临界力可见表 10.3.1。从中可以看出，杆端约束

越强，杆的长度因数越小。μl 为相当长度，可理解为压杆的挠曲线两个拐点之间的直线距离。

表 10.3.1 不同压杆的临界力

支承情况	两端铰支	一端固定 一端自由	两端固定	一端固定 一端铰支
失稳时挠曲线形状				
临界力	$F_{cr}=\dfrac{\pi^2 EI}{l^2}$	$F_{cr}=\dfrac{\pi^2 EI}{(2l)^2}$	$F_{cr}=\dfrac{\pi^2 EI}{(0.5l)^2}$	$F_{cr}=\dfrac{\pi^2 EI}{(0.7l)^2}$
长度系数	$\mu=1$	$\mu=2$	$\mu=0.5$	$\mu=0.7$

问题： 在不同杆端约束下细长压杆的临界荷载计算公式推导中，如何反映杆端约束条件？

【例 10.3.1】 试确定图 10.3.1 所示细长压杆的相当长度与临界荷载。设弯曲刚度 EI 为常数。

解： 在临界荷载作用下，压杆存在对称与反对称两种微弯平衡形式，分别如图 10.3.1(b)、(c)中的曲线所示。

在对称与反对称情况下，压杆的相当长度分别为

$$l_{eq,1}=0.7l$$
$$l_{eq,2}=l>l_{eq,1}$$

图 10.3.1 细长压杆

可见，在轴向荷载逐渐增大的过程中，压杆将首先出现反对称型失稳。因此，压杆的相当长度为

$$l_{eq}=l_{eq,2}=l$$

而临界荷载为

$$F_{cr}=\frac{\pi^2 EI}{l_{eq,2}^2}=\frac{\pi^2 EI}{l^2}$$

问题： 上题中，为何对称微弯时长度因数 μ 取 0.7，反对称时取 1？

细长压杆截面上的临界应力 σ_{cr} 直接使用下式计算：

$$\sigma_{cr}=\frac{F_{cr}}{A}$$

其中，A 为压杆的截面面积。

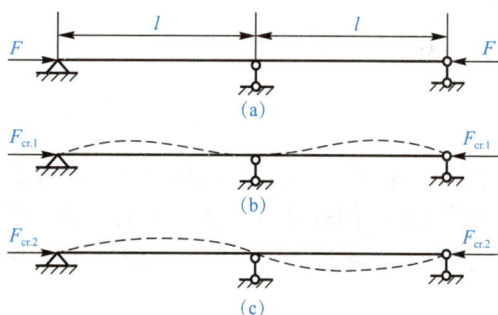

10.4 欧拉公式的适用范围及临界应力综合图解析

10.4.1 压杆的临界应力

压杆在临界力作用下，其横截面上的平均应力称为压杆的临界应力，并用 σ_{cr} 表示。细长杆的临界应力为

$$\sigma_{cr}=\frac{F_{cr}}{A}=\frac{\pi^2 EI}{(\mu l)^2 A}=\frac{\pi^2 E}{(\mu l/i)^2} \tag{10.4.1}$$

式(10.4.1)称为欧拉临界应力公式。其中，$i=\sqrt{I/A}$ 为压杆横截面对中性轴的惯性半径。式(10.4.1)中的 $(\mu l/i)$ 称为压杆的长细比或柔度，用符号 λ 表示，它是一个无量纲量。从式(10.4.1)可以看出，在压杆材料确定的情况下，柔度或长细比越大，相应的临界应力值就越小，即压杆越容易失稳。式(10.4.1)又写为

$$\sigma_{cr}=\frac{\pi^2 E}{\lambda^2} \tag{10.4.2}$$

由上述可知，欧拉公式(10.4.2)是根据挠曲轴近似微分方程建立的，而该方程仅适用于杆内应力未超过屈服极限 σ_s 的情况。因此，欧拉公式的适用范围为

$$\sigma_{cr}=\frac{\pi^2 E}{\lambda^2}\leqslant\sigma_s \tag{10.4.3}$$

或表示为

$$\lambda\geqslant\pi\sqrt{\frac{E}{\sigma_s}}=\lambda_p \tag{10.4.4}$$

式中，λ_p 为欧拉公式适用的压杆柔度的界限值，它是由压杆材料的性质决定的量。通常满足条件 $\lambda\geqslant\lambda_p$ 的杆件为大柔度压杆，或细长压杆。由于式(10.4.4)是欧拉公式适用条件，因此当压杆的柔度 $\lambda_p>\lambda$ 时，欧拉公式就不能采用，将这种杆称为小柔度压杆。

10.4.2 临界应力总图

压杆的临界应力随柔度 λ 变化的 σ_{cr}-λ 图称为临界应力总图，如图10.4.1所示。根据临界应力图，可以将中心受压直杆的临界应力 σ_{cr} 的计算与柔度 λ 的关系描绘出来。

(1)大柔度杆 $\lambda\geqslant\lambda_p$，临界应力低于比例极限，可按欧拉公式计算，$\sigma_{cr}=\frac{\pi^2 E}{\lambda^2}$；

(2)中柔度杆 $\lambda_s\leqslant\lambda\leqslant\lambda_p$，临界应力超过比例极限，可按经验公式计算，如直线公式：$\sigma_{cr}=a-b\lambda$，其中，a、b 为与材料有关的常数。或钢结构设计中采用的抛物线公式，以及折减弹性模量理论进行计算；

(3)小柔度杆 $\lambda\leqslant\lambda_s$（或 λ_b），临界应力达极限应力：塑性材料 $\sigma_{cr}=\sigma_s$，脆性材料 $\sigma_{cr}=\sigma_b$，属于强度问题。其中，σ_s、σ_b 分别是材料的屈服极限和强度极限，$\lambda_s=\frac{a-\sigma_s}{b}$，$\lambda_b\geqslant\pi\sqrt{\frac{E}{\sigma_b}}$，为材料常数，仅与压杆的材料有关。

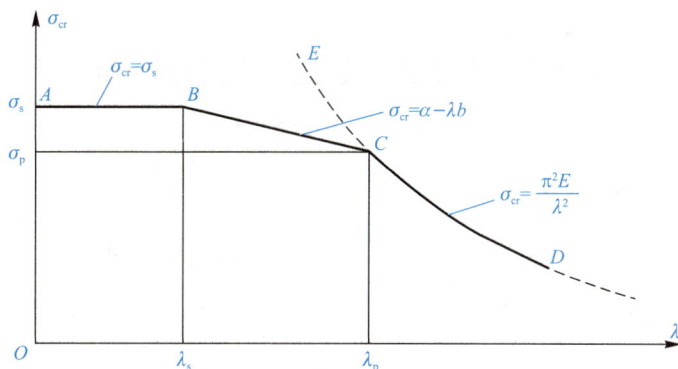

图 10.4.1 临界应力图

几种常用材料的 a、b、λ_p 与 λ_s 值见表 10.4.1。

表 10.4.1 几种常用材料的 a、b、λ_p 与 λ_s 值

材料	a/MPa	b/MPa	λ_p	λ_s
硅钢 $\sigma_s = 353$ MPa $\sigma_b \geqslant 510$ MPa	577	3.74	100	60
铬钼钢	980	5.29	55	0
硬铝	372	2.14	50	0
灰口铸铁	331.9	1.453		
松木	39.2	0.199	59	0

10.5 压杆的稳定性校核方法

采用稳定安全因数法，压杆的稳定条件为

$$n_{st} \geqslant [n]_{st} \text{ 或 } F \leqslant \frac{F_{cr}}{[n]_{st}} = [F]_{st} \text{ 或 } \sigma \leqslant \frac{\sigma_{cr}}{[n]_{st}} = [\sigma]_{st} \tag{10.5.1}$$

式中，$[n]_{st}$ 为规定的稳定安全因素。n_{st} 为工作安全因数，由下式确定：

$$n_{st} = \frac{[F]_{cr}}{F} = \frac{[\sigma]_{cr}}{\sigma} \tag{10.5.2}$$

其中，$[F]_{cr}$ 为稳定许用压力，$[\sigma]_{cr}$ 为稳定许用应力。

采用稳定因数法，则压杆的稳定条件为

$$\sigma \leqslant [\sigma]_{st} = \varphi[\sigma] \tag{10.5.3}$$

式中，φ 为稳定因数，$[\sigma]$ 为强度许用应力。《钢结构设计标准》(GB 50017—2017)和《木结构设计标准》(GB 50005—2017)，给出了常用材料不同截面类型及不同柔度下的稳定因数值。

【**例 10.5.1**】 图 10.5.1 所示的圆截面连杆承受轴向压力 $F = 20.0$ kN 作用。已知连杆外径 $D = 38$ mm，内径 $d = 34$ mm，杆长 $l = 600$ mm，材料为硬铝，稳定安全因数 $n_{st} = 2.5$，试校核连杆的稳定性。

图 10.5.1 圆截面连杆

解：空心圆截面的惯性半径为

$$i = \sqrt{\frac{I}{A}} = \sqrt{\frac{\pi(D^4-d^4)}{64} \cdot \frac{4}{\pi(D^2-d^2)}} = \frac{\sqrt{D^2+d^2}}{4} = \frac{\sqrt{0.038^2+0.034^2}}{4} = 0.012\ 75(\text{m})$$

故连杆的柔度为

$$\lambda = \frac{\mu l}{i} = \frac{1 \times 0.6}{0.012\ 75} = 47.1$$

由表 10.4.1 可知，$\lambda_0 \leqslant \lambda \leqslant \lambda_p$，因此，连杆属于中柔度杆，其临界应力为

$$\sigma_{cr} = a - b\lambda = 372 \times 10^6 - 2.14 \times 10^6 \times 47.1 = 2.71 \times 10^8(\text{Pa})$$

而许用压力为

$$F_{st} = \frac{\pi(D^2-d^2)\sigma_{cr}}{4n_{st}} = \frac{3.14 \times (0.038^2 - 0.034^2) \times 2.71 \times 10^8}{4 \times 2.5} \times 10^{-3} = 24.5(\text{kN})$$

可见

$$F < [F]_{st}$$

因此，压杆满足稳定性条件。

10.6 提高压杆稳定性的策略与方法

提高压杆稳定性的策略与方法是结构工程和材料科学领域的一个重要研究方向。通过采取一系列的措施，可以有效提升结构的稳定性，防止因局部失稳而导致的整体结构破坏。以下是对提高压杆稳定性策略与方法的拓展和修改。

10.6.1 合理选用材料

压杆的临界力受到材料弹性模量（E）的影响，欧拉公式提供了一种计算细长压杆临界力的方法。在材料选择方面，临界力的大小与材料的弹性模量 E 有关。选择 E 较大的材料可提高细长压杆的临界力。由于各种钢材的 E 值大致相同，选择优质钢材或低碳钢并无很大差别。优质钢材在一定程度上可提高临界应力的数值，尤其对于柔度很小的短粗杆，优质钢的强度越高，优越性越明显。除考虑弹性模量外，还应综合考虑材料的屈服强度、韧性和疲劳性能等因素。对于特定应用，高性能合金或复合材料可能提供比传统钢材更优越的性能，尤其是在要求轻量化或特定环境条件下（如高温、腐蚀性环境）。

10.6.2 选择合理的截面形状

细长杆与中柔度杆的临界应力均与柔度 λ 有关，柔度越小，临界应力越高。压杆的柔度为

$$\lambda = \frac{\mu l}{i} = \mu l \sqrt{\frac{A}{I}} \tag{10.6.1}$$

因此，对于一定长度与支撑方式的压杆，在横截面面积保持一定的情况下，应选择惯性矩较大的截面形状。

如压杆在各个纵向平面内相当长度(μl)相同，应使截面对任一形心轴的 l 相等或接近相等，使压杆在任一纵向平面内有相等或接近相等的稳定性。如压杆在不同的纵向平面内，相当长度(μl)不同，这就要求在两个主形心惯性平面内的柔度接近相等，这样，在两个经过主形心惯性轴的纵向平面内仍有接近相等的稳定性。

截面形状对压杆的稳定性有显著影响。通过优化截面形状以增大惯性矩，可以在不增加材料用量的前提下提升压杆的稳定性。除传统的圆形、方形和 I 形截面外，还可以考虑使用更加复杂的截面形状，如空心截面或填充截面，以及通过材料工程设计的功能梯度截面，以进一步提高结构的稳定性和承载能力。

10.6.3　减少压杆的支承长度

减少压杆的有效长度是提高稳定性的直接方法。在设计中，可以通过增加中间支座或采用连续支承来减少压杆的有效长度，从而提高其稳定性。此外，通过优化压杆的布局和方向，可以实现结构力学性能的最优化，进而提升整体结构的稳定性。

10.6.4　改善杆端约束情形

由压杆柔度公式(10.6.1)可知，如果杆端约束刚性越强，则压杆长度系数值越小，即柔度越小，可使临界应力提高。因此，尽可能改善杆端约束情形，加强杆端约束的刚性。通过设计更加刚性的连接结点或使用先进的连接技术(如焊接、铰接或机械连接技术)，可以有效提升端部约束的刚性，从而提高压杆的稳定性。此外，采用预应力技术对压杆施加初始应力，也是一种提高结构稳定性的有效方法。

10.6.5　采用先进的分析和设计方法

随着计算机技术和数值模拟方法的发展，采用先进的结构分析和优化设计方法对提高压杆稳定性具有重要的意义。通过有限元分析(FEA)等数值模拟技术，可以在设计阶段准确预测压杆的稳定性能，为结构设计和材料选择提供科学依据。此外，结构优化算法可以帮助设计者在满足性能要求的同时最小化材料使用，实现经济、高效的设计方案。

通过综合考虑以上策略与方法，可以在设计和施工阶段有效提升压杆及相关结构的稳定性，确保工程项目的安全性与经济性。

思考题

10.1　压杆的压力一旦达到临界压力值，试问压杆是否就丧失了承受荷载的能力。

10.2　两端球铰支承的细长中心受压杆[图 10.1(a)]，其横截面分别如图 10.1(b)～(g)

所示。试问压杆失稳时,压杆将绕横截面上哪一根轴转动?

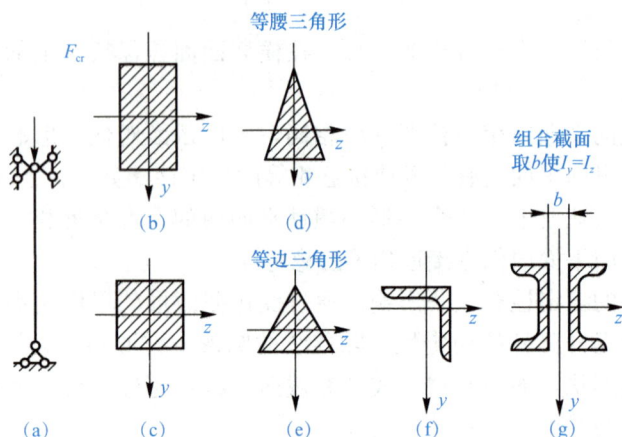

图 10.1

10.3 刚性杆 AB,上端 A 与刚度为 k 的弹簧相连,下端 B 安装在不计摩擦枢轴上,并在上端 A 承受通过导槽传递的荷载 F,如图 10.2 所示。已知当位移 $x=0$ 时,弹簧无伸长,试求荷载 F 的临界值。

10.4 对两端球形铰支的等截面细长中心受压杆,按图 10.3(a)所示坐标系及挠曲线形状,导出了临界力公式 $F_{cr}=\dfrac{\pi^2 EI}{l^2}$,试分析当分别取图 10.3(b)~(d)所示的坐标系及挠曲线形状时,压杆在 F 作用下的挠曲线微分方程是否与图 10.3(a)情况下的相同,由此所得的 F_{cr} 公式是否相同。

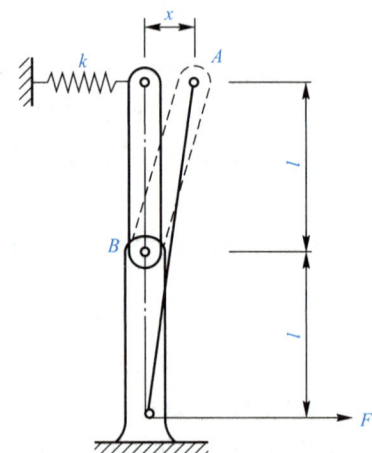

图 10.2

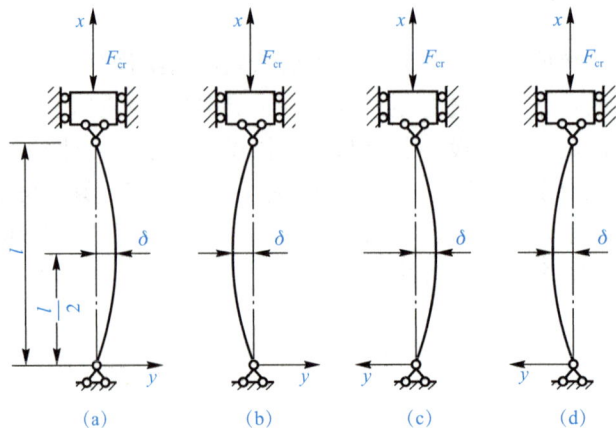

图 10.3

10.5 两端为柱形铰、受轴向压力作用的矩形截面杆如图 10.4 所示。杆在 xy 平面内失稳时，杆端约束为两端铰支；在 xz 平面内失稳时，杆端约束可认为不能绕 y 轴转动。试问压杆的 b 与 h 的合理比值应为多大？

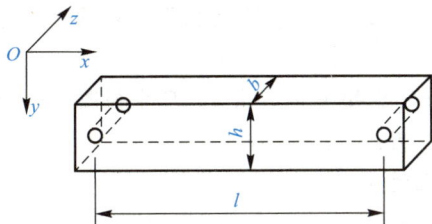

图 10.4

10.6 如图 10.5 所示，各杆材料和截面均相同，试问杆能承受的压力哪根最大，哪根最小[图 10.5(f)所示杆在中间支承处不能转动]。

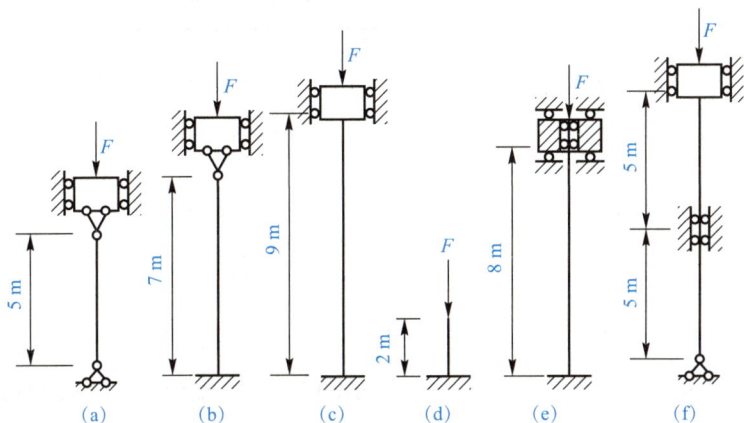

图 10.5

10.7 图 10.6(a)、(b)所示的两细长杆均与基础刚性连接，但第一根杆[图 10.6(a)]的基础放在弹性地基上，第二根杆[图 10.6(b)]的基础放在刚性地基上。试问两杆的临界力是否相等，为什么。并由此判断压杆长度因数 μ 是否可能大于 2。

10.8 图 10.7 所示的结构，AB、DE 梁的弯曲刚度为 EI，CD 杆的拉压刚度为 EA。为求结构的许可荷载，试问需考虑哪些方面，并分析其解题步骤。

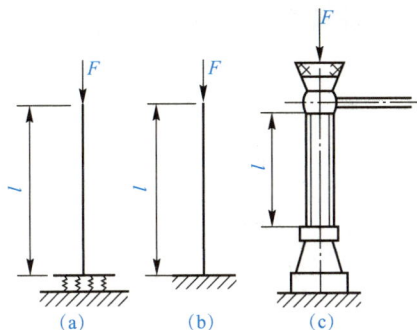

图 10.6

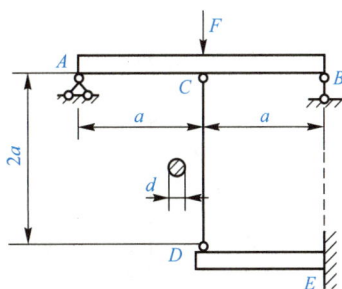

图 10.7

10.9 试推导两端固定、弯曲刚度为 EI，长度为 L 的等截面中心受压直杆的临界力 F_{cr}。

10.10 两根直径为 d 的立柱，上、下端分别与强劲的顶、底块刚性连接，如图 10.8 所示。试根据杆端的约束条件，分析在总压力 F 的作用下，立柱可能产生的几种失稳形态下的挠曲线形状，分别写出对应的总压力 F 之临界值的算式（按细长杆考虑），并确定最小临界力 F_{cr}。

10.11 一矩形截面折杆，已知 $F=50$ kN，尺寸如图 10.9 所示，$\alpha=30°$。

(1)求 B 点横截面上的应力；

(2)求 B 点 $\alpha=30°$ 截面上的正应力；

(3)求 B 点的主应力 σ_1、σ_2、σ_3。

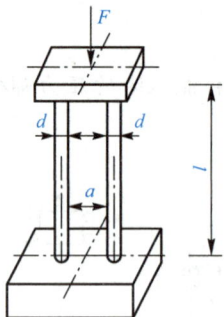

图 10.8

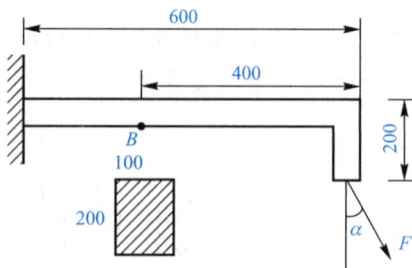

图 10.9

习题

10.1 长为 5 m 的 10 号工字钢，安装在两个固定支座之间，若要使杆始终保持稳定状态，外力 F 的最大值为多少？

10.2 如图 10.10 所示，结构 $ABCD$ 由三根直径均为 d 的圆截面钢杆组成，在 B 点铰支，在 A 点和 C 点固定，D 点铰接，$\dfrac{l}{d}=10\pi$。若考虑结构在图 10.10 所示纸平面 $ABCD$ 内的弹性失稳，试确定作用于结点 D 处的荷载 F 的临界值。

10.3 如图 10.11 所示，铰接杆系 ABC 由两根具有相同截面和同样材料的细长杆所组成。力 F 与 AB 杆轴线间的夹角为 θ，且 $0\leqslant\theta\leqslant\dfrac{\pi}{2}$。若由于杆件在纸平面 ABC 内的失稳而引起毁坏，试确定荷载 F 为最大时的 θ 角及其最大临界荷载。

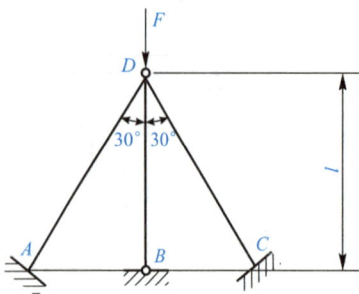

图 10.10

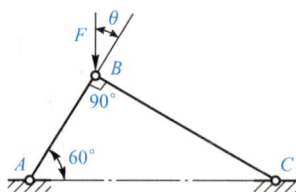

图 10.11

10.4　如图 10.12 所示，两端铰支的钢杆 AB，长度 $l=1$ m，直径 $d=16$ mm，杆材料为 Q235 钢，$\sigma_p=200$ MPa，$E=200$ GPa，不考虑温度影响，试求钢杆失稳时的临界荷载 F_{cr}。

10.5　如果杆分别由下列材料制成：

(1)比例极限 $\sigma_p=220$ MPa，弹性模量 $E=190$ GPa 的钢；

(2)$\sigma_p=490$ MPa，$E=215$ GPa，含镍 3.5% 的镍钢；

(3)$\sigma_p=20$ MPa，$E=11$ GPa 的松木。

试求可用欧拉公式计算临界力的压杆的最小柔度。

10.6　下端固定、上端铰支、长 $l=4$ m 的压杆，由两根 10 号槽钢焊接而成，如图 10.13 所示，并符合《钢结构设计标准》(GB 50017—2017)中的 b 类截面中心受压杆的要求。已知杆的材料为 Q235 钢，强度许用应力 $[\sigma]=170$ MPa，试求压杆的许可荷载。

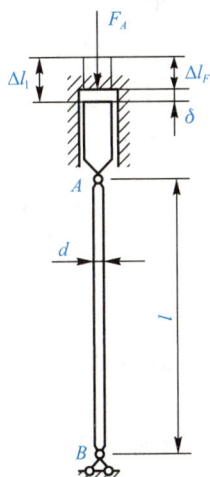

图 10.12

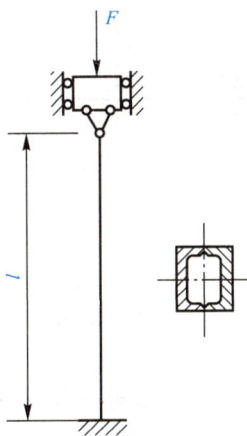

图 10.13

10.7　图 10.14 所示结构由钢曲杆 AB 和强度等级为 TC13 的木杆 BC 组成。已知结构所有的连接均为铰连接，在 B 点处承受铅垂荷载 $F=1.3$ kN，木材的强度许用应力 $[\sigma]=10$ MPa。试校核杆 BC 的稳定性。

10.8　一支柱由 4 根 80 mm×80 mm×6 mm 的角钢组成(图 10.15)，并符合《钢结构设计标准》(GB 50017—2017)中的 b 类截面中心受压杆的要求。支柱的两端为铰支，柱长 $l=6$ m，压力为 450 kN。若材料为 Q235 钢，强度许用应力 $[\sigma]=170$ MPa，试求支柱所需横截面边长 a 的尺寸。

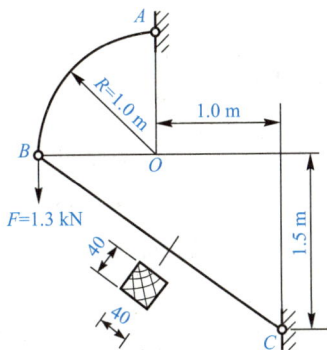

图 10.14

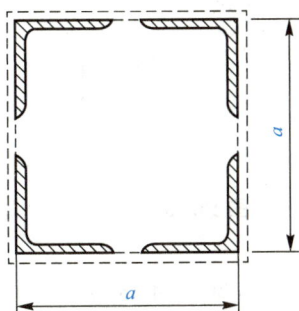

图 10.15

10.9 某桁架的受压弦杆长为 4 m，由缀板焊成一体，并符合《钢结构设计标准》(GB 50017—2017)中 b 类截面中心受压杆的要求，截面形式如图 10.16 所示，材料为 Q235 钢，$[\sigma]=170$ MPa。若按两端铰支考虑，试求杆所能承受的许可压力。

10.10 如图 10.17 所示，结构中 BC 为圆截面杆，其直径 $d=80$ mm；AC 为边长 $a=70$ mm 的正方形截面杆。已知该结构的约束情况为 A 端固定，B、C 为球铰。两杆材料均为 Q235 钢，弹性模量 $E=210$ GPa，可各自独立发生弯曲互不影响。若结构的稳定安全因数 $n=2.5$，试求压杆所能承受的许可压力。

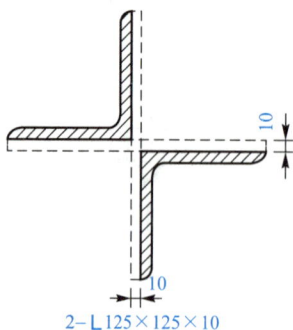

图 10.16

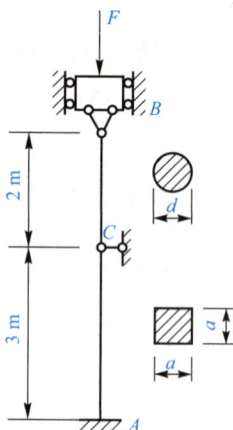

图 10.17

10.11 图 10.18 所示为一简单托架，其撑杆 AB 为圆截面木杆，强度等级为 TC15。若架上受集度为 $q=50$ kN/m 的均布荷载作用，AB 两端为柱形铰，材料的强度许用应力 $[\sigma]=11$ MPa，试求撑杆所需的直径 d。

10.12 图 10.19 所示结构中长方形截面杆 AC 与圆截面杆 CD 均由 Q235 钢制成，C、D 两处均为球铰。已知 $d=20$ mm，$b=100$ mm，$h=180$ mm；$E=200$ GPa，$\sigma_s=235$ MPa，$\sigma_b=400$ MPa；强度安全因数 $n=2.0$，稳定安全因数 $n_{st}=3.0$。试确定该结构的许可荷载。

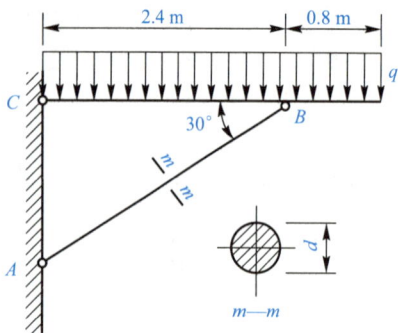

图 10.18

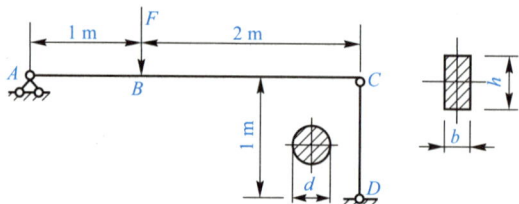

图 10.19

10.13 图 10.20 所示结构中钢梁 AB 及立柱 CD 分别由 16 号工字钢和连成一体的两根 63 mm×63 mm×5 mm 角钢制成，杆 CD 符合《钢结构设计标准》(GB 50017—2017)中 b 类截面中心受压杆的要求。均布荷载集度 $q=48$ kN/m。梁及柱的材料均为 Q235 钢，$[\sigma]=$

170 MPa，$E=210$ GPa。试校核梁和立柱是否安全。

10.14 弯曲刚度为 EI 的刚架 $ABCD$，在刚结点 B、C 分别承受铅垂荷载 F，如图 10.21 所示。设刚架直至失稳前始终处于线弹性范围，试求刚架的临界荷载。

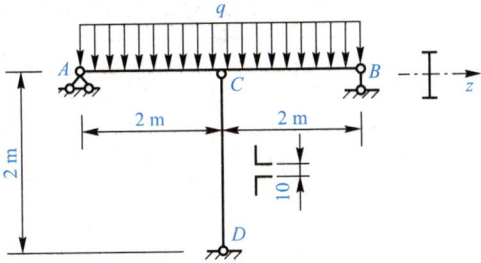

图 10.20

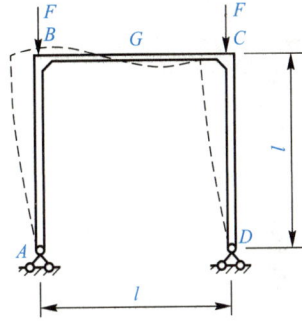

图 10.21

附录 Ⅰ

附表 1 等边角钢截面尺寸、截面面积、理论质量及载面特性（GB/T 706—2016）

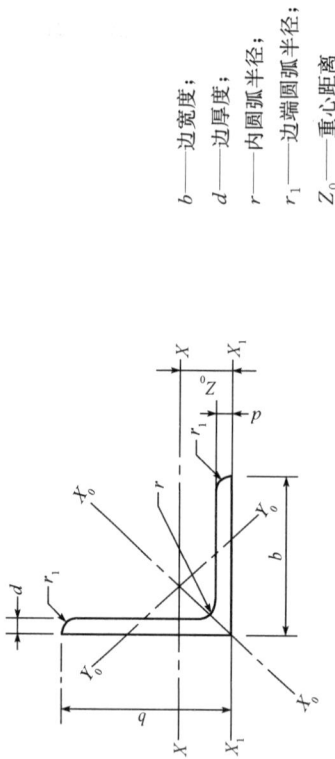

b——边宽度；
d——边厚度；
r——内圆弧半径；
r_1——边端圆弧半径；
Z_0——重心距离

等边角钢截面图

| 型号 | 截面尺寸/mm | | | 截面面积/cm² | 理论质量/(kg·m⁻¹) | 外表面积/(m²·m⁻¹) | 惯性矩/cm⁴ | | | | 惯性半径/cm | | | 截面模数/cm³ | | | 重心距离/cm |
	b	d	r				I_x	I_{x1}	I_{x0}	I_{y0}	i_x	i_{x0}	i_{y0}	W_x	W_{x0}	W_{y0}	Z_0
2	20	3	3.5	1.132	0.89	0.078	0.40	0.81	0.63	0.17	0.59	0.75	0.39	0.29	0.45	0.20	0.60
		4		1.459	1.15	0.077	0.50	1.09	0.78	0.22	0.58	0.73	0.38	0.36	0.55	0.24	0.64
2.5	25	3	3.5	1.432	1.12	0.098	0.82	1.57	1.29	0.34	0.76	0.95	0.49	0.46	0.73	0.33	0.73
		4		1.859	1.46	0.097	1.03	2.11	1.62	0.43	0.74	0.93	0.48	0.59	0.92	0.40	0.76
3.0	30	3	4.5	1.749	1.37	0.117	1.46	2.71	2.31	0.61	0.91	1.15	0.59	0.68	1.09	0.51	0.85
		4		2.276	1.79	0.117	1.84	3.63	2.92	0.77	0.90	1.13	0.58	0.87	1.37	0.62	0.89
3.6	36	3	4.5	2.109	1.66	0.141	2.58	4.68	4.09	1.07	1.11	1.39	0.71	0.99	1.61	0.76	1.00
		4		2.756	2.16	0.141	3.29	6.25	5.22	1.37	1.09	1.38	0.70	1.28	2.05	0.93	1.04
		5		3.382	2.65	0.141	3.95	7.84	6.24	1.65	1.08	1.36	0.70	1.56	2.45	1.00	1.07

续表

型号	截面尺寸/mm			截面面积/cm²	理论质量/(kg·m⁻¹)	外表面面积/(m²·m⁻¹)	惯性矩/cm⁴				惯性半径/cm			截面模数/cm³			重心距离/cm
	b	d	r				I_x	I_{x1}	I_{x0}	I_{y0}	i_x	i_{x0}	i_{y0}	W_x	W_{x0}	W_{y0}	Z_0
4	40	3	5	2.359	1.85	0.157	3.59	6.41	5.69	1.49	1.23	1.55	0.79	1.23	2.01	0.96	1.09
		4		3.086	2.42	0.157	4.60	8.56	7.29	1.91	1.22	1.54	0.79	1.60	2.58	1.19	1.13
		5		3.792	2.98	0.156	5.53	10.7	8.76	2.30	1.21	1.52	0.78	1.96	3.10	1.39	1.17
4.5	45	3	5	2.659	2.09	0.177	5.17	9.12	8.20	2.14	1.40	1.76	0.89	1.58	2.58	1.24	1.22
		4		3.486	2.74	0.177	6.65	12.2	10.6	2.75	1.38	1.74	0.89	2.05	3.32	1.54	1.26
		5		4.292	3.37	0.176	8.04	15.2	12.7	3.33	1.37	1.72	0.88	2.51	4.00	1.81	1.30
		6		5.077	3.99	0.176	9.33	18.4	14.8	3.89	1.36	1.70	0.80	2.95	4.64	2.06	1.33
5	50	3	5.5	2.971	2.33	0.197	7.18	12.5	11.4	2.98	1.55	1.96	1.00	1.96	3.22	1.57	1.34
		4		3.897	3.06	0.197	9.26	16.7	14.7	3.82	1.54	1.94	0.99	2.56	4.16	1.96	1.38
		5		4.803	3.77	0.196	11.2	20.9	17.8	4.64	1.53	1.92	0.98	3.13	5.03	2.31	1.42
		6		5.688	4.46	0.196	13.1	25.1	20.7	5.42	1.52	1.91	0.98	3.68	5.85	2.63	1.46
5.6	56	3	6	3.343	2.62	0.221	10.2	17.6	16.1	4.24	1.75	2.20	1.13	2.48	4.08	2.02	1.48
		4		4.39	3.45	0.220	13.2	23.4	20.9	5.46	1.73	2.18	1.11	3.24	5.28	2.52	1.53
		5		5.415	4.25	0.220	16.0	29.3	25.4	6.61	1.72	2.17	1.10	3.97	6.42	2.98	1.57
		6		6.42	5.04	0.220	18.7	35.3	29.7	7.73	1.71	2.15	1.10	4.68	7.49	3.40	1.61
		7		7.404	5.81	0.219	21.2	41.2	33.6	8.82	1.69	2.13	1.09	5.36	8.49	3.80	1.64
		8		8.367	6.57	0.219	23.6	47.2	37.4	9.89	1.68	2.11	1.09	6.03	9.44	4.16	1.68
6	60	5	6.5	5.829	4.58	0.236	19.9	36.1	31.6	8.21	1.85	2.33	1.19	4.59	7.44	3.48	1.67
		6		6.914	5.43	0.235	23.4	43.3	36.9	9.60	1.83	2.31	1.18	5.41	8.70	3.98	1.70
		7		7.977	6.26	0.235	26.4	50.1	41.9	11.0	1.82	2.29	1.17	6.21	9.88	4.45	1.74
		8		9.02	7.08	0.235	29.5	58.0	46.7	12.3	1.81	2.27	1.17	6.98	11.0	4.88	1.78

续表

| 型号 | 截面尺寸/mm | | | 截面面积/cm² | 理论质量/(kg·m⁻¹) | 外表面面积/(m²·m⁻¹) | 惯性矩/cm⁴ | | | | 惯性半径/cm | | | 截面模数/cm³ | | | 重心距离/cm |
	b	d	r				I_x	I_{x1}	I_{x0}	I_{y0}	i_x	i_{x0}	i_{y0}	W_x	W_{x0}	W_{y0}	Z_0
6.3	63	4	7	4.978	3.91	0.248	19.0	33.4	30.2	7.89	1.96	2.46	1.26	4.13	6.78	3.29	1.70
		5		6.143	4.82	0.248	23.2	41.7	36.8	9.57	1.94	2.45	1.25	5.08	8.25	3.90	1.74
		6		7.288	5.72	0.247	27.1	50.1	43.0	11.2	1.93	2.43	1.24	6.00	9.66	4.46	1.78
		7		8.412	6.60	0.247	30.9	58.6	49.0	12.8	1.92	2.41	1.23	6.88	11.0	4.98	1.82
		8		9.515	7.47	0.247	34.5	67.1	54.6	14.3	1.90	2.40	1.23	7.75	12.3	5.47	1.85
		10		11.66	9.15	0.246	41.1	84.3	64.9	17.3	1.88	2.36	1.22	9.39	14.6	6.36	1.93
7	70	4	8	5.570	4.37	0.275	26.4	45.7	41.8	11.0	2.18	2.74	1.40	5.14	8.44	4.17	1.86
		5		6.876	5.40	0.275	32.2	57.2	51.1	13.3	2.16	2.73	1.39	6.32	10.3	4.95	1.91
		6		8.160	6.41	0.275	37.8	68.7	59.9	15.6	2.15	2.71	1.38	7.48	12.1	5.67	1.95
		7		9.424	7.40	0.275	43.1	80.3	68.4	17.8	2.14	2.69	1.38	8.59	13.8	6.34	1.99
		8		10.67	8.37	0.274	48.2	91.9	76.4	20.0	2.12	2.68	1.37	9.68	15.4	6.98	2.03
7.5	75	5	9	7.412	5.82	0.295	40.0	70.6	63.3	16.6	2.33	2.92	1.50	7.32	11.9	5.77	2.04
		6		8.797	6.91	0.294	47.0	84.6	74.4	19.5	2.31	2.90	1.49	8.64	14.0	6.67	2.07
		7		10.16	7.98	0.294	53.6	98.7	85.0	22.2	2.30	2.89	1.48	9.93	16.0	7.44	2.11
		8		11.50	9.03	0.294	60.0	113	95.1	24.9	2.28	2.88	1.47	11.2	17.9	8.19	2.15
		9		12.83	10.1	0.294	66.1	127	105	27.5	2.27	2.86	1.46	12.4	19.8	8.89	2.18
		10		14.13	11.1	0.293	72.0	142	114	30.1	2.26	2.84	1.46	13.6	21.5	9.56	2.22
8	80	5	9	7.912	6.21	0.315	48.8	85.4	77.3	20.3	2.48	3.13	1.60	8.34	13.7	6.66	2.15
		6		9.397	7.38	0.314	57.4	103	91.0	23.7	2.47	3.11	1.59	9.87	16.1	7.65	2.19
		7		10.86	8.53	0.314	65.6	120	104	27.1	2.46	3.10	1.58	11.4	18.4	8.58	2.23
		8		12.30	9.66	0.314	73.5	137	117	30.4	2.44	3.08	1.57	12.8	20.6	9.46	2.27
		9		13.73	10.8	0.314	81.1	154	129	33.6	2.43	3.06	1.56	14.3	22.7	10.3	2.31
		10		15.13	11.9	0.313	88.4	172	140	36.8	2.42	3.04	1.56	15.6	24.8	11.1	2.35

续表

| 型号 | 截面尺寸/mm | | | 截面面积/cm² | 理论质量/(kg·m⁻¹) | 外表面积/(m²·m⁻¹) | 惯性矩/cm⁴ | | | | 惯性半径/cm | | | 截面模数/cm³ | | | 重心距离/cm |
	b	d	r				I_x	I_{x1}	I_{x0}	I_{y0}	i_x	i_{x0}	i_{y0}	W_x	W_{x0}	W_{y0}	Z_0
9	90	6	10	10.64	8.35	0.354	82.8	146	131	34.3	2.79	3.51	1.80	12.6	20.6	9.95	2.44
		7		12.30	9.66	0.354	94.8	170	150	39.2	2.78	3.50	1.78	14.5	23.6	11.2	2.48
		8		13.94	10.9	0.353	106	195	169	44.0	2.76	3.48	1.78	16.4	26.6	12.4	2.52
		9		15.57	12.2	0.353	118	219	187	48.7	2.75	3.46	1.77	18.3	29.4	13.5	2.56
		10		17.17	13.5	0.353	129	244	204	53.3	2.74	3.45	1.76	20.1	32.0	14.5	2.59
		12		20.31	15.9	0.352	149	294	236	62.2	2.71	3.41	1.75	23.6	37.1	16.5	2.67
10	100	6	12	11.93	9.37	0.393	115	200	182	47.9	3.10	3.90	2.00	15.7	25.7	12.7	2.67
		7		13.80	10.8	0.393	132	234	209	54.7	3.09	3.89	1.99	18.1	29.6	14.3	2.71
		8		15.64	12.3	0.393	148	267	235	61.4	3.08	3.88	1.98	20.5	33.2	15.8	2.76
		9		17.46	13.7	0.392	164	300	260	68.0	3.07	3.86	1.97	22.8	36.8	17.2	2.80
		10		19.26	15.1	0.392	180	334	285	74.4	3.05	3.84	1.96	25.1	40.3	18.5	2.84
		12		22.80	17.9	0.391	209	402	331	86.8	3.03	3.81	1.95	29.5	46.8	21.1	2.91
		14		26.26	20.6	0.391	237	471	374	99.0	3.00	3.77	1.94	33.7	52.9	23.4	2.99
		16		29.63	23.3	0.390	263	540	414	111	2.98	3.74	1.94	37.8	58.6	25.6	3.06
11	110	7	12	15.20	11.9	0.433	177	311	281	73.4	3.41	4.30	2.20	22.1	36.1	17.5	2.96
		8		17.24	13.5	0.433	199	355	316	82.4	3.40	4.28	2.19	25.0	40.7	19.4	3.01
		10		21.26	16.7	0.432	242	445	384	100	3.38	4.25	2.17	30.6	49.4	22.9	3.09
		12		25.20	19.8	0.431	283	535	448	117	3.35	4.22	2.15	36.1	57.6	26.2	3.16
		14		29.06	22.8	0.431	321	625	508	133	3.32	4.18	2.14	41.3	65.3	29.1	3.24

续表

型号	截面尺寸/mm			截面面积/cm²	理论质量/(kg·m⁻¹)	外表面积/(m²·m⁻¹)	惯性矩/cm⁴				惯性半径/cm			截面模数/cm³			重心距离/cm
	b	d	r				I_x	I_{x1}	I_{x0}	I_{y0}	i_x	i_{x0}	i_{y0}	W_x	W_{x0}	W_{y0}	Z_0
12.5	125	8	14	19.75	15.5	0.492	297	521	471	123	3.88	4.88	2.50	32.5	53.3	25.9	3.37
		10		24.37	19.1	0.491	362	652	574	149	3.85	4.85	2.48	40.0	64.9	30.6	3.45
		12		28.91	22.7	0.491	423	783	671	175	3.83	4.82	2.46	41.2	76.0	35.0	3.53
		14		33.37	26.2	0.490	482	916	764	200	3.80	4.78	2.45	54.2	86.4	39.1	3.61
		16		37.74	29.6	0.489	537	1050	851	224	3.77	4.75	2.43	60.9	96.3	43.0	3.68
14	140	10	14	27.37	21.5	0.551	515	915	817	212	4.34	5.46	2.78	50.6	82.6	39.2	3.82
		12		32.51	25.5	0.551	604	1100	959	249	4.31	5.43	2.76	59.8	96.9	45.0	3.90
		14		37.57	29.5	0.550	689	1280	1090	284	4.28	5.40	2.75	68.8	110	50.5	3.98
		16		42.54	33.4	0.549	770	1470	1220	319	4.26	5.36	2.74	77.5	123	55.6	4.06
15	150	8	16	23.75	18.6	0.592	521	900	827	215	4.69	5.90	3.01	47.4	78.0	38.1	3.99
		10		29.37	23.1	0.591	638	1130	1010	262	4.66	5.87	2.99	58.4	95.5	45.5	4.08
		12		34.91	27.4	0.591	749	1350	1190	308	4.63	5.84	2.97	69.0	112	52.4	4.15
		14		40.37	31.7	0.590	856	1580	1360	352	4.60	5.80	2.95	79.5	128	58.8	4.23
		15		43.06	33.8	0.590	907	1690	1440	374	4.59	5.78	2.95	84.6	136	61.9	4.27
		16		45.74	35.9	0.589	958	1810	1520	395	4.58	5.77	2.94	89.6	143	64.9	4.31
16	160	10	16	31.50	24.7	0.630	780	1370	1240	322	4.98	6.27	3.20	66.7	109	52.8	4.31
		12		37.44	29.4	0.630	917	1640	1460	377	4.95	6.24	3.18	79.0	129	60.7	4.39
		14		43.30	34.0	0.629	1050	1910	1670	432	4.92	6.20	3.16	91.0	147	68.2	4.47
		16		49.07	38.5	0.629	1180	2190	1870	485	4.89	6.17	3.14	103	165	75.3	4.55
18	180	12	16	42.24	33.2	0.710	1320	2330	2100	543	5.59	7.05	3.58	101	165	78.4	4.89
		14		48.90	38.4	0.709	1510	2720	2410	622	5.56	7.02	3.56	116	189	88.4	4.97
		16		55.47	43.5	0.709	1700	3120	2700	699	5.54	6.98	3.55	131	212	97.8	5.05
		18		61.96	48.6	0.708	1880	3500	2990	762	5.50	6.94	3.51	146	235	105	5.13

续表

型号	截面尺寸/mm			截面面积/cm²	理论质量/(kg·m⁻¹)	外表面积/(m²·m⁻¹)	惯性矩/cm⁴				惯性半径/cm			截面模数/cm³			重心距离/cm
	b	d	r				I_x	I_{x1}	I_{x0}	I_{y0}	i_x	i_{x0}	i_{y0}	W_x	W_{x0}	W_{y0}	Z_0
20	200	14	18	54.64	42.9	0.788	2 100	3 730	3 340	864	6.20	7.82	3.98	145	236	112	5.46
		16		62.01	48.7	0.788	2 370	4 270	3 760	971	6.18	7.79	3.96	164	266	124	5.54
		18		69.30	54.4	0.787	2 620	4 810	4 160	1 080	6.15	7.75	3.94	182	294	136	5.62
		20		76.51	60.1	0.787	2 870	5 350	4 550	1 180	6.12	7.72	3.93	200	322	147	5.69
		24		90.66	71.2	0.785	3 340	6 460	5 290	1 380	6.07	7.64	3.90	236	374	167	5.87
22	220	16	21	68.67	53.9	0.866	3 190	5 680	5 060	1 310	5.81	8.59	4.37	200	326	154	6.03
		18		76.75	60.3	0.866	3 540	6 400	5 620	1 450	6.79	8.55	4.35	223	361	168	6.11
		20		84.76	66.5	0.865	3 870	7 110	6 150	1 590	6.76	8.52	4.34	245	395	182	6.18
		22		92.68	72.8	0.865	4 200	7 830	6 670	1 730	6.73	8.48	4.32	267	429	195	6.26
		24		100.5	78.9	0.864	4 520	8 550	7 170	1 870	6.71	8.45	4.31	289	461	208	6.33
		26		108.3	85.0	0.864	4 830	9 280	7 690	2 000	6.68	8.41	4.30	310	492	221	6.41
25	250	18	24	87.84	69.0	0.985	5 270	9 380	8 370	2 170	7.75	9.76	4.97	290	473	224	6.84
		20		97.05	76.2	0.984	5 780	10 400	9 180	2 380	7.72	9.73	4.95	320	519	243	6.92
		22		106.2	83.3	0.983	6 280	11 500	9 970	2 580	7.69	9.69	4.93	349	564	261	7.00
		24		115.2	90.4	0.983	6 770	12 500	10 700	2 790	7.67	9.66	4.92	378	608	278	7.07
		26		124.2	97.5	0.982	7 240	13 600	11 500	2 980	7.64	9.62	4.90	406	650	295	7.15
		28		133.0	104	0.982	7 700	14 600	12 200	3 180	7.61	9.58	4.89	433	691	311	7.22
		30		141.8	111	0.981	8 160	15 700	12 900	3 380	7.58	9.55	4.88	461	731	327	7.30
		32		150.5	118	0.981	8 600	16 800	13 600	3 570	7.56	9.51	4.87	488	770	342	7.37
		35		163.4	128	0.980	9 240	18 400	14 600	3 850	7.52	9.46	4.86	527	827	364	7.48

注：截面图中的 $r_1=1/3d$ 及表中 r 的数据用于孔型设计，不作为交货条件

附表2 不等边角钢截面尺寸、截面面积、理论质量及截面特性（GB/T 706—2016）

B——长边宽度；
b——短边宽度；
d——边厚度；
r——内圆弧半径；
r₁——边端圆弧半径；
X₀——重心距离；
Y₀——重心距离

不等边角钢截面图

型号	B	b	d	r	截面面积/cm²	理论质量/(kg·m⁻¹)	外表面积/(m²·m⁻¹)	Iₓ	Iₓ₁	I_y	I_y1	I_u	iₓ	i_y	i_u	Wₓ	W_y	W_u	tanα	X₀	Y₀
2.5/1.6	25	16	3	3.5	1.162	0.91	0.080	0.70	1.56	0.22	0.43	0.14	0.78	0.44	0.34	0.43	0.19	0.16	0.392	0.42	0.86
			4		1.499	1.18	0.079	0.88	2.09	0.27	0.59	0.17	0.77	0.43	0.34	0.55	0.24	0.20	0.381	0.46	0.90
3.2/2	32	20	3		1.492	1.17	0.102	1.53	3.27	0.46	0.82	0.28	1.01	0.55	0.43	0.72	0.30	0.25	0.382	0.49	1.08
			4	4	1.939	1.52	0.101	1.93	4.37	0.57	1.12	0.35	1.00	0.54	0.42	0.93	0.39	0.32	0.374	0.53	1.12
4/2.5	40	25	3		1.890	1.48	0.127	3.08	5.39	0.93	1.59	0.56	1.28	0.70	0.54	1.15	0.49	0.40	0.385	0.59	1.32
			4		2.467	1.94	0.127	3.93	8.53	1.18	2.14	0.71	1.36	0.69	0.54	1.49	0.63	0.52	0.381	0.63	1.37
4.5/2.8	45	28	3	5	2.149	1.69	0.143	4.45	9.10	1.34	2.23	0.80	1.44	0.79	0.61	1.47	0.62	0.51	0.383	0.64	1.47
			4		2.806	2.20	0.143	5.69	12.1	1.70	3.00	1.02	1.42	0.78	0.60	1.91	0.80	0.66	0.380	0.68	1.51
5/3.2	50	32	3	5.5	2.431	1.91	0.161	6.24	12.5	2.02	3.31	1.20	1.60	0.91	0.70	1.84	0.82	0.68	0.404	0.73	1.60
			4		3.177	2.49	0.160	8.02	16.7	2.58	4.45	1.53	1.59	0.90	0.69	2.39	1.06	0.87	0.402	0.77	1.65
5.6/3.6	56	36	3	6	2.743	2.15	0.181	8.88	17.5	2.92	4.7	1.73	1.80	1.03	0.79	2.32	1.05	0.87	0.408	0.80	1.78
			4		3.590	2.82	0.180	11.5	23.4	3.76	6.33	2.23	1.79	1.02	0.79	3.03	1.37	1.13	0.408	0.85	1.82
			5		4.415	3.47	0.180	13.9	29.3	4.49	7.94	2.67	1.77	1.01	0.78	3.71	1.65	1.36	0.404	0.88	1.87

续表

型号	截面尺寸/mm				截面面积/cm²	理论质量/(kg·m⁻¹)	外表面积/(m²·m⁻¹)	惯性矩/cm⁴					惯性半径/cm			截面模数/cm³			tanα	重心距离/cm	
	B	b	d	r				I_x	I_{x1}	I_y	I_{y1}	I_u	i_x	i_y	i_u	W_x	W_y	W_u		X_0	Y_0
6.3/4	63	40	4	7	4.058	3.19	0.202	16.5	33.3	5.23	8.63	3.12	2.02	1.14	0.88	3.87	1.70	1.40	0.398	0.92	2.04
			5		4.993	3.92	0.202	20.0	41.6	6.31	10.9	3.76	2.00	1.12	0.87	4.74	2.07	1.71	0.396	0.95	2.08
			6		5.908	4.64	0.201	23.4	50.0	7.29	13.1	4.34	1.96	1.11	0.86	5.59	2.43	1.99	0.393	0.99	2.12
			7		6.802	5.34	0.201	26.5	58.1	8.24	15.5	4.97	1.98	1.10	0.86	6.40	2.78	2.29	0.389	1.03	2.15
7/4.5	70	45	4	7.5	4.553	3.57	0.226	23.2	45.9	7.55	12.3	4.40	2.26	1.29	0.98	4.86	2.17	1.77	0.410	1.02	2.24
			5		5.609	4.40	0.225	28.0	57.1	9.13	15.4	5.40	2.23	1.28	0.98	5.92	2.65	2.19	0.407	1.06	2.28
			6		6.644	5.22	0.225	32.5	68.4	10.6	18.6	6.35	2.21	1.26	0.98	6.95	3.12	2.59	0.404	1.09	2.32
			7		7.658	6.01	0.225	37.2	80.0	12.0	21.8	7.16	2.20	1.25	0.97	8.03	3.57	2.94	0.402	1.13	2.36
7.5/5	75	50	5	8	6.126	4.81	0.245	34.9	70.0	12.6	21.0	7.41	2.39	1.44	1.10	6.83	3.3	2.74	0.435	1.17	2.40
			6		7.260	5.70	0.245	41.1	84.3	14.7	25.4	8.54	2.38	1.42	1.08	8.12	3.88	3.19	0.435	1.21	2.44
			8		9.467	7.43	0.244	52.4	113	18.5	34.2	10.9	2.35	1.40	1.07	10.5	4.99	4.10	0.429	1.29	2.52
			10		11.59	9.10	0.244	62.7	141	22.0	43.4	13.1	2.33	1.38	1.06	12.8	6.04	4.99	0.423	1.36	2.60
8/5	80	50	5	8	6.376	5.00	0.255	42.0	85.2	12.8	21.1	7.66	2.56	1.42	1.10	7.78	3.32	2.74	0.388	1.14	2.60
			6		7.560	5.93	0.255	49.5	103	15.0	25.4	8.85	2.56	1.41	1.08	9.25	3.91	3.20	0.387	1.18	2.65
			7		8.724	6.85	0.255	56.2	119	17.0	29.8	10.2	2.54	1.39	1.08	10.6	4.48	3.70	0.384	1.21	2.69
			8		9.867	7.75	0.254	62.8	136	18.9	34.3	11.4	2.52	1.38	1.07	11.9	5.03	4.16	0.381	1.25	2.73
9/5.6	90	56	5	9	7.212	5.66	0.287	60.5	121	18.3	29.5	11.0	2.90	1.59	1.23	9.92	4.21	3.49	0.385	1.25	2.91
			6		8.557	6.72	0.286	71.0	146	21.4	35.6	12.9	2.88	1.58	1.23	11.7	4.96	4.13	0.384	1.29	2.95
			7		9.881	7.76	0.286	81.0	170	24.4	41.7	14.7	2.86	1.57	1.22	13.5	5.70	4.72	0.382	1.33	3.00
			8		11.18	8.78	0.286	91.0	194	27.2	47.9	16.3	2.85	1.56	1.21	15.3	6.41	5.29	0.380	1.36	3.04
10/6.3	100	63	6	10	9.618	7.55	0.320	99.1	200	30.9	50.5	18.4	3.21	1.79	1.38	14.6	6.35	5.25	0.394	1.43	3.24
			7		11.11	8.72	0.320	113	233	35.3	59.1	21.0	3.20	1.78	1.38	16.9	7.29	6.02	0.394	1.47	3.28
			8		12.58	9.88	0.319	127	266	39.4	67.9	23.5	3.18	1.77	1.37	19.1	8.21	6.78	0.391	1.50	3.32
			10		15.47	12.1	0.319	154	333	47.1	85.7	28.3	3.15	1.74	1.35	23.3	9.98	8.24	0.387	1.58	3.40

续表

型号	截面尺寸/mm				截面面积/cm²	理论质量/(kg·m⁻¹)	外表面面积/(m²·m⁻¹)	惯性矩/cm⁴					惯性半径/cm			截面模数/cm³			tanα	重心距离/cm	
	B	b	d	r				I_x	I_{x1}	I_y	I_{y1}	I_u	i_x	i_y	i_u	W_x	W_y	W_u		X_0	Y_0
10/8	100	80	6	10	10.64	8.35	0.354	107	200	61.2	103	31.7	3.17	2.40	1.72	15.2	10.2	8.37	0.627	1.97	2.95
			7		12.30	9.66	0.354	123	233	70.1	120	36.2	3.16	2.39	1.72	17.5	11.7	9.60	0.626	2.01	3.00
			8		13.94	10.9	0.353	138	267	78.6	137	40.6	3.14	2.37	1.71	19.8	13.2	10.8	0.625	2.05	3.04
			10		17.17	13.5	0.353	167	334	94.7	172	49.1	3.12	2.35	1.69	24.2	16.1	13.1	0.622	2.13	3.12
11/7	110	70	6	10	10.64	8.35	0.354	133	266	42.9	69.1	25.4	3.54	2.01	1.54	17.9	7.90	6.53	0.403	1.57	3.53
			7		12.30	9.66	0.354	153	310	49.0	80.8	29.0	3.53	2.00	1.53	20.6	9.09	7.50	0.402	1.61	3.57
			8		13.94	10.9	0.353	172	354	54.9	92.7	32.5	3.51	1.98	1.53	23.3	10.3	8.45	0.401	1.65	3.62
			10		17.17	13.5	0.353	208	443	65.9	117	39.2	3.48	1.96	1.51	28.5	12.5	10.3	0.397	1.72	3.70
12.5/8	125	80	7	11	14.10	11.1	0.403	228	455	74.4	120	43.8	4.02	2.30	1.76	26.9	12.0	9.92	0.408	1.80	4.01
			8		15.99	12.6	0.403	257	520	83.5	138	49.2	4.01	2.28	1.75	30.4	13.6	11.2	0.407	1.84	4.06
			10		19.71	15.5	0.402	312	650	101	173	59.5	3.98	2.26	1.74	37.3	16.6	13.6	0.404	1.92	4.14
			12		23.35	18.3	0.402	364	780	117	210	69.4	3.95	2.24	1.72	44.0	19.4	16.0	0.400	2.00	4.22
14/9	140	90	8	12	18.04	14.2	0.453	366	731	121	196	70.8	4.50	2.59	1.98	38.5	17.3	14.3	0.411	2.04	4.50
			10		22.26	17.5	0.452	446	913	140	246	85.8	4.47	2.56	1.96	47.3	21.2	17.5	0.409	2.12	4.58
			12		26.40	20.7	0.451	522	1 100	170	297	100	4.44	2.54	1.95	55.9	25.0	20.5	0.406	2.19	4.66
			14		30.46	23.9	0.451	594	1 280	192	349	114	4.42	2.51	1.94	64.2	28.5	23.5	0.403	2.27	4.74
15/9	150	90	8	12	18.84	14.8	0.473	442	898	123	196	74.1	4.84	2.55	1.98	43.9	17.5	14.5	0.364	1.97	4.92
			10		23.26	18.3	0.472	539	1 120	149	246	89.9	4.81	2.53	1.97	54.0	21.4	17.7	0.362	2.05	5.01
			12		27.60	21.7	0.471	632	1 350	173	297	105	4.79	2.50	1.95	63.8	25.1	20.8	0.359	2.12	5.09
			14		31.86	25.0	0.471	721	1 570	196	350	120	4.76	2.48	1.94	73.3	28.8	23.8	0.356	2.20	5.17
			15		33.95	26.7	0.471	764	1 680	207	376	127	4.74	2.47	1.93	78.0	30.5	25.3	0.354	2.24	5.21
			16		36.03	28.3	0.470	806	1 800	217	403	134	4.73	2.45	1.93	82.6	32.3	26.8	0.352	2.27	5.25

续表

型号	截面尺寸/mm				截面面积/cm²	理论质量/(kg·m⁻¹)	外表面面积/(m²·m⁻¹)	惯性矩/cm⁴					惯性半径/cm			截面模数/cm³			tanα	重心距离/cm	
	B	b	d	r				I_x	I_{x1}	I_y	I_{y1}	I_u	i_x	i_y	i_u	W_x	W_y	W_u		X_0	Y_0
16/10	160	100	10	13	25.32	19.9	0.512	669	1 360	205	337	122	5.14	2.85	2.19	62.1	26.6	21.9	0.390	2.28	5.24
			12		30.05	23.6	0.511	785	1 640	239	406	142	5.11	2.82	2.17	73.5	31.3	25.8	0.388	2.36	5.32
			14		34.71	27.2	0.510	896	1 910	271	476	162	5.08	2.80	2.16	84.6	35.8	29.6	0.385	2.43	5.40
			16		39.28	30.8	0.510	1 000	2 180	302	548	183	5.05	2.77	2.16	95.3	40.2	33.4	0.382	2.51	5.48
18/11	180	110	10	14	28.37	22.3	0.571	956	1 940	278	447	167	5.80	3.13	2.42	79.0	32.5	26.9	0.376	2.44	5.89
			12		33.71	26.5	0.571	1 120	2 330	325	539	195	5.78	3.10	2.40	93.5	38.3	31.7	0.374	2.52	5.98
			14		38.97	30.6	0.570	1 290	2 720	370	632	222	5.75	3.08	2.39	108	44.0	36.3	0.372	2.59	6.06
			16		44.14	34.6	0.569	1 440	3 110	412	726	249	5.72	3.06	2.38	122	49.4	40.9	0.369	2.67	6.14
20/12.5	200	125	12	14	37.91	29.8	0.641	1 570	3 190	483	788	286	6.44	3.57	2.74	117	50.0	41.2	0.392	2.83	6.54
			14		43.87	34.4	0.640	1 800	3 730	551	922	327	6.41	3.54	2.73	135	57.4	47.3	0.390	2.91	6.62
			16		49.74	39.0	0.639	2 020	4 260	615	1 060	366	6.38	3.52	2.71	152	64.9	53.3	0.388	2.99	6.70
			18		55.53	43.6	0.639	2 240	4 790	677	1 200	405	6.35	3.49	2.70	169	71.7	59.2	0.385	3.06	6.78

注：截面图中的 $r_1 = 1/3d$ 及表中 r 的数据用于孔型设计，不作为交货条件。

附表 3　工字钢截面尺寸、截面面积、理论质量及截面特性（GB/T 706—2016）

h——高度；
b——腿宽度；
d——腰厚度；
t——腿中间厚度；
r——内圆弧半径；
r_1——腿端圆弧半径

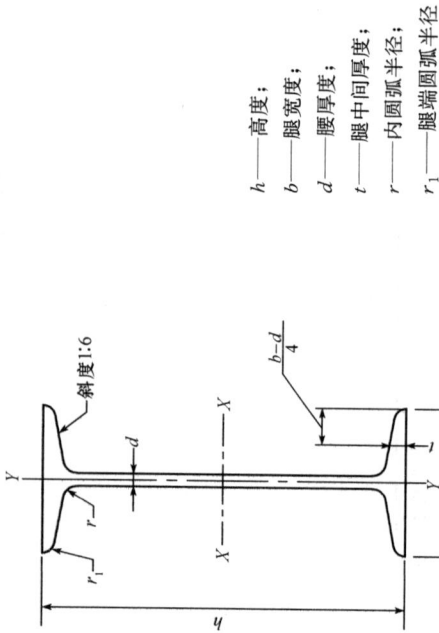

工字钢截面图

型号	截面尺寸/mm						截面面积 /cm²	理论质量 /(kg·m⁻¹)	外表面面积 /(m²·m⁻¹)	惯性矩/cm⁴		惯性半径/cm		截面模数/cm³	
	h	b	d	t	r	r_1				I_x	I_y	i_x	i_y	W_x	W_y
10	100	68	4.5	7.6	6.5	3.3	14.33	11.3	0.432	245	33.0	4.14	1.52	49.0	9.72
12	120	74	5.0	8.4	7.0	3.5	17.80	14.0	0.493	436	46.9	4.95	1.62	72.7	12.7
12.6	126	74	5.0	8.4	7.0	3.5	18.10	14.2	0.505	488	46.9	5.20	1.61	77.5	12.7
14	140	80	5.5	9.1	7.5	3.8	21.50	16.9	0.553	712	64.4	5.76	1.73	102	16.1
16	160	88	6.0	9.9	8.0	4.0	26.11	20.5	0.621	1 130	93.1	6.58	1.89	141	21.2
18	180	94	6.5	10.7	8.5	4.3	30.74	24.1	0.681	1 660	122	7.36	2.00	185	26.0
20a	200	100	7.0	11.4	9.0	4.5	35.55	27.9	0.742	2 370	158	8.15	2.12	237	31.5
20b	200	102	9.0	11.4	9.0	4.5	39.55	31.1	0.746	2 500	169	7.96	2.06	250	33.1

续表

型号	截面尺寸/mm						截面面积/cm²	理论质量/(kg·m⁻¹)	外表面面积/(m²·m⁻¹)	惯性矩/cm⁴		惯性半径/cm		截面模数/cm³	
	h	b	d	t	r	r_1				I_x	I_y	i_x	i_y	W_x	W_y
22a	220	110	7.5	12.3	9.5	4.8	42.10	33.1	0.817	3 400	225	8.99	2.31	309	40.9
22b		112	9.5	12.3	9.5	4.8	46.50	36.5	0.821	3 570	239	8.78	2.27	325	42.7
24a	240	116	8.0	13.0	10.0	5.0	47.71	37.5	0.878	4 570	280	9.77	2.42	381	48.4
24b		118	10.0	13.0	10.0	5.0	52.51	41.2	0.882	4 800	297	9.57	2.38	400	50.4
25a	250	116	8.0	13.0	10.0	5.0	48.51	38.1	0.898	5 020	280	10.2	2.40	402	48.3
25b		118	10.0	13.0	10.0	5.0	53.51	42.0	0.902	5 280	309	9.94	2.40	423	52.4
27a	270	122	8.5	13.7	10.5	5.3	54.52	42.8	0.958	6 550	345	10.9	2.51	485	56.6
27b		124	10.5	13.7	10.5	5.3	59.92	47.0	0.962	6 870	366	10.7	2.47	509	58.9
28a	280	122	8.5	13.7	10.5	5.3	55.37	43.5	0.978	7 110	345	11.3	2.50	508	56.6
28b		124	10.5	13.7	10.5	5.3	60.97	47.9	0.982	7 480	379	11.1	2.49	534	61.2
30a	300	126	9.0	14.4	11.0	5.5	61.22	48.1	1.031	8 950	400	12.1	2.55	597	63.5
30b		128	11.0	14.4	11.0	5.5	67.22	52.8	1.035	9 400	422	11.8	2.50	627	65.9
30c		130	13.0	14.4	11.0	5.5	73.22	57.5	1.039	9 850	445	11.6	2.46	657	68.5
32a	320	130	9.5	15.0	11.5	5.8	67.12	52.7	1.084	11 100	460	12.8	2.62	692	70.8
32b		132	11.5	15.0	11.5	5.8	73.52	57.7	1.088	11 600	502	12.6	2.61	726	76.0
32c		134	13.5	15.0	11.5	5.8	79.92	62.7	1.092	12 200	544	12.3	2.61	760	81.2
36a	360	136	10.0	15.8	12.0	6.0	76.44	60.0	1.185	15 800	552	14.4	2.69	875	81.2
36b		138	12.0	15.8	12.0	6.0	83.64	65.7	1.189	16 500	582	14.1	2.64	919	84.3
36c		140	14.0	15.8	12.0	6.0	90.84	71.3	1.193	17 300	612	13.8	2.60	962	87.4
40a	400	142	10.5	16.5	12.5	6.3	86.07	67.6	1.285	21 700	660	15.9	2.77	1 090	93.2
40b		144	12.5	16.5	12.5	6.3	94.07	73.8	1.289	22 800	692	15.6	2.71	1 140	96.2
40c		146	14.5	16.5	12.5	6.3	102.1	80.1	1.293	23 900	727	15.2	2.65	1 190	99.6

续表

型号	截面尺寸/mm						截面面积 /cm²	理论质量 /(kg·m⁻¹)	外表面积 /(m²·m⁻¹)	惯性矩/cm⁴		惯性半径/cm		截面模数/cm³	
	h	b	d	t	r	r_1				I_x	I_y	i_x	i_y	W_x	W_y
45a	450	150	11.5	18.0	13.5	6.8	102.4	80.4	1.411	32 200	855	17.7	2.89	1 430	114
45b		152	13.5				111.4	87.4	1.415	33 800	894	17.4	2.84	1 500	118
45c		154	15.5				120.4	94.5	1.419	35 300	938	17.1	2.79	1 570	122
50a	500	158	12.0	20.0	14.0	7.0	119.2	93.6	1.539	46 500	1 120	19.7	3.07	1 860	142
50b		160	14.0				129.2	101	1.543	48 600	1 170	19.4	3.01	1 940	146
50c		162	16.0				139.2	109	1.547	50 600	1 220	19.0	2.96	2 080	151
55a	550	166	12.5	21.0	14.5	7.3	134.1	105	1.667	62 900	1 370	21.6	3.19	2 290	164
55b		168	14.5				145.1	114	1.671	65 600	1 420	21.2	3.14	2 390	170
55c		170	16.5				156.1	123	1.675	68 400	1 480	20.9	3.08	2 490	175
56a	560	166	12.5				135.4	106	1.687	65 600	1 370	22.0	3.18	2 340	165
56b		168	14.5				146.6	115	1.691	68 500	1 490	21.6	3.16	2 450	174
56c		170	16.5				157.8	124	1.695	71 400	1 560	21.3	3.16	2 550	183
63a	630	176	13.0	22.0	15.0	7.5	154.6	121	1.862	93 900	1 700	24.5	3.31	2 980	193
63b		178	15.0				167.2	131	1.866	98 100	1 810	24.2	3.29	3 160	204
63c		180	17.0				179.8	141	1.870	102 000	1 920	23.8	3.27	3 300	214

注：表中 r、r_1 的数据用于孔型设计，不作为交货条件

附表 4 槽钢截面尺寸、截面面积、理论质量及截面特性(GB/T 706—2016)

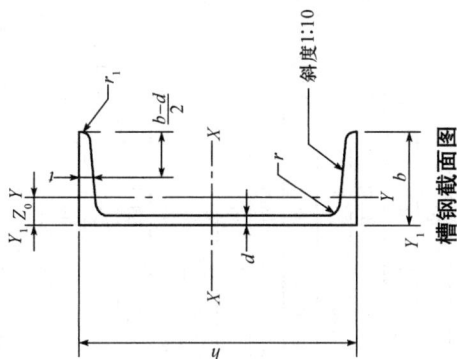

h——高度;
b——腿宽度;
d——腰厚度;
t——腿中间厚度;
r——内圆弧半径;
r₁——腿端圆弧半径;
Z₀—— 重心距离;

斜度1:10

槽钢截面图

| 型号 | 截面尺寸/mm | | | | | | 截面面积 /cm² | 理论质量 /(kg·m⁻¹) | 外表面面积 /(m²·m⁻¹) | 惯性矩/cm⁴ | | | 惯性半径/cm | | 截面模数/cm³ | | 重心距离/cm |
	h	b	d	t	r	r_1				I_x	I_y	I_{y1}	i_x	i_y	W_x	W_y	Z_0
5	50	37	4.5	7.0	7.0	3.5	6.925	5.44	0.226	26.0	8.30	20.9	1.94	1.10	10.4	3.55	1.35
6.3	63	40	4.8	7.5	7.5	3.8	8.446	6.63	0.262	50.8	11.9	28.4	2.45	1.19	16.1	4.50	1.36
6.5	65	40	4.3	7.5	7.5	3.8	8.292	6.51	0.267	55.2	12.0	28.3	2.54	1.19	17.0	4.59	1.38
8	80	43	5.0	8.0	8.0	4.0	10.24	8.04	0.307	101	16.6	37.4	3.15	1.27	25.3	5.79	1.43
10	100	48	5.3	8.5	8.5	4.2	12.74	10.0	0.365	198	25.6	54.9	3.95	1.41	39.7	7.80	1.52
12	120	53	5.5	9.0	9.0	4.5	15.36	12.1	0.423	346	37.4	77.7	4.75	1.56	57.7	10.2	1.62
12.6	126	53	5.5	9.0	9.0	4.5	15.69	12.3	0.435	391	38.0	77.1	4.95	1.57	62.1	10.2	1.59
14a	140	58	6.0	9.5	9.5	4.8	18.51	14.5	0.480	564	53.2	107	5.52	1.70	80.5	13.0	1.71
14b	140	60	8.0	9.5	9.5	4.8	21.31	16.7	0.484	609	61.1	121	5.35	1.69	87.1	14.1	1.67
16a	160	63	6.5	10.0	10.0	5.0	21.95	17.2	0.538	866	73.3	144	6.28	1.83	108	16.3	1.80
16b	160	65	8.5	10.0	10.0	5.0	25.15	19.8	0.542	935	83.4	161	6.10	1.82	117	17.6	1.75
18a	180	68	7.0	10.5	10.5	5.2	25.69	20.2	0.596	1 270	98.6	190	7.04	1.96	141	20.0	1.88
18b	180	70	9.0	10.5	10.5	5.2	29.29	23.0	0.600	1 370	111	210	6.84	1.95	152	21.5	1.84

续表

型号	h	b	d	t	r	r_1	截面面积/cm²	理论质量/(kg·m⁻¹)	外表面面积/(m²·m⁻¹)	I_x	I_y	I_{y1}	i_x	i_y	W_x	W_y	Z_0/cm
										惯性矩/cm⁴			惯性半径/cm		截面模数/cm³		重心距离/cm
20a	200	73	7.0	11.0	11.0	5.5	28.83	22.6	0.654	1 780	128	244	7.86	2.11	178	24.2	2.01
20b		75	9.0	11.0	11.0	5.5	32.83	25.8	0.658	1 910	144	268	7.64	2.09	191	25.9	1.95
22a	220	77	7.0	11.5	11.5	5.8	31.83	25.0	0.709	2 390	158	298	8.67	2.23	218	28.2	2.10
22b		79	9.0	11.5	11.5	5.8	36.23	28.5	0.713	2 570	176	326	8.42	2.21	234	30.1	2.03
24a	240	78	7.0	12.0	12.0	6.0	34.21	26.9	0.752	3 050	174	325	9.45	2.25	254	30.5	2.10
24b		80	9.0	12.0	12.0	6.0	39.01	30.6	0.756	3 280	194	355	9.17	2.23	274	32.5	2.03
24c		82	11.0	12.0	12.0	6.0	43.81	34.4	0.760	3 510	213	388	8.96	2.21	293	34.4	2.00
25a	250	78	7.0	12.0	12.0	6.0	34.91	27.4	0.722	3 370	176	322	9.82	2.24	270	30.6	2.07
25b		80	9.0	12.0	12.0	6.0	39.91	31.3	0.776	3 530	196	353	9.41	2.22	282	32.7	1.98
25c		82	11.0	12.0	12.0	6.0	44.91	35.3	0.780	3 690	218	384	9.07	2.21	295	35.9	1.92
27a	270	82	7.5	12.5	12.5	6.2	39.27	30.8	0.826	4 360	216	393	10.5	2.34	323	35.5	2.13
27b		84	9.5	12.5	12.5	6.2	44.67	35.1	0.830	4 690	239	428	10.3	2.31	347	37.7	2.06
27c		86	11.5	12.5	12.5	6.2	50.07	39.3	0.834	5 020	261	467	10.1	2.28	372	39.8	2.03
28a	280	82	7.5	12.5	12.5	6.2	40.02	31.4	0.846	4 760	218	388	10.9	2.33	340	35.7	2.10
28b		84	9.5	12.5	12.5	6.2	45.62	35.8	0.850	5 130	242	428	10.6	2.30	366	37.9	2.02
28c		86	11.5	12.5	12.5	6.2	51.22	40.2	0.854	5 500	268	463	10.4	2.29	393	40.3	1.95
30a	300	85	7.5	13.5	13.5	6.8	43.89	34.5	0.897	6 050	260	467	11.7	2.43	403	41.1	2.17
30b		87	9.5	13.5	13.5	6.8	49.89	39.2	0.901	6 500	289	515	11.4	2.41	433	44.0	2.13
30c		89	11.5	13.5	13.5	6.8	55.89	43.9	0.905	6 950	316	560	11.2	2.38	463	46.4	2.09
32a	320	88	8.0	14.0	14.0	7.0	48.50	38.1	0.947	7 600	305	552	12.5	2.50	475	46.5	2.24
32b		90	10.0	14.0	14.0	7.0	54.90	43.1	0.951	8 140	336	593	12.2	2.47	509	49.2	2.16
32c		92	12.0	14.0	14.0	7.0	61.30	48.1	0.955	8 690	374	643	11.9	2.47	543	52.6	2.09
36a	360	96	9.0	16.0	16.0	8.0	60.89	47.8	1.053	11 900	455	818	14.0	2.73	660	63.5	2.44
36b		98	11.0	16.0	16.0	8.0	68.09	53.5	1.057	12 700	497	880	13.6	2.70	703	66.9	2.37
36c		100	13.0	16.0	16.0	8.0	75.29	59.1	1.061	13 400	536	948	13.4	2.67	746	70.0	2.34
40a	400	100	10.5	18.0	18.0	9.0	75.04	58.9	1.144	17 600	592	1 070	15.3	2.81	879	78.8	2.49
40b		102	12.5	18.0	18.0	9.0	83.04	65.2	1.148	18 600	640	1 140	15.0	2.78	932	82.5	2.44
40c		104	14.5	18.0	18.0	9.0	91.04	71.5	1.152	19 700	688	1 220	14.7	2.75	986	86.2	2.42

注：表中 r、r_1 的数据用于孔型设计，不作为交货条件

附录Ⅱ 简单梁的转角和挠度

附表Ⅱ-1 简单梁的转角和挠度

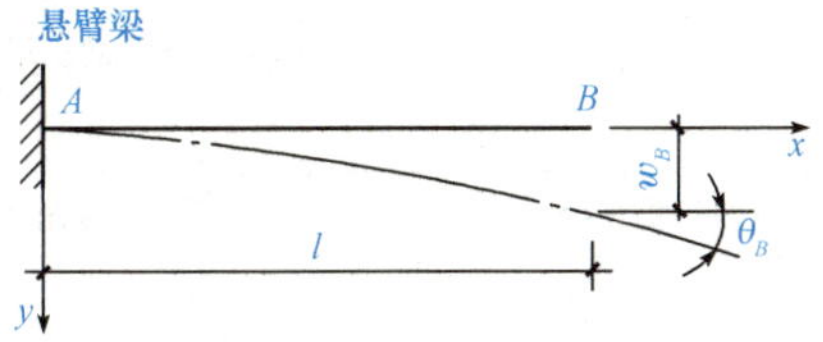

悬臂梁

$w=$沿 y 方向的挠度
$w_B=w(l)=$梁右端处的挠度
$\theta_B=w'(l)=$梁右端处的转角

序号	梁上荷载及弯矩图	挠曲线方程	转角和挠度
1	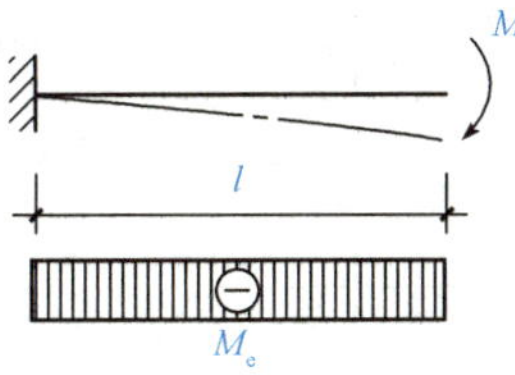	$w=\dfrac{M_e x^2}{2EI}$	$\theta_B=\dfrac{M_e l}{EI}$ $w_B=\dfrac{M_e l^2}{3EI}$
2	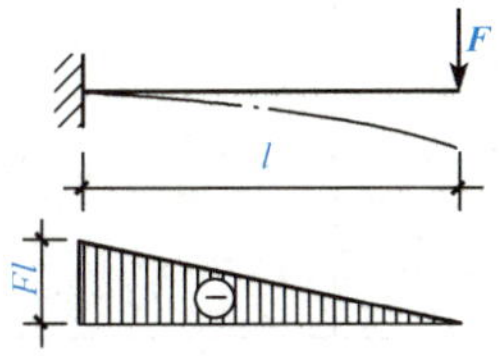	$w=\dfrac{F x^2}{6EI}(3l-x)$	$\theta_B=\dfrac{F l^2}{2EI}$ $w_B=\dfrac{F l^3}{2EI}$
3	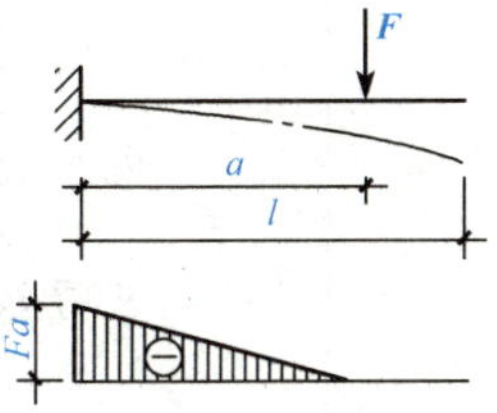	$w=\dfrac{F x^2}{6EI}(3a-x)$ $(0\leqslant x\leqslant a)$ $w=\dfrac{F a^2}{6EI}(3x-a)$ $(a\leqslant x\leqslant l)$	$\theta_B=\dfrac{F a^2}{2EI}$ $w_B=\dfrac{F l^3}{BEI}(3l-a)$
4	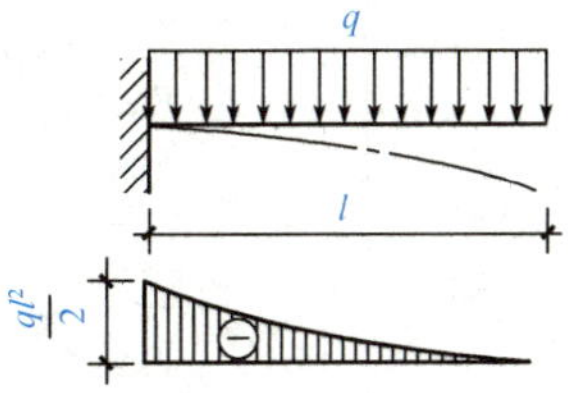	$w=\dfrac{q x^2}{24EI}(x^2+6l^2-4lx)$	$\theta_B=\dfrac{q l^3}{6EI}$ $w_B=\dfrac{q l^4}{8EI}$
5	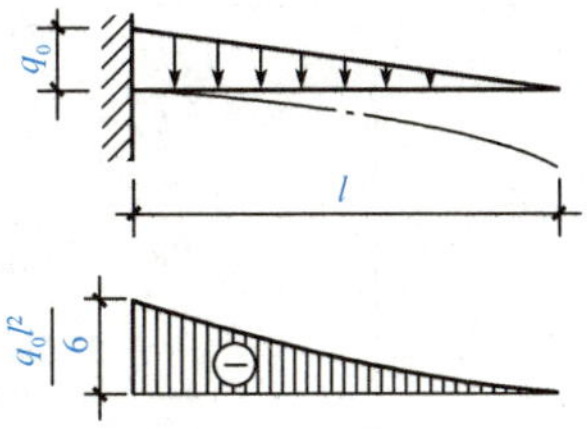	$w=\dfrac{q_0 x^2}{120EIl}$ $(10l^3-10l^2 x+5lx^2-x^3)$	$\theta_B=\dfrac{q_0 l^3}{24EI}$ $w_B=\dfrac{q_0 l^4}{30EI}$

简支梁		$w=$ 沿 y 方向的挠度 $w_C=w\left(\dfrac{l}{2}\right)=$ 梁的中点挠度 $\theta_A=w'(0)=$ 梁左端处的转角 $\theta_B=w'(l)=$ 梁右端处的转角

序号	梁上荷载及弯矩图	挠曲线方程	转角和挠度
6		$w=\dfrac{M_A x}{6EIl}(l-x)(2l-x)$	$\theta_A=\dfrac{M_A l}{3EI}$ $\theta_B=-\dfrac{M_A l}{6EI}$ $w_C=\dfrac{M_A l^2}{16EI}$
7		$w=\dfrac{M_B x}{6EIl}(l^2-x^2)$	$\theta_A=\dfrac{M_B l}{6EI}$ $\theta_B=\dfrac{M_B l}{3EI}$ $w_C=\dfrac{M_B l^2}{16EI}$
8		$w=\dfrac{qx}{24EI}(l^3-2lx^2+x^3)$	$\theta_A=\dfrac{ql^3}{24EI}$ $\theta_B=-\dfrac{ql^3}{24EI}$ $w_C=\dfrac{5ql^4}{384EI}$
9		$w=\dfrac{q_0 x}{360EIl}(7l^4-10l^2x^2+3x^4)$	$\theta_A=\dfrac{7q_0 l^3}{360EI}$ $\theta_B=-\dfrac{q_0 l^3}{45EI}$ $w_C=\dfrac{5q_0 l^4}{768EI}$
10		$w=\dfrac{Fx}{48EI}(3l^3-4x^2)$ $\left(0\leqslant x\leqslant\dfrac{l}{2}\right)$	$\theta_A=\dfrac{Fl^2}{16EI}$ $\theta_B=-\dfrac{Fl^2}{16EI}$ $w_C=\dfrac{Fl^3}{48EI}$

序号	梁上荷载及弯矩图	挠曲线方程	转角和挠度
11		$$w=\dfrac{Fbx}{6EIl}(l^2-x^2-b^2)$$ $$(0\leqslant x\leqslant a)$$ $$w=\dfrac{Fb}{6EIl}\left[\dfrac{b}{l}(x-a)^3+(l^2-b^2)x-x^3\right]$$ $$(a\leqslant x\leqslant l)$$	$$\theta_A=\dfrac{Fab(l+b)}{6EIl}$$ $$\theta_B=-\dfrac{Fab(l+a)}{6EIl}$$ $$w_C=\dfrac{Fb(3l^2-4b^2)}{48EI}$$ （当 $a\geqslant b$ 时）
12		$$w=\dfrac{M_\mathrm{e}x}{6EIl}(6al-3a^2-2l^2-x^2)$$ $$(0\leqslant x\leqslant a)$$ 当 $a=b=\dfrac{l}{2}$ 时， $$w=\dfrac{M_\mathrm{e}x}{24EIl}(l^2-4x^2)$$ $$\left(0\leqslant x\leqslant \dfrac{l}{2}\right)$$	$$\theta_A=\dfrac{M_\mathrm{e}}{6EIl}$$ $$(6al-3a^2-2l^2)$$ $$\theta_B=\dfrac{M_\mathrm{e}}{6EIl}(l^2-3a^2)$$ 当 $a=b=\dfrac{l}{2}$ 时， $$\theta_A=\dfrac{M_\mathrm{e}l}{24EI}$$ $$\theta_B=\dfrac{M_\mathrm{e}l}{24EI},\ w_C=0$$
13		$$w=-\dfrac{qb^5}{24EIl}\left[2\dfrac{x^3}{b^3}-\dfrac{x}{b}\left(2\dfrac{l^2}{b^2}-1\right)\right]$$ $$(0\leqslant x\leqslant a)$$ $$w=-\dfrac{q}{24EI}\left[2\dfrac{b^2x^3}{l}-\dfrac{b^2x}{l}(2l^2-b^2)-(x-a)^4\right]$$ $$(a\leqslant x\leqslant l)$$	$$\theta_A=\dfrac{qb^2(2l^2-b^2)}{24EIl}$$ $$\theta_B=-\dfrac{qb^2(2l-b)^2}{24EIl}$$ $$w_C=\dfrac{qb^5}{24EIl}\left(\dfrac{3}{4}\dfrac{l^3}{b^3}-\dfrac{1}{2}\dfrac{l}{b}\right)$$ （当 $a>b$ 时） $$w_C=\dfrac{qb^5}{24EIl}\left[\begin{array}{l}\dfrac{3}{4}\dfrac{l^3}{b^3}-\dfrac{1}{2}\dfrac{l}{b}\\+\dfrac{1}{16}\dfrac{l^5}{b^5}\\\times\left(1-\dfrac{2a}{l}\right)^4\end{array}\right]$$ （当 $a<b$ 时）

参 考 文 献

［1］孙训方，方孝淑，关来泰，材料力学(I)［M］.6 版. 北京：高等教育出版社，2019.

［2］［英］S. 铁摩辛柯，J. 盖尔. 材料力学［M］.6 版. 韩耀新，译. 北京：科学出版社，1990.

［3］刘鸿文. 材料力学 I［M］.6 版. 北京：高等教育出版社，2017.

［4］罗亚，刘章纬，许康，等. 材料力学［M］. 北京：高等教育出版社，1985.

［5］顾志荣，吴永生. 材料力学学习方法及解题指导［M］. 上海：同济大学出版社，2000.

［6］孙训方，方孝淑，陆耀洪. 材料力学［M］. 北京：高等教育出版社，2012.

［7］清华大学材料力学教研室. 材料力学习题集［M］. 北京：人民教育出版社，1964.

［8］贾有权. 材料力学实验［M］. 北京：高等教育出版社，1984.

［9］全锦，杨旭. 工程力学［M］. 北京：机械工业出版社，2019.

［10］范钦珊，殷雅俊，唐清林. 材料力学［M］. 北京：清华大学出版社，2014.

［11］蔡乾煌，任文敏，崔玉玺，等. 材料力学精要与典型例题讲题［M］. 北京：清华大学出版社，2004.

［12］西南交通大学材料力学教研室. 材料力学学习及考研指导书［M］. 成都：西南交通大学出版社，2004.